防災行政と都市づくり
事前復興計画論の構想

三井康壽 著

信山社

はしがき

　平成7年1月17日に起こった阪神・淡路大震災は、歴史上未曾有の大災害となった。多くの尊い人命が失われ、住宅が壊れ住む場所を失った人もおびただしい数にのぼり、交通の麻痺、経済の停滞など大きな被害をもたらした。もともと自然災害の多いわが国ではあるが、マグニチュード7.2、震度7の激震のもたらした衝撃は改めて防災対策の重要さを認識させられた。都市が壊滅的な打撃を受けたくさんの犠牲者が出ているのに情報収集がうまくいかず、救命救助活動といった政府の初動体制の欠陥が厳しく批判されたことも記憶に新しい。

　阪神・淡路大震災から12年を過ぎた現在、最も被害の大きかった神戸でも震災の傷跡が分からなくなるほどの復興を遂げ、外国からはその復興を評価する声も出てきている。阪神・淡路大震災復興対策本部で最初の1年半にわたって復旧・復興に携わった私としても、ここまで必死に取り組んでこられた被災者、住民、全国の支援者、地元公共団体の方々の努力に改めて敬意を表させて頂きたい。わが国は外国と比較すると「危機意識は低いが、いざ危険に直面した際はとてつもないエネルギーでそれを克服する」とよく言われるが、阪神・淡路大震災の場合もこれが当てはまっているといえる。

　震災直後から救命・救急活動、応急復旧、復興計画を進めていくなかで、批判の強かった危機管理体制の見直しなどの防災対策の根本的見直しがなされてきた。そして現在までに復旧記録、復興誌などのあらゆる分野の震災を受けた後のレポートや著作が発表されている。こうしたなかであらためて痛感させられたことは、救急・復旧・復興対策を行っている防災対策と都市計画（都市づくり）がきわめて密接に関係して、災害に強い街づくりが災害の予防になり、建物の倒壊や火災から人命と財産を守ることができ、また被災後の復興計画は災害に強い都市づくりにほかならないということである。

　そこで阪神・淡路大震災でとくに大きな被害を受けた神戸において、被災から復興に至るまでの過程を防災行政と都市づくりという観点から詳細に調べ、そこから得られた反省と教訓を明らかにし、今後の防災都市づくりに資したらいいと考えた。そしてこうした歴史の教訓を生かすことが、犠牲となった方々や復旧・復興に必死の努力を尽くした方々へのためにと思い、関係する資料を収集し始めた。

　防災行政というリスクマネジメントは行政そのものであるため、資料は国や地方の執務資料にとどまっているものが多く、体系的に説明してある書物は書店な

はしがき

どでは手に入りにくい。しかしながらそうした機関の協力を得て資料を克明に追っていくと、防災行政のリスクマネジメントと都市計画（都市づくり）との関係が、従来気がつかなかったことまで明らかになってきた。

まず第1に震災が起きた時の消防や自衛隊の初動体制も、従来の被災地からの情報ではどのくらいの被害かは迅速かつ正確な情報がとれないため、どの程度の人数を派遣していいか必ずしも明確ではないが、全国の建築年代別の建築物というような、都市づくりのデータをシステムに入れて、地震が起きた際、震源地と震度を入力すると瞬時に被害規模が計算されて表示され、どの地域へどの程度の救命・救急の人数を派遣したらいいか分かることになる。

第2に、これも従来見過ごされてきたのであるが、避難所、仮設住宅、がれき処分といった、一時的に利用する施設や土地は避難所を除いては発災後に考えればよかったのであるが、過密大都市における大震災ではその用地の確保が容易ではないことが明らかになった。このことは東京、大阪等の大都市で同じような大地震が起きたことを考えると、都市づくりの中でもあらかじめこういう一時的利用施設の用地を明らかにしておくべきではないかという考えに到達する。

第3に、神戸市の亡くなられた方々の検死結果によると8割の方が即死であった。これは建物の倒壊によるものといえる。そして建物の建築年次別倒壊率は戦前のものは約6割、戦後20年間は約5割、大地震にも強い昭和57年の耐震基準によるものは6％という調査結果がでているので昭和57年以前の建築物の耐震改修の必要が言われているが、なかなか進んでいないのが現状である。とくに大都市に多い木造密集市街地は前々からその改造の必要性がいわれても解消されていない。こうした地区は大地震の時には大きな被害を受ける恐れが大であるにもかかわらず、居住者や地権者の合意がとれない状況が続いている。こうした地区の改造、改修計画はマスタープランとして事前復興計画となる位置づけをする必要があるのではないか。

避難所、仮設住宅、がれき処分そして復興計画と、神戸市から入手できた資料をもとに丹念に調べていけばいくほど、神戸市の被災された方々と市役所の方々と含めて、本当に一生懸命力を合わせ大震災に立ち向かい復旧・復興に当たられたことに頭が下がる思いである。関東大震災の時も阪神・淡路大震災の時も復興計画には下敷きとなる計画があったことが役立っていることは大きな教訓といえるのである。

阪神・淡路大震災以後も中越地震、福岡県西方沖地震、宮城県沖地震、能登半島沖地震、そしてこの7月には中越沖地震と大きな地震が日本列島を襲っている。それでもまだ自分の所は大丈夫、まだ他人事といった人たちも少なくはない。

はしがき

　"人の命を守る"という意識を強く持ち、常にこうした地震に対しては"備える"ことが最も大切である。阪神・淡路大震災から10年たった平成17年1月、神戸で国連防災世界会議が開かれた時のアナン事務総長のメッセージにある「必要なのは日々の備えであり、われわれの行動を変えることに価値がある」という言葉の重みをかみしめたい。21世紀は世界的に環境を重視する社会になってきている。防災はこの環境問題と連動して、われわれの社会の安全と環境の増進に努めていかなければならないと思う。

　防災対策にはこれでいいという終わりはない。しかし阪神・淡路大震災での教訓は、不断の努力でいざという備えとして生かしていかなければならない。自分自身の中でも、今こそ復興対策本部での貴重な経験を無駄にしてはいけないという思いが強い。本書がそのための一助となれば幸いである。

　もともとは防災行政と都市計画を研究課題として伊藤滋先生、大西隆東京大学工学部教授の指導を受けて博士論文として書いたものであるが、政策研究大学院大学福井秀夫教授のおすすめもあり、それをもとに最新の状況も加えて訂正している。数々の方に御協力いただいたが、とくにこれまでに、内閣府（防災担当）、国土交通省住宅局、都市・地域整備局、神戸市の方々に資料の提供や助言をいただいたことに謝意を表したい。

　本書の出版にあたっては、福井教授と信山社の袖山貴社長、編集工房INABAの稲葉文子代表のお世話になったことに謝辞を申し上げる。

　2007年8月

　　　　　　　　　　　　　　　　　　　　　　　　　　　三 井 康 壽

目　次

はしがき

序　章　防災行政と都市づくりの課題 …………………………… 1
第1節　本書のねらい …………………………………………… 1
（1）防災都市づくりと阪神・淡路大震災 ……………………… 1
（2）都市化の進展と防災対策 ………………………………… 2
（3）防災対策と防災都市計画の二律背反性 …………………… 3
（4）防災行政のリスクマネジメント …………………………… 3
第2節　防災対策のカテゴリー…初動・一時施設・復興計画 … 4
（1）防災都市計画の著作 ………………………………………… 4
（2）防災行政作用 ………………………………………………… 5
（3）防災行政作用の議論 ………………………………………… 6
（4）避難所、仮設住宅の問題 …………………………………… 7
（5）復興計画の問題 ……………………………………………… 7

第1章　大震災時における初動体制と防災都市計画 …………… 9
第1節　防災対策の経緯 ………………………………………… 10
1　災害対策基本法の制定 ……………………………………… 11
（1）日本学術会議の提言 ………………………………………… 13
（2）北海道庁の「非常災害対策の前進」の提唱 ……………… 13
（3）全国知事会の提言 …………………………………………… 13
（4）伊勢湾台風を契機に基本法制定 …………………………… 14
（5）災害対策基本法の意義 ……………………………………… 15
2　防災行政作用のフレームワーク（計画論）………………… 15
1）防災基本計画 …………………………………………………… 16
2）防災業務計画 …………………………………………………… 18
（1）国土庁 ………………………………………………………… 18
（2）国家公安委員会・警察庁 …………………………………… 20
（3）自治省・消防庁 ……………………………………………… 22
（4）防　衛　庁 …………………………………………………… 23
3）地域防災計画 …………………………………………………… 28
（1）兵　庫　県 …………………………………………………… 28

目　次

　　　　　（2）　神　戸　市 ……………………………………………………29
　　3　防災行政作用のフレームワーク（組織論） ………………………………31
　　　1）中央防災会議・地方防災会議 ……………………………………………31
　　　2）非常災害対策本部 ……………………………………………………………32
　　　3）緊急災害対策本部 ……………………………………………………………32
　　　4）災害対策本部 …………………………………………………………………33
　　　5）非常参集システム ……………………………………………………………33
　　4　防災行政作用のフレームワーク（情報収集連絡システム） ……………35
　　　　情報通信体系—中央防災無線 ……………………………………………35
第2節　初動体制 …………………………………………………………………………37
　　1　国 の 状 況 ……………………………………………………………………37
　　2　地方の状況 ……………………………………………………………………42
第3節　初動体制の問題点の整理 ……………………………………………………44
　　1　事実の整理 ……………………………………………………………………44
　　　（1）　非常災害対策本部 …………………………………………………45
　　　（2）　死者、行方不明者、負傷者の把握 ……………………………50
　　　（3）　死亡推定時刻 ………………………………………………………53
　　2　主要な制度改善をすべき課題 ……………………………………………53
　　　（1）　内閣機能の強化 ……………………………………………………53
　　　（2）　即時・多角的情報収集と情報集中 ……………………………54
　　　（3）　迅速活動の確保 ……………………………………………………54
　　　（4）　広域集中体制 ………………………………………………………55
第4節　初動体制の抜本改善—行政技術的手法による改善 …………………56
　　　（1）　内閣機能の強化 ……………………………………………………57
　　　（2）　即時・多角的情報収集と情報集中 ……………………………58
　　　（3）　迅速活動の確保 ……………………………………………………59
　　　（4）　広域集中体制 ………………………………………………………61
　　1　計画論の改定 …………………………………………………………………61
　　1）防災基本計画 …………………………………………………………………61
　　2）防災業務計画 …………………………………………………………………64
　　　（1）　国土庁（現在内閣府）防災業務計画の改定 …………………64
　　　（2）　国家公安委員会・警察庁防災業務計画の改定 ………………69
　　　（3）　自治省（現在総務省）・消防庁防災業務計画の改定 ………71
　　　（4）　防衛庁（現在防衛省）防災業務計画の改定 …………………72

3）地域防災計画の改定 ………………………………………………76
　　　　（1）　兵庫県地域防災計画 …………………………………………76
　　　　（2）　神戸市地域防災計画 …………………………………………78
　　2　組織論の改善 …………………………………………………………83
　　　1）緊急災害対策本部の設置 …………………………………………83
　　　2）本部長の指示権の付与 ……………………………………………84
　　　3）非常対策要員の参集 ………………………………………………86
　　　4）緊急参集チーム（官邸を中心とする即応体制）………………87
　　　5）内閣官房危機管理チーム …………………………………………91
　　　6）首都直下型大規模地震発生時の内閣初動体制…………………91
　　　7）非常対策要員の宿舎 ………………………………………………95
　　3　情報収集連絡システムの改善 ………………………………………95
　　　1）地震情報の速報システム …………………………………………95
　　　2）中央防災無線網 ……………………………………………………96
　　4　広域支援体制の改善 …………………………………………………99
　　　1）広域緊急援助隊の設置（警察庁）………………………………100
　　　2）緊急消防援助隊の設置（消防庁）………………………………101
　　　　（1）　緊急消防援助隊の創設 ……………………………………101
　　　　（2）　緊急消防援助隊要綱の改正 ………………………………102
　　　　（3）　法　定　化 …………………………………………………102
　　　　（4）　市町村相互の応援協定 ……………………………………103
　　　　（5）　消防無線の広域利用 ………………………………………105
第5節　地震被害早期予測システムの確立—科学的予測手法の導入 …105
　　1　科学的予測手法の必要性 ……………………………………………105
　　2　アメリカ危機管理庁の地理情報システム …………………………107
　　　　（1）　組織、陣容 …………………………………………………108
　　　　（2）　目　　的 ……………………………………………………109
　　　　（3）　活動内容 ……………………………………………………109
　　3　地理情報システム（GIS）……………………………………………109
　　　1）GISシステムの用途 ………………………………………………109
　　　2）アメリカにおけるGISの利用状況 ……………………………109
　　　3）日本において利用されていたGIS ……………………………110
　　　4）日米の比較 …………………………………………………………110
　　4　防災問題懇談会 ………………………………………………………111

目　次

　　　　（1）　地方公共団体の責務 ……………………………………………114
　　　　（2）　国　の　責　務 ……………………………………………………115
　　5　重畳的判断必要型被害予測手法 …………………………………………117
　　6　瞬時判断型被害予測システムの導入 ……………………………………120
　　　1）　被害予測方式のパターン ……………………………………………121
　　　2）　DIS のシステム ………………………………………………………121
　　　　（1）　当初のシステム ………………………………………………121
　　　　（2）　現在の DIS ……………………………………………………122
　　　　（3）　防災情報システム整備の基本方針 …………………………129
　第6節　木造密集市街地の防災化への GIS の適用 ……………………………132
　　　1）　密集住宅市街地の再生事業の進捗状況 ……………………………133
　　　2）　密集市街地法の制定 …………………………………………………136
　　　3）　密集市街地法の改正 …………………………………………………140
　　　4）　整備地域の基準 ………………………………………………………142
　　　5）　予防的都市計画への応用―木造密集市街地への適用 ……………142
　第7節　ま　と　め ……………………………………………………………144

第2章　スペア都市計画論（緊急時暫定利用目的） ……………147
　第1節　阪神・淡路大震災で直面した課題 …………………………………147
　第2節　避　難　所 ……………………………………………………………149
　　1　避難所の系譜と神戸市の実態 ……………………………………………150
　　2　避難所の定義 ………………………………………………………………152
　　3　阪神・淡路大震災の避難の実態 …………………………………………159
　　4　避難所の指定のあり方 ……………………………………………………162
　　　（1）　広域避難地の効用の適否 …………………………………………162
　　　（2）　避難所の指定、利用状況 …………………………………………163
　　　（3）　避難所の指定基準 …………………………………………………170
　第3節　仮　設　住　宅 ………………………………………………………171
　　1　仮設住宅の意義 ……………………………………………………………171
　　2　神戸市内の仮設住宅建設の経過 …………………………………………172
　　3　仮設住宅必要数の算定の条件 ……………………………………………173
　　4　公的住宅の一時使用 ………………………………………………………176
　　5　仮設住宅数の確定 …………………………………………………………178
　　6　仮設住宅用地の選定 ………………………………………………………185

7　仮設住宅用地論の方向 ……………………………………………189
第4節　が　れ　き ………………………………………………………191
　　1　がれき問題の意義 …………………………………………………191
　　2　がれき問題への直面 ………………………………………………193
　　　1）国の対応 ………………………………………………………193
　　　　（1）　がれき処理の主体 …………………………………………194
　　　　（2）　費用負担 ……………………………………………………196
　　　　（3）　自衛隊による処理 …………………………………………198
　　　2）兵庫県、神戸市の対応 ………………………………………203
　　3　がれき発生量推計の錯綜 …………………………………………204
　　4　がれき処分地 ………………………………………………………207
　　5　がれき発生量の推計 ………………………………………………208
　　　（1）　震災発生時の震度推計 ………………………………………210
　　　（2）　建物被害の推計 ………………………………………………210
　　　（3）　建物被害に伴うがれき発生量の推計 ……………………211
第5節　スペア都市計画論 ………………………………………………213

第3章　復興計画 …………………………………………………………218
第1節　復興計画のリスクマネジメント ………………………………218
第2節　国家としてのリスクマネジメント ……………………………219
　　1　立法的リスクマネジメント ………………………………………219
　　　1）関東大震災（特別都市計画法……基本的改革手法） ………220
　　　2）天草大災害（集団移転法……基本的改革手法） ……………223
　　　　（1）　経　緯 ………………………………………………………223
　　　　（2）　集団移転法 …………………………………………………224
　　　3）阪神・淡路大震災（被災市街地復興特別措置法
　　　　　……技術的改革手法） ………………………………………226
　　　　（1）　立法措置の概要と意義 ……………………………………226
　　　　（2）　被災市街地復興特別措置法の意義 ………………………232
　　2　組織論的リスクマネジメント（中央政府） ……………………233
　　　1）関東大震災 ……………………………………………………234
　　　　（1）　帝都復興審議会 ……………………………………………234
　　　　（2）　帝都復興院、復興局、復興事務局 ………………………234
　　　2）阪神・淡路大震災 ……………………………………………238

目　次

　　　　（1）　緊急対策本部、特命室と現地対策本部 ………………………………238
　　　　（2）　復興の組織をめぐる政府内の議論 ……………………………………239
　　　　（3）　復興委員会と復興対策本部 ……………………………………………240
　　　　　(a)　組　　織 …………………………………………………………………240
　　　　　(b)　活　　動 …………………………………………………………………242
　第3節　計画行政リスクマネジメント ………………………………………………249
　　1　復興計画の手法 ……………………………………………………………………249
　　2　地区選定の基準 ……………………………………………………………………250
　　　　（1）　被害状況の調査 …………………………………………………………250
　　　　（2）　関東大震災と阪神・淡路大震災の被害比較 ………………………254
　　　　（3）　被害状況の調査と事業地区の選定 …………………………………259
　　　　（4）　事業地区の決定 …………………………………………………………261
　　　　（5）　震災復興市街地・住宅整備の基本方針 ……………………………262
　　3　緊急時の都市計画決定プロセスの特色—時間管理手法の導入 …………266
　　　1）限時建築制限論……建築基準法第84条の指定と
　　　　　震災復興緊急整備条例の制定 ………………………………………………267
　　　2）二段階都市計画論 ……………………………………………………………270
　第4節　合意形成プロセスの形成 ……………………………………………………273
　　1　行政機関相互 ………………………………………………………………………273
　　　1）阪神・淡路復興委員会 ………………………………………………………273
　　　　（1）　意見の要旨 ………………………………………………………………273
　　　　（2）　意見の実現度 ……………………………………………………………277
　　　2）阪神・淡路復興対策本部 ……………………………………………………283
　　　3）中央省庁 ………………………………………………………………………287
　　　4）被災市街地復興特別措置法 …………………………………………………289
　　　5）兵庫県 …………………………………………………………………………294
　　2　地権者等の地元住民 ………………………………………………………………294
　　　1）神戸市都市計画審議会 ………………………………………………………295
　　　2）まちづくり協議会 ……………………………………………………………298
　第5節　事前復興計画論—予防的リスクマネジメント …………………………302
　　1　帝都震災復興計画 …………………………………………………………………302
　　2　事前復興計画論とその系譜 ………………………………………………………303
　　　1）理論的根拠 ……………………………………………………………………303
　　　　（1）　防災都市計画の立ち遅れ ……………………………………………303

（2）　被災後の復興計画の相剋 …………………………………………304
　　2）防災基本計画 …………………………………………………………305
　　3）事前復興計画策定調査（国土庁） …………………………………305
　　4）東京都の震災復興グランドデザインと防災都市づくり推進計画 ……308
　　5）阪神・淡路大震災復興計画に関する学会提言 ………………………312
　3　復興計画の目標 ……………………………………………………………317
　　1）迅速性の原則 …………………………………………………………317
　　　（1）　被災地の調査の実施 ……………………………………………317
　　　（2）　「震災復興市街地・住宅整備の基本方針」の公表 ……………318
　　　（3）　建築基準法第84条の区域指定 …………………………………319
　　　（4）　震災復興緊急整備条例の制定 …………………………………320
　　　（5）　被災市街地復興特別措置法の制定 ……………………………321
　　2）被災抵抗力の原則 ……………………………………………………321
　　3）土地利用の合理化・純化 ……………………………………………322
　4　復興計画の類型 ……………………………………………………………323
　　1）原状回復・公共施設追加型 …………………………………………323
　　2）コミュニティ防災型 …………………………………………………324
　　3）広域危機管理型 ………………………………………………………340
　5　事前復興計画論 ……………………………………………………………343
　　1）事前復興計画論の必要条件 …………………………………………343
　　2）事前復興計画の十分条件 ……………………………………………345
　　　（1）　防災目的の明示化 ………………………………………………346
　　　（2）　緊急防災活動用都市施設の都市計画 …………………………347
　　　（3）　土地の交換分合手法の改善…照応原則はずし ………………347
　　　（4）　マスタープラン化 ………………………………………………348

第4章　まとめと今後の課題 …………………………………………………350
　1　国と地方公共団体との関係 ………………………………………………350
　　　（1）　立法論的対処 ……………………………………………………350
　　　（2）　組織論的対処 ……………………………………………………352
　　　（3）　財政論的対処 ……………………………………………………354
　　　（4）　復興計画をめぐって ……………………………………………355
　2　都市計画（都市づくり）と防災対策 ……………………………………356
　　　（1）　緊急防災活動（初動）との関係 ………………………………357

目　次

　　　（2）　復旧活動との関係 …………………………………………………358
　　　（3）　復興計画との関係 …………………………………………………359
　　3　今後の課題 ……………………………………………………………………360
　　　（1）　DIS による木造密集市街地の事業化優先順位の決定と
　　　　　　その実施システムの構築 …………………………………………360
　　　（2）　避　難　所 ……………………………………………………………360
　　　（3）　仮 設 住 宅 ……………………………………………………………361
　　　（4）　がれき処理 ……………………………………………………………361
　　　（5）　避難所、仮設住宅、がれき処理・処分場の
　　　　　　都市計画決定（スペア都市計画）………………………………361
　　　（6）　事前復興計画 …………………………………………………………362
　　　（7）　住宅の耐震改修 ………………………………………………………364

参考文献 ……………………………………………………………………………367
欧文サマリー　Disaster Prevention Administration and City Planning ……………375
事項索引 ……………………………………………………………………………381
巻末折込図 ………………………………………………………………………(1)〜(14)

序章　防災行政と都市づくりの課題

第1節　本書のねらい

（1）　防災都市づくりと阪神・淡路大震災

　近代都市計画はその大きな目的の1つに「**防災**」を掲げてきた。とくに木造市街地として形成されてきたわが国においては、いかに火災、震災、洪水などの自然災害から都市住民の生命、財産の安全を守り、都市活動を発展させるかが大きな目的の1つだったのである。

　関東大震災や第二次大戦後の復興都市計画においてはさまざまの都市計画上での工夫がなされてきた。しかし、高度経済成長下における大都市の発展は、従来の都市計画論だけでは都市住民の生命、財産を守ることが困難であることが明らかになった。それが平成7年1月17日に起った**阪神・淡路大震災**である。

　平成7年1月17日午前5時46分、淡路島北淡町を震源地とするマグニチュード7.2の地震は、明石海峡を隔てた隣接の神戸市でも震度6を記録する未曾有の大災害となった。鉄道、道路、港湾といった公共インフラの破壊、建築物の倒壊とこれに伴い発生した火災によって死者6千5百人、負傷者4万4千人、建物被害（全壊、半壊、全焼）約25万棟、避難者ピーク時約31万人という甚大な被害は、いかにこの地震が激しいものだったかを物語っている。

　このような大規模な地震は、**近代都市計画制度**がとり入れられてからは**関東大震災**以来のことであった。

　神戸市の都市計画は、わが国における近代都市計画制度の導入とともに始まりその歴史は古い。とくに戦災によって大部分の市街地が焼失した戦後は、**戦災復興土地区画整理事業**を大々的に実施し、山手幹線と浜手幹線の東西の幹線道路と南北の幹線道路の計画を軸に要所に公園を配置することによって、市街地を区画整理し防災機能を高めてきた。昭和30年代以降、都市化の急激な発展過程で、昔からの市街地であった六甲山の南側に加えて、北側のニュータウン、さらに海面埋立によるポートアイランド、六甲アイランドなどの市街地造成にあたっても、戦災復興での経験を生かして**区画整理手法による防災的都市**づくりをし、全国的にみてもモデルとさえいえる状況になっていた。

（2） 都市化の進展と防災対策

　昭和30年代後半からのわが国は急速な高度経済成長を遂げ、それは同時に都市化の時代の幕開けであった。そしてその後大都市化へとつながっていったが、今回の震災の経験は大都市化の防災都市計画の意味を知らされたことである。それはフィジカルプランとしての都市計画を作れば足りるという考えでは真の防災都市を作ったことにはならないということである。

　とくに、最近の高度経済社会によって支えられている大都市には、従来にもまして人口と産業が集中し、諸機能が錯綜しながら日常の都市活動が続けられているため。ひとたび大きな災害が起きると相互に密接している関係から、かなりの程度の地域が被災し、都市全体が機能マヒを起こすという問題に直面することになる。このような事態に対して都市計画を始めとする行政が認識と実施の両面において不足していたといわざるを得ない。

　自然災害の多いわが国において、また木造建築物によって作られてきたわが国において、こうした災害から住民を守るという防災対策は古来より政治の基本課題であった。

　しかし、それがしだいに体系化され、組織的・計画的に行政制度の中で法的に確立したのが昭和36年の災害対策基本法であり、防災対策が以後本格的に実施に移されるようになった。

　防災対策は、国および地方公共団体の防災に関する組織を定め、これを中心に防災計画を樹立し、災害予防、災害応急対策、災害復旧、およびそれに伴い必要とされる財政金融措置等を定めており、これに基づいて防災対策が実施される。

　防災都市計画も広義の防災対策の中で、災害予防の一環として位置付けられるが、災害対策基本法に直接基づく防災行政作用ではない。しかし都市計画法等の都市関連法に基づいて実施に移される行政作用である点においては、その効果の良否の責任は同じく行政に帰せられる点では同一である。

　この**災害対策基本法**の制定の理由としては、

① わが国において歴史的に自然災害および失火、放火等の人為的火災に悩まされてきた経験の積み重ねを集約、体系化して総合的な防災効果を挙げるべきものであるという認識が高まったこと。

② 経済の発展に伴い国富が増大し、それを構成する個人の財産の価値が増大したことにより、それを保護する必要度が高まったこと。

③ 当然のことではあるが、新憲法下における個人の尊厳の重視の思想からいっても、このような災害から尊い人命を保護する観点も従前より格段と強く認識すべきであるとされてきたこと。

が挙げられるが、さらには、

④　わが国の高度経済成長が take off していく過程で、新産工特構想のような重化学工業の発達によるコンビナートの建設などで新しい危険物による防災対策の必要性や都市化現象が急速に進み、人口が都市に集中し、都市の建築物の過密化が進み、ひとたびそこで災害が起きることによる人的、物的被害を防ぐという緊急性が背景となっている。

（3）　防災対策と防災都市計画の二律背反性

ところで、この防災対策という行政作用と防災都市計画として実施される行政作用には理論的矛盾が内在する。

広義の都市計画は「**安全原則**」を前提として行政作用が実施される。

すなわち、都市計画として決定される高速道路、道路、河川、鉄道、港湾、下水道、公園等の都市施設は、決定過程で災害に対して安全であるという説明の下に行政作用が実施に移される。都市計画としての決定をされない、電気、ガス、水道などの公益施設等も広義の都市計画の中に含めると同様であり、いずれも地震、風水害、火災等の災害に対して定められた安全基準に基づいて建設される。また、建築物においても用途地域の決定に基づいて許容される建築物の建築は建築基準法により地震、火災等の災害に対し、安全であるという基準を満たされなければ許容されない[1]。

したがってこの広義の都市計画の安全原則が機能しているならば、理論上は防災対策は不要であるはずである。

しかしながら現実には、想定をしていなかったような災害が起きたり、安全基準を超えた災害が起きたりすることがあるため、防災対策としての行政作用は「**非安全原則**」によって仕組みが構築されることになる。防災対策としての行政作用は、災害予防として実施に移される行政作用としての防災都市計画は安全ではない場合があるという、論理的な前提に立脚して実施されねばならないことになる。

（4）　防災行政のリスクマネジメント

昭和36年に制定された災害対策基本法により、本格的にわが国においてとられてきた防災対策で主要なものは、①災害が起きた時の救命・救急活動（**緊急防災**

---

[1]　建築基準法の場合は、同法が施行される以前、または安全基準が改正された場合、改正以前に建築された建築物は「既存不適格建築物」として合法的に建築が許容されているという、安全基準を満たさない建築物が多数存在している。

活動)、②復旧対策、③復興対策である。

　そこで、防災対策と防災都市計画についてその論理的二律背反を埋めていく努力は後述のようになされてきてはいるものの、必ずしも明確に意識されてはいなかったといえる。

　しかし今回の阪神・淡路大震災後の防災対策として実施に移された防災都市計画に関するものを１つ１つ丁寧に検証していくと、そこにその論理的二律背反を埋めていく鍵となる要素が明らかになってきた。

　リスクマネジメント通常「**危機管理**」と訳されているが、通常使用されている危機管理は災害、テロ、紛争などの社会の非常事態に対する備えをいうものと意識されている。しかし、ここではもう少し広く種々のシステム相互間の機能が全うできるように調整するアイデア、論理、方法などの総称で使用する。

　防災都市計画は、防災行政リスクマネジメントに密接に関係しているにも拘わらず、従来深く議論されていなかった。

　たとえば地震災害を例にとると、地球の地殻変動という地球物理学等の専門分野における地震予知、地震波動等の地震学、これに基づいて構造物、建築物などを地震波動に耐え、あるいはそのエネルギーを吸収してその安全を図る地震工学、土木工学、建築工学をはじめとする学問分野の研究が防災都市計画に反映されるようになっているものの、行政作用として実施に移されていく過程で、理論的に正しいことを行政作用の実施の現実化しようとすると妥協を余儀なくされその関係があいまいになってしまうこと、現実の防災対策としての行政作用が、人命救助、復旧、復興対策という行政作用がともすれば、その緊急に実施することが要請されることから都市計画制度との関係を見失いがちになることも一因である。

　阪神・淡路大震災時における防災対策に携わった際に得た貴重な経験を基にして、防災対策としての行政作用資料を克明に追い、分析、解明し今回の地震において取られた対策、諸制度の改正を検証することによって、今後の大都市における防災都市計画を造る上での一助にしようとするものである。

第２節　防災対策のカテゴリー
――初動・一時施設・復興計画

（１）　防災都市計画の著作

　防災行政も都市づくり（都市計画）もそれぞれ幅広い分野にまたがっており、かつそれぞれが独立した分野を構成し、さまざまな角度から議論されてきている。

　都市計画については、都市計画制度が導入されて以来いろいろな著作が発表さ

れ、そのなかで防災についての意義を述べているものがあるが、防災行政との関係に焦点をあてた体系的な防災都市計画に関する著作は多くはないが、村上處直『防災計画論』、高見澤邦郎・中林一樹監修『都市の計画と防災』などの優れた著作がある。

一方、防災行政リスクマネジメントの対象とされる防災対策については、復興都市計画についてはきわめて多くのものが存在するが、応急対策、復旧対策に関するものはきわめて乏しいという状況にある。

特に応急対策、復旧対策は行政技術的側面が強いため、著作の対象にしにくいとされてきたといえる[2]。

（2） 防災行政作用

防災行政は国が作成する防災基本計画の下に体系化された行政システムである。一口に災害といっても災害の種類によってその対策が異なることから地震災害、風水害、火山災害、雪害、海上災害、航空災害、鉄道災害、道路災害、原子力災害、危険物等災害、大規模火災、林野火災に大別され純粋な自然災害から人為災害に至るまで、きわめて広範囲の防災対策をとることが定められている。ここではこのうち地震災害、特に大規模地震災害を対象としている。

地震災害対策として防災基本計画として定められているのは、地震に強い国づくり、まちづくり、地震発生時への行政機関や市民の事前の備えとしての日常活動を定めた災害予防対策、発災後の情報収集、連絡通信体制、救命・救急・消火活動、緊急輸送の交通確保、避難者の収容、生活必需品の供給、保健・衛生・医療、二次災害の防止等の災害応急対策、復旧・復興対策と広範な行政作用や民間諸活動が対象とされる。

これらの防災行政作用は被災前の災害予防対策は重要ではあるものの、被災直後のような緊迫性に欠ける点から、災害応急対策、災害復旧・復興対策に力点がおかれるきらいを拭いきれないといえる。また特に災害応急対策は緊急活動ということもあり、理論的というより実践的という性格を強く持つため、従来から行政技術論から脱却して体系的な議論がなされてこなかったといって過言ではない。

今回この防災行政のうち都市づくりに特に関係している部分に焦点をあてて整理分析を試みた。すなわち、

（2） 防災基本計画、地域防災計画といった行政機関内部又は相互を律する行政技術的側面が強い問題に関しては、中村一樹「阪神・淡路大震災の全体像と防災対策の報告」総合都市研究第61号、「地域防災計画策定支援のシステムの必要性とその例示」（加藤孝明、ヤルコン・ユフス、小出治）総合都市研究第72号、などがあるが、研究の対象となっている例は多くない。

序章　防災行政と都市づくりの課題

　①　緊急防災活動、特に救命・救急・消火活動と都市づくりによって作られた建築物の倒壊、焼失との関係を分析し、
　②　災害復旧の過程で防災行政作用として重要な位置を占める避難所、仮設住宅、がれき処理といった3つのカテゴリーについて、防災行政作用として今回の震災でどのような問題点が提起され、その解決方策としてどういうことを進めていくべきなのかを都市づくりの点から分析、整理をし、
　③　復興計画は広義の復興計画には社会経済的復興計画と市街地復興計画があるが、そのうち市街地復興計画はそれ自体都市計画そのものであるが、それを計画し実施していく際に防災行政の観点から望ましいものは何か、また災害予防対策として地震に強いまちづくりとしてどういうものを想定しているのかということを述べることとしている。

(3)　防災行政作用の議論

　緊急防災活動としての防災行政作用として実施される防災対策は、大別すると行政作用として実施される防災対策の根拠となる計画（防災基本計画、防災業務計画、地域防災計画）、組織体制および情報通信体系によって構成されている。

　防災行政作用は当然のことながら、法律に基づき公平、適時適切、効率を旨として実施されなければならないが、防災行政作用は直接、間接に国民の権利、義務、財産に関与するものであるから、その基準が明確であり具体的であることが要請される。

　一方、都市計画に関する論文は枚挙にいとまがないが、都市の健全な発達、都市機能の維持増進、都市（生活）環境の保全を中心として都市交通論、用途の配置論、容積の配分論、オープンスペース論、都市公害抑制論と加えて都市防災論が展開されてきている。そして都市防災論は、整然とした街区論、防火帯又は防火街区論、街路、公園等の防火遮断帯論、建築物の不燃化論については従来から多くの議論がなされてきている。

　しかし防災行政作用と都市づくりとの関係が論じられたものは多くはない。村上處直の『防災計画論』は過去の歴史的災害と当時の防災対策との関係から「災害から学ぶ」という実践的防災対策の重要性を説き、単に施設を安全に造ることよりそれを使う人間や他の施設の利用に着目した都市防災計画論を提唱し、防災行政作用と都市づくりの関係を念頭に置いている。また阪神・淡路大震災後に編纂された、高見澤邦郎・中林一樹監修『都市の計画と防災：防災まちづくりのための事前対策と事後対策』にはきわめて示唆に富む論説が掲載されている。小出治「阪神・淡路大震災の経過」では初動の克明な経過と復旧・復興の分析・整理

がまとめられ、同「被害想定の方法と復興まちづくりの考え方」ではこれまでの防災計画の成立の経緯と被害想定手法が論じられ、中林一樹「地域防災計画の再編と防災都市計画の体系化」において都市防災計画の方向性が論じられ、またこの論文では防災計画・対策と都市構想・政策（総合都市計画）との相互関係についてまとめており、防災計画・対策として防災都市計画、災害予防計画、地震予知計画、地震危険度測定調査、被害想定調査、応急対策計画、災害復旧計画、災害復興計画という分析・整理がなされている。そして高見澤邦郎「都市計画マスタープランに際して防災をどう取り込むか」では昭和43年の新都市計画法制定時には都市計画の制度上震災に対する対応がそれほど意識されていなかったとして、都市計画のマスタープランに防災まちづくりを位置付けるべきと論じている。

（4） 避難所、仮設住宅の問題

阪神・淡路大震災は、安全であるべき都市、特に過密大都市の中心市街地を襲って甚大な被害をもたらしたことによって、その復旧・復興に緊急暫定利用目的の土地を大規模に必要としたことに関して多大の教訓を今後に残した。すなわち避難所、仮設住宅およびがれき対策の用地の手当の問題である。避難所については関東大震災での経験を基にして従来から対策が実施され、今回も活用された。しかしながら被災者の数が予想をはるかに超え、既存の避難所では到底対応できなかった。さらに仮設住宅についての制度は従前から存在していたが、過密大都市での大規模な被災による用地の確保に対する事前の備えは十分ではなく、さらにがれきについてはその対策の仕組みさえなかったことは、これらの対策に大きな混乱をもたらし、膨大な時間と労力を費やした結果となった。したがって今後起こり得る大都市での大震災被害に対し、このような暫定利用目的のため適切な用地確保を恒久的な防災行政作用（例えば都市計画制度）において採用し、構築すべきではないかという課題が惹起されたと受けとめるべきである。しかし、災害復旧段階で今回大きな問題となった暫定利用目的のこれらの問題に関し、都市計画的見地から論じられたものはなかったといえる。

（5） 復興計画の問題

被災後の防災行政作用は、緊急防災活動、応急復旧に続く復興計画によって完結する。完全な復興計画の実現こそが、真の防災行政作用の究極の目的である。被災者の一刻も早い生活再建の求めに的確に応ずるばかりでなく、将来の大震災にも耐えうる理想的な防災都市を作り上げるための計画と実施が必要となる。復興計画はフィジカルな面ばかりでなく、あらゆる面で生活、活動が十分な機能を

発揮できるようにならなければならない。しかし、本書ではフィジカルな面に絞ってまとめることとし、これに携わる地域住民、市、県、国等が相互にどう協力し合い利害の調整をはかりつつ、防災性の強い活力と発展があり、かつ、良好な環境の市街地を短期間で形成していくかの過程を調べ、復興計画のあり方について述べることとした。復興計画に関しては関東大震災の復興計画、戦災都市の復興計画、阪神・淡路大震災復興計画（これは広義の復興計画として市街地の復興都市計画はその中に含まれている）をはじめとして、今回の震災の復興計画の関係学会の提言等多数の著作があるが、狭義の復興計画を防災行政との関連で体系的・理論的に整理したものとしては、中林一樹「事前の防災都市計画と事後の復興計画都市計画の関係論」があり、示唆するところが大きい。

第1章　大震災時における初動体制と防災都市計画

　初動体制で特に重要なのは**人命救助**と**消火活動**である。人命救助は警察、消防、自衛隊の任務が重要であり、消防は主として自治体消防の任務に委ねられている。したがってこれらの活動が円滑に機能するように全体としての体制が確立されていることが前提とされている。こうした体制はこれまでに経験してきた幾多の災害を基にして形成されてきた。

　第1章では、次のようである。

(1)　大震災前における緊急防災活動の仕組みを検証する（第1節）。
(2)　大震災前における緊急防災活動の仕組みに基づく今回の初動状況がどういうふうに展開されたかを国と地方にそれぞれ分けて事実の確認・検証を行う（第2節）。
(3)　次にこの初動体制の問題点の整理を行う（第3節）。
(4)　これに基づき、従来の防災対策の抜本的改善をするに至る道筋と理論的背景を解明する。従来の緊急防災活動が行政技術的観点からの仕組みに依存していたが、高度経済成長に伴い都市化が急速に進むわが国においては、人口、産業が極度に都市に集中し、特に大都市においては建築物の高層・高密度化の進展によりひとたび大地震に襲われるとその被害は従来の比較にならないほど甚大なものに達することから、その認識がまだ薄い時代に形成されてきた初動の仕組み、台風などの被害のある程度予想できる場合の仕組みでは、大都市を襲う大規模地震に対しては対応しきれないことを明らかにする。そして従来の行政作用としての行政技術的改善についての議論の過程と結果を検証する。これには①情報通信体系の整備として地震情報の速報体制、中央防災無線の仕組みの改善、②非常対策要員参集要領の見直し、③非常対策要員宿舎の確保、④官邸を中心とした即応体制の整備に集約される（第4節）。
(5)　このため従来の行政技術的対応策だけに頼るのではなく、地震発生の位置、震度、マグニチュードによって当該都市の人的、物的被害を科学的手法を使って短時間で予測し、それを基にして適時、適切な緊急防災活動を行うことのできるGIS（DIS）の仕組みによる、科学的手法の導入による初動体制の改善策への過程を明らかにする（第5節）。
(6)　このようにして開発されたDISの仕組みが、緊急防災活動に機能するばか

りでなく、特に大都市において地震被害が大きいと予測される地域については、これを予め公示し、その地域が地震災害から免れるようにするメルクマールとなること、特に、「密集市街地における防災街区の整備の促進に関する法律」（密集市街地法という）が平成9年にでき、この法律による事業の基礎資料として予防的防災対策に利用すべきことを提案する（第6節）。

第1節　防災対策の経緯

　緊急防災活動が防災行政作用として実施される場合は、「法律による行政」の原則に従ってなされる。すなわち、緊急防災活動としての防災行政は、災害対策の基本を定めた「災害対策基本法」およびその他の法律に基づいて実施される。

　しかし緊急防災活動は、災害の種類によって様々な行政機関が、国、地方を問わず係わり合い、かつ、発災の時期、場所、規模等の条件によって臨機応変に対応しなければならない性質を有していることから、法律でこれらを全て規定することは不可能で、防災行政作用が機能的、効果的に実施できるような仕組みを作ることに限られている。災害対策基本法は、わが国の制定基本法のなかで164条と条文数がきわめて多く、具体的な条文が多いのではあるが、それでも防災行政作用を直接規定したものは少ない。したがって実際の防災行政作用は、災害対策基本法に基づく各種の計画、組織等のフレームワークに基づいて実施されることになる。

（1）　行政フレームワークとしての計画論
- (イ)　防災基本計画
- (ロ)　防災業務計画
- (ハ)　都道府県地域防災計画
- (ニ)　市町村地域防災計画等

（2）　行政フレームワークとしての組織論
- (イ)　中央防災会議
- (ロ)　地方防災会議（都道府県防災会議および市町村防災会議）
- (ハ)　非常災害対策本部
- (ニ)　緊急災害対策本部
- (ホ)　災害対策本部（都道府県及び市町村）
- (ヘ)　非常参集システム（災害発生時の緊急防災対策を実施する防災対策要員の指定

第1節　防災対策の経緯

と緊急時の参集要領）

(3) フレームワークとしての情報収集・連絡システム

(イ) 中央防災無線

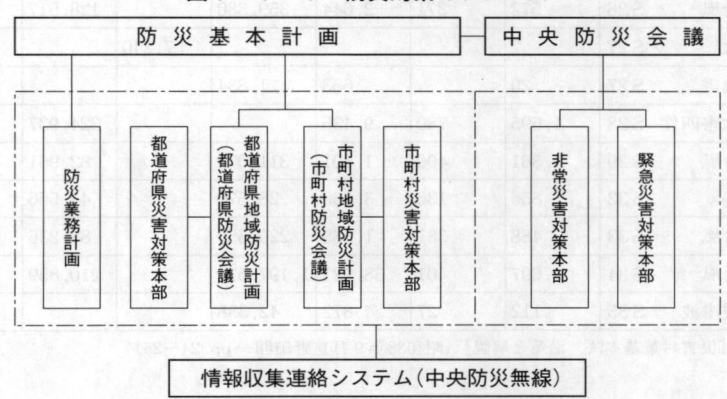

図1−1−1　防災対策のフレーム

1　災害対策基本法の制定

　自然災害および自然災害に伴いあるいは人災として発生する火災によりわが国は歴史的に苦しんできた。その意味での防災対策は古来より社会の重要な課題であり続けてきたが、明治以降の近代国家が成立して以降は、政府および地方公共団体における政治行政の重要課題と認識されてきた。

　大正14年の関東大震災、第二次世界大戦による戦禍に対し、その復興対策をいかにするかを中心として防災都市を建設しようという努力は、常に継続的に行政、学界、市民等が参加して蓄積されてきた。

　そして、昭和36年に災害対策基本法が国会で成立し、わが国の防災対策が初めて体系化、組織化された。

　防災対策はそのかなりの部分が行政作用として行われる。したがって法律に基づいて実施されなければならないことはいうまでもない。

　有史以来自然災害に苦しんできたわが国において戦後の新憲法下においても、災害対策基本法が制定されるまでの間に幾たびかの大きな災害を経験してきている。その主なものを掲げると次のとおりである。

第1章　大震災時における初動体制と防災都市計画

表1－1－1　過去の著名災害被害高表

		死者 人	行方不明 人	負傷者 人	家屋被害 戸	家屋焼失 戸	農地被害 町歩	船舶被害 隻
カスリン台風	S22	1,057	853	1,751	394,041		294,440	
福井震災	S23	3,895		16,375	46,869	3,960		
ルース台風	S26	572	371	2,644	359,380		128,517	10,415
鳥取大火	S27	2				7,240		
十勝沖地震	S27	20		653	1,834			
西日本水害四件	S28	1,695	780	9,436			324,937	42
洞爺丸台風	S29	1,361	400	1,601	311,071		82,961	5,581
諫早水害	S32	856	136	3,860	28,570		43,566	277
狩野川台風	S33	488	381	1,138	229,650		89,236	566
伊勢湾台風	S34	4,697	401	38,921	1,197,576		210,859	13,795
チリ地震津波	S35	112	27	872	42,338			1,002

（出典：『災害対策基本法　沿革と解説』（昭和38年9月）野田卯一 pp. 24～25）

　自然災害に対する防災対策としては予防、応急措置、復旧という3つの柱をたてて考えられてきたが、これらの対策は相互に有機的関連づける制度的措置はなくその根拠となる法律もバラバラかつきわめて不充分であった。

　すなわち、「気象業務法」、「災害救助法」、「水防法」、「消防法」、「警察官職務執行法」などの個別法が独立して、独自の縦割り行政のなかで行政作用が実施されていた。

　そして、災害復旧に関しては「公共土木施設災害復旧事業費国庫負担法」、「農林水産業施設災害復旧事業費国庫補助の暫定措置に関する法律」、「天災による被害農林漁業者等に対する資金の融通に関する暫定措置法」、「製塩施設法」、「農業災害補償法」、「漁船損害補償法」、「公共学校施設災害復旧費国庫負担法」、「公営住宅法」、「水道法」などの災害の原形復旧に対しては手厚い法的措置がとられ、予防対策、応急措置はきわめて手薄な措置しかとられていなかった状況にあった。

　さらに、被災市街地の復興は、建築基準法第84条第1項の規定により「特定行政庁は、市街地に災害があった場合において都市計画又は土地区画整理法による土地区画整理事業のため必要があると認めるときは、区域を指定し、災害が発生した日から1月以内の期間に限り、その区域内における建築部の建築を制限し、又は禁止することができる。」として被災市街地の復興を容易にする被災市街地の建築制限を課し、その下で土地区画整理法に基づく土地区画整理事業を都市計画の決定をし、または都市計画決定の手続きをとらずに市街地の復興を実施する

こととされたのであるが、当時復興対策は防災対策としての認識が希薄であったといえる（このことは現在の災害対策基本法においても復興対策に関する条文は規定されていないままである。復興計画に関しては第3章において詳述する）。

このような防災対策の現状を是正し、より災害対策を総合的に体系化、立法化する試み、提案はかなり前から存在していた。

（1） 日本学術会議の提言

日本学術会議は、昭和25年5月に、政府が速やかに防災に関する強力な総合調整機関を設置し、わが国における火災、水災・震災・風災等の防止軽減に対して有効適切な措置を講ぜられるよう要望書を提出し、これを受けた科学技術行政協議会では昭和27年4月次の内容の**「防災行政の刷新」**を提唱した。

㈠　防災対策について総合的見地から基本方針を確立すること
㈡　調査研究を一層徹底させること
㈢　関係機関の間の調整を一層密にすること
㈣　公共施設の維持管理の責任を明確にし、かつその履行を確実ならしめること
㈤　公共事業、特に災害復旧費に関連し、設計および施行の順位を客観的に確立して、経済効果を大にするように実施すること

（2） 北海道庁の「非常災害対策の前進」の提唱

昭和27年3月に発生した十勝沖震災の教訓を基にして非常災害対策についての研究、検討を行った北海道庁は、同年5月「非常災害対策の前進」を提唱した。

㈠　非常災害対策の必要性
㈡　非常災害に起因する現状変化ならびに破壊に関する分析
㈢　非常災害に起因する現状変化ならびに破壊を回復するための現行関係法令
㈣　現行非常災害法令はいかに整備されるべきか
㈤　非常災害対策組織はいかに整備されるべきか
㈥　非常災害を予想し、住民ならびに関係機関等はいかに訓練されるべきか
㈦　非常災害対策はいかに実施されるべきか

というものであった。非常災害に対して組織的、体系的に取り組もうとする画期的な問題提起であった。

（3） 全国知事会の提言

北海道庁の問題提起は、災害対策に悩む全国各都道府県の共通の課題でもあり、

全国知事会においてこれを重要視して取り上げ、昭和27年5月に災害対策調査委員会を設けて検討を重ね、11月に「非常災害対策法要綱」、「災害金融公庫法要綱」および、「非常災害対策施設整備要綱」を、翌28年1月に「非常災害関係法令整備要綱」を決議し、関係方面に建議したのである。

このうち**非常災害対策要綱**は、

(一) 非常災害の定義・種類・規模を決めること
(二) 非常災害対策機関を設置すること
(三) 災害の調査、対策計画の樹立と実施を決定すること
(四) 災害時の指揮監督権を法定すること
(五) 災害訓練計画、災害の住民協力その他を法定すること

とされており、災害対策基本法のプロトタイプの提案が初めて公にされた意義のある建議となった。

(4) 伊勢湾台風を契機に基本法制定

昭和34年9月26日の伊勢湾台風による東海地方の被害は死者4,600人余、負傷者約4万人という甚大な被害をもたらし、従来の対症論的災害対策から本質論としての災害対策、すなわち組織的、体系的災害対策をいよいよ実施に移さなければならないという原動力となった。

昭和35年2月の通常国会で当時の岸首相は「災害対策基本法を制定する」と言明。前年の伊勢湾台風直後から政府部内で検討されていた立法作業に替えて、昭和35年9月に自由民主党政務調査会災害対策基本法制定準備小委員会が設置されて検討が加えられ、最終的には政府提案として昭和36年5月に「災害対策基本法案」として国会に提出され、修正などが加えられた後、昭和36年11月に成立したのである。

成立した**災害対策基本法**の構成は、

(一) 防災組織（中央防災会議、地方防災会議及び災害対策本部、非常災害対策本部、災害時の職員派遣制度）
(二) 防災計画（防災基本計画、防災業務計画、都道府県地域防災計画、市町村地域防災計画等）
(三) 災害予防
(四) 災害応急対策
(五) 災害復旧
(六) 財政金融措置
(七) 災害緊急事態

とされ、その基本的体系は現在でも踏襲されている（翌37年9月に制定された「激甚災害に対処するための特別の財政援助等に関する法律」も基本的な仕組み自体は制定当初のものと変わっていない）。

(5) 災害対策基本法の意義

近代統治国家の行政作用は法律に基づいてなされなければならないことはいうまでもない。したがって、緊急防災活動も災害救助法、水防法、河川法、警察法、消防法等の個別法に基づいて実施されてきたのであるが、度重なる災害に対し政府として国民の生命、財産を守るために、総合的災害対策を実施するためにはその仕組みを構築しておかねばならない。

災害対策基本法は、まさに防災緊急活動に関する基本的フレームを示すもので、この基本法に基づいて体系的、組織的防災行政作用が可能となったのであり、その意味において災害対策基本法の制定の意義は、わが国災害対策史の上で最も重要な位置を占めるものと断言することができる。

災害対策基本法による災害対策の中心的課題は災害対策の計画と組織である。
第1に地震に限らず災害が発生した場合における緊急防災活動は国においては防災基本計画およびこれに基づく防災業務計画に基づいて行われ、地方公共団体においても地域防災計画に基づいて行われるとする計画論であり、第2に、これらの計画の作成主体、実施主体をいかに定めるかという組織論である。

以下にこの計画論および組織論について論じ、さらにその余の防災緊急活動に関連する点について述べる。

2　防災行政作用のフレームワーク（計画論）

防災行政作用は災害対策基本法の制定に伴い格段の前進を示すこととなるが、その構成は国および地方公共団体等の防災行政機関が防災計画を作成し、それに基づき防災行政作用としての防災行政を実施していくというものである。その防災計画の最上位にあるのが、中央防災会議の決定する「防災基本計画」である[1]。

この防災基本計画に基づき、中央においては指定行政機関の長は[2]、その所掌事務に関し、防災業務計画を作成しなければならないとされる[3]。

さらに、**都道府県防災会議**[4]および**市町村防災会議**は[5]、防災基本計画に基

---

(1)　災害対策基本法34条1項
(2)　災害対策基本法2条3号
(3)　災害対策基本法36条1項

づきそれぞれの地域に係る都道府県地域防災計画および市町村地域防災計画を作成しなければならないとされる。

防災基本計画は防災行政作用としての防災対策の基本フレームをなす、文字通り基本計画である。しかし、防災行政作用はこれに直接基づいて実施されるのではなく、詳細はこれに基づいて防災業務計画および地域防災計画に委ねられている。

防災基本計画は、防災対策の基本方針を示し、それに基づいて指定行政機関や地方公共団体が具体的な実施計画を作成し、防災行政作用の実施へとリンクさせている機能を有するに過ぎない。すなわち、防災基本計画は包括的、宣言的規定にとどまり、**指定行政機関の防災業務計画**、特に**地方公共団体の地域防災計画**に裁量の幅を大きく与え、防災対策の基本は制度的に地方公共団体主義であることを反映していることを示している状況にあったといえる。

その意味では、指定行政機関の防災業務計画についても防災活動を自ら実施する実動部隊のある自衛隊や警察は別とすると、国の一般行政機関の作成する防災業務計画も具体的な記述に欠ける点があったことは否めない状況にあった。

これに比べ地方公共団体の地域防災計画は、市町村にあっては消防、都道府県にあっては警察が緊急活動を実施するため初動期における防災対策はかなり詳細な記述が規定されていたといえる。

しかし、地方公共団体の地域防災計画も詳細に検討を加えて点検してみると、緊急活動としての防災行政作用の実施にあたって、必ずしも満足のいく十分なものであったとはいえないことが今回の震災の経験で明らかになった。

そこで、防災行政作用としてのフレームワークである計画論の震災前の状況を明らかにする。

1）防災基本計画

阪神・淡路大震災以前の防災基本計画は昭和34年の伊勢湾台風の教訓を基にして、昭和36年に制定された災害対策基本において法定されたもので、中央防災会議が作成し、昭和46年に一部修正されたものを使用していたが、その表現はきわめて抽象的であり、具体性を欠いていたといえるものであった。

第1章　序　説
　　第1節　この計画の目標

（4）　災害対策基本法14条
（5）　災害対策基本法16条

>   第2節　この計画の基本構想
> 第2章　防災体制の確立
>   第1節　防災活動体制の整備
>   第2節　自主防災体制の確立
>   第3節　防災業務施設及び設備の整備
> 第3章　防災業務施設及び設備の整備
>   第1節　国土保全
>   第2節　都市の防災構造化対策
>   第3節　その他の災害予防対策
> 第4章　災害復興の迅速適切化
> 第5章　防災に関する科学技術の研究の推進
>   第1節　研究の推進
>   第2節　重点をおくべき研究分野
> 第6章　防災業務計画及び地域防災計画において重点をおくべき事項
>   第1節　災害予防に関する事項
>   第2節　災害応急対策に関する事項
>   第3節　災害復旧に関する事項

　全文でもＡ４版に直して14ページに過ぎず、しかも初動期についての記述は、たとえば「情報の収集」についていえば、通信連絡施設及び設備の整備についてのみ「第2章 防災体制の確立、第3節 防災業務施設及び設備の整備」のなかで観測、予報施設及び整備について記述したあと、通信連絡施設及び設備として「予警報の伝達、情報の収集、観測施設間の連絡等のため、行政用無線施設、気象機関、水防機関、消防機関、警察機関、交通機関、医療機関等の内部及び相互間の通信連絡施設及び設備等、通信連絡施設及び設備の整備を図るもの」と規定するにとどまっている。

　災害応急対策については、各省庁の防災業務計画や地方公共団体の地域防災計画に委ね、防災業務計画及び地域防災計画において重点をおくべき事項のうち、災害応急対策に関する事項として、

(イ)　災害に対する予報及び警報の伝達ならびに警告の方法に関する事項

　（予警報および警告を迅速、かつ、正確に伝達するため、全通信施設の一体的活動による通信の確保等、伝達組織及び方法ならびに警告の発令基準等に関する計画）

(ロ)　災害時における災害に関する情報の収集に関する事項

　（災害に関する状況を迅速、かつ的確に把握し、報告する方法および組織並びに被害状況等の報告内容の基準等に関する計画）

第 1 章　大震災時における初動体制と防災都市計画

　(ハ)　水防活動、消防活動および救助活動に関する事項

　　　（水防活動、消防活動及び救助活動が迅速、かつ、適切に実施されるよう活動の組織、方法および関係機関との協力体制の確立等に関する計画）

　(ニ)　災害時における自衛隊の災害派遣の効率化に関する事項

　　　（迅速、かつ、効率的な災害派遣を確保するため、関係機関との連絡調整、災害派遣計画の作成、情報の収集、災害派遣要請およびその受理の要領、災害派遣時における活動要領等に関する計画）

等を規定している。

　防災基本計画の防災行政作用としての防災対策の観点からみると、それは宣言的であり、委任的であり、表現が抽象的であることが特徴である。通信設備については、その整備を推進することを宣言するものの、その具体的方策については下位の防災業務計画、地域防災計画に委ねている。

　また、災害時の情報収集、救助活動、自衛隊の派遣等についても下位計画を定めるべき事項として包括的に委任されている。

2）防災業務計画

　防災基本計画を受けて指定行政機関である各省庁で作成していた防災業務計画も基本的には、部分的には具体的に定められているものはあったものの総じて、詳細、具体の計画といえるものではなかった。ここでは、初動官庁である国土庁、警察庁、消防庁、防衛庁の防災業務計画について検証していくこととする。

（1）国　土　庁

　国土庁は、国の防災対策の総括的とりまとめ機関として災害対策基本法に基づく中央防災会議及び非常災害対策本部、緊急災害対策本部事務局を担当し、総理府にあった災害対策調査室の事務を昭和49年の国土庁設置に伴い所掌し、昭和59年7月に防災対策の総合的推進のための体制を整備するため「防止対策に関する企画調整官庁であり、内閣総理大臣の補佐機構である国土庁に防災局を設置すべき」[6]とされ、以後防災局がその任に当たってきたのである[7]。

　国土庁は企画調整官庁である性格上、その防災対策は関係行政機関との関係における行政作用であり、直接的、実行的行政作用ではない点、その防災業務計画は、行政相互間の手続的性格が強いものとならざるを得ない。

（6）　第2次臨時行政調査会答申（昭和58年3月）
（7）　平成13年　中央省庁の行政改革により、国土庁防災局の所掌事務は、内閣府（防災担当政策統括官）の所掌事務となった。

第1節　防災対策の経緯

　国土庁防災業務計画は昭和49年12月に作成され、その後2回修正され大震災時においては昭和61年2月に修正されたものが存在していた。その内容は、総則、災害予防対策、災害応急対策、災害復旧対策、地震防災強化計画の全文5章9ページからなるが、初動期に関する規定としては、災害予防対策としての防災情報の収集および伝達体制の強化と災害応急対策としての非常参集、災害情報の収集及び伝達、災害応急対策の調整としている。

　防災情報の収集及び伝達体制の強化として次のように限定している。

① **防災情報の連絡体制の強化**（災害対策を迅速かつ的確に実施するため、職員に対する情報連絡体制の充実強化および関係機関等との緊密な連絡体制の確保を図り、非常時の通報システムの点検整備等に努める。）

② 防災情報の利活用体制の整備（防災に関する施策の企画および立案、各種防災計画の充実・強化等に資するため、防災に関する情報の体系的な整備を図り、その利活用体制の整備に努める。）

③ 防災情報通信システムの強化（災害が発生し、又は発生するおそれがある場合に、関係機関相互の緊密な連携を確保し、災害対策を迅速かつ的確に実施するため、中央防災無線網の設備の維持管理に万全を期して、移動通信系、衛星通信系、画像伝送系の導入等により、情報通信体制の充実強化を図る。）

また、災害応急対策について、

① 非常参集（災害が発生し、又は発生するおそれがある場合には、別に定める「国土庁非常災害対策等要員参集要領」等に基づき、職員の迅速な参集を図るとともに、参集後はただちに所要の準備に努め、災害応急対策を円滑に実施するための初動執務体制をとる。）

② 災害情報の収集および伝達（災害が発生し、又は発生するおそれがある場合には、気象条件、被害状況、応急措置の実施状況等災害応急対策を総合的に実施するために必要な情報を、関係行政機関等から迅速に収集し、収集した情報はただちに分析整理し、関係機関等に適時適切に伝達する。）

③ 災害応急対策の総合調整（相当な規模の災害が発生し、又は発生するおそれがある場合には、関係省庁連絡会議の開催等により、被害状況、応急措置の実施状況等に関する情報の交換を行い、政府の講ずべき応急措置に関する必要な調整等を行って、必要に応じ被災地に係官を派遣する。）

④ 政府調査団の派遣（災害が発生した場合において、その災害の規模その他の状況から被災地を調査する特別の必要があると認められるときは、政府調査団の派遣の手続きを進める。）

⑤ 非常災害対策本部等の設置（非常災害が発生した場合において、死者、行方

不明者その他の罹災者の数、被災家屋等により判断し、当該災害による被害の程度が甚大であること、その他災害の態様等により、災害応急対策を推進するため特別の必要があると認められるときは、非常災害対策本部等の設置の手続きを進め、災害応急対策が円滑に実施できるような体制の確立に努める。）
⑥ 非常災害対策本部会議等の開催（非常災害対策本部等を設置した場合においては、ただちに非常災害対策本部会議を開催し、被害状況の把握、講ずべき措置に関する調整等を行い、災害応急対策の総合的かつ迅速な実施に努める。）
⑦ 災害緊急事態の布告及び緊急災害対策本部の設置等（非常災害が発生し、かつ、被災状況等からみて当該災害が国の経済及び公共の福祉に重大な影響を及ぼすべき異常かつ激甚なものである場合において、特別の必要があると認められるときには、災害緊急事態の布告に係る閣議請議その他の所要の手続きを行い、直ちに緊急災害対策本部の設置に係る所要の手続きを進め、緊急災害対策本部会議を開催し、緊急に講ずべき措置に関する調査等を行い、災害応急対策の総合的かつ迅速な実施に努める。）

要するに非常参集による初動執務体制をとること、特別な必要があると認められるときは政府調査団を派遣すること、甚大な被害が発生した場合に非常災害対策本部を設置することなどが決められているが、概して具体的、実践的方法まで言及しているとはいい難いのが実情であった。すなわちこうした初動体制は、運用に委ねられていたといってよい。

（２） 国家公安委員会・警察庁

昭和38年6月に作成された国家公安委員会・警察庁防災業務計画は、その後3回修正され、昭和52年9月に修正されたものが大震災時に存在したものであった。

警察庁は、災害時の主要な初動部隊の1つである、都道府県警察を指揮監督下に置いていることもあり、その防災業務計画は、国土庁のそれと比してより具体性が高いが、初動を実際に指揮し活動を実施するのは都道府県警察、警察署であることから、警察庁における災害時の体制と被災地を管轄する管区警察局および都道府県警察からの情報収集について、被害の概要、住民避難の状況の把握等の具体的な項目を列挙して定めている。

比較的具体的事項について情報収集をすることもあって、情報収集手段としての通信施設及び通信機材の整備などの充実を図ること、災害警備用の車両、ヘリコプターなどの装備充実についても国家公安委員会及び警察庁が推進することを定めている。ここでは災害時の体制と情報収集についての定めを概観しておく。

災害が発生し、又は発生するおそれのある場合における警察庁の警備体制とし

第1節　防災対策の経緯

て状況に応じ、次のような5類型の体制をとることを定めている。
① 緊急災害警備本部（災害対策基本法第105条第1項の規定に基づく災害緊急事態の布告が発せられ、若しくは発せられることが予想される場合又は国の公安に係る大規模な災害が発生し、若しくは発生するおそれがある場合には、長官を長とする緊急災害警備本部を設置）
② 非常災害警備本部（災害の発生に際して災害対策基本法第24条第1項の規定に基づく非常災害対策本部が設置され、又は設置が予想される場合には、原則として警察庁警備局長を長として設置）
③ 災害警備本部（大規模な災害が発生し、又は発生するおそれがある場合において緊急災害警備本部又は非常災害警備本部を設置しないとき、警察庁警備局長を長として設置）
④ 災害警備連絡室（災害（大規模な災害を除く）が発生し、又は発生するおそれがある場合において必要があると認めるときは、警察庁警備局警備課長を長として設置）
⑤ 地震災害警戒警備本部（警戒宣言が発せられた場合又は発せられることが予想される場合には、長官を長とする地震災害警戒警備本部を設置）

そしてこれらの緊急災害警備本部、非常災害警備本部、災害警備本部、災害警備連絡室及び警察庁警戒本部の編成および任務分担並びに警備本部等の要員の招集及び参集に関する事項が別に定められている。

警察庁の警備活動としては、次のような情報の収集及び連絡と関係機関からの情報収集をすることを定めている。

1.　情報の収集及び連絡

(1)　管区警察局及び都道府県警察からの情報収集

災害地域を管轄する管区警察局及び都道府県警察から、次の事項に関する情報を収集する。

　　ア　災害発生の急迫性の状況
　　イ　災害の発生日時および地域
　　ウ　被害の概要と拡大の見通し
　　エ　主要幹線道路等の被害および交通状況
　　オ　重要施設等の被害状況
　　カ　警察職員および警察施設に関する被害状況
　　キ　住民の避難の状況
　　ク　警察措置
　　ケ　治安状況

コ　応援の必要性の有無
　　サ　その他災害に関する事項
　(2)　関係機関からの情報収集
　　　運輸省、気象庁、建設省等の関係機関との連絡を密にして、災害に関する情報を収集する。
　(3)　管区警察局および都道府県警察ならびに関係機関への情報連絡
　　　災害に関する情報を管区警察局及び都道府県警察に連絡するとともに、必要な事項については、関係機関に連絡する。
　さらに、都道府県警察の警察活動に関する指揮監督として、国の公安に係る事案の処理のためその他必要あるときは、都道府県警察を指揮監督すべき次の事項を定めている。
　①　災害警備活動
　②　都道府県警察相互間の応援
　③　交通対策
　④　犯罪の予防および検挙
　⑤　経済事犯の取締り
　⑥　危険物の保安対策
　⑦　行方不明者の調査
　⑧　生活必需物資の確保のための関係機関への協力
　⑨　その他治安維持上必要な事項

(3)　自治省・消防庁

　昭和38年12月に消防庁防災業務計画が作成されて以来、数次の改正が行われ、大震災前は昭和55年10月に修正された自治省・消防庁防災業務計画が存在していた。

　消防庁は市町村消防と都道府県の消防防災行政を指導する業務の執行に当たる意味で、災害時の初動に深くかかわっている官庁であり、国の緊急防災活動の実施にあたっては重要な役割を果たすこととされている。ただし、警察庁が同じ自治体警察制度下において管区警察局という国の組織を有し、かつ都道府県警察の幹部を国家公務員としていることにより、国の関与、指揮がある程度強いのに比し、消防の場合は、初動自体の消防活動は市町村に任され、その活動が円滑にいくような指導が主たる任務である点、警察庁の防災業務計画と比較するとそれ程具体的には定めておらず、応急体制と災害情報の収集・伝達の円滑化等の指導を定めるものとなっていて、警察庁と国土庁のそれとの中間に位置するものと考え

てよい。

自治省・消防庁防災業務計画における初動は、応急体制と応急対策として整理されている。

(1) **消防庁の応急体制**
① 災害対策本部

災害緊急事態の布告が発せられた場合および火災、地震、台風等による大規模な災害が発生し、又は発生するおそれがあり、災害に関する情報の収集、伝達その他災害応急対策を積極的に推進するため、必要があると認めるときは災害対策本部を設置する。

② 災害対策連絡室

大規模な災害が発生し、又は発生するおそれがあり、災害に関する情報の収集、伝達等を行うため必要と認めるときは、災害対策連絡室を設置する。
そして災害対策本部又は災害対策連絡室が設置されたときの職員の招集については別に定める。

(2) **震災時の災害応急対策**
① 情報の収集、伝達

特に発災初期においては、火災の状況その他災害の状況全体を把握するため必要な情報を最優先に収集し、情報の総合的分析を行い、応急対策実施のため必要な情報を的確に関係機関に伝達するとともに、住民の安全確保を図るために必要な情報の住民への早期徹底を図るように努める。

② 消防対策

地震発生直後における出火防止、初期消火についての住民に対する呼びかけを直ちに実施できるよう指導するとともに、住民による自主防災組織、事務所、事業所等の自主防災組織等による初期消火の徹底を期するよう指導し、消防機関と他の防災関係機関とが迅速に連絡を行い、地域防災計画等に基づき、統一のとれた消防活動を実施できるよう指導する。

と規定されていた。

(4) **防　衛　庁**

昭和38年8月に作成された防衛庁防災業務計画は、その後4回修正され、大震災時においては、昭和55年6月修正されたものが存在していた。

防衛庁は我が国における防災対策において特異な位置を占める。即ち、災害救助活動を実施するには極めて有効な組織であるにも拘わらず、基本的には国の防衛が主たる任務であって、災害救助活動は従たる任務であるという意識が広く認

第1章　大震災時における初動体制と防災都市計画

識されていることおよび、その憲法上の議論からの影響を免れないことから制度的に必ずしもあらゆる災害に常時出動し得るという正当な地位を与えられていないといってよい。

自衛隊法第38条は、次のように規定する。

(災害派遣)
第83条　都道府県知事その他政令で定める者は、天災地変その他の災害に際して、人命又は財産の保護のため必要があると認める場合には、部隊等の派遣を長官又はその指定する者に要請することができる。
2　長官又はその指定する者は、前項の要請があり、事態やむを得ないと認める場合には、部隊等を救援するため派遣することができる。ただし、天災地変その他の災害に際し、その事態に照らし特に緊急を要し、前項の要請を待ついとまがないと認められるときは、同項の要請を待たないで、部隊等を派遣することができる。
3　(略)
4　(略)

すなわち、自衛隊の災害派遣は、都道府県知事の要請がなければ、事態やむを得ないと認めても出動[8]できないことが原則とされている。ただ例外として特に緊急な場合で都道府県知事の要請を待ついとまのない時に限り、自主派遣ができるとされている。

このように自衛隊はわが国の災害対策としては、主体的に活動することは制約されているのであるが、国としては唯一の初動の諸活動ができる組織であることから、その防災業務計画は、その制度的地位とは反対に他の機関の防災業務計画に比し、詳細であり具体的であることは皮肉な結果となっているといえる。

ここでは、特に初動期の活動についての規定を、少し長くなるが詳しく記すこととする。

(1) 災害派遣の実施本針

(ア)　災害派遣については、平素から関係機関と密接に連絡および協力して計画準備し、災害に際しては都道府県知事等の要請により長官又は指定部隊等の長が部隊等を派遣することを原則とするが、特に緊急を要し要請を待ついとまのないときは、長官又は指定部隊等の長の判断により部隊等を派遣する。
(イ)　救援活動の実施にあたっては、関係機関特に都道府県知事等と密接な連絡調整を保ちつつ、自衛隊の特性を発揮して人命救助又は財産の保護に当たる

---

[8]　都道府県知事の他、海上保安庁長官、管区海上保安庁本部長及び空港事務所長も知事と同じ権限を有している　(自衛隊法施行令105条)。

が、必要に応じて適切な予防派遣を実施し、被害の発生又は拡大の防止に努める。
(ｳ) 災害派遣は、人命又は財産の保護のために行う応急救援及び応急復旧が終わるまでを限度とする。

(2) 災害派遣初動の準備

指定部隊等の長は、災害発生が予測される場合には、ただちに要請に応じられるよう、次のとおり災害派遣初動の準備を実施する。

(ｱ) 災害派遣準備態勢の強化

情報収集の強化、待機勢力の指定および増加、資器材の準備等災害派遣初動の準備態勢を強化する。

(ｲ) 事務員の派遣

都道府県庁その他必要な関係機関に事務員を派遣し、情報の交換、部隊等の派遣等に関して連絡調整を図る。

(ｳ) 情報の収集等

気象状況、被害状況等に関する情報を収集し、および分析評価して、自衛隊相互間で連絡通報するとともに、必要に応じて関係機関へ連絡する。
また必要に応じて災害予想地区の事前偵察を行う。

(3) 災害派遣の実施

(ｱ) 要請による災害派遣

都道府県知事等から派遣の要請があった場合の災害派遣は、一般に次の要領で行う。

ⅰ) 災害派遣要請の受理の要領

要請の受理の要領は、通信連絡の便否、部隊等の災害派遣実施の担任区分等現地の実情に応じ、指定部隊等の長が要請権者と協議して取り決める。

指定部隊等の長は、災害派遣要請を文書によって受理するものとするが、特に緊急を要する場合は口頭、電信又は電話によって受理し、後刻すみやかに文書を提出させるよう措置する。

ⅱ) 指定部隊等の長の措置

指定部隊等の長は、派遣要請を受けた場合は、要請の内容および自ら収集した情報に基づいて部隊等の派遣の必要の有無を判断し、単独で又は他の指定部隊等の長と協力して部隊等の派遣その他必要な措置をとる。

ⅲ) 予防派遣

指定部隊等の長は、災害に際して被害がまさに発生しようとしている場合、都道府県知事等から災害派遣の要請を受け、事情やむを得ないと認めるとき

は、部隊等を派遣する。
  ⅳ）関係機関との連絡調整
　　災害派遣を命じた指定部隊等の長は、救援活動が適切かつ効率的に行われるよう、関係機関等に都道府県知事等と密接に連絡調整する。
  ⅴ）部外者の航空機搭乗
　　災害派遣中に、災害の救援に関連して部外者の航空機搭乗申請を受けた場合は、現に災害派遣中の航空機の救援活動に支障をきたさない範囲内において搭乗させることができる。
 (イ) 要請を待ついとまがない場合の災害派遣
　　災害の発生が突発的で、その救援が特に急を要し、都道府県知事等の要請を待ついとまがないときは、指定部隊等の長は、要請を待つことなくその判断に基づいて部隊等を派遣する。
　　この場合においても、できる限り早急に都道府県知事等に連絡し、密接な連絡調整のもとに適切かつ効率的な救援活動を実施するよう努める。

(4) **中央連絡班の派遣及び対策本部の設置**
　　大規模な災害が発生し、同一の自衛隊から多数の部隊等を同一地域に派遣した場合、又は陸、海、および空の各自衛隊の2若しくは3の自衛隊の部隊等を同時に同一地区に派遣した場合において必要があるときは、各幕僚監部が独自に又は協議して中央連絡班を現地に派遣して、救援活動の効率化を図る。
　　災害が大規模な場合その他特に必要があるときは、防衛庁本庁又は現地に災害対策本部を設置する。当該本部の構成、運営要領等については別に定める。

(5) **災害派遣時に実施する救援活動**
　　災害派遣時に実施する救援活動の具体的内容は、災害の状況、他の救援機関等の活動状況等のほか都道府県知事等の要請内容、現地における部隊等の人員、装備等によって異なるが、通常次のとおりとする。
 (ア) 被害状況の把握
　　車両、航空機等状況に適した手段によって情報収集活動を行って被害の状況を把握する。
 (イ) 避難の援助
　　避難の命令等が発令され、避難、立退き等が行われる場合で必要があるときは、避難者の誘導、輸送等を行い、避難を援助する。
 (ウ) 避難者等の捜索援助
　　行方不明者、傷者等が発生した場合は、通常他の救援活動に優先して捜索

救助を行う。
 (エ) 水防活動
　　堤防、護岸等の決壊に対しては、土嚢作成、運搬、積み込み等の水防活動を行う。
 (オ) 消防活動
　　火災に対しては、利用可能な消防車その他の防火用具（空中消火が必要な場合は航空機）をもって、消防機関に協力して消火に当たるが、消火薬剤等は、通常関係機関の提供するものを使用するものとする。
 (カ) 道路又は水路の啓開
　　道路若しくは水路が損壊し、又は障害物がある場合は、それらの啓開、又は除去に当たる。
 (キ) 応急医療、救護及び防疫
　　被災者に対し、応急医療、救護および防疫を行うが、薬剤等は通常関係機関の提供するものを使用するものとする。
 (ク) 人員および物資の緊急輸送
　　救急患者、医師その他救援活動に必要な人員および救援物資の緊急輸送を実施する。この場合において航空機による輸送は、特に緊急を要すると認められるものについて行う。
 (ケ) 炊飯および給水
　　被災者に対し、炊飯および給水を実施する。
 (コ) 救援物資の無償貸付又は譲与
　　「防衛庁の管理に属する物品の無償貸付および譲与等に関する総理府令」（昭和33年総理府令第1号）に基づき、被災者に対し救援物資を無償貸付し、又は譲与する。
 (サ) 危険物の保安及び除去
　　能力上可能なものについて火薬類、爆発物等危険物の保安措置および除去を実施する。
 (シ) その他
　　その他臨機の必要に対し、自衛隊の能力で対処可能なものについては、所要の措置をとる。

　この規定を見る限りは、自衛隊は自己完結的に緊急防災活動を実施できるようになっていることが明確である。
　しかし、都道府県知事の派遣要請手続は、原則として文書で災害の状況および

第1章　大震災時における初動体制と防災都市計画

派遣を要請する事由、派遣を希望する期間、派遣を希望する区域及び活動内容、その他参考となるべき事項を記入することとされていて、包括的要請ではなく限定的要請であることから緊急時における運用に制約を加える結果となっているといえる。

3）地域防災計画

災害対策基本法における原則的災害対策官庁は地方公共団体とされている。したがって各地方公共団体の定める地域防災計画は、国の防災業務計画よりかなり具体的に規定されている。

（1）兵　庫　県

兵庫県防災会議は昭和38年に兵庫県地域防災計画を作成し、昭和62年に風水害編と震災対策編に分けて作成、その後平成5年に修正されたものが存在していた。

そしてそのなかの災害応急対策計画において地震により兵庫県の地域に大規模な災害が発生し、又は発生するおそれがある場合には災害対策本部を設置することと定め、災害対策本部の設置、職員の配備体制は災害の規模等によって決定されるものであるとし、あらかじめその基準を定めておくことはかえって実情に合わないとするが、一般的な設置基準として次の表の如くとし、その都度災害対策本部、本部室総括班から伝達するとされていた。

表1－1－2　災害対策本部設置基準および配備体制

設　置　基　準	配　備　体　制
1　兵庫県の地域において震度5以上を観測したとき	第2号配備体制又は第3号配備体制
2　兵庫県の地域に大規模な津波の発生が予想されるとき。（11区又は13区に「オオツナミ」の津波警報が発表されたとき）	同　　　　上
3　大規模地震対策特別措置法第9条に基づく「地震災害に関する警戒宣言等」が発せられ、兵庫県の地域にもかなりの震度が予想されるとき。	第1号配備体制

（注）・第1号配備体制　所属人員のうちからあらかじめ定めた小数の人員を配備し、主として情報の収集・伝達等にあたる体制
　　　・第2号配備体制　所属人員のうちからあらかじめ定めた、概ね5割以内の人員を配備し、災害応急体制にあたらせる体制
　　　・第3号配備体制　原則として所属人員の全員を配備し、災害応急対策に万全を期してあたる体制
　　　・11区　　瀬戸内海沿岸地区
　　　・13区　　日本海沿岸地区
（出典：「兵庫県地域防災計画」震災対策計画編（平成5年修正版）兵庫県防災会議 p. 161）

そして情報と通信および広報計画、消防応急対策計画、避難計画、被災者の救助計画、警備計画、道路交通の確保に関する計画、緊急輸送計画、港湾等の公共施設、鉄道、電力、ガス等の公益施設の応急対策について定めるが、都道府県としての性格上、比較的調整、支援的規定にとどまっているといえる。

(2) 神 戸 市

神戸市地域防災計画も兵庫県と同様、震災前から国の防災業務計画に比較するとより具体的・実践的に規定が設けられていた。

神戸市地域防災計画は、昭和38年4月に設置された神戸市防災会議が作成したが、昭和60年に地震対策を充実、強化するため神戸市地域防災計画に地震対策編を策定するため同会議に地震対策部会が同年6月に設置され、数回にわたる審議検討を重ねて昭和61年6月に作成され、その後昭和63年6月に修正されたものが現存していた。

本計画が全文約300頁に対し、震災対策論は全文約110頁ではあるが、震災に関してはこれが実動的なマニュアルとされていた。

(1) **災害対策本部**

地震による災害が発生し、又は、災害が拡大する恐れがある場合において、強力に防災活動を推進するために必要があると認めるときは、市長は、災害対策基本法第23条第1項の規定に基づき、神戸市災害対策本部を設置するものとし、災害対策本部の組織、運営の方法等については、神戸市の各行政組織における平常時の事務および業務を基準とし、災害に即応できるよう定めることと定める。

(2) **職員動員計画**

まず第1に、「本市に所属するすべての職員は、勤務時間外においても、震度階級Ⅴ[9]以上の地震が発生した時は、自己の判断によりただちにあらゆる手段をもって、あらかじめ指定された場所へ出動しなければならない。」と動員の原則を定め、第2に「各部長及び区本部長は、つぎの区分により、事前に所属職員の出動場所を指定し、その職員の任務分担を明確にしておかなければならない。」と動員の区分の明確化を規定し、各部長及び区本部長の職務として、防災活動を実施するのに必要な職員を確保するため、次により所属職員を事前指名し、発震時において自動的にその勤務場所へ出動させるものとする。

(ア) それぞれの局区の責任ある地位にある職員（課長相当職以上のもの）。
(イ) 直近動員によって出動した職員の指揮者として活動することのできる職員。

---

(9) 震度5のこと

(ウ)　防災対策上欠くことのできない次の業務を担当する職員。
　　①　情報収集要員
　　②　本部、関係機関等連絡要員
　　③　避難対策要員
　　④　業務上、警戒監視、緊急措置等を行う必要のある職員
　　⑤　特殊業務を担当するもの等、防災対策上所属長が必要と認める職員
(3)　情報収集、伝達広報計画

　地震災害に伴う災害情報、被害状況の収集、報告について各部長はあらゆる手段を用いて状況を収集、把握し、被害状況が確定するまでの間、定められた報告系統により災害対策本部あて報告するものと規定し、報告の内容としては、

　(ア)　地震の概況
　(イ)　被害の状況
　　①　庁舎等所管施設、設備等の損壊状況
　　②　周辺建物の倒壊状況
　　③　道路交通障害の発生状況
　　④　火災の発生、延焼状況
　　⑤　人命危険の有無および人的被害の状況
　(ウ)　市民の動向
　(エ)　避難の必要の有無、および避難の状況
　(オ)　消防、水防機関の出動状況
　(カ)　職員の派遣の状況
　(キ)　救助活動の状況
　(ク)　応急措置の状況
　(ケ)　その他必要な事項

と具体的な指示が規定された。

　そして「地震発生直後の災害発生拡大期における情報収集にあたっては早期に全市的被害程度をはかることが急務であるので、ヘリコプター、高所見張り、アマチュア無線を効果的に活用して被害発生状況の把握に努める。」と努力規定がおかれている。

(4)　応急消防活動計画

　地震発生後、ただちに監視テレビ等から迅速かつ確実な消防情報収集を把握し、防災関係機関との密接な連携のもとに消防活動を行うものとする。極力火災の鎮圧につとめ、重要地区から、重点防御により延焼拡大防止にあたるほか、住民の

避難誘導、救急救助を主眼とした対策を行うものとする。併せて消防職、団員の招集と必要に応じて他都市消防機関の応援を求め部隊増強を図り、速やかに必要な体制を整え、地震火災の被害を最小限に阻止するものとすると規定し、的確な情報の把握は、適切な部隊運用に不可欠であるという前提の下に、大地震時は通信機器の障害、人心の動揺等によって必要な情報の収集はきわめて困難となるため、情報の収集要員として、「消防署所は、発災後直ちに、高所見張員の配置、ヘリコプターによる状況調査等あらゆる手段で積極的な情報把握に努めるとともに、無線又は急使等によって消防本部へ報告するものとする。」としている。収集情報内容として、

- (ア) 火災発生および延焼状況と要救助事案及び避難状況
- (イ) 道路、橋梁等交通の状況
- (ウ) 消防隊の編成、活動状況および資器材の状況
- (エ) 通信施設、機器の障害の状況
- (オ) 署所および重要対象物の被災状況
- (カ) 住民の動向等消防活動上必要と認める事項

管制室は発災後ただちに署所からの情報ならびに監視テレビおよび航空機、関係機関からの情報を収集する一方、作戦室に情報収集本部を設けてこれらの情報を整理、分析して事後の部隊運用、防災関係機関との連絡協調、住民に対する広報等に活用するものとする。

さらに、初動として重要である広域避難計画と避難誘導、緊急物資輸送路、医療救護計画、避難者収容計画、応急給水計画、食糧、物資供給計画、防疫・清掃計画等が詳細かつ具体的に定められており、基礎的自治体として最も住民に身近な市の防災計画として程度の高いものだったといえる。

3　防災行政作用のフレームワーク（組織論）

1）中央防災会議・地方防災会議

防災行政作用は法律に基づく計画に基づいて実施されるが、それは防災行政作用を実施する適格を有する者によって行われなければならない。しかし、災害自体がひとたび起こると社会のあらゆる面に影響を与えるものであるから、それに携わる行政主体はきわめて多岐にわたることとなる。しかも防災対策はひとたび災害が起こってから実施されるだけでなくそれを予防する対策、災害が発生した時に備えておくべき応急の対策、災害によって被害を受けた人的、物的損害の復旧、復興、再建等を実施していかなければならない。

したがって、こうした災害に備えるため中央においては、中央防災会議、地方においては都道府県防災会議および市町村防災会議[10]が必置機関とされ、国の防災の基本的重要事項や、都道府県、市町村の地域の防災計画の推進について防災対策を進めていく重要な機関として位置付けられている。

この中央防災会議、都道府県防災会議、および市町村防災会議は必置・常設機関であるが、具体的に実施権限は附与されていないため、災害が発生すると各行政主体が計画に基づいて防災行政作用を実施することとなる。

しかし、前述の如く防災対策は関係する行政機関が多く、総合性を確保し、しかも緊急に実施する必要があるため、臨時の組織として非常災害対策本部、緊急災害対策本部が設置できるようにされている。

また、これらの本部の対策を迅速に実施に移すための関係職員の非常参集システムも必要となってくる。

以下に震災前における組織体制について概観をしておく。

2）非常災害対策本部

非常災害が発生した場合において、当該災害の規模その他の状況により当該災害に係る災害応急対策を推進するため特別の必要があると認めるときは、内閣総理大臣は、国家行政組織法第8条の3の規定にかかわらず、臨時に総理府に非常災害対策本部を設置することができる、と災害対策基本法第24条は規定する。

そして、非常災害対策本部の長は、非常災害対策本部長とし、国務大臣をもって充て、非常災害対策本部の事務を総括し、所部の職員を指揮監督する（災害対策基本法 第25条第1項および第2項）。

非常災害対策本部の本部員は各省庁の職員をもって構成され（同法25条5項）、各省庁や地方公共団体の実施する災害応急対策の総合調整および必要な指示[11]をする権限が付与されている（同法28条1項および2項）。

3）緊急災害対策本部

災害対策基本法は、その第105条で、

（災害緊急事態の布告）
第105条　非常災害が発生し、かつ、当該災害が国の経済及び公共の福祉に重大な影響を及ぼすべき異常かつ激甚なものである場合において、当該災害に係る災害応急対策を推進するため特別の必要があると認めるときは、内閣総理大臣は、閣議にかけ

---

(10) 災害対策基本法11条、14条、16条
(11) 講学上および法令解釈上この指示権は、強制力がないものとされている。

て、関係地域の全部または一部について災害緊急事態の布告を発することができる。
2 前項の布告には、その区域、布告を必要とする事態の概要及び布告の効力を発する日時を明示しなければならない。

という規定を置いている。

そしてこの災害緊急事態の布告があったときは、内閣総理大臣は国家行政組織法第8条の3の規定にかかわらず、閣議にかけて、臨時に総理府に緊急災害対策本部を設置するものとし、この場合において、当該緊急災害対策本部の所管区域は、当該災害緊急事態の布告に係る地域とするとされる（同法107条1項）。

さらに、緊急災害対策本部長は、内閣総理大臣をもって充て、緊急災害対策副本部長は、国務大臣をもって充てることとされ、その他の本部員は各省庁の職員をもって充てられる（同法108条1項～3項）。

4）災害対策本部

第1の非常災害対策本部及び第2の緊急災害対策本部は中央の組織であるが、地方においてもその必要があることから、都道府県又は市町村の地域について災害が発生し、または災害が発生するおそれがある場合において、防災の推進を図るため必要があると認めるときは、都道府県知事又は市町村長は、都道府県地域防災計画又は市町村地域防災計画の定めるところにより、災害対策本部を設置することができることとし、災害対策本部長とし、都道府県知事または市町村長をもって充て、災害対策本部に、災害対策副本部長、災害対策本部員その他の職員を置き、当該都道府県または市町村の職員のうちから、当該都道府県の知事または当該市町村の市町村長が任命することとされている（同法23条1項～3項）。

5）非常参集システム

災害対策、特に緊急災害対策において重視しなければならないことは迅速性である。災害対策要員が緊急の災害発生に即応し、チームとして防災行政作用を実行に移すためには、防災対策要員が緊急時に迅速に参集し、集中的に防災対策を実施に移していかなければならない。

このため、初動官庁を中心に指定行政機関においては非常参集システムを構築しているのが通常である。既に前述の防災業務計画において述べていることもあり、ここでは防災行政の総括的調整をしている国土庁の非常参集システムを例示しておく。

ここでは、地震災害について地震予知連絡会の判定会の招集という、地震発生

の緊迫性のある場合と、発生した地震の震度の大小によって、また地域の想定被害の大小によって参集の度合いに差がつけられている。

(1) 国土庁非常対策要員参集要領

国土庁防災業務計画第3章　災害応急対策第1非常参集ならびに災害情報の収集および伝達に「別に定める」とされている「国土庁非常災害対策等要員参集要領」による国土庁の非常参集事由と参集範囲は、次のように定められていた。

表1－1－3　非常対策要員の参集範囲

国土庁非常災害対策要員	参集すべき事由、参集範囲				
	判定会招集	震度6以上		震度5以上	
		東京都	その他	東京都	その他
① 長官、政務次官、事務次官、官房長	◎	◎	◎	○	○
② 長官官房各課（水資源部の課及び広報室を除く）の非常災害対策要員	◎	◎	◎	○	○
③ 防災局長、防災担当審議官　④以外の防災局の非常災害対策要員　広報室の非常災害対策要員	◎	◎	◎	◎	◎
④ 防災局の非常災害対策要員のうち、あらかじめ各課長から指名されている職員	◎	◎	◎	◎	◎
⑤ 水資源部、計画・調整局、土地局、大都市圏整備局、地方振興局の非常災害対策要員	◎	◎	○	－	－

（洪水、噴火等上記の非常災害時にあっては、別途、防災局長の指示により参集を行う）
　備考：◎　直ちに参集すべき者
　　　　○　特に指示等がない限り自宅等で待機する者
　　　　－　特に指示等がない限り参集及び待機の必要のない者
（出典：非常災害時における参集要領（平成4年7月23日国防企第146号）国土庁）

　国土庁は災害対策の実動官庁ではないため、災害に対して非常参集要領が定められているが、警察庁、防衛庁の緊急時に実動することを任務とする官庁においては、特段の定めがなくとも常時非常事態に備える体制が整えられているので、特段非常参集要領のようなものは定められていない。

　また、消防庁はそれ自体実動官庁ではないので、情報の収集要員を定めていることは、消防庁防災業務計画のところで述べたとおりであり、兵庫県、神戸市の地域防災計画においても、一般の行政官庁としての非常参集要領というべき規定をそれぞれの計画の中で定めていることは前述のとおりである。

4 防災行政作用のフレームワーク（情報収集連絡システム）

情報通信体系－中央防災無線

　災害対策、とくに緊急時においては被害の実態、災害緊急活動の状況等が関係各機関の間で連絡が容易、迅速に行われる必要がある。

　被災の災害情報はNTTの電話回線を通しても入手可能であるが、これとは別に専用の防災無線が必要であることは早くから認識されていて、防災基本計画においても行政用無線施設の整備を図るべきと定められ（第2章 防災体制の確立、第3節 防災業務施設および設備の整備、2.通信連絡施設及び設備）、さらにこれを受けて国土庁防災業務計画において中央防災無線網の設備の維持管理に万全を期するとともに、移動通信系、衛星通信系、画像伝送系の導入等により情報通信体制の充実強化を図るべきことと規定されている（第2章 災害予防対策、第4 防災情報の収集及び伝達体制の強化）。

　中央防災無線は国土庁が発足した昭和49年度から本格的な整備に向けての検討が行われ、昭和53年度にまず行政機関相互、昭和57年度にNHK、電力、ガス、鉄道などの指定公共機関にも拡充され逐次整備を図ってきており、中央防災無線網は、震災前は図1－1－2の状況にあった。

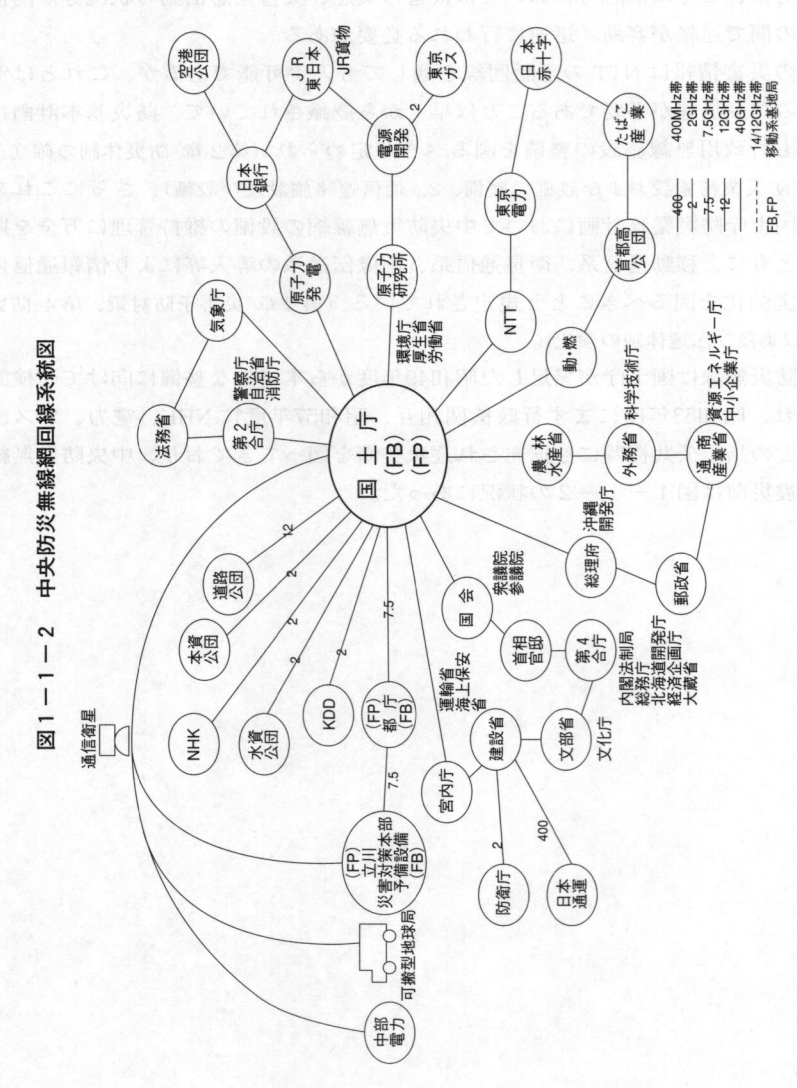

第1章　大震災時における初動体制と防災都市計画

図1-1-2　中央防災無線網回線系統図

(国土庁資料（平成7年9月）)

第2節　初動体制

1　国の状況

　平成7年1月17日(火)**午前5時46分**、淡路島を震源地とする地震が発生した。
　気象庁は、**6時7分**国土庁はじめ関係機関に同報FAXで地震情報を決められた通りに連絡する。その内容は**6時4分**発表、「震度5京都、彦根、豊岡」というものであった。これを受け国土庁の宿直要員が一斉連絡装置（ポケベル）によって非常参集開始をするが、震度5の場合は自宅待機という決まりとなっていたので、直ちに登庁する必要がないものと受け止められた。**6時21分**に気象庁は**6時18分**発表として「震度6神戸」と震度情報を上方修正し、国土庁等へ同報FAXを送ったが、国土庁の一斉連絡装置は当時はこうした震度の変更については作動しないシステムとなっていたため、非常参集要員は気象庁の震度情報をテレビ、ラジオを通じて知り登庁することとなった。非常参集は連絡を受けてから30分程度で登庁することとされていたので、**6時45分**から防災局職員が登庁しはじめる。登庁した職員は**6時50分**から警察庁、消防庁の宿直要員に対し、被害情報の収集開始をするものの、人的被害についてはこれらの省庁にも情報がもたらされていない状態が続くこととなる。テレビ画面で映し出される映像から極めて大きな地震が発生したものとして防災局職員はほぼ10分おきに警察庁、消防庁と被害情報についての照会をするが、**7時30分**になって警察庁から負傷者17名という情報に接することとなる。このような状況下で、NHK神戸放送局の地震のあった時のロールバックの画像による地震の揺れの大きさ、阪神高速道路の倒壊の画面からみて大きな被害が出ているものと判断し、**7時30分**に非常災害対策本部を立ち上げる手続きを関係省庁と取り始める。被害甚大という認識はあっても実際の被害について現地からの情報は通信回線の途絶え、あるいは回線不足からなかなか中央省庁への正確な状況把握に足る情報が到達してこなかった。
　10時の閣議において非常災害対策本部の設置が閣議決定され、**11時30分**には、第1回非常災害対策本部が開催され、会議においては、速やかに政府調査団を現地に派遣するとともに、重点的に実施すべき事項として、

① 　余震に対する厳重な警戒
② 　被害状況の的確な把握
③ 　行方不明者の捜索・救出
④ 　被災者に対する適切な救済措置

⑤　火災に対する早期消火
　⑥　道路、鉄道、ライフライン施設等、被災施設の早期応急復旧
の6項目を非常災害対策本部決定事項として決定し、これらの決定事項に基づき、各省庁において被害応急対策に万全を期すよう本部長が指示した。

　この決定に基づき関係省庁の対策が本格化していく。現地においては、兵庫知事が事態の重大さに鑑み、自衛隊に災害派遣の要請を自衛隊法第83条第1項に基づき行われ、姫路にある第3師団特科連隊を派遣することとなる。

　こうした活動が本格化するものの、予想を超える被害によって交通の寸断、渋滞、対策要員の被災等によって充分な救命救急、消火活動ができず、結局、兵庫県における被害状況は、

死者・行方不明者		6,436人
負傷者		40,092人
建物	全壊	104,004棟
	半壊	136,950棟
	全焼	6,147棟
	半焼	64棟

という戦後最大の被害を被る大惨事となったのである。

　国土庁、警察庁、消防庁および防衛庁に震災発生当日の初動状況を時系列で整理すると表1－2－1初動対応一覧(国)のとおりとなる。

表1－2－1　初動対応一覧（国）

日・時間	国土庁	警察庁	消防庁	防衛庁
5:46	地震発生			
6:00				防衛庁長官へ秘書官より連絡、被災派遣に万全を期すよう長官より指示
6:05			気象庁から地震情報（第1号）受理 関係道都県に対し直ちに適切な対応及び被害報告に関し指示	
6:07	気象庁同報FAX（6時4分発表・震度5京都、彦根、豊岡）を受信			
6:08	一斉情報連絡装置により非常参集開始（大臣秘書官はじめ国土庁災害対策要員等へ連絡）			
6:19			気象庁から地震情報（第2号）受理	
6:21	気象庁同報FAX（6時18分発表・震度6神戸）を受信			
6:30		警察庁警備局警備課長を長とする「災害警備連絡室」を設置		

第 2 節　初動体制

日・時間	国 土 庁	警 察 庁	消 防 庁	防 衛 庁
6:33			気象庁から地震情報（第3号）受理	
6:41			気象庁から地震情報（第4号）受理	
6:45	防災局職員登庁	被災地区への車両の乗り入れを防ぐため交通情報板等を通じた広報を開始		
6:50	警察庁、消防庁に対する被害情報収集開始（人的被害については不明）			
7:00	総理秘書官と情報連絡（防災企画官） 警察庁、消防庁に被害状況照会（人的被害については不明）			
7:10	官房長官秘書官と情報連絡（防災企画官） 警察庁、消防庁に被害状況照会（人的被害については不明）			
7:20	警察庁、消防庁に被害状況照会（人的被害については不明）			
7:30	非常災害対策本部の設置手続きを開始（これまでの間、警察庁・消防庁の情報いずれも人的被害は不明であるものの、防災局としては、甚大な被害が発生している可能性が高いと考えられると判断） 総理秘書官、官房長官秘書官、大臣秘書官と防災企画官が情報連絡 警察庁からはじめて人的被害としては負傷者17名という情報を入手			
7:35	総理秘書官に把握している被害状況を報告			
7:50	官房長官秘書官に把握している被害状況を報告			
8:00			消防庁災害対策連絡室（室長:消防庁次長）設置	
8:13	消防庁から負傷者12名との情報入手			
8:20	警察庁から負傷者24名との情報入手			
8:30	災害対策関係省庁連絡会議を開催する旨の通知をFAX送付	警察庁警備局長を長とする「災害警備本部」を設置（格上げ）		
8:40	総理秘書官に把握している被害状況を報告			海自・幕僚監部において非常勤務態勢確保
8:49	消防庁から負傷者12名との情報入手（8:13と同じ）			
8:55	警察庁から負傷者30名			

39

第1章　大震災時における初動体制と防災都市計画

日・時間	国土庁	警察庁	消防庁	防衛庁
	との情報入手			
9:00	防衛庁に対し被害状況について問い合わせ（わからないとの回答）非常災害対策本部閣議決定案を内閣総務課へFAX送付		消防庁地震災害対策本部（本部長・消防庁長官）設置	陸自・幕僚監部は第1種非常勤務態勢に移行
9:05	防災業務課長が兵庫県総務部長に電話連絡（被害状況、自衛隊の派遣要請）			
9:10	官房長官秘書官に把握している被害状況を報告　非常災害対策本部設置閣議請議案について事務次官まで決裁終了			
9:30	消防庁から兵庫県の数値を含まないもので死者1名、負傷者52名という情報入手			
9:30	警察庁からは死者22名、負傷者222名との情報入手			
9:33				空自・救難機、輸送機等の待機準備
9:45	官房長官秘書官に把握している被害状況を報告			
9:50	総理秘書官に把握している被害状況を報告			
9:55	消防庁から死者1名、負傷者52名との情報入手			
10:00			兵庫県から消防庁に対し、消防組織法24条の3に基づく応援の要請　消防庁から各県への応援要請　大阪府下の消防本部、広島市消防局、名古屋市消防局、東京消防庁に出動を要請	兵庫県知事から姫路駐屯地司令へ災害派遣要請
10:04	閣議で非常災害対策本部（本部長：小澤国土庁長官）の設置を決定			
10:15	警察庁から死者74名、負傷者222名との情報入手		（10:15～10:35）東京消防庁、川崎市消防局、横浜市消防局、名古屋市消防局等6消防本部にヘリコプター出動を要請	
10:25			京都市消防局にヘリコプターの出動を要請	
10:35			千葉市消防局にヘリコプターの出動を要請	
10:45	海上保安庁から政府調査団の輸送について問い合わせあり			
10:50	防衛庁に政府調査団の輸送依頼			

第2節　初動体制

日・時間	国 土 庁	警 察 庁	消 防 庁	防 衛 庁
10:58	消防庁から死者1名、負傷者54名との情報入手（災害対策関係省庁連絡会議での報告数値）			
11:00	災害対策関係省庁連絡会議・小澤長官の閣議後記者会見			防衛庁兵庫県南部地震対策本部設置（防衛庁長官）
11:23				陸自・第1ヘリ団（CH-47）木更津出発
11:30	第1回非常災害対策本部会議（小澤長官出席）			
11:31				海自・小松島航空隊（HSS×4）による状況把握
11:45			消防庁長官が被災地の現地視察へ出発　岡山県、岐阜県、三重県、和歌山県、香川県、滋賀県の近隣6県下消防本部に出動を要請	
11:50	小澤長官の非常災害対策本部会議後の記者会見			
12:00	兵庫県庁と政府調査団の日程の打合せ開始	12:00現在「死者203人・負傷者711人・行方不明者331人」と発表		
12:40	小澤長官が国土庁出発			
13:10				
13:35			(13:35～20:25)　岐阜県、香川県等14県に対しヘリコプター、陸上部隊等出動を要請	
13:40			大阪市消防局10隊50人長田に到着　以降17:00までヘリコプター8機、陸上自衛隊70隊417人が現着　累計80隊、467人	
14:07				
14:08			広島県下の消防本部に出動を要請	
14:30	政府調査団が自衛隊入間基地を出発（政府調査団団長：小澤長官）		政府調査団に担当官1名を派遣	
14:34			福岡県下の消防本部に出動を要請	
14:47			徳島県下の消防本部に出動を要請	
15:30	伊丹空港着			
15:53	伊丹空港発、自衛隊ヘリコプターによる上空からの被災地調査（西宮市、伊丹市、芦屋市、神戸市、明石市、淡路島を上空から調査）			
18:05	兵庫県庁着（貝原兵庫県災害対策本部長との			

第1章 大震災時における初動体制と防災都市計画

日・時間	国土庁	警察庁	消防庁	防衛庁
18:45	会見） 小澤長官記者会見			
18:50		18:45現在「死者1,042人・負傷者3,569人・行方不明者577人」と発表		
20:00	政府調査団宿泊場所着			
21:00		20:45現在「死者1,311人・負傷者4,241人・行方不明者1,048人」と発表		

資料：1.『阪神・淡路大震災復興誌』（平成12年2月23日）総理府阪神・淡路復興対策本部事務局 pp. 11～16
　　　2.「阪神・淡路大震災関係資料 Vol. 1」第3編地震対策体制第1章初動体制　初動（1999.3）総理府阪神・淡路復興対策本部事務局 pp. 26～27、33～40
　　　3.『阪神・淡路大震災復興誌』（第1巻）（1997年3月31日）兵庫県・（財）21世紀ひょうご創造協会 pp. 725、736、740、755、775
　　　4.『阪神・淡路大震災―神戸市の記録1995年―』（平成8年1月）神戸市 pp. 175～204
　　　5.『阪神・淡路大震災神戸復興誌』（平成12年1月12日）神戸市 pp. 25～41
　　　6.「阪神・淡路大震災　検証証言総括」（平成12年4月）震災対策国際総合検証会議 pp. 11～24
より作成

2　地方の状況

　被災地である兵庫県、神戸市は防災を担当する職員やその家族、近親者等が被災者であり、極めて困難な状況におかれ、初動時の詳細な記録も正確に残されているとはいえないことはやむを得ないが、事態の重大さは一番分かっているため、災害本部の設置やその会議は国より早く開始されている。兵庫県警では警察庁を通じ、近隣各県への応援要請がなされ、姫路におかれている自衛隊第三師団も被災地へ向けて応急活動を開始するが、この初動状況は表1－2－2初動対応一覧（地方）に示す。

表1－2－2　初動対応一覧（地方）

日・時間	兵庫県	神戸市	兵庫県警等	自衛隊
5:46	地震発生			
5:55	地震情報第一報（大阪管区気象台） 「震源地は淡路島北部マグニチュード7.2と推定、豊岡・彦根・京都で震度5」と発表			
6:00				陸自・中部方面隊は第1種勤務態勢を確保
6:10			兵庫県警察では、県下警察署に対し、署員招集を指示 全国の機動隊等に対し、公安委員会の要求に基	

第2節　初動体制

日・時間	兵庫県	神戸市	兵庫県警等	自衛隊
			づく出動の準備を指示	
6:13	大阪管区気象台「神戸、震度6」の烈震と発表			
6:15			兵庫県警察災害警備本部を設置 損壊した道路等への立入りを制限	
6:20			近畿管区警察局長を長とする「災害警備本部」を設置	陸上自衛隊中部方面総監部、非常呼集を発令
6:30				陸上自衛隊第3師団司令部（千僧駐屯地）に師団指揮所を開設する等派遣準備を開始 陸自・中部方面総監部は第3種非常勤務態勢に移行
7:00	兵庫県災害対策本部設置	神戸市災害対策本部設置		
7:14				陸自・中部方面航空隊等（OH-6×2）による状況把握（以後、適時実施）
7:58				陸自・第36普通科連隊（伊丹）48名による災害派遣実施
8:11				海自・徳島教育航空群（S-61A）による状況把握
8:20				陸自・第36普通科連隊（伊丹）206名による災害派遣実施
8:30	兵庫県、第1回災害対策本部会議を開催		近畿管区機動隊第2大隊が出動。 以後、出動準備が整った部隊から順次兵庫県へ向け出動	
9:30		兵庫県知事に対し、自衛隊の派遣を要請	第1回地震被害状況を発表「死者8人、生き埋め189人、行方不明33人、犠牲者はさらに増える見込み」	
9:40				海自・輸送艦「ゆら」呉港出発
9:50				海自・護衛艦「とかち」呉港出発
10:00	兵庫県知事から自衛隊派遣要請		徳島県警察機動隊約30人が淡路島被災現地に到着、被災者等の救助活動を開始。以後、順次四国内の機動隊等が淡路島被災現地に到着、救助活動を開始	第3特科連隊（姫路駐屯地）を神戸地区へ派遣
11:10			京都府警察機動隊約100人が兵庫県下伊丹市内被災現場に到着、被災者等の救助活動を開始 以後、順次近畿管区機動隊、中国管区機動隊等が兵庫県下被災現場	

第1章　大震災時における初動体制と防災都市計画

日・時間	兵 庫 県	神 戸 市	兵庫県警等	自 衛 隊
			に到着、救助活動を開始	
13:10				自衛隊姫路第3特科連隊216名が到着（自衛隊第1陣）、救助活動を開始
13:40				陸自・第36普通科連隊（伊丹）118名による芦屋市における救助活動 海自・第1輪送艦「みうら」「さつま」横須賀港出港
14:07				陸自・第15普通科連隊（善通寺）86名淡路島へ派遣

資料：1.『阪神・淡路大震災復興誌』（平成12年2月23日）総理府阪神・淡路復興対策本部事務局 pp. 11〜16
　　　2.「阪神・淡路大震災関係資料 Vol. 1」第3編地震対策体制第1章初動体制　初動（1999.3）総理府阪神・淡路復興対策本部事務局 pp. 26〜27、33〜40
　　　3.『阪神・淡路大震災復興誌（第1巻）』（1997年3月31日）兵庫県・（財）21世紀ひょうご創造協会 pp. 725、736、740、755、775
　　　4.『阪神・淡路大震災—神戸市の記録1995年—』（平成8年1月）神戸市 pp. 175〜204
　　　5.『阪神・淡路大震災神戸復興誌』（平成12年1月12日）神戸市 pp. 25〜41
　　　6.「阪神・淡路大震災　検証証言総括」（平成12年4月）震災対策国際総合検証会議 pp. 11〜24
より作成

第3節　初動体制の問題点の整理

1　事実の整理

　未曾有の大災害となった阪神・淡路大震災は、テレビで全国の人がリアルタイムの現場の悲惨な状況を見て消火活動、人命救助がはかどらないことに対し、行政の初動体制に対する批判が噴出し、大震災時の初動体制の抜本的改善が必要となり、多角的な検討を加えられることとなる。

　その根本は、大震災に対するしくみ、考え方が時代の進展に合わなくなってきていることに起因するものであるといっても過言ではない。したがって、ゼロベースからの見直しが必要となってくる。その根本的初動体制のしくみの改善を論ずるに当たって、一般に報道機関によって一般市民が周知することとなったことと客観的事実とのギャップについてもあらかじめ調べておく必要がある。

　初動の遅れの批判のなかには、死者が膨大な数になったのは国をはじめとする行政、自衛隊の導入の遅れなどによるものという意見も多かったことなども検証しておく必要があり、これは冷静に分析し、仕組みの改善や、以後の同様の震災

第3節　初動体制の問題点の整理

が起こった時への対処の仕方にも影響を与えるものと思われるからである。ここではこのような大震災の場合、国の防災緊急活動のあり方がとくに問われることから、国の初動体制についてとくに重要とされた問題点を整理することとする。そのための事実をまず整理・把握しておく。

（1）　非常災害対策本部
(a)　立ち上げ時期

　阪神・淡路大震災が起こった時以前から約10年の間におきた地震災害を含む、ある程度の大きな災害と非常災害対策本部の設置の有無と災害発生時から設置までの所要時間を調べてみると、次表のとおりであるが、設置されている場合といない場合が拮抗しているが、設置されている場合でも、半日後が一番早くて平成5年7月12日の北海道南西沖地震（震度5）、次が平成3年6月3日の雲仙岳噴火で約22時間後、昭和59年9月14日の長野県西部地震（震度4）では約52時間後ということとなっており、阪神・淡路大震災約5時間後を今までとの比較においては早かった対応であることが資料からはうかがえる。

　しかし、問題は従前との比較論の問題ではなく被害の規模の大きさ、とくに大都市の人口密集地域における災害に対応するのに前例との比較論で論ずることは適当でないことにあらかじめの先見的検討に欠けることがあったということである。

　非常対策本部は国土庁長官が本部長であり、このような甚大な被害が出ているのに総理大臣が本部長となる緊急災害対策本部を設置すべきという議論が被災当初強く出された。しかし、災害対策基本法第107条の緊急対策本部の設置は、物価統制機能を与えられているため、一種の騒乱状態になった時のための規定と政府内で認識されていたため、この規定に基づかず総理大臣を本部長として各閣僚を本部員とする任意の兵庫県南部地震緊急対策本部を設けることとされた。

(b)　緊急災害対策本部との関係

　前述の非常災害対策本部は、当初、
　　本 部 長　　国土庁長官
　　副本部長　　国土政務次官
　　本部員等　　指定行政機関の職員又は指定地方行政機関の長、若しくはその職
　　　　　　　　員のうちから内閣総理大臣が任命する者
で構成される[12]。その後被害の甚大さを鑑み、特命担当大臣を設置してこれに

---

(12)　平成7年（1995年）兵庫県南部地震非常災害対策本部の設置について（平成7年1月17日閣議決定）

第1章　大震災時における初動体制と防災都市計画

表1－3－1　非常災害対策本部の設置状況

災害名	発災時刻等		第1回省庁連絡会議開催時刻	第1回非常災害対策本部会議開催時刻
日本海中部地震	発災時刻 場所 震度	S58.5.26　12:00 秋田、むつ他 5	S58年5月26日 15時30分 （3時間半後）	S58年5月26日 18時30分 （6時間半後）
長野県西部地震	発災時刻 場所 震度	S59.9.14　8:48 甲府、飯田 4		S59年9月16日 13時10分設置 （約52時間後）
雲仙岳噴火	発災時刻 場所 震度	H3.6.3　15:50 島原 		H3年6月4日 14時00分 （約22時間後）
釧路沖地震	発災時刻 場所 震度	H5.1.15　20:06 釧路 6	H5年1月16日 16時00分 （約20時間後）	本部設置なし
北海道南西沖地震	発災時刻 場所 震度	H5.7.12　22:17 深浦、小樽他 5	H5年7月13日 10時00分 （約12時間後）	H5年7月13日 11時00分 （約13時間後）
北海道東方沖地震	発災時刻 場所 震度	H6.10.4　22:23 釧路 6	H6年10月5日 11時00分 （約12時間半後）	本部設置なし
三陸はるか沖地震	発災時刻 場所 震度	H6.12.28　21:19 八戸 6	H6年12月29日 11時00分 （約13時間半後）	本部設置なし
阪神・淡路大震災	発災時刻 場所 震度	H7.1.17　5:46 神戸、洲本 6	H7年1月17日 11時00分 （約5時間後）	H7年1月17日 11時25分 （約5時間半後）

（出典：「阪神・淡路大震災関係資料 Vol.1」第3編地震対策体制第1章初動体制01初動（1999年3月）総理府阪神・淡路復興対策本部事務局 pp.31～32）

当たることとされ、本部長は特命担当大臣として任命された小里国務大臣とされた[13]。

しかし、このような甚大な被害をもたらした大災害に対し、内閣全体、即ち内閣総理大臣を筆頭に全閣僚がこれに取り組むべきであるという議論が強く出される。非常対策本部は本部長のみ閣僚で、副本部長に政務次官が充てられているものの、本部員はすべて行政機関の職員であり、責任体制としては弱体であるという議論である。

災害対策基本法第107条の内閣総理大臣を本部長とする緊急災害対策本部を設置すべきであるという主張が国会でもとりあげられることになる[14]。

---

[13] 「平成7年（1995年）兵庫県南部地震非常対策本部の設置について」の一部改正について（平成7年1月10日閣議決定）
[14] 衆院予算委員会議事録（平成7年1月27日）

第3節 初動体制の問題点の整理

　たしかに災害対策基本法では、非常災害が発生し、かつ、当該災害が国の経済および公共の福祉に重大な影響を及ぼすべき異常かつ激甚なものである場合において、当該災害に係る災害応急対策を推進するため特別の必要があると認めるときに、内閣総理大臣が閣議にかけて災害緊急事態の布告を行うことができることとされ、その場合には、内閣総理大臣を本部長とする緊急災害対策本部を設置することとされている。

　そして、災害対策基本法制定当時の都道府県知事宛通知では、災害緊急事態に関する規定を「例えば関東大震災のような災害が発生した場合においては、平常の態勢をもってしてはその収拾が不可能に近いので、このような場合において、災害応急対策を強力に推進することができるようにするために設けられた規定」としている。

　その**設置の手続き**は、次のようになる。

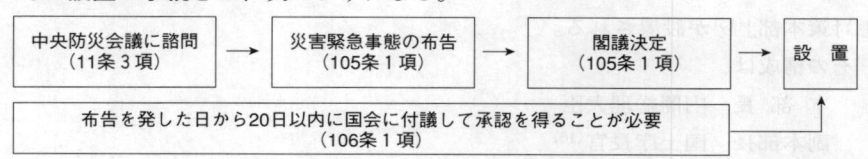

```
中央防災会議に諮問     災害緊急事態の布告     閣議決定
　（11条3項）      →   （105条1項）     →  （105条1項）    →   設　置

　　布告を発した日から20日以内に国会に付議して承認を得ることが必要
　　　　　　　　　　　　（106条1項）
```

　そして、災害緊急事態の布告があった場合には、国会が閉会中などで臨時会の招集を決定したり参議院の緊急集会を求めてその措置を待つといとまがないときに、内閣が、生活必需品等の安定供給のための物資統制、価格のつり上げ等による暴利を図る行為の防止のための価格統制および災害により打撃を受けた債務者のためのモラトリアム（支払猶予措置）について政令をもって必要な措置ができるとされている。いってみれば物資統制、価格統制とモラトリアムを行うことが布告の主要な目的となっている。

　緊急災害対策本部の本部長は内閣総理大臣、副本部長は国務大臣（108条1項、3項）（非常災害対策本部の場合、本部長は国務大臣、副本部長は指定行政機関の職員又は指定地方行政機関の長若しくはその職員のうちから、内閣総理大臣の任命する者）とされ、非常災害対策本部の場合と相違する点は、本部長が内閣総理大臣であるとともに、副本部長が国務大臣に限られること、本部長の権限の全部又は一部を副本部長に委任することができることである（108条）。

　この他組織、所掌事務、本部長の権限等については、緊急災害対策本部は非常災害対策本部の規定を準用しており差違はない。（108条4項）

　以上の如く、災害対策基本法第107条の内閣総理大臣を本部長とする「緊急災害対策本部」の設置は、同法第105条の災害緊急事態の布告を発するかどうかが決め手であり、それを決めるにあたっての最大のポイントは、災害対策基本法第

109条に基づく緊急措置が果たして必要かどうかということである。この緊急措置は、災害緊急事態の布告があった場合には、国会が閉会、または衆議院が解散中であるなどの場合に、国会の議決を得ずして、内閣の権限と判断において物資の統制、物価統制、金銭債務の支払等について、国民の私権の制限を含む非常時立法を行うことを可能とするものであり、この場合刑事罰の威嚇をもって国民の私権を制限することも認められており、したがって、緊急措置をとるかどうか判断するにあたっては、国会の尊重、三権分立の観点からも極めて慎重に対処すべきであるという観点からその設置をしないこととされた。

(c) 兵庫県南部地震緊急対策本部の設置

災害対策基本法に基づく緊急対策本部の設置は見送ったとしても、内閣全体としてこの大災害に取り組む姿勢を示す必要があることから、災害対策基本法に基づかないで、緊急に一体的かつ総合的な対策を講ずるための「兵庫県南部地震緊急対策本部」[15]が設置される。

その構成は、

 本　部　長　　内閣総理大臣
 副本部長　　　国土庁長官[16]
 本　部　員　　他のすべての閣僚

とし、閣議と異なり本部会合には、内閣官房副長官（政務及び事務）が出席するほか、必要があると認められるときは、関係者も出席を求められることがあるとされた。

したがって、この緊急対策本部と非常対策本部が併設されることとなり、その関係が次のように整理される。

① 非常災害対策本部は、災害対策基本法第24条に基づくものであり、非常災害に対応して、応急対策の調整、緊急措置に関する計画の実施等を行うほか、必要に応じ指定地方行政機関の長等に指示をすることもできる。

② 一方、兵庫県南部地震緊急対策本部は、内閣総理大臣を本部長とし、全閣僚で構成され、兵庫県南部地震について、緊急に政府として一体的かつ総合的な対策を講ずるものである。

③ 総理大臣が本部長になるものには、災害対策基本法第107条に基づく緊急

---

(15) 兵庫県南部地震緊急対策本部の設置について（平成7年1月19日　閣議決定）
「兵庫県南部地震」の名称は、当初気象庁の地震情報から使用されていたが、2月14日に「阪神・淡路大震災」と変更された。

(16) 震災担当者として任命された小里国務大臣が国土庁長官にかわり、1月20日から副本部長になる。「兵庫県南部地震緊急対策本部の設置について」の一部改定について（平成7年1月20日閣議決定）

災害対策本部があるが、これは物価統制、モラトリアム等の非常権限を行使できることを前提にしており、これらを必要とする事態が生じると認められない現段階においては設置していないところである（もちろん今後、必要が生じれば設置することとなる）。
④　したがって、具体的な応急対策の実施およびその調整は非常災害対策本部の権限であり、兵庫県南部地震緊急対策本部は閣僚レベルで取り組むことが適当な重要事項を取り扱うものと解せられる。

(d)　**現地対策本部の設置**

政府は、兵庫県南部地震の被災現地における災害対策を強力に推進するため、1月22日に兵庫県南部地震非常災害対策本部の現地対策本部を神戸市に設置し、その任務は、(1)政府が一体となって推進している兵庫県南部地震対策について、被災地方公共団との連絡調整を図りつつ、当該対策に関する事務を被災現地において機動的かつ、迅速に処理する。(2)地方公共団体の災害対策本部が行っている災害対策に対して、政府として最大限の支援、協力を行うとともに、復旧、復興対策に関し、地方公共団体の求めに応じて、迅速かつ、適切な助言を行う、とされ、現地対策本部長は、国土政務次官とし、14名の各省庁の職員を、非常災害対策本部員として現地対策本部に常駐体制をとることとしたのである。被災現地と国との連絡調整、被災現地における機動的かつ迅速な応急対策推進体制の強化を図るための事実上のものとして、非常対策本部の内部組織の一部として設置された。

(e)　**総　　括**

特命大臣の任命と特命室の設置、非常災害対策本部と緊急災害対策本部と、複雑化した今回の組織体制をまとめると図1－3－1のようになる。

(2)　死者、行方不明者、負傷者の把握

初動においては被害の程度がどの位かというのが特に救助活動においては重要である。したがって発災と同時に消防、警察においてその把握に努め、収集された情報が的確な救命・救助活動に利用されることが重要である。

阪神・淡路大震災においては次の点で従前の把握の方法によることが適当ではなかった。すなわち、

①　過密大都市を直撃するような大地震の場合、しかも木造建築物、あるいは非木造でも現行の建築基準法の耐震基準に満たないものが多く存在し、しかも居住者が多い場合には、それ程人口稠密でない地方都市におけるのとはその被災程度が質的に異なること。これに追い打ちをかけるように、大都市に

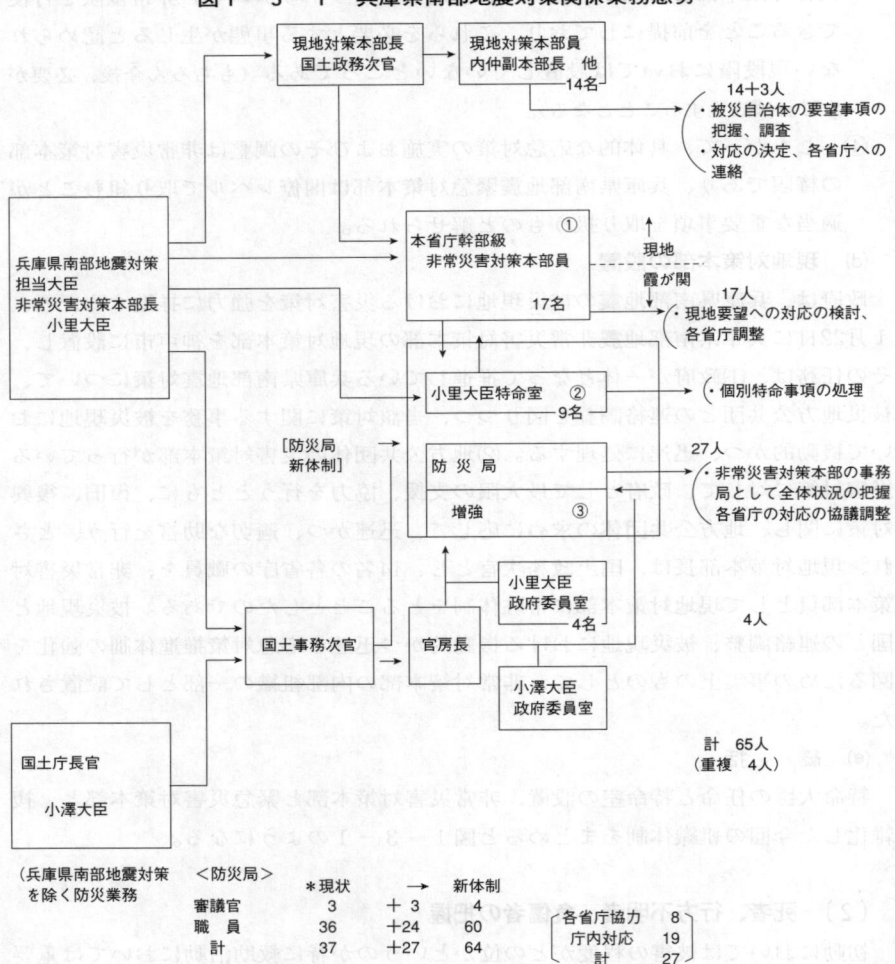

第1章　大震災時における初動体制と防災都市計画

図1－3－1　兵庫県南部地震対策関係業務態勢

```
                          ┌──────────────┐   ┌──────────────┐
                          │現地対策本部長│──▶│現地対策本部員│
                    ┌────▶│国土政務次官  │   │内仲副本部長 他│
                    │     └──────────────┘   │        14名  │
                    │                         └──────────────┘
                    │                                │
                    │                                ▼  14+3人
                    │                        ・被災自治体の要望事項の
                    │                          把握、調査
                    │                        ・対応の決定、各省庁への
                    │                          連絡
┌──────────────┐    │      ┌──────────────┐
│兵庫県南部地震対策│   │      │本省庁幹部級 ①│      現地
│担当大臣          │───┼─────▶│非常災害対策本部員│─ ─ ─ ─
│非常災害対策本部長│   │      │              │      霞が関
│　　小里大臣      │   │      │        17名  │       17人
└──────────────┘    │      └──────────────┘      ・現地要望への対応の検討、
                    │              │                 各省庁調整
                    │              ▼
                    │      ┌──────────────┐
                    │      │小里大臣特命室 ②│─────▶・個別特命事項の処理
                    │      │          9名 │
                    │      └──────────────┘
                    │   [防災局           │
                    │    新体制]          ▼
                    │      ┌──────────────┐       27人
                    │      │防災局        │      ・非常災害対策本部の事務
                    │      │              │        局として全体状況の把握
                    │      │増強       ③ │        各省庁の対応の協議調整
                    │      └──────────────┘
                    │              ▲
                    │              │
                    │       ┌──────────────┐
                    │       │小里大臣      │
                    │       │政府委員室    │
                    │       │        4名  │
                    │       └──────────────┘
     ┌──────────┐   ┌──────────┐      │
     │国土事務次官│──▶│官房長    │──────┤
     └──────────┘   └──────────┘      │
                                   ┌──────────────┐
                                   │小澤大臣      │
                                   │政府委員室    │
                                   └──────────────┘
                                                        4人
┌──────────┐
│国土庁長官│                                       計  65人
│小澤大臣  │                                      （重複 4人）
└──────────┘
```

（兵庫県南部地震対策　　＜防災局＞
を除く防災業務）　　　　　　　　＊現状　　→　　新体制
　　　　　　　　　審議官　　　 3　　＋3　　　 4　　　　　各省庁協力　 8
　　　　　　　　　職　員　　　36　　＋24　　 60　　　　　庁内対応　　19
　　　　　　　　　計　　　　　37　　＋27　　 64　　　　　計　　　　　27

①②は小里大臣専属スタッフ

（出典：「阪神・淡路大震災関係資料 Vol. 1」第3編地震対策体制第2章地震対策体制（1999年3月）
　総理府阪神・淡路復興対策本部事務局 p. 33）

おいては高密度の住宅地、商業地が集積の利益を求めて建築されるため、被
災の程度が大きくなること。
② 被災の程度の大小は人命と建築物、工作物の被害によって決まってくるが、
人命についていえば、死者についてが特に大きく取り上げられねばならない。
しかし確認にあたる警察、消防のその判断は当然死亡が正確に確認されなけ

第3節　初動体制の問題点の整理

ればならないため、建物の倒壊によってその下敷きになっている者は、被災者の報告と扱えないことから、被害の程度は実際より極めて少なくしか報告されないこととなり、これを受けて行動する初動部隊の判断を鈍らせることとなる。

消防、警察における被害状況の把握は表1－3－2のとおりであるが、被災後6時間たっても死者181名あるいは203名という、半日たっても1,042名という状態であり、これをもとに救命・救急活動をするわけにはいかないことが分かる。

③　しかも、問題は現実に生き埋めになっている人の救助が問題であるとすると、現場の混乱状態では、生き埋めか単に居所不明になっているかどうかの確認もとれないこととなることのほか、現地の確認すべき警察官や消防隊員も被災し、その要員不足がこれをさらに困難にさせてしまっているのである。

このように見てくると過密大都市において被害状況の早期把握を適時適切な救命救助活動を従来パターンで実施することは効果的ではないといえる。

表1－3－2　阪神・淡路大震災被害状況の把握について

日　時	消 防 庁				警 察 庁		
	死　者	行方不明	負傷者	その他	死者	行方不明	負傷者
<u>1月17日</u>							
5:46	—	—	—	（兵庫県の数値なし）	—	—	—
6:10	—	—	—	（　〃　）	—	—	—
6:30	—	—	—	（　〃　）	—	—	—
7:30	—	—	—	（　〃　）	—	—	17
8:00	—	—	12				
8:20	—	—	—	（　〃　）	—	—	24
8:55	—	—	—	（　〃　）	—	—	30
9:30	1	—	52	（　〃　）	22	—	222
10:15					74	—	222
10:30	1	—	54				
10:45	75	—	13,085	（兵庫県がはいった）			
11:30	181	331	475	（　〃　）			
12:00					203	331	711
13:30	439	583	978	（　〃　）	439	583	1,377
14:45	597	531	1,030	（　〃　）	597	531	2,198
15:45					686	534	2,439
16:45	866	569	1,938	（　〃　）	867	569	3,435
17:45					1,042	577	3,569
18:00	1,042	577	1,992	（　〃　）			

（出典：「阪神・淡路大震災関係資料 Vol. 1」第3編地震対策体制第1章初動体制03災害緊急即応体制（1999年3月）総理府阪神・淡路復興対策本部事務局 p. 40）

第 1 章　大震災時における初動体制と防災都市計画

表 1 － 3 － 3　死亡推定日時別の死者数（神戸市）

死亡推定日時		死体検案担当医師別の死者数				
		法医学	臨床医	計	累計	（割合）＊
1月17日	～　　6:00	2,222	722	2,944	2,944	(80.5%)
	～　　9:00	17	58	75	3,019	(82.5%)
	～　12:00	47	62	109	3,128	(85.5%)
	～　23:59	12	212	224	3,352	(91.6%)
	時刻不明	111	84	195	3,547	(97.0%)
1月18日		5	62	67	3,614	(98.8%)
1月19日			13	13	3,627	(99.2%)
1月20日		2	8	10	3,637	(99.4%)
1月21日		1	6	7	3,644	(99.6%)
1月22日		1	1	2	3,646	(99.7%)
1月24日			1	1	3,647	(99.7%)
1月25日		1	1	2	3,649	(99.8%)
1月26日			2	2	3,651	(99.8%)
1月27日			1	1	3,652	(99.8%)
1月28日			1	1	3,653	(99.9%)
2月4日			1	1	3,654	(99.9%)
日付不明			4	4	3,658	(100.0%)
合　　　　計		2,419	1,239	3,658		

（出典：『阪神・淡路大震災誌』（1996年2月）朝日新聞社編 p. 128、＊累計の割合は筆者）

（3）　死亡推定時刻

　被災当初政府に対する批判は、何故もっと早く初動できなかったのか、何故自衛隊の出動を遅らせたのか。初動に誤りなきを期せばこれほどの大きな死者はでなかったのではないかという論が噴出した。きちんとした対応をしていれば、2,000人は救えたはずだという論も出ていた[17]。

　神戸市内での推定死亡時刻別死亡者数の表（表 1 － 3 － 3）によると 2 月 4 日までの死亡者数3,658人のうち80.5％の2,944人は即死、即ち建物倒壊による圧死を推定されており、 3 時間後の 9 時迄の累積推定死亡者3,019人（82.5％）、12時迄が3,128人（85.5％）、同日中が3,547人（97.0％）とされている。

　客観的な数字としては 8 割は即死と考えられ、残りの数百人の救助を如何にするかという課題が浮かび上がってくる。

（17）『週刊東洋経済』1995年 2 月18号 pp. 60～62

2　主要な制度改善をすべき課題

1で述べた事実の整理から国の初動体制の立ち上げと、被災地・被災者の期待に応えるための緊急防災活動を効果的に実施するための主要な制度改善すべき課題は、次のように整理することができる。
(1)　内閣機能の強化
(2)　即時・多角的情報収集と情報集中
(3)　迅速活動の確保
(4)　広域集中体制

これらは従来の防災活動の主要な不備な点であり、その問題点を整理して是正を図ることが初動体制の抜本改善へとつながるのである。

(1) 内閣機能の強化

阪神・淡路大震災のような甚大な被害をもたらす大災害は、まさに国家的対処が必要であるが、災害対策基本法においては、もともと災害対策の第一次的主体が地方公共団体に置かれており、非常災害が発生した場合に設置される非常災害対策本部は国務大臣が本部長、災害緊急事態を布告するような国の経済および公共の福祉に重大な影響を及ぼすべき異常かつ激甚な災害が発生した場合に設置される緊急災害対策本部は内閣総理大臣が本部長[18]になるものの、本部員は各省庁の職員とされている。阪神・淡路大震災において、内閣総理大臣をはじめとする全閣僚がこうした大災害に対処していくべきという批判が強く提起された。災害対策基本法が関東大震災当時の社会情勢をある意味で念頭において制定され、その当時の行政作用に対する認識をもって防災行政作用を実施することが、戦後の民主主義社会が成熟し、高度に社会が発展し、政治、行政に対する認識が変化していることを考慮すると適切な改革が行われてこなかったことと、内閣総理大臣の指揮権あるいは指示権という強力なリーダーシップの欠如が今回の批判の大きなものの一つであった。

そしてそのリーダーシップを支える初動官庁の有している情報の収集と、その情報に基づく的確・迅速な初動を支える情報通信網の整備と初動官庁の官邸への非常参集と制度の構築等官邸主導のリスクマネジメントが制度改善の最も大きな課題とされた。

---

(18)　災害対策基本法25条1項、108条1項

（2） 即時・多角的情報収集と情報集中

防災緊急活動は災害情報が迅速かつ正確であればある程効果的である。

阪神・淡路大震災の際は警察庁が兵庫県警察本部からの被害情報を、消防庁が神戸市からの被害情報を国土庁に報告、これに基づき官邸へ報告し、内閣としての防災緊急活動を実施したのであるが、人命に関する死者、行方不明者情報は前述の如く、極めて正確な情報が遅れてしまううらみがあり、また自衛隊もヘリコプターを飛ばしたりして、被害状況の航空写真を撮っていたものの、飛行終了後現像してからでないとその状況が把握できないという、リアルタイムな情報が得られなかったことから、被害情報は従来の消防・警察に加えて自衛隊が従来方式のほか、ヘリコプター、航空機等からのリアルタイム映像の送信により情報を多角的に即時に収集するほか、初動官庁でない省庁（たとえば、国土交通省など）の情報も多角的に収集すべきではないかという課題に加えて、中央防災無線を拡充し、中央の相互連絡通信網の強化のほか、地方公共団体の防災行政無線とも都道府県庁との連絡を可能にして全国的ネットワークの多角化を図るべきという課題も大きなものの一つである。

（3） 迅速活動の確保

初動期の防災緊急活動の要請は迅速性の確保である。住宅等建築物の崩壊、死傷者数の増大の結果をもたらす大災害においては特に重要な課題である。また、トップダウン方式による強力な内閣としてのリーダーシップに基づき、正確かつ迅速な収集によることも大である。したがってそれを実効するためにも人的、物的迅速性の確保が大切である。

まず第1に、内閣機能の強化の観点から官邸への防災対策要員の非常参集制度を作ることや、各省庁の初動期の迅速な活動のための非常参集システム、情報収集連絡システムの整備、そして自衛隊などの現場初動要員が迅速に現場到達できる体制を構築すべきという議論である。

第2に、緊急防災活動を行う警察、消防、自衛隊のほか、電気、ガス、水道等の公益施設の破損修理・点検のための車両が迅速に現場へ到達できるように必要な交通規制を行うことである。

（4） 広域集中体制

阪神・淡路大震災は被災地の災害対策本部が大きく被災した時にどう対処するかという問題が提起された。震源地は淡路島北淡町であったが、最も大きな被害を被ったのは神戸市であった。そこには兵庫県庁と神戸市役所があり、兵庫県庁

第3節　初動体制の問題点の整理

の防災行政無線も被災し、情報の受発信が不可能になり初動要員も被災して、緊急防災活動が大きく阻害されたのである。

したがって県庁所在地の中心部が被災して、被災地方公共団体の防災活動の機能が不全になった時の備えは、

① 自衛隊の活用による緊急防災活動
② 周辺自治体（自治体警察等を含む）による広域的な警察活動及び消防活動の応援が課題である。

自衛隊は自衛隊法第83条の規定により、災害派遣は都道府県知事の要請によることが原則とされており、自主派遣の規定はあったものの、従来の国民感情には地域によって格差があり、その運用は極めて限定的であった。自衛隊への兵庫県知事からの災害派遣要請は被災後4時間経過しており、地元での自衛隊アレルギーのあった兵庫県内においては防災訓練に自衛隊の参加を従来要請していなかったこともあり、その派遣要請手続も熟知していなかったこともあり、その出動が遅れた結果になった。このことは逆に自衛隊が派遣要請を受けなくても出動すべきという議論も巻き起こしたのである。

また周辺自治体から広域的に応援を受けることは、既に兵庫県、神戸市は応援協定を他の地方公共団体と結んでおり、それらの自治体や他の都道府県警察が応援にかけつけたのであるが、他の都市の消防隊のホースの規格が合わずに放水することができないなどの問題点も明らかになり、こうした広域応援の仕組みも抜本的改善の必要に迫られたのである。

第4節　初動体制の抜本改善
——行政技術的手法による改善

　あらゆる行政における制度は事象・事件・批判・提案等に基づいて従来のものに対する検証、反省から出発して変更されていくが、防災に係る行政も同様である。災害は日常生活において頻繁に起こるものではなく、潜在的危険性は有しているものの特に地震災害のように予想のしにくいものについては、過去の対策の実例の積み重ねという経験則によって導かれたものが踏襲されることとなる。

　したがって、過去の対策が有効に機能していると考えられている場合は往々にしてその改善がなされにくいが、過去の経験則では到底フォローできない未曾有の災害が発生した場合には抜本的改善を迫られることとなる。阪神・淡路大震災はまさに防災対策を根幹から見直しをせざるを得ない契機となった。

　この抜本改善は、防災対策において特に初動対策における純枠に行政技術的、経験則的手法による改善に加えて、客観的・科学的分析手法による改善が実施されたことであるが、本節では行政技術的手法による改善について述べる。
特に昭和30年代からの高度経済成長、人口と産業の都市集中、特に大都市の肥大化に伴う過密市街地での大震災に対する防災行政作用は、基本的に見直しが必要となった。

　行政技術的改善は、初動対策の批判が極めて強かったことに鑑み、全面的、網羅的に従来の対策が再検討された。そして阪神・淡路大震災の教訓を生かすべく、国の防災基本計画、防災業務計画、地方公共団体の地域防災計画は全面的に改定され、特に初動官庁である国土庁、警察庁、消防庁、防衛庁における緊急防災活動を効果的に行えるような初動体制の改善に焦点をあてて、併せて兵庫県、神戸市の初動体制の改善についても検証する。

　主要な制度改善すべき事項である次の4項目は、
(1)　内閣機能の強化
(2)　即時・多角的情報収集と情報集中
(3)　迅速活動の確保
(4)　広域集中体制

防災基本計画、防災業務計画といった既定の計画についての改定にとどまらず、法改正、通達、申し合わせ等さまざまな形で実施されたので、各個の改正状況を追っていると全体像をつかめないので、まとめてその改善策を整理することとする。なお防災基本計画、防災業務計画、その他の改善策の事項については、その

第4節 初動体制の抜本改善

(1) 内閣機能の強化

阪神・淡路大震災での最大の防災行政リスクマネジメントにおいて議論されたのは、内閣が強力なリーダーシップを発揮すべきであるといったことにあったといえる。

高度経済発展に伴う都市化の集中により、人口と産業施設、居住施設等が集中する大都市地域における大災害は、可能な限りの安全な都市形成を図り、防災対策を準備しながらも被害をくいとめることが難しいとすれば、そういう緊急時に国民の生命・財産を守るという国の役割を求められることから、内閣の果たすべき役割はきわめて大きいといわざるを得ない。

災害対策基本法は災害における基本的主体は地方公共団体、特に市町村とされている。災害が地域に密着して発生すること、地域住民の生活に直接影響するものであること、したがってこうした被災によって蒙る生活の回復策を考慮すると、基礎的自治体であり住民に密着した行政主体である市町村とされてきたのである。さらに都道府県も市町村を統合する広域自治体として防災行政作用の主体として認識されてきたのである。したがって発災後の初動は地方自治体が実施し、国はそれを支援することとされ、国としての初動活動が可能な自衛隊は都道府県知事の要請を受けて出動することとされてきたのである。

しかし阪神・淡路大震災のような過密大都市での大災害は、国がもっと前面に出て初動の緊急防災活動に積極的に関与すべきという議論が高まり、地方公共団体主義原則の基本は基本として、実効上国として特に行政権の属する内閣としての機能強化を図ることとされたのである。その意味では大要次のように整理される。

　ア．内閣総理大臣を本部長とし、国務大臣を本部員とする緊急災害対策本部の創設
　イ．内閣総理大臣の緊急災害対策本部長としての指示権の創設
　ウ．官邸非常参集システム[19]の創設
　エ．内閣官房危機管理チームの設置
　オ．内閣情報室の設置

(19) 緊急参集チームの要員は、内閣官房副長官（事務）、内閣官房内閣情報調査室長、警察庁警備局長、防衛庁防衛局長、国土庁防災局長、海上保安庁警備救難監、気象庁次長、消防庁次長およびその他特に関連を有する省庁の局長等である（大規模災害発生時の第1次情報収集体制の強化と内閣総理大臣等への情報連絡体制の整備に関する当面の措置について平成7年2月21日閣議決定）。

カ．災害情報システムの官邸集中制

等が主なものである。

　内閣機能の強化の第1の主要な改善点は、災害対策基本法を改正して、著しく異常かつ激甚な非常災害が発生した場合、内閣総理大臣を本部長として全閣僚を本部員とする緊急災害対策本部を創設し、内閣として緊急防災活動を行える体制を整え、さらに緊急対策本部長である内閣総理大臣に関係省庁への指示権を付与して内閣として強力に防災対策を行えるようにしたことである（この点は２１）および２）に詳述する）そしてこれらの緊急防災活動を迅速かつ効果的に実施するため、関係省庁の災害対策の責任者に被災後ただちに官邸へ緊急参集するシステムを作ったほか、内閣官房に内閣官房危機管理チーム、内閣情報室を設置して官邸主導による防災緊急活動の体制を整備したのである（この点は２４）、５）および６）で詳述する）。

　さらに官邸へ迅速・的確な災害情報が集中するような多角的情報システムの構築が図られることとされた（この点は３２）に詳述する）。

　これらは防災基本計画または防災業務計画の中で大半が記述されている。

（２）　即時・多角的情報収集と情報集中

　緊急防災活動にとって重要なのは、正確な情報収集であり、それが的確に初動体制が機能するように集中されていることである。

　阪神・淡路大震災では、現地からの情報が発信元において被災したこともあって、中央に届かなかったことが挙げられ、情報収集機関および通信連絡施設およびそのネットワークについて全面的な検討が行われた。それは各情報収集機関毎の見直しと連絡システムの見直しの両面において行われた。その意味で改善された点を列挙すると、

　ア．各情報収集機関の改善
　　ⅰ）通信施設の多重化（無線、有線施設の増強）
　　ⅱ）航空機、ヘリコプター利用の情報収集
　　ⅲ）ＴＶ映像システムの採用
　　ⅳ）衛星通信の利用
　イ．情報共有システムの改善
　　ⅰ）中央防災無線の整備強化
　　ⅱ）地方団体の防災行政無線と中央防災無線の連結
　　ⅲ）初動体制官庁以外の通信ネットの利用
　　ⅳ）官邸への情報集中

第4節　初動体制の抜本改善

等が主なものである。

（3）　迅速活動の確保

防災緊急活動、特に人命救助、消火活動は迅速性が重要であり、阪神・淡路大震災でも特に6千5百人余の死者を出したが、救助を求めている人をいかに迅速に救助するかが問われたのであり、この点も初動体制改善の大きなポイントとなった。その意味で改善された点を列挙すると、

　　ア．情報システムの迅速化
　　イ．災害要員宿舎の確保
　　ウ．市町村長の要請による自衛隊の災害派遣制度の創設
　　エ．自衛隊の自主派遣の基準明確化
　　オ．緊急通行車両の通行確保

等が主なものである。

この中で最も注目すべきものは自衛隊の出動態勢の改正である。地方公共団体からの要請主義の原則には則りながらも、要請を待ついとまがない場合の災害派遣（所謂自主派遣）の基準をかなり詳細に規定して、要請がなければ全く動けない、動かないということのないようにしたことが大きな改正の一つであるが、これは後述するが防衛庁防災業務計画を改定して自主派遣の基準を明確化して、積極的に緊急防災活動ができるようにしたのである[20]。

また災害対策基本法の改正により、市町村長が直接派遣要請をし得る途[21]を開くと共に、より効果的活動がしやすいように応急公用負担の規定を新設した。即ち、緊急防災活動に必要となる土地、建物、工作物等の一時使用、収用をし、竹木の伐採、土石の除去などをしうることとされた。もっともこれに伴い生ずる損失は補償される。

さらに重要なことは、災害対策基本法を改正して緊急車両の通行の確保ができるようにしたことである。阪神・淡路大震災の時に緊急自動車、緊急輸送車両の円滑な通行が必要な道路において多数の車両が放置されるとともに、実際上規制に反して多数の車両が通行していたことが指摘されており、緊急輸送車両の円滑な運行に著しい支障をきたしていた。

たとえば1月17日大阪の中心部からの救急車、消防車は通常45分で到着するのが最長420分もかかる等救命・救助・消火活動をはじめ、ガス漏れ通報、停電、避難所への給水のため出動した緊急車両が到達が遅れ、これらの緊急活動に支障を

---

[20]　防衛庁防災業務計画
[21]　災害対策基本法68条の2第1項

第1章 大震災時における初動体制と防災都市計画

きたしたのである。これまでの緊急時交通規制は、
① 災害対策基本法第76条および同法施行令第32条第1項では災害時の交通規制の対象外は緊急輸送車両に限定されており、電気、ガス、水道事業等の公益事業の危険防止のための緊急自動車も規制対象とされていたこと、
② 緊急輸送車両の迅速な走行のために必要となる放置車両、規制を無視して通行する車両の排除については、
　ア．道路交通法第51条では、違法駐車しか対象にされていず、しかも移動する場合には原則として違法駐車標章の貼付が前置されていること等、緊急に放置車両を道路上から排除する手段として実効性を欠いていたこと
　イ．災害対策基本法第64条第2項でも「現場の災害を受けた工作物又は物件」は除去等の措置が行えることとされていたが、放置車両は「工作物又は物件」とはいえず適用できない場合が多かったこと
③ また警察官職務執行法第4条第1項では、危険な事態が切迫している現場において警察官の即時強制措置ができることとされているが、これは火災現場等危険な事態が存在する場合における措置を規定しているものであり、必ずしも当該場所において危険な事態が存在するものではないが、当該場所で措置を講じなければ当該場所とは離れた他の場所での災害応急対策の実施に著しい支障が生じるおそれがある場合の措置の根拠としては不充分であったこと。
④ さらに道路交通法第6条第4項では「道路の損壊、火災の発生等により道路において交通の危険が生ずるおそれがある場合において、当該道路における危険を防止するため緊急の必要があると認める場合のときは、必要な限度において当該道路につき一時歩行者又は車両等の通行を禁止することができる」としているが、緊急輸送車両による災害応急活動のためのルートの設定による交通規制を前提にしていないこと。

したがって災害対策基本法を次のように改正して、緊急輸送車両の迅速活動の確保が図られるようにしたのである。
① 公益事業等の災害応急活動のための車両も緊急通行車両として交通規制の対象外とする。
② 通行禁止の指定された道路においては、車両の運転者は速やかに車両をその道路から移動しなければならないこととする。
③ 警察官は通行禁止区域等において車両その他の物件が緊急通行車両の妨害となることにより、災害応急対策の実施に著しい支障が生じるおそれがあると認めるときは、当該車両又は物件の移動等の措置を命ずることができるほ

第4節　初動体制の抜本改善

か、場合によっては自ら移動等の措置をとることができることとする。そして警察官がいない場合に限って、自衛官又は消防吏員もこの措置をとることができることとする。

(4)　広域集中体制

県庁所在地の中心部が甚大な被害を蒙った阪神・淡路大震災のような場合、被災地で災害対策に取り組むべき県庁や市役所が機能がしにくくなった時や、被災の程度が甚大で被災地だけの災害対策要員では対処しえない場合について、問題提起されたことになった。したがって、広域的に被災地の緊急防災活動を支える体制づくりが必要である。その意味で改善された点を列挙すると、

① 広域緊急援助隊の創設（警察）
② 緊急消防援助隊の創設（消防）
③ 自衛隊の出動要件の緩和
④ 自衛隊の飛行機、ヘリコプターによる情報収集

等が主なものである。

広域緊急援助隊および緊急消防援助隊については4　2）および3）で詳述するが、震災後警察については、各都道府県警察に広域緊急援助隊を設置し、大規模災害が発生した場合に被災地の警察本部の要請によりその管理下に入って警察活動をするような体制が作られ、消防についても緊急消防援助隊を創設し、大規模災害が発生した被災地に出動できることとされ創設された。平成7年は部隊数1,267（構成員1万7,000人）であったものが、平成13年では部隊数1,785（構成員2万6,000人）となっている。

自衛隊の出動要件の緩和は防衛庁防災業務計画の改訂により実施されたことは前述した。以下、計画論、組織論、情報収集システムに分けて詳述する。

1　計画論の改定

1）防災基本計画

防災基本計画は昭和38年に中央防災会議により作成され、昭和46年に一部修正されたがその後は改定されず、別途「南関東地域直下の地震対策に関する大綱」等が作成されてきた。

しかしながら、防災をとりまく社会経済情勢の変化が著しいことに加え、今次の阪神・淡路大震災において5,500人を超える死者・行方不明者など大規模な被害が生じた経験・教訓を踏まえ、平成7年1月26日の中央防災会議において、防災基本計画を改定することが決定された。これを受けて防災基本計画専門委員会が

第1章　大震災時における初動体制と防災都市計画

設けられ、検討が進められて平成7年7月に改定された。現在は平成17年7月に改定されたものが使われている。

　防災基本計画は震災対策を中心にこれまでのものを大幅に改めて内容を充実し、必要な災害対策の基本について国、公共機関、地方公共団体、住民それぞれの役割を明らかにし、特に具体的かつ実践的な分かりやすい計画とすることを最大の基本方針として、

　イ．国、公共機関、地方公共団体が実施すべき施策を可能な限り具体的に記述
　ロ．震災対策、風水害対策、火山災害対策など災害ごとに記述
　ハ．災害予防、応急対策、復旧・復興対策という時間の流れに沿った記述

をしているのが特徴である。

　阪神・淡路大震災における初動が効果的に機能しえなかったことは、直接被災地において実施される消防活動、救命救助活動などの直接的防災行政作用について、その根拠を与えている防災基本計画をはじめとする、各種計画にさかのぼって検証すべきという行政内部の反省のほかにこうした計画論はもともと行政機関内部又は相互間の規律を定める性格であるがゆえに「内部化」にとどまっていて当然という黙示の合意が国民にあったのであるが、直接的防災作用の機能不全に対しその根拠となっている内部化で足りていた計画論を外部化させ、国民をはじめとする外部の関心を招来し、その意見・批判が導入されて然るべきという時代の変化を反映することとなったというべきである。

　社会が発展し、行政も進歩をしていく過程において内部化された行政が外部化され、従来直接的行政作用の結果についてのみの関心でいたものが、そのもととなる内部化された計画をも外部的に明らかにすることを求めるのは必然的趨勢であるが、防災対策としての計画論は、阪神・淡路大震災を契機に一気に外部化したものといってよく、後述の防災業務計画、都道府県地域防災計画、市町村地域防災計画も同様の観点から改定されることとなる。

　第4節の冒頭で述べた阪神・淡路大震災の行政技術的改善点の類型の(1)内閣機能の強化、(2)即時・多角的な情報収集と情報集中、(3)迅速活動の確保、(4)広域集中体制については、防災基本計画は防災活動という防災行政作用の基本をなすものであることから、すべての類型が盛り込まれているのは蓋し当然であるとともに、本稿ではとりあげなかった事項についても当時改正された際、問題意識の強かった事項については記述することとした。

（新防災基本計画のポイント）
(1)　情　報　収　集

- **ヘリTVシステム等画像情報の収集・連絡**　航空機など多様な情報収集手段を整備・活用すると共に、ヘリTVシステム、監視カメラ等による画像情報を利用し、早期に被害規模を把握する。
- **システム等による被害規模の早期評価**　災害対策を支援する地理情報システム（GIS）の構築を図り、被害規模を早期に評価して迅速な災害応急対策の実施に役立てる。

(2) **災害応急体制**
- **広域的な応援体制**　各機関が平常時から相互応援の協定を締結しておき、災害時には速やかな応援体制整備や応援要請を行う。また、警察や消防の広域的な緊急援助隊の整備を図る。
- **自衛隊の災害派遣**　都道府県と自衛隊は、平常時から連携体制を強化し、役割や連絡方法等をあらかじめ定めておく。災害時には、都道府県知事は必要があればただちに自衛隊に派遣要請する。また補完的・例外的に、災害の事態に照らし、特に緊急を要し派遣要請を待ついとまがない時などには自衛隊は部隊等を派遣できる。
- **災害対策本部等の現地対策本部の設置**　大規模な災害時は、災害応急対策の総合調整のため、国はただちに非常災害対策本部又は緊急災害対策本部を設置するが、現地対策本部員は発災後速やかに政府調査団と共に現地に入り、そのまま常駐する。

(3) **緊急輸送**
- **臨時ヘリポートの候補地指定と活用**　災害時の緊急輸送の確保のため、地方公共団体は、あらかじめ臨時ヘリポートの候補地を指定し、通信機器等を必要に応じ当該場所に備蓄するように努め、災害時に臨時ヘリポートを開設する。

(4) **食料等の調達・供給**
- **備蓄・調達体制の整備**　国・地方公共団体は、あらかじめ備蓄拠点を設けるなど備蓄・調達体制を整備するとともに、災害時には非常災害対策本部等による総合調整を踏まえ、適切な供給確保を図る。

(5) **避難収容活動**
- **避難場所の生活環境**　地方公共団体は、避難所となる公民館・学校等には、換気・照明等の設備の整備や井戸、仮設トイレ、通信機器等の整備に努める。また、災害時には、応急仮設住宅の迅速な提供等により、避難場所の早期解消に努める。

(6) **自発的支援の受け入れ**

- **海外からの支援の受け入れ**　海外からの支援については、あらかじめ支援機関についての情報蓄積を図るとともに、受け入れの可能性のある分野について検討し対応方針を定めておく。災害時には、非常災害対策本部等は海外支援受け入れの可能性を検討して受け入れ計画を作成し、これに基づいて関係省庁が受け入れる。
- **ボランティアの環境整備**　国、地方公共団体は、日本赤十字社、社会福祉協議会、ボランティア諸団体と連携し、活動環境の整備を図り、平常時からボランティアの登録、研修、調整、活動拠点等について検討する。また、災害時には、ボランティアの受け入れ体制を確保するよう努めるとともに、ボランティアの技能が活かされるよう配慮し、必要に応じて活動拠点を提供する等、活動の支援に努める。

2）防災業務計画

防災業務計画は、防災基本計画の下位計画であり、防災基本計画が具体的かつ実践的な分かりやすい計画とされたことに伴い、防災業務計画ではさらに具体的かつ実践的な分かりやすいものとされることが要求される。ここでは、国土庁、警察庁、消防庁および防衛庁の防災業務計画の改定の状況を概観する。

（1）　国土庁（現在内閣府）防災業務計画の改定

国土庁防災業務計画は平成8年4月に改定された。5編29頁に増えた改定の主要な点は即時・多角的情報収集と情報集中および迅速活動の確保である。従来のものに比し、震災対策の**初動体制の改定の要点**は次のとおりである。

㈠　防災に関する組織

ア．情報対策室の設置

　　発災後の初動期等における迅速かつ適切な情報収集・連絡活動を行うために設置する。（規定新設）

イ．広報対策室の設置

　　発災後の初動期等における迅速かつ適切な広報活動を行うため設置する。（新設）

㈡　災害応急対策への体制整備（規定の新設又は強化）

ア．災害時における指揮命令者の継承順位の決定（規定新設）

　　災害が発生した場合の情報収集、非常（緊急）災害対策本部の設置、関係機関との事務連絡等に関する事務については、政務次官、事務次官、官房長

の順に職務を執行する。
イ．情報収集・連絡体制の強化 （規定の新設および強化）
① 情報の収集・連絡体制の整備

防災局は、中央防災無線網の整備により、関係省庁等との連絡が、相互に迅速かつ確実に行えるように情報連絡のネットワーク化を推進する。

地震発生直後に、迅速に情報収集・連絡が行えるよう体制の整備、対応マニュアルの整備等を推進する。

防災局は、非常参集のための一斉情報連絡装置の維持・管理を行う。

防災局は、機動的な情報収集活動を行うため、防衛庁、警察庁、消防庁及び海上保安庁等からのヘリテレビ等による被災現地の画像情報を利用できる体制を整備するとともに、国土庁自らが画像による情報を収集するための通信機器の整備を図る。

情報先遣チームの情報収集活動を支援するため携帯用の無線機器、情報伝送システム等装備の充実を推進する。

国土庁は、災害の発生が夜間、休日である場合に備え、宿日直体制の整備に努める。

② 情報の分析整理

防災局は、地震発生直後における政府の初動対応の迅速化その他の震災対策の充実・強化のため、地震防止情報システムの整備を推進する。

③ 通信手段の確保

中央防災無線のネットワーク化を推進し、併せてデジタル化整備を推進する。その際に他機関の設置するネットワーク間との連携について配慮する。

災害に強い伝送路を構築するため、地上系・衛星系等による伝送路の二重化を推進するとともに主要な装置の二重化を図る。

通信輻輳時及び途絶時を想定した実践的通信訓練を定期的に実施する。

通信輻輳時に備え、防災関係部署に配備する電話については、災害時優先電話の指定を受けるものとする。

一般加入電話が使用不能の際に利用できる災害応急復旧用無線電話（NTT）について、その運用方法に習熟しておく。

ウ．災害応急体制の整備 （規定の新設または強化）

防災局は、あらかじめ定められた非常災害対策要員および関係省庁の職員について、一斉情報連絡装置により非常参集のための情報を伝達する等、職員の非常参集体制の整備を図る。

長官官房会計課は、国土庁非常災害対策要員の宿舎を国土庁近傍に確保で

きるよう努める。

　　各部局は非常災害対策要員の指定に当たっては、可能な限り国土庁近傍の者を指定するように努める。

　　防災局は、各省庁の非常（緊急）災害対策本部員の宿舎についても、霞ヶ関近傍に確保できるよう、関係省庁に配慮を要請する。

エ．防災中枢機能等の確保（規定新設）

　　防災局は、大規模な災害等が発生した場合に備え、庁舎管理者と連携を取り、非常用電源等の確保に努める。

オ．被災者等への的確な情報伝達活動（規定新設）

　　防災局は、発災後の経過に応じて被災者等が必要とする情報を整理する。

　　防災局、官房総務課広報室および計画・調整局は、災害発生時のパソコン通信等による被災者等への情報提供の体制を整備する。

(三)　発災直後の災害応急対策

ア．災害情報の収集・連絡（規定の新設）

① 地震情報等の連絡

　　防災局は震度5以上の地震情報又は津波警報等を気象庁から入手したときは、速やかに、内閣総理大臣官邸、関係省庁および国土庁関係者に連絡する。

② 被害規模の早期把握のための活動

　　国土庁宿日直員は、災害の発生が休日、夜間である場合には、別に定める「国土庁災害対策宿日直要領」により、被害情報等の収集、連絡を行う。

　　大規模な地震の発生により被害情報等の収集・連絡の必要があるときは、ただちに情報対策室を設置する。

　　防災局は、地震防災情報システムの活用等により被害の早期評価を行う。

③ 地震発生直後の被害の第1次情報等の収集・連絡

　　情報対策室は、警察庁、消防庁、防衛庁、海上保安庁および指定公共機関等から、被害規模に関する情報等を収集する。

　　情報対策室は、被害の第1次情報等を内閣総理大臣官邸［内閣情報調査室］および関係省庁に連絡する。

　　東京で震度5以上、その他の地域で震度6以上の地震が発生した場合には、防災局長［不在のときは長官官房審議官（防災局担当）］が官邸に緊急参集する。

　　防災局は、収集した情報については、迅速かつ的確に、内閣総理大臣へ連絡する。

④ 一般被害情報等の収集・連絡

第4節　初動体制の抜本改善

情報対策室は、地方公共団体の被害情報を消防庁等を通じて収集するとともに、指定行政機関および各指定公共機関から被害情報を収集する。

情報対策室は、収集した被害情報を共有するために、指定行政機関、指定公共機関に連絡する。

防災局は、収集した情報については、迅速かつ的確に、内閣総理大臣へ連絡する。

⑤　応急対策活動情報の連絡

情報対策室は、地方公共団体の応急対策活動情報を消防庁等を通じて収集するとともに、指定行政機関および指定公共機関から応急対策活動情報を収集する。

情報対策室は、収集した応急対策活動情報を共有するために、指定行政機関、指定公共機関に連絡する。

防災局は、収集した情報については、迅速かつ的確に、内閣総理大臣へ連絡する。

イ．通信手段の確保

災害発生後は直ちに災害情報連絡のための通信手段を確保するものとする。このため必要に応じ、

・ただちに中央防災無線網の機能確認を行うとともに支障が生じた施設については早急に復旧の対策を講じるものとする。また必要な通信要員を確保する。

・非常災害対策本部等を設置する際は、別に定める「本部会議室等の設営手順」に基づき臨時回線の設定を行う。

ウ．活動体制の確立

防災局から大規模な地震等の連絡があったときは、国土庁非常対策要員は、別に定める「国土庁非常災害対策要員参集要領」によりただちに参集する。

参集した非常災害対策要員は、別に定める「国土庁非常災害対策要員参集要領」による非常参集時における業務分担（総括班、庶務班、広報班、計画班、業務班、通信班）に基づき業務に従事する。

非常参集により体制が整うまでの間の対応は、参集者のうち、防災局防災業務課本課の職員が責任者となり、参集者全体に対し業務の分担、優先順位等必要な判断、指示を行う。防災局防災業務課の職員が不在の時は、職位の上位者が、防災企画課、防災調整課、震災対策課、復興対策課の順に責任者となり指示を行う。

初動期における優先業務の内容、順位の目安は以下のとおりとする。

- 中央防災無線等の通信機能および防災会議室の確認
- 被害状況等の情報収集
- 収集した情報の関係者、関係省庁等への連絡
- 被害規模の把握
- 緊急災害対策本部、非常災害対策本部および現地対策本部の設置準備
- 応急対策の検討
- 広報対応

大規模な地震が発生した時等は、早期に被災地の情報を収集し、情報先遣チームをただちに現地に派遣する。

情報先遣チームは、あらゆる方法を駆使して速やかに現地入りするものとする。大規模な地震情報等を受理した場合、広報対策室を設置する。

① 災害対策関係省庁連絡会議等の開催

防災局は大規模な地震発生後必要に応じ、災害対策関係省庁連絡会議を開催する。

国土庁は、関係省庁と連携し、必要に応じ担当官を現地に派遣する。

② 非常災害対策本部の設置

非常災害が発生し、必要があると認められる場合には、防災局は速やかに同本部設置の手続きを開始する。必要に応じ非常災害現地対策本部の設置手続きを開始する。

③ 緊急災害対策本部の設置

著しく異常かつ激甚な非常災害が発生し、必要があると認められる場合には、防災局は速やかに同本部設置の手続きを開始する。また必要がある場合は、災害緊急事態の布告の手続きも併せて開始する。

同本部の設置場所は、内閣総理大臣官邸内とする。ただし官邸が被災により使用不能である場合には国土庁（災害対策本部長室）内、国土庁の存する中央合同庁舎5号館が被災により使用不能である場合には防衛庁（中央指揮所）内、防衛庁（中央指揮所）が被災により使用不能である場合には立川広域防災基地（災害対策本部予備施設）内とする。必要に応じ、緊急災害現地対策本部の設置手続きを開始する。

以上のように、従来のものに比し、格段と具体的かつ実践的に定められたことが明らかになった[22]。

---

(22) 国土庁防災業務計画は、平成13年1月中央省庁の再編に伴い、国土庁の防災局は内閣府政策統括官に移管されたことに伴う文言修正を主体とする内閣府防災業務計画が作成されたが、平成18年12月に修正されたものが現在使われている。

第4節　初動体制の抜本改善

（2）　国家公安委員会・警察庁防災業務計画の改定

　国家公安委員会・警察庁防災業務計画は、平成7年9月に修正された。現在は平成19年1月に修正されたものが使われている。

　都道府県警察という実働部隊を直接指揮下に有する警察庁は、従来より比較的具体的規定を置いていたが、中央における情報収集、連絡体制の強化（即時・多角的情報収集と情報集中）と非常参集規定の明記（迅速性の確保）、都道府県の防災活動におけるより具体化、明確化を図ったことが修正の特徴であるが、その要点を簡潔にまとめてみると次のようになる。

㈠　国においてとるべき措置

ア．情報通信施設の整備と情報伝達経路の多重化等（規定の強化）

　　従来から整備してきた情報通信施設の整備について、多様な情報収集手段による整備の方針を明確にし、情報伝達経路の多重化、夜間、休日等においても的確に対応できる体制の確立を図ることを明確化した。

イ．職員の招集・参集体制の整備

　　国家公安員会および警察庁は、職員の招集・参集基準の明確化、連絡手段の確保、招集・参集職員の職場近傍での宿舎の確保、招集・参集途上での情報収集・伝達手段の確保等職員の招集・参集体制の整備について定めるとともに、随時見直しを図り、職員の招集・参集については、職員各人に対して交通機関の途絶等を想定した自転車、徒歩等の代替手段を検討させる。

ウ．災害時における参集

　　警察庁は、災害が発生し、又は発生するおそれがある場合には、別に定める基準により、職員の招集・参集・情報収集・伝達体制を確立し、災害警備本部等の設置等必要な体制をとり、大規模災害発生時には、警察庁警備局長は、閣議で決定されたところの緊急参集チームの一員として官邸に参集する。

エ．情報収集体制の確立

　　被災情報の収集に当たっては、被害規模を早期に把握するため、ただちに被災地と通信指令課（室）等との間で行う無線通話を同時にモニターし、また、関係都道府県警察を通じて、警察用航空機によって得られる上空からの概括的な被害情報および交番、駐在所、パトカー等の勤務員によって収集される地域ごとの被害状況、交通状況等の把握に努めるほか、ヘリコプターテレビシステム、交通監視カメラ等からの画像情報の収集に努める。

　　被害規模に関する概括的な情報等を官邸（内閣情報調査室等）および国土庁に伝達するほか、防衛庁、運輸省、気象庁、建設省、消防庁等の関係機関との連絡を密にして、災害に関する情報の相互連絡に努める。

オ．広域緊急援助隊の派遣

大規模災害が発生し、又は発生しようとしている場合は、広域緊急援助隊の派遣等広域的な応援のための措置をとる。

㈡ 都道府県警察においてとるべき措置

都道府県警察においてとるべき措置は、国においてとるべき措置に連動するものであり、国家公安委員会・警察庁防災業務計画においては地域防災計画の作成の基準となるべき事項として規定されているが、国のとるべき措置より、より具体的に記述されているが基本的な仕組みは同一なので、ここではその規定する項目のみ挙げるにとどめることとする。

ア．災害に備えての措置
(1) 警備体制の整備
　① 職員の招集・参集体制の整備
　② 広域緊急援助隊の整備
　③ 災害警備用装備資機材の整備充実
(2) 情報収集・伝達体制の整備
　① 情報収集の手段および方法
(3) 重要施設の警戒

イ．災害発生時における措置
(1) 警備体制
　① 職員の招集・参集
　② 広域的な応援体制
　③ 警備体制の種別
　　(i) 準備体制
　　(ii) 警戒体制
　　(iii) 非常体制
　④ 災害警備本部等の設置
(2) 情報の収集・伝達
　① 被害状況の把握および伝達
　② 多様な手段による情報収集等
(3) 救出救助活動等
　① 機動隊等の出動
　② 警察署における救出救助活動
(4) 避難誘導等
(5) 社会秩序の維持

第4節　初動体制の抜本改善

（3）　自治省（現在総務省）・消防庁防災業務計画の改定

　自治省・消防庁防災業務計画も、平成8年5月に修正され、全文90頁と大幅に規定が追加された。現在は平成19年2月に修正されたものが使われている。

　従来の計画は、初動活動の主体が市町村消防であり、地方自治の本旨を重視する立場から初動に関しては国の直接関与について他省庁とは異なる立場であったが、今回の修正においてはその原則を踏まえながら、初動に関して具体的規定が置かれており、その重点は情報収集と迅速性の確保である。

㈠　消防庁における災害予防のための体制

ア．災害情報等の収集・伝達体制の整備

　　災害時において、国土庁、内閣情報調査室等国の関係機関、都道府県および市町村との情報の収集・伝達が迅速かつ的確に実施できるよう、宿日直職員の配置、緊急連絡網および連絡要領等の周知徹底ならびに訓練の実施等により情報の収集・伝達を整備し、地方公共団体相互間の緊密な連携に配慮するとともに、初動期に被災地において、機動的な情報の収集・伝達活動を行うため、車両その他の移動手段、通信機器の確保その他出動体制を整備する。

イ．職員との連絡体制の整備

　　災害時の緊急連絡網の整備、宿日直職員の配置、携帯電話、ポケットベルの配備等により、災害時における職員への連絡体制を整備する。

㈡　災害応急体制の確立

ア．自治省の応急体制

①　災害対策本部の設置

　　大規模な災害が発生し、又は発生するおそれがあり、災害応急対策および災害復旧等を推進するため必要があると認める場合には、災害対策本部を設置する。

イ．消防庁の応急体制

①　災害対策連絡室の設置

　　災害が発生し、又は発生するおそれがあり、災害に関する情報の収集・伝達等を行うため必要と認める場合には、災害対策連絡室を設置する。

②　災害対策本部の設置

　　大規模な災害が発生し、又は発生するおそれがあり、災害応急対策等を迅速かつ的確に推進するため必要があると認める場合には、災害対策本部を設置する。

③　現地における応急体制

　　災害情報等の収集のため必要があると認める場合には、先遣チームを派遣

する。

さらに、被災地との連絡、被災地における災害応急対策の推進等のため特に必要があると認める場合には、現地災害対策本部を設置する。

ウ．職員の招集および参集
① 自治省職員の招集および参集
災害対策本部を設置したとき、自治省職員を招集し、招集を受けた自治省職員は速やかに参集する。
② 消防庁職員の招集及び参集
消防庁連絡室を設置したときは予め指定した消防庁職員を、消防庁本部を設置したときは消防庁全職員を招集する。
この場合消防庁職員は速やかに参集する。
その他消防庁職員の招集および参集に関し必要な事項は別に定める。
③ 内閣総理大臣官邸への緊急参集
大規模災害発生を覚知したとき、消防庁次長はただちに内閣総理大臣官邸に参集する。

エ．消防庁における災害情報等の収集・伝達
① 災害情報等の収集・伝達
災害情報等を都道府県もしくは市町村から受理し、又は自ら知ったときは、関係都道府県に対し、災害情報等を収集し、適切な応急措置を実施するよう連絡するとともに、別に定めるところにより、ただちに関係職員及び国土庁（政府本部の設置後は政府本部）、内閣情報調査室等関係機関に伝達する。
② 被害規模の早期把握
災害発生直後においては、被害規模を推定するための概括的情報を迅速に収集・伝達することに特に配意することとし、消防機関への119番通報の殺到状況、監視カメラ等による被災地の映像等に留意する。

（4） 防衛庁（現在防衛省）防災業務計画の改定

防衛庁防災業務計画も震災直後の平成7年7月に修正され、その後平成14年7月に修正された。現在は平成19年1月に修正されたものが使われている。

緊急防災活動にあたって自衛隊は原則として、都道府県知事の要請によることとされていた大震災前に比し、基本的制度としては要請主義の原則を維持しつつも現実の運用においてはより積極的な役割を果たすべく防災業務計画は改定された。特に、
① 情報収集と伝達

② 国の防災対策要員の自衛隊機による輸送
③ 都道府県の要請を待ついとまがない場合の災害派遣の基準

等は、従来明確にされていなかったものを明文化したことの意義は大きいといわざるを得ない。新しい防災業務計画において追加されたもののうち主要なものは以下のとおりである。

(一) **災害に対する準備措置としての隊員の態勢づくり**

部隊等の長は、当該部隊等の隊員の非常参集態勢の整備を図り、隊員に周知するなど災害派遣等に備える。

内部部局、陸上幕僚監部、海上幕僚監部、航空幕僚監部および統合幕僚会議事務局においても非常参集態勢の整備を図り、隊員に周知するなど災害に備える。

(二) **災害時における措置**

ア．災害に係る第1次情報等の収集等

① 情報の収集

 i) 気象庁、他部隊等から、震度5弱以上の地震発生との情報を得た場合、地震発生地域の近隣の対象部隊および航空救難専任部隊の長は速やかに、航空機等により、当該地震の発生地域およびその周辺について、目視、撮影等による情報収集を行う。

 ii) i)の場合において、対象部隊以外の部隊も、必要に応じ、航空機、艦艇等により情報収集を行う。

 iii) i)およびii)の場合において、情報収集を行う部隊等の長は、情報収集の適切かつ効率的な実施を期するため、相互に緊密な連絡をとりあう。

② 情報の伝達

①に基づく情報収集により得られた情報は、次の方法により速やかに伝達する。

 i) 防衛庁内部における伝達

部隊等は、収集した情報を直ちに中央指揮所の中央監視チームに伝達する（各幕監視チーム経由）。中央監視チームは、当該情報を防衛庁長官、防衛庁副長官、防衛庁長官政務官、防衛庁事務次官、内部部局および他の幕僚監部に伝達する。

 ii) 政府部内における伝達

中央監視チームは i)により伝達を受けた情報を内閣情報調査室[23]およ

---

(23) 中央省庁再編後の組織である。

び内閣府に伝達する。
　　ⅲ）関係機関への伝達
　　　　部隊等は、収集した情報を、必要に応じ都道府県知事等に伝達する。
　イ．**通信の確保**
　　　被災地内の部隊等においては、災害発生直後はただちに、災害情報連絡のための通信を確保する。このため、必要に応じ、情報通信手段の機能確認を行い、支障が生じた施設等の復旧を行うとともに、移動通信回線の活用による緊急情報連絡用回線の設定に努める。
　ウ．**要請を待ついとまがない場合の災害派遣の基準**
　　　指定部隊等の長が要請を待たないで災害派遣を行う場合、その判断の基準とすべき事項については次に掲げるとおりとする。
　　ⅰ）災害に際し、関係機関に対して当該災害に係る情報を提供するため、自衛隊が情報収集を行う必要があると認められること。
　　（例）
　　・災害に際し、航空機（必要に応じ地上部隊または艦艇等）により、自隊または他部隊のみならず関係機関への情報提供を目的として、情報収集を行う場合
　　ⅱ）災害に際し、都道府県知事等が自衛隊の災害派遣に係る要請を行うことができないと認められる場合に、直ちに救援の措置をとる必要があると認められること。
　　（例）
　　・災害に際し、通信の途絶等により、部隊等が都道府県知事等と連絡が不能である場合に、市町村長又は警察署長その他これに準ずる官公署の長から災害に関する通報（災害対策基本法68条の２第２項の規定による市町村長からの通知を含む。）を受け、ただちに救援の措置をとる必要があると認められる場合
　　・災害に際し、通信の途絶等により都道府県知事等と連絡が不能である場合に、部隊等による収集その他の方法により入手した情報から、ただちに救援の措置をとる必要があると認められる場合
　　ⅲ）災害に際し、自衛隊が実施すべき救援活動が明確な場合に、当該救援活動が人命救助に関するものであると認められること
　　（例）
　　・運航中の航空機に異常な事態が発生したことを自衛隊が探知した場合に、捜索又は救助の措置をとる必要があると認められる場合

・海難事故の発生等を自衛隊が探知した場合に、捜索または救助の措置をとる必要があると認められる場合
・部隊等が防衛庁の施設外において、人命に係わる災害の発生を目撃し、または当該災害が近傍で発生しているとの報に接した場合等で、人命救助の措置をとる必要があると認められる場合

ⅳ）その他災害に際し、上記に準じ、とくに緊急を要し、都道府県知事からの要請を待ついとまがないと認められること

㈢ 大規模災害時の措置
ア．内閣、非常災害対策本部等に対する輸送協力等

① 大規模な災害が発生した場合、別に定める申合せに基づき、政府調査団のメンバーとして派遣される非常災害対策本部または緊急災害対策本部（以下「非常本部等」という。）の現地対策本部員に指名された者を、航空機等により輸送する。

② 首都直下型等大規模地震が発生した場合、別に定める申合せに基づき、内閣の初動体制の確立を支援するため、内閣総理大臣および内閣総理大臣の臨時代理となり得る国務大臣をヘリコプター等により輸送する。

③ 南関東地域において大地震が発生した場合、別に定める申合せにより、災害対　策関係省庁の防災担当職員の非常参集のため、航空機等により輸送協力を行う。

また、防衛庁中央指揮所に非常本部等およびその事務局を設置する場合には、市ヶ谷庁舎等への立ち入り等において、可能な限りの便宜を図るものとする。

さらに、立川広域防災基地内に非常本部等およびその事務局を設置する場合には、別に定める申合せに基づき、航空機等により輸送協力を行う。

イ．対策本部の設置および現地連絡班の派遣

① 災害が大規模な場合、その他特に必要があるときは、防衛庁本庁または現地に災害対策本部を設置する。当該本部の構成、運営要領等については別に定める。

② 大規模な災害が発生し、多数の部隊等を同一地区に派遣した場合または陸上自衛隊、海上自衛隊及び航空自衛隊のうちいずれか2以上の自衛隊の部隊等を同時に同一地区に派遣した場合において必要があるときは、内部部局、陸上幕僚監部、海上幕僚監部、航空幕僚監部または統合幕僚会議事務局（2以上の自衛隊の部隊等を同時に同一地区に派遣した場合）が独自にまたは協議して現地連絡班を現地に派遣して、救援活動の効率化を図るとともに、派遣

第1章 大震災時における初動体制と防災都市計画

された現地連絡班は中央との連絡調整を行う。
ウ．大規模震災についての特例
① 大規模震災が発生した場合には、長官は、災害派遣の実施に関し、緊急（非常）災害対策本部長と密接に連絡調整するものとする。
② 大規模震災が発生した場合には、大規模震災災害派遣実施部隊の長は、長官の命令により、災害派遣を実施するものとする。ただし特に緊急を要する場合には、大規模震災災害派遣実施部隊の長又は指定部隊等の長は、長官の命令を待つことなく災害派遣を実施することができる。

3）地域防災計画の改定
（1）兵庫県地域防災計画

兵庫県地域防災計画は、地震発生後の平成7年6月に暫定的に修正した後、平成8年3月に抜本的修正が施され、その後も平成13年3月、平成15年5月に修正され現在に至っている。

この修正により、従来よりかなり詳細に兵庫県災害対策本部を構成する各機関および国の機関との防災活動と相互の連絡体系を詳述しているが、特に初動期の県の動員計画については、第1節2 3)(1)で述べたものに比べ、かなり詳細に追加修正されているので以下にそれを示す。

(一) 災害対策本部が設置されたときの兵庫県本庁の動員体制
① 配備の内容
ア．災害対策本部員、本部連絡員、消防防災課等のあらかじめ定めた職員、近傍居住指定職員、局次長、課室長等は、ただちに配備につく。
イ．上記以外の職員については、原則として、次のいずれかの配備体制をとる。

第1号配備	所属人員のうちあらかじめ定めた少数の人員を配備し、主として情報の収集・伝達等にあたる体制
第2号配備	所属人員のうちあらかじめ定めた概ね5割以内の人員を配備し、災害応急対策にあたる体制
第3号配備	原則として所属人員の全員を配備し、災害応急対策に万全を期してあたる体制

ウ．具体的な配備人員等については、別に定める各部別動員計画を基本として、災害の状況等を勘案し、災害対策本部の各部長が決定することとする。
② 配備の基準は、次のとおりとする。

第1号配備	・大規模地震対策特別措置法9条に基づく地震災害に関する警戒宣言が発せられ、県内の地域にもかなりの震度が予想されるとき ・県内で震度4以下の地震を観測し又は県内の地域に津波が発生し、小規模の

	被害が生じたとき
第2号配備	・県内で震度4以下の地震を観測し又は県内の地域に津波が発生し、中規模の被害が生じたとき又は被害が中規模に拡大するおそれがあるとき ・県内で震度5の地震を観測したとき（自動配備） ・瀬戸内海沿岸（11区）又は日本海沿岸（13区）に「大津波」の津波警報が発表されたときなど、県内の地域に大規模な津波の発生が予想されるとき
第3号配備	・県内で震度5の地震を観測し又は県内の地域に津波が発生し、大規模の被害が生じたとき又は被害が大規模に拡大するおそれがあるとき ・県内で震度6以上の地震を観測したとき（自動配備）

③ 配備は、原則として、災害対策本部長（知事）が決定し、次のとおり伝達する。

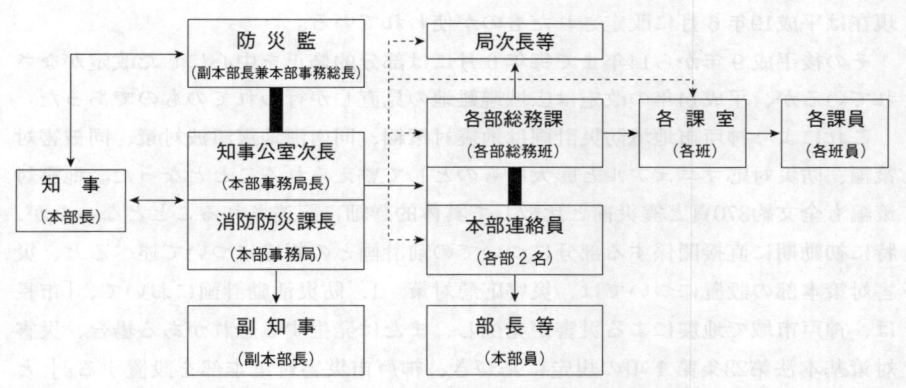

```
          防 災 監                  局次長等
       (副本部長兼本部事務総長)
            ┃
            ┃
         知事公室次長        各 部 総 務 課    各 課 室    各 課 員
         (本部事務局長)       (各部総務班)     (各班)     (各班員)
知 事                      
(本部長)    消防防災課長        本部連絡員
           (本部事務局)        (各部2名)

          副 知 事             部 長 等
          (副本部長)           (本部員)
```

④ 職員は、配備の命令を受けたときは、次のとおり対処することとする。

ア．原則として、勤務時間の内外を問わず、ただちに各所属で配備につくこととする。

イ．勤務時間外に配備の命令を受けた場合において、職員自身または家族の被災等のため配備につくことができないときは、ただちにその旨を所属長に連絡することとする。

ウ．勤務時間外に配備の命令を受けた場合において、居住地の周辺で大規模な被害が発生し、自主防災組織等による人命救助活動等が実施されているときは、その旨を所属長に連絡し、これに参加することとする。

エ．勤務時間外に配備の命令を受けた場合において、交通機関の途絶等のため各所属に赴くことができないときは、それぞれ、あらかじめ定めた最寄りの県の機関に赴き、その機関の長の指示に従って職務に従事することとする。

この場合において、各機関の長は、緊急に赴いた職員を掌握し、所属長に連絡することとする。

オ．勤務時間外に配備の命令を受けた場合においては、居住地の周辺及び各所属に赴く途上の地域の被害状況等に注視し、これを随時、所属長又は災害対策本部事務局に連絡することとする。

この場合において、各所属長は、各職員からの連絡で得た情報を速やかに災害対策本部事務局へ報告することとする。

（2） 神戸市地域防災計画

大地震発生の2カ月後の平成7年3月に開かれた市防災会議は、地域防災計画の抜本改定の方針を決定し、震災対等については地震対策部会において審議が開始され分科会を含めて23回の会議による検討を経て平成8年3月に改定された。現在は平成19年6月に改定されたものが使われている。

その後平成9年から14年まで毎年6月には部分的修正を中心にした改定がなされているが、平成14年の改定は広域避難地の見直しが行われてのものであった。

これにより神戸市地域防災計画は地震対策編、同南海地震津波対策、同被害対策編、防災対応マニュアルと膨大なものとして整えられることとなった。地震対策編も全文約370頁と震災前と比較して具体的詳細に記述されることとなったが、特に初動期に直接関係する部分についての前計画との相違について述べると、災害対策本部の設置については、災害応急対策　1．防災活動計画において、「市長は、神戸市域で地震による災害が発生し、または発生する恐れがある場合、災害対策基本法第23条第1項の規定に基づき、神戸市災害対策本部を設置する。」とし、本部設置基準は、「市長は、神戸市域で震度5弱以上の地震が発生した場合、あるいは地震による災害が発生し、または災害が拡大する恐れがある場合において、強力に防災活動を推進するために必要があると認める時、災害対策本部を設置する。」とする。

本部の組織は図1－4－1のとおりである。

勤務時間外に震度5弱以上の地震が発生した時の初動活動を新たに図1－4－2のように定める。

そしてその場合の職員動員計画について、従来の動員の原則の確認をして、本市に所属する全ての職員は、勤務時間外においても、震度階級5弱以上（本市内に設置されている震度計が1つでも震度5弱以上を記録した場合）の地震が発生したときは、通常の電話連絡網による伝達は行わないので、テレビやラジオ等で情報を確認の後、自らや家族の安全を確保した後、ただちにあらかじめ指定された場所へ出動しなければならない。

この際、市役所や職場に登庁するかどうかの電話による問い合わせをしてはな

第4節　初動体制の抜本改善

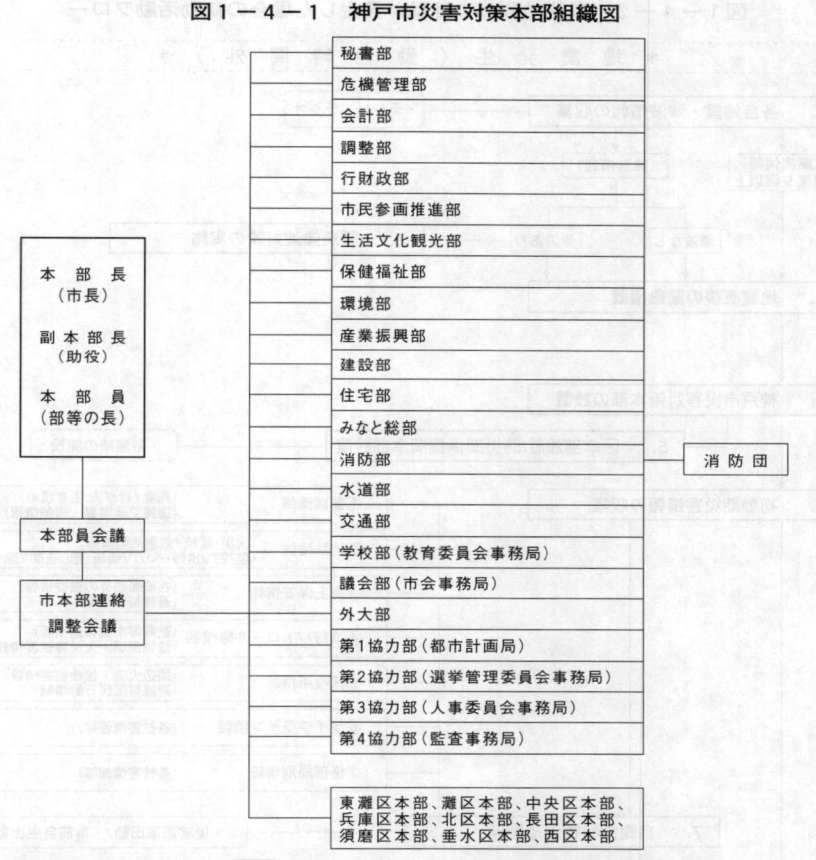

図1－4－1　神戸市災害対策本部組織図

```
本　部　長
　（市長）
副本部長
　（助役）
本　部　員
（部等の長）
　　│
本部員会議
　　│
市本部連絡
調整会議
```

├─ 秘書部
├─ 危機管理部
├─ 会計部
├─ 調整部
├─ 行財政部
├─ 市民参画推進部
├─ 生活文化観光部
├─ 保健福祉部
├─ 環境部
├─ 産業振興部
├─ 建設部
├─ 住宅部
├─ みなと総部
├─ 消防部 ─── 消防団
├─ 水道部
├─ 交通部
├─ 学校部（教育委員会事務局）
├─ 議会部（市会事務局）
├─ 外大部
├─ 第1協力部（都市計画局）
├─ 第2協力部（選挙管理委員会事務局）
├─ 第3協力部（人事委員会事務局）
├─ 第4協力部（監査事務局）
└─ 東灘区本部、灘区本部、中央区本部、
　　兵庫区本部、北区本部、長田区本部、
　　須磨区本部、垂水区本部、西区本部

（出典：「神戸市地域防災計画 総括 地震対策編」（平成14年6月）神戸市防災会議 p.54）

らない、と規定して、一般職員に対して分かりやすい表現を付け加えている。
　動員の区分についても、各部長および区本部長は以下の区分により事前に所属職員の住居地等を勘案して出動場所を指定し、その職員の任務分担を明らかにし、職員へ周知を図っておかなければならない。また、各部長および区本部長は、発災直後に市本部情報連絡室、各部および各区本部の緊急対応、情報連絡および初動対応機能の立ち上げに最低限必要な職員を確保するため、以下の計画により所属職員を事前指名し、発震時において自動的にそれぞれの勤務場所へ出動させるものとする。
　所属動員職員は、可能な限り所属機関に近い場所に居住する職員を指名することとする。

第1章　大震災時における初動体制と防災都市計画

図1－4－2　勤務時間外に地震が発生した場合の初動活動フロー

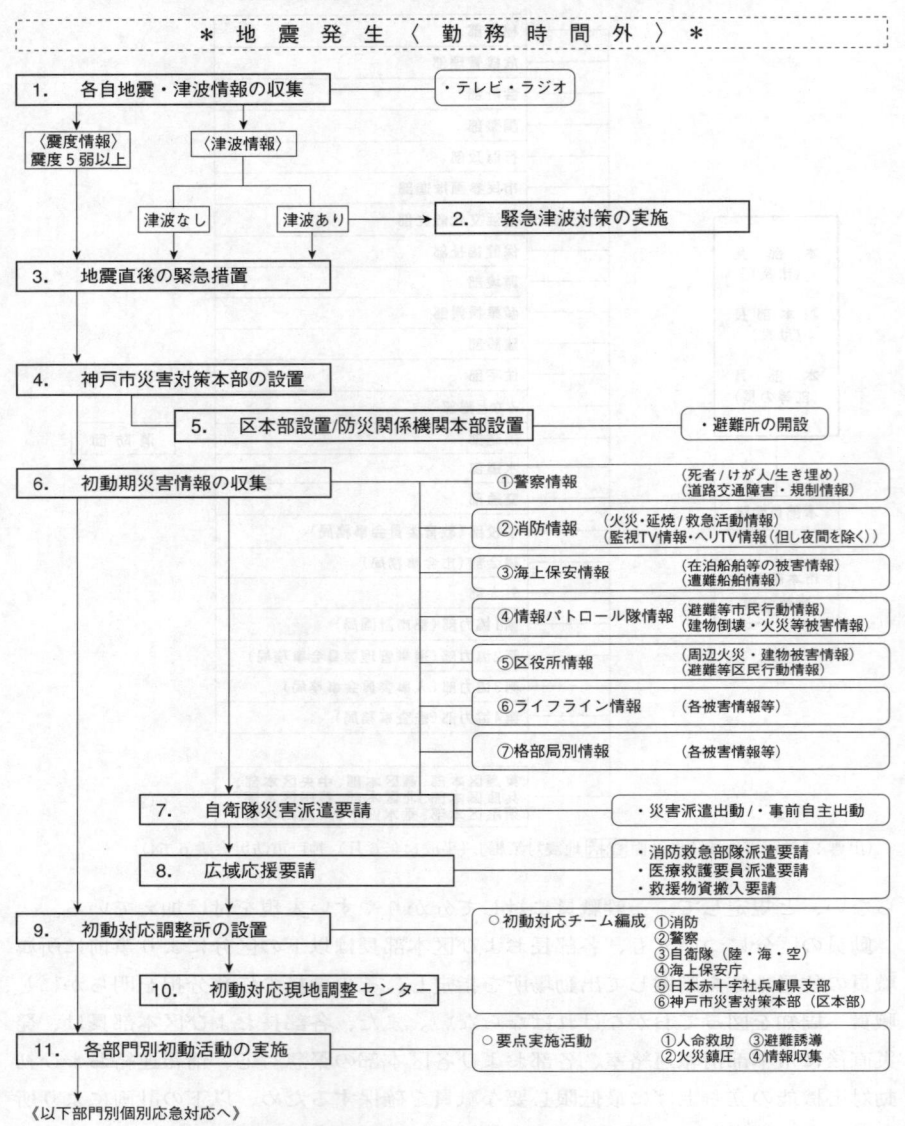

```
┌─────────────────────────────────────────────┐
│         ＊ 地 震 発 生 〈 勤 務 時 間 外 〉 ＊         │
└─────────────────────────────────────────────┘
            │
┌─────────────────────┐         ・テレビ・ラジオ
│ 1. 各自地震・津波情報の収集 ├────────
└─────────────────────┘
     │
〈震度情報〉      〈津波情報〉
震度5弱以上     │
     │      ┌──┴──┐
     │    津波なし  津波あり ──→ ┌─────────────────┐
     │      │              │ 2. 緊急津波対策の実施 │
     │      │              └─────────────────┘
     ├──────┘
     ↓
┌──────────────────┐
│ 3. 地震直後の緊急措置 │
└──────────────────┘
     ↓
┌──────────────────────┐
│ 4. 神戸市災害対策本部の設置 │
└──────────────────────┘
     │
     ├─→ ┌───────────────────────────┐      ・避難所の開設
     │   │ 5. 区本部設置/防災関係機関本部設置 │
     │   └───────────────────────────┘
     ↓
┌─────────────────────┐    ①警察情報　　　（死者/けが人/生き埋め）
│ 6. 初動期災害情報の収集 ├───                （道路交通障害・規制情報）
└─────────────────────┘    ②消防情報　　　（火災・延焼/救急活動情報）
     │                                     （監視TV情報・ヘリTV情報(但し夜間を除く)）
     │                       ③海上保安情報　（在泊船舶等の被害情報）
     │                                     （遭難船舶情報）
     │                       ④情報パトロール隊情報（避難等市民行動情報）
     │                                     （建物倒壊・火災等被害情報）
     │                       ⑤区役所情報　　（周辺火災・建物被害情報）
     │                                     （避難等区民行動情報）
     │                       ⑥ライフライン情報（各被害情報等）
     │                       ⑦格部局別情報　（各被害情報等）
     ↓
┌─────────────────┐     ・災害派遣出動/・事前自主出動
│ 7. 自衛隊災害派遣要請 │
└─────────────────┘
     ↓                     ・消防救急部隊派遣要請
┌─────────────┐         ・医療救護要員派遣要請
│ 8. 広域応援要請 │         ・救援物資搬入要請
└─────────────┘
     ↓
┌───────────────────┐   ○初動対応チーム編成 ①消防
│ 9. 初動対応調整所の設置 │                  ②警察
└───────────────────┘                  ③自衛隊（陸・海・空）
     ↓                                   ④海上保安庁
┌───────────────────────┐          ⑤日本赤十字社兵庫県支部
│ 10. 初動対応現地調整センター │          ⑥神戸市災害対策本部（区本部）
└───────────────────────┘
     ↓
┌───────────────────────┐   ○要点実施活動　①人命救助　③避難誘導
│ 11. 各部門別初動活動の実施 │              ②火災鎮圧　④情報収集
└───────────────────────┘
     ↓
《以下部門別個別応急対応へ》
```

（出典：「神戸市地域防災計画 総括 地震対策編」（平成14年6月）神戸市防災会議 p.70）

第4節　初動体制の抜本改善

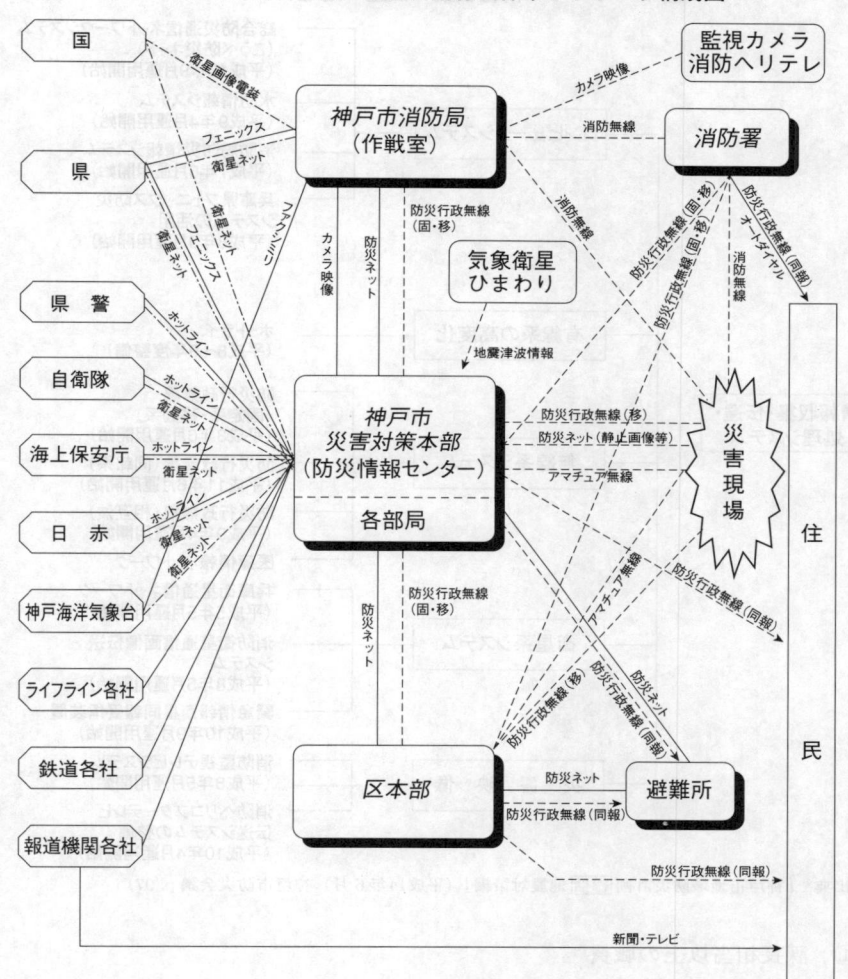

図1－4－3　神戸市災害情報全体ネットワーク構成図

———	コンピュータシステム又は有線系システム
------	無線系システム
—・—・—	衛星系システム

(出典:「神戸市地域防災計画 総括 地震対策編」(平成14年6月)神戸市防災会議 p.96)

図1－4－4　情報収集・伝達・処理システム

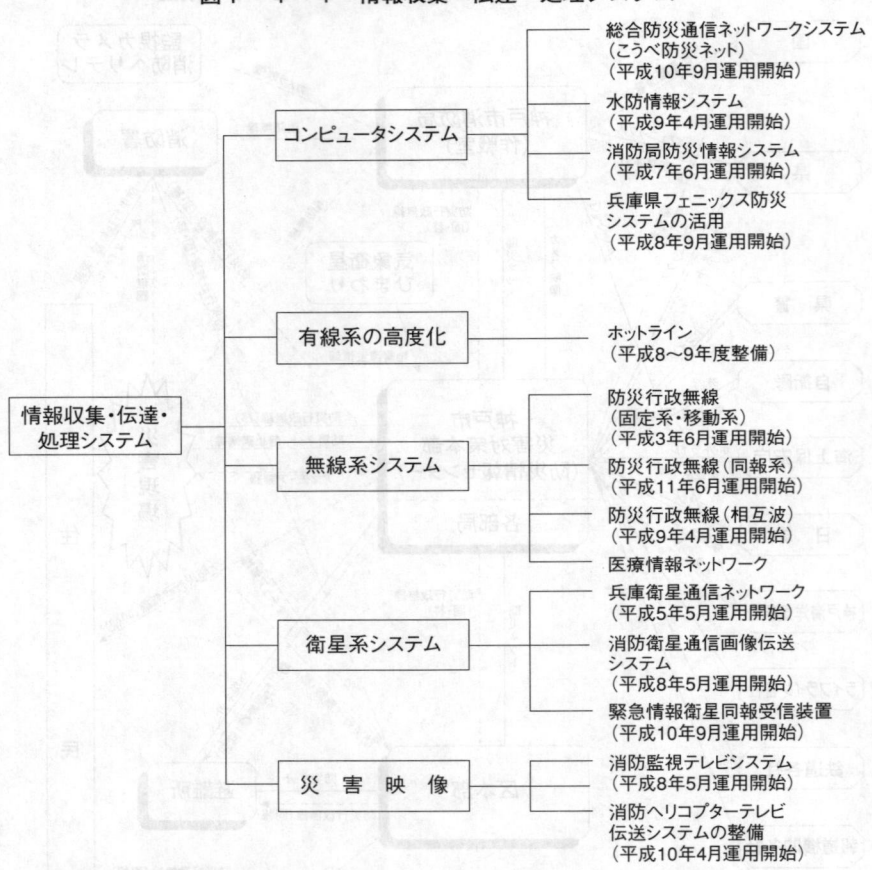

```
情報収集・伝達・
処理システム
├─ コンピュータシステム
│   ├─ 総合防災通信ネットワークシステム
│   │   （こうべ防災ネット）
│   │   （平成10年9月運用開始）
│   ├─ 水防情報システム
│   │   （平成9年4月運用開始）
│   ├─ 消防局防災情報システム
│   │   （平成7年6月運用開始）
│   └─ 兵庫県フェニックス防災
│       システムの活用
│       （平成8年9月運用開始）
├─ 有線系の高度化
│   └─ ホットライン
│       （平成8～9年度整備）
├─ 無線系システム
│   ├─ 防災行政無線
│   │   （固定系・移動系）
│   │   （平成3年6月運用開始）
│   ├─ 防災行政無線（同報系）
│   │   （平成11年6月運用開始）
│   ├─ 防災行政無線（相互波）
│   │   （平成9年4月運用開始）
│   └─ 医療情報ネットワーク
├─ 衛星系システム
│   ├─ 兵庫衛星通信ネットワーク
│   │   （平成5年5月運用開始）
│   ├─ 消防衛星通信画像伝送
│   │   システム
│   │   （平成8年5月運用開始）
│   └─ 緊急情報衛星同報受信装置
│       （平成10年9月運用開始）
└─ 災　害　映　像
    ├─ 消防監視テレビシステム
    │   （平成8年5月運用開始）
    └─ 消防ヘリコプターテレビ
        伝送システムの整備
        （平成10年4月運用開始）
```

（出典：「神戸市地域防災計画 総括 地震対策編」（平成14年6月）神戸市防災会議 p. 97）

① 　課長相当以上の職員
② 　区本部に直近動員によって出勤した職員の指揮者として活動することができる職員
③ 　防災対策上欠くことができない次の業務を担当する職員
　ア　情報連絡要員
　イ　災害対策本部および区本部要員
　ウ　関係機関等連絡要員
　エ　避難対策要員
　オ　業務上、警戒監視および緊急措置を行う必要がある職員

カ　特殊業務を担当するもの等、防災対策上所属長が必要を認めた職員」と規定する。

　情報収集については大幅な見直しが行われ、災害情報全体のネットワーク化を進めることとし、災害情報ネットワークの全体構成は図1－4－3のようである。

　また、情報収集伝達システム整備の基本方針を新たに具体的に定め、図1－4－4のような体系を整えることとされた。

2　組織論の改善

　組織論における改善点の主要なものは内閣機能の強化と迅速性の確保である。

(a)　内閣機能の強化
(1)　災害緊急事態の布告を要しない緊急災害対策本部の設置
(2)　緊急災害対策本部長の指示権
(3)　非常対策要員参集要領の改定

(b)　迅速性の確保
(1)　非常対策要員参集要領の改定
(2)　緊急参集チーム
(3)　非常対策要員の宿舎
(4)　現地対策本部の設置

1）緊急災害対策本部の設置

　災害対策基本法に基づかずに閣議決定で設置された緊急対策本部は、次の10項目の効果的対策をただちに打ち出し、効果を挙げていった。

① 避難者対策
② 応急仮設住宅対策
③ 住宅対策
④ がれき処理対策
⑤ 緊急輸送体制
⑥ 緊急医療体制
⑦ 食糧供給対策
⑧ 降雨対策（危険箇所点検、被災者用テント）
⑨ 建築物安全点検対策
⑩ 二次災害対策

内閣総理大臣の諮問機関として設置された**防災問題懇談会**が以下の**提言**を行った。

① 緊急災害対策本部について、経済統制を必要とするような社会経済情勢の混乱が発生していなくても設置できるようにしてはどうか。
② 阪神・淡路大震災に際して設けられた全閣僚による緊急災害対策本部が、機敏かつ大規模な応急措置を行う上で効果的であったことに鑑み、総理大臣を本部長とする緊急災害対策本部については、全閣僚を本部員としてはどうか。
③ 本部長の指示権が、国の出先機関や地方公共団体には及ぶが国の本省庁には及ばないこととなっている点を改め、調整権限の範囲内で本部長の権限の強化を図ることとし、本省庁にも指示ができるようにしてはどうか。

これを受けて**平成7年12月**に**災害対策基本法を改正**して、
(1) 非常災害が発生し、かつ当該非常災害が著しく異常かつ激甚なものである場合に、内閣総理大臣は、緊急災害対策本部を設置することができること。
(2) 緊急災害対策本部長は、内閣総理大臣（内閣総理大臣に事故があるときは、そのあらかじめ指名する国務大臣）をもって充てることとすること。
(3) 緊急災害対策本部員は、緊急災害対策本部長および緊急災害対策副本部長以外のすべての国務大臣をもって充てることとすること[24]。
(4) 現地対策本部の設置
　迅速な応急活動をするにあたって、中央の権限を委任された現地対策本部は重要であり、この点から、緊急災害対策本部に、本部の事務の一部を行う組織として、緊急災害現地対策本部を置くことができることとし、現地対策本部長に対する緊急災害対策本部長の権限の委任をすることとされた[25]。
　同様のことは非常災害対策本部についても適用される[26]。

2）本部長の指示権の付与

緊急災害対策本部長は、災害応急対策を的確かつ迅速に実施するため、とくに必要があると認めるときに、その必要な限度において関係指定行政機関の長に必要な指示をすることができるとし、緊急災害対策本部長である内閣総理大臣の権限を強化できるように画期的な制度を確立することができた[27]。

これにより、防衛庁、自衛隊および警察庁、都道府県警察に対する指揮監督系

---

(24) 災害対策基本法28条の2第1項、28条の3第1項、4項、6項
(25) 災害対策基本法28条の3第8項、28条の6第4項
(26) 災害対策基本法25条6項、28条3項
(27) 災害対策基本法28条の6第2項

統のフローは図1-4-5のようになった。

図1-4-5　指揮監督系統

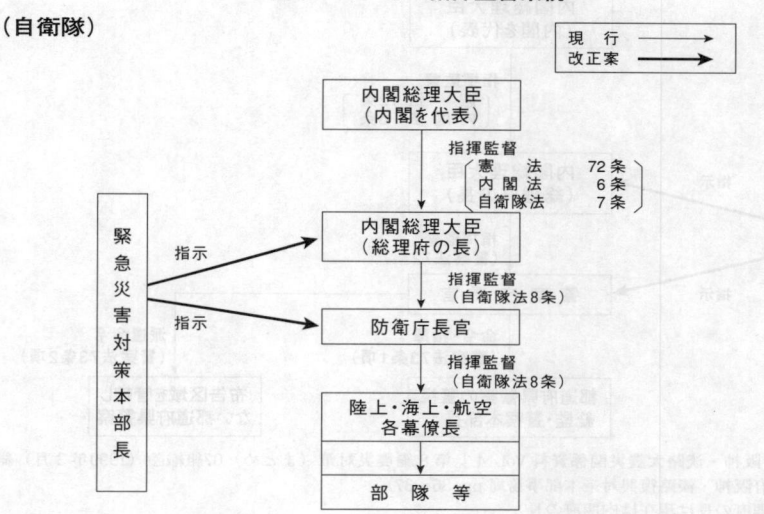

(自衛隊)

現　行　 →
改正案　 ⟹

緊急災害対策本部長
　　指示 → 内閣総理大臣（内閣を代表）
　　　　　　↓ 指揮監督　憲　法　72条
　　　　　　　　　　　　　内閣法　　6条
　　　　　　　　　　　　　自衛隊法　7条
　　指示 → 内閣総理大臣（総理府の長）
　　　　　　↓ 指揮監督（自衛隊法8条)
　　指示 → 防衛庁長官
　　　　　　↓ 指揮監督（自衛隊法8条)
　　　　　　陸上・海上・航空
　　　　　　各幕僚長
　　　　　　↓
　　　　　　部　隊　等

(警察)

(1) 通常の場合

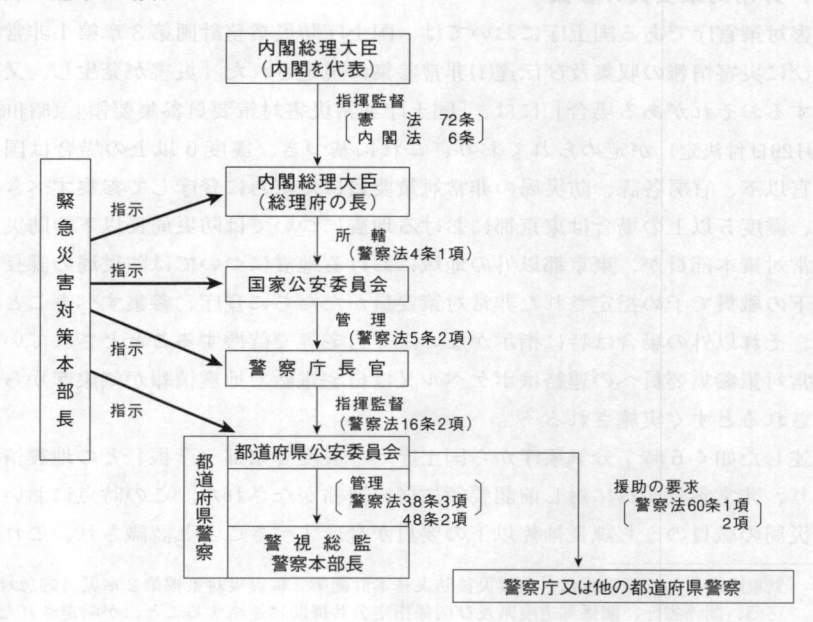

緊急災害対策本部長
　　指示 → 内閣総理大臣（内閣を代表）
　　　　　　↓ 指揮監督〔憲　法　72条
　　　　　　　　　　　　　内閣法　　6条〕
　　指示 → 内閣総理大臣（総理府の長）
　　　　　　↓ 所轄（警察法4条1項）
　　指示 → 国家公安委員会
　　　　　　↓ 管理（警察法5条2項）
　　指示 → 警察庁長官
　　　　　　↓ 指揮監督（警察法16条2項）
　　指示 → ┌─ 都道府県公安委員会
　　　　　　都　　　 ↓ 管理
　　　　　　道　　　 警察法38条3項
　　　　　　府　　　 　　48条2項
　　　　　　県　　 警視総監
　　　　　　警　　 警察本部長
　　　　　　察　 └──────→ 警察庁又は他の都道府県警察
　　　　　　　　　援助の要求（警察法60条1項, 2項）

85

第1章　大震災時における初動体制と防災都市計画

(2) 内閣総理大臣の緊急事態の布告が発せられた場合

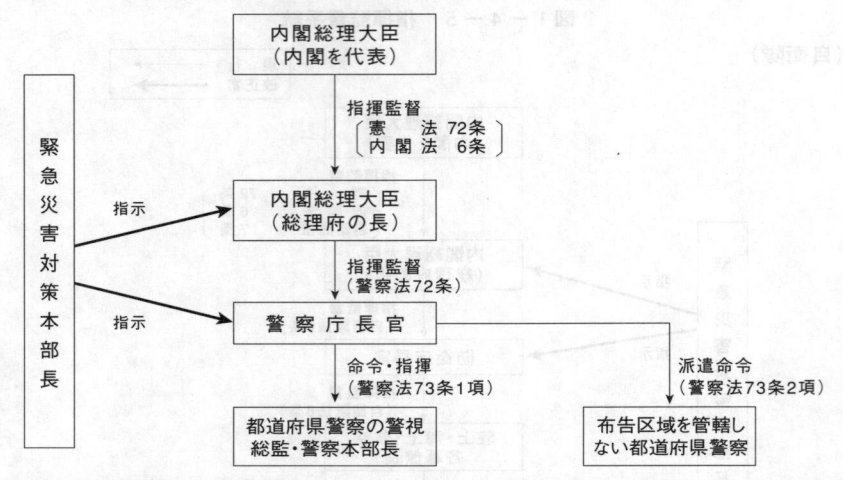

```
                    ┌──────────────┐
                    │  内閣総理大臣  │
                    │ (内閣を代表)  │
                    └──────┬───────┘
                           │指揮監督
                           │〔憲　　法 72条〕
                           │〔内 閣 法　6条〕
                           ▼
┌──┐            ┌──────────────┐
│緊 │            │  内閣総理大臣  │
│急 │──指示──▶│ (総理府の長)  │
│災 │            └──────┬───────┘
│害 │                   │指揮監督
│対 │                   │(警察法72条)
│策 │                   ▼
│本 │            ┌──────────────┐                    ┌派遣命令
│部 │──指示──▶│  警察庁長官  │───────────────────┤(警察法73条2項)
│長 │            └──────┬───────┘                    │
└──┘                   │命令・指揮                    │
                         │(警察法73条1項)               │
                         ▼                              ▼
              ┌──────────────────┐        ┌──────────────────┐
              │ 都道府県警察の警視 │        │ 布告区域を管轄し │
              │ 総監・警察本部長   │        │ ない都道府県警察 │
              └──────────────────┘        └──────────────────┘
```

(出典：「阪神・淡路大震災関係資料 Vol. 4」第8編震災対策（まとめ）07組織論（1999年3月）総理府阪神・淡路復興対策本部事務局 pp. 36〜37)
(注：総理府の長は現在は内閣府の長)

3）非常対策要員の参集

　災害対策官庁である国土庁においては、国土庁防災業務計画第3章第1非常参集並びに災害情報の収集及び伝達(1)非常参集に規定された「災害が発生し、又は発生するおそれがある場合」には、「国土庁非常災害対策要員参集要領」（昭和63年1月29日付決定）が定められており、これに基づき、震度6以上の場合は国土庁長官以下、官房各課、防災局の非常対策要員はただちに登庁して参集すべきとされ、震度5以上の場合は東京都における地震については防災局長以下の防災局の非常対策本部員が、東京都以外の地域における地震については防災局の課長補佐以下の職員で予め指定された非常対策要員がただちに登庁、参集すべきこととされ、それ以外の場合は特に指示がない限り自宅等で待機することとされていた。

　非常対策参集要員への連絡はポケベル又は自宅電話で地震情報が気象庁からもたらされるとすぐ実施される[28]。

　前述した如く6時7分気象庁から国土庁へ「震度5京都・彦根」との地震情報が入り、非常参集要員に対し前記要領に従い連絡がなされた。この時点においては防災局の職員のうち課長補佐以下の要員が登庁すべきことと認識され、これら

[28]　気象庁からの地震情報は、大震災後防災基本計画第2編震災対策編第2章災害応急対策で官邸、関係省庁、関係都道府県及び関係指定公共機関に連絡すること、が明定された。

の職員が参集を開始し、最初の要員が登庁したのが6時45分であった。

その後気象庁は6時21分に「震度6神戸」の情報を国土庁に流すが、国土庁の連絡システムは地震情報の変更に対して自動的に作動することとされていなかったため、自宅待機していた非常参集要員はテレビ・ラジオの震度6の情報により順次登庁することとなる。非常参集要員が概ね登庁したのは7時半頃で、発災後約2時間経過していた[29]。

こうした状況に鑑み、防災緊急活動の迅速性を確保する観点から、非常対策要員の早期参集を確保する必要性の認識が高まり、(1)非常対策要員の参集要領、(2)非常対策要員の宿舎、(3)緊急参集チーム編成の必要性の議論が検討されることとなる。

非常参集要領の再検討は、(1)気象庁の震度情報の見直し、(2)次に起こりうる可能性が指摘されている南関東地域の地震に対する備え、を踏まえて実施された。

すなわち、従来の地震のグレードと実際の被災の程度とが必ずしも初動体制をとる上で明確でないうらみがあり、震度5、6についてこれをさらに二分し、震度5弱、震度5強、震度6弱、震度6強とし、(イ)従来の「震度5以上東京都」の区分を「東京23区の震度5強の地震とし」、「震度5以上その他の地域」の区分を「東京23区の震度5弱の地域その他の地域の震度5強及び5弱の地震」と(ロ)「震度6以上東京都」の区分を「震度6弱以上の地震南関東地域」と改めたのである。震災直後に改められた国土庁非常時における参集要項による参集範囲、および内閣府非常対策参集要領による参集範囲は表1－4－1のとおりとされる。

4）緊急参集チーム（官邸を中心とする即応体制）

地震発生直後の官邸を含めた国の即応対制については、今回の初動体制につき検討すべきことが多々あるということから「災害緊急事態への官邸及び関係機関の即応体制検討プロジェクトチーム」が設置される[30]。

このプロジェクトチームは内閣官房長官を主宰者として内閣官房副長官（政務および事務）、首席内閣参事官、内閣内政審議室長、内閣情報調査室長、警察庁次長、防衛庁防衛局長、国土事務次官、運輸省海上保安庁長官、運輸省気象庁長官、自治省消防庁長官をメンバーとして、1月31日から3回にわたり会議を開き、2月21日に「大規模災害発生時の第1次情報収集体制の強化と内閣総理大臣等へ

---

(29) 防災局の定員35名のうち33名が7時20分迄に参集、研修員を含めた実際に勤務していた職員43名が登庁したのは8時であった。
(30) 「災害緊急事態への官邸及び関係機関の即応体制検討プロジェクトチームの設置について」（平成7年1月31日　内閣官房長官決裁）

第1章　大震災時における初動体制と防災都市計画

表1－4－1　非常災害対策要員の参集範囲
（国土庁分　平成13年1月まで）

国土庁非常災害対策要員	参集すべき事由・参集範囲					
	判定会が招集された場合	震度6弱以上の地震		東京23区の震度5強の地震	東京23区の震度5弱の地震その他の地域の震度5強及び5弱の地震	津波警報
		南関東地域	その他の地域			
①長官　政務次官　事務次官　官房長	◎	◎	◎	○	○	○
②長官官房各課（水資源部の課及び広報室を除く。）の非常災害対策要員	◎	◎	◎	○	○	○
③防災局長、防災担当審議官、④以外の防災局の非常災害対策要員及び広報室の非常災害対策要員	◎	◎	◎	○	○	○
④防災局及び広報室の非常災害対策要員のうち、あらかじめ各課長から指名されている職員	◎	◎	◎	◎	◎	◎
⑤水資源部、計画・調整局、土地局、大都市圏整備局、地方振興局の非常災害対策要員	○	○	○	○	―	―

備考1：◎＝直ちに参集すべき者
　　　　○＝特に指示等がない限り自宅等で待機する者
　　　　―＝特に指示等がない限り参集及び待機する必要のない者
備考2：南関東地域とは、「南関東地域の大規模な地震発生後の非常参集時における自衛隊ヘリコプター利用等について」（平成8年11月15日中央防災会議主事会議申合せ）（埼玉県南部、千葉県北西部、東京都（23区、多摩東部、多摩西部）、神奈川県東部）をいう。
注意：他省庁については③に準じて防災業務担当者に連絡する。
（国土庁作成資料）

（内閣府分）

内閣府非常災害対策要員	地　震（震度）				
参　集　対　象　者	6弱以上		東京23区		
			5強	5弱	
	南関東地域	その他の地域	その他の地域		
			5強	5弱	
①防災担当大臣、副大臣（防災担当）、大臣政務官（防災担当）、事務次官、大臣官房長	◎	◎	○	○	○
②③以外の大臣官房総務課、会計課の職員のうち会計長から指名された要員					
③大臣官房総務課報道室の要員	◎	◎	○	○	○
④政策統括官（防災担当）、大臣官房審議官（防災担当）					
⑤防災部門職員のうち各参事官から指定されているA要員	◎	◎	◎	◎	○
⑥⑤以外の防災部門職員のうち各参事官から指定されているB要員	◎	◎	○	○	○
⑦⑤、⑥以外の防災部門のC要員					
⑧以外の大臣官房人事官会計課の要員	◎	○	○	―	―
⑨①～⑧以外の要員					
⑩（参考）関係省庁の職員	△	△	△	△	△

（注）◎：直ちに参集
　　　○：特に指示がない場合に限り自宅等で待機
　　　―：特に指示がない場合に限り参集及び待機の必要なし
　　　□：特に指示がない場合は待機
　　　△：情報連絡のみを行い特に指示等なし
A要員：非常参集要員のうち、当番の週に当たっており、災害時に直ちに参集する要員をいう。
B要員：非常参集要員のうち、当番の週に当たっていない要員をいう。
C要員：非常参集要員以外の防災担当職員をいう。
（内閣府資料）

第 4 節　初動体制の抜本改善

の情報連絡体制の整備に関する当面の措置について」を閣議決定する[31]。未曾有の国家的大災害に対処するための危機管理体制を迅速に構築する緊要性に鑑み、このプロジェクトチームはあらゆる観点から検討がなされた。

　ここでの論点は、①地震発生時における一次情報の入手システムのあり方、②一次情報の連絡体制のシステムのあり方、③的確な初動を行うに足る情報システムのあり方、である。

　① 地震発生時における一次情報の入手システムについては、気象庁からオンラインで防衛庁、NHKなどに送られると同時に、同報FAXで国土庁、警察庁、消防庁等に送られるが、現地の地震被害の状況が中央へ送られてくるには時間がかかることが明らかにされる。

　消防についていうと、発災後10分位で119番通報があったが、現地の消防は全面的に災害に対して対応しているので、関係方面との連絡動作が欠けがちになること、警察も地方からの一次情報はあがってくるものの、行方不明（生き埋め）の情報の把握は簡単ではないこと、こうした断片的な情報の判断を総合的に判断する必要が重要であること、そのためにはヘリコプターによる現地の画像情報を収集する必要があり、このため24時間体制のヘリ要員の確保が必要であるという議論がなされる。

　②の一次情報の連絡体制のシステムのあり方については、こうした未曾有の大災害における官邸への情報収集が国土庁を通じてのシステムに頼りすぎていて、官邸にあった情報調査室は直接災害についての情報収集をしておらず、また宿直体制もとられていなかったこと、また国土庁、警察庁、消防庁間での連絡体制はとっていたものの一次情報がきわめて少なかったこと、防衛庁と国土庁その他の初動官庁との連絡は、自衛隊派遣が都道府県知事の要請に基づくこととされていたため、細部についての連絡体制は密ではなかったことが指摘され、官邸を中心とした初動官庁の即時情報収集体制を構築することが必要とされた。

　③の的確な初動を行うに足る情報システムのあり方については①、②で一次情報の迅速な収集、関係機関の重畳的情報共有によってしても、地方から届く、死者情報が死体の確認後でなければ中央にもたらされないこと、行方不明者の情報はなおさら現地での確認が困難なことから、現地から上がってくる数値情報をもとにしていては効果的な初動ができないこととなるとの認識の下、たとえば消防署に入ってくる119番通報の数の多さで火災発生の規模を想定した全国レベルでの応援体制をとるとか、ヘリコプターによる被災地上空の画像情報を見て初動の

---

(31)　大規模災害発生時の第1次情報収集体制の強化と内閣総理大臣等への情報連絡体制の整備に関する当面の措置について（平成7年2月21日　閣議決定）

第1章　大震災時における初動体制と防災都市計画

体制の規模を決めるなどの議論の他、特にアメリカのFEMA（連邦危機管理庁）が実施しているGISによって震度、震源の深さ、地震の規模（マグニチュード）等初動期における限られた情報収集を基にして、一定の経験制で被害想定を行うことを検討することなど、多岐にわたった検討が続けられた。

これらの議論の結論として、多角的な情報の収集をして内閣情報調査室が官邸への情報集中のセクションとし、これらの情報に基づいて関係省庁幹部が官邸に参集して初動の方針を決める緊急参集チームを設けることとされたのである[32]。

これによって決められた措置は次のとおりである。

大規模災害発生時の第１次情報収集体制の強化と内閣総理大臣等への
情報連絡体制の整備に関する当面の措置について

〔平成７年２月21日〕
〔閣　議　決　定〕

1　大地震発生時において被害規模の早期把握のため関係省庁は、それぞれの立場において、早期に現地の関係者からの情報を集約するほか、航空機、船舶等を活用した活動を展開するなど、情報収集活動を効果的かつ迅速に推進するものとする。
2　大地震発生時における内閣総理大臣官邸（以下「官邸」という。）への迅速な報告連絡を行うため、当直体制を保持する内閣情報調査室を内閣総理大臣、内閣官房長官及び内閣官房副長官（以下「内閣総理大臣等」という。）への情報伝達の窓口とする。関係省庁から連絡を受けた内閣情報調査室は、これを速やかに内閣総理大臣等に報告を行う。ただし、国土庁その他関係省庁による内閣総理大臣等への報告がそれぞれのルートで行われることを妨げるものではない。
3　内閣情報調査室は、民間公共機関等の有する第１次情報の収集に努め、これを速やかに内閣総理大臣等に報告を行う。
4　関係省庁からの情報連絡手段を確保するため、関係省庁と官邸及び内閣情報調査室との間に所要の機器の整備を行う。
5　大地震の発生に際し、別紙に揚げる関係省庁幹部は、緊急に官邸に参集して、内閣としての初動措置を指導するため、情報の集約を行う。
6　社会的影響が大きいその他の突発的災害についても、上記措置を準用するものとする。

別紙
　　　　　　　　緊急参集チーム
　　　　内閣官房副長官（事務）
　　　　内閣官房内各情報調査室長
　　　　警察庁警備局長
　　　　防衛庁防衛局長
　　　　国土庁防災局長
　　　　海上保安庁警備救難監
　　　　気象庁次長
　　　　消防庁次長
　　　　その他特に関連を有する省庁の局長等

5）内閣官房危機管理チーム

 阪神・淡路大震災の復旧活動がまだ精力的に続けられていた平成7年3月、オウム真理教による地下鉄サリン事件という、これまた国を揺るがす未曾有の事件がおこり、国家の危機管理体制が重ねて問われる事態となり、政府としては大規模な自然災害、重大な事故および犯罪、わが国周辺諸国における異常事態等で国の安全に係るまたは社会的影響が大きい緊急事態に対する内閣官房における危機管理体制の強化を図るため、内閣官房に危機管理チームを置くことを決定する[33]。

 危機管理チームの構成は、内閣参事官室、内閣内政審議室、内閣外政審議室、内閣安全保障室、内閣広報官室及び内閣情報調査室において指名した内閣参事官、内閣審議官および内閣調査官によることとされ、危機管理チームの活動は、

① 危機管理チームは、内閣官房横断的な観点から、緊急事態への対応に関する連絡調整、情報交換等を行い、内閣の危機管理体制の充実に努めるものとする。

② 危機管理チームは、緊急事態又は緊急事態となる可能性のある事態が発生した場合においては、当該事態に対する内閣の初動対処を効果的に実施するため、ただちに参集し一体となって内閣官房長官および内閣官房副長官を補佐するとともに必要な連絡調整等に当たるものとする。

③ 危機管理チームは、②の活動を円滑に実施するため、平素から、緊急事態等発生時のチームの活動マニュアルを整備し、その点検および訓練の実施に努めるものとする。

 この危機管理チームに自然災害防止担当官庁の国土庁は入っていないが、自然災害の初動期の対応フローについては、図1−4−6のように国土庁から提出されることとされる。

6）首都直下型大規模地震発生時の内閣初動体制

 これと軌を一にして首都直下型大規模地震発生時における内閣の申し合わせが決定される[34]。これは**閣僚の申し合わせ**という型式をとるが、その内容は、

(1) 内閣総理大臣の職務代行について

 内閣総理大臣に事故のあるとき等は、あらかじめ内閣総理大臣が指定する次に

---

(32) 「災害緊急事態への官邸及び関係機関の即応体制検討プロジェクトチーム」議事録
(33) 「内閣官房危機管理チーム設置要綱」（平成8年2月21日　内閣官房副長官決裁）
(34) 「首都直下型大規模地震発生時の内閣の初動体制について」（閣僚懇談会申合せ　平成8年2月23日）

第1章 大震災時における初動体制と防災都市計画

図1−4−6 初動期の対応フロー

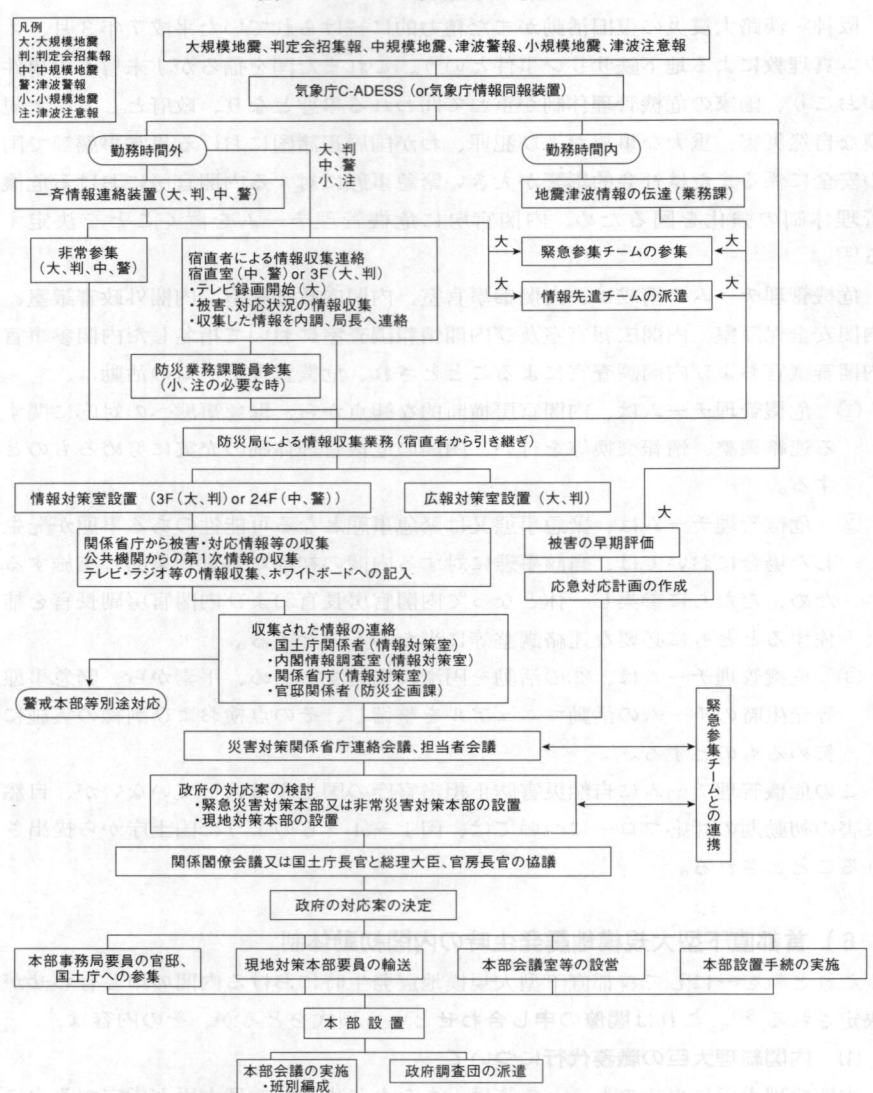

凡例
大：大規模地震
判：判定会招集報
中：中規模地震
警：津波警報
小：小規模地震
注：津波注意報

```
                大規模地震、判定会招集報、中規模地震、津波警報、小規模地震、津波注意報
                                        ↓
                         気象庁C-ADESS（or気象庁情報同報装置）
                                        ↓
        ┌───────────────────┬──────────────────────┐
     勤務時間外          大、判                    勤務時間内
                        中、警
                        小、注
        ↓                                            ↓
  一斉情報連絡装置                              地震津波情報の伝達（業務課）
  （大、判、中、警）                                  ↓
        ↓                              大  ┌──→ 緊急参集チームの参集  ←──大
  非常参集      宿直者による情報収集連絡    │
  （大、判、中、警） 宿直室（中、警）or 3F（大、判）大  └──→ 情報先遣チームの派遣  ←──大
                ・テレビ録画開始（大）
                ・被害、対応状況の情報収集
                ・収集した情報を内調、局長へ連絡
                        ↓
                防災業務課職員参集
                （小、注の必要な時）
                        ↓
                防災局による情報収集業務（宿直者から引き継ぎ）
                        ↓
        ┌───────────────────┬──────────────────────┐
  情報対策室設置（3F（大、判）or 24F（中、警））  広報対策室設置（大、判）
        ↓                                                              大
  関係省庁から被害・対応情報等の収集                          被害の早期評価
  公共機関からの第1次情報の収集                                     ↓
  テレビ・ラジオ等の情報収集、ホワイトボードへの記入          応急対応計画の作成
        ↓
        収集された情報の連絡
        ・国土庁関係者（情報対策室）
        ・内閣情報調査室（情報対策室）
        ・関係省庁（情報対策室）
        ・官邸関係者（防災企画課）
        ↓                                                      緊
  警戒本部等別途対応                                           急
        ↓                                                      参
  災害対策関係省庁連絡会議、担当者会議  ←──────────→          集
        ↓                                                      チ
  政府の対応案の検討                                           ー
  ・緊急災害対策本部又は非常災害対策本部の設置                   ム
  ・現地対策本部の設置                                           と
        ↓                                                      の
  関係閣僚会議又は国土庁長官と総理大臣、官房長官の協議          連
        ↓                                                      携
  政府の対応案の決定
        ↓
  ┌──────────┬──────────┬──────────┬──────────┐
  本部事務局要員の官邸、  現地対策本部要員の輸送  本部会議室等の設営  本部設置手続の実施
  国土庁への参集
        ↓
                        本 部 設 置
                            ↓
                ┌──────────┬──────────┐
                本部会議の実施      政府調査団の派遣
                ・班別編成
```

（注）災害対策関係省庁連絡会議以降は、収集された情報により判断を行う。

第4節　初動体制の抜本改善

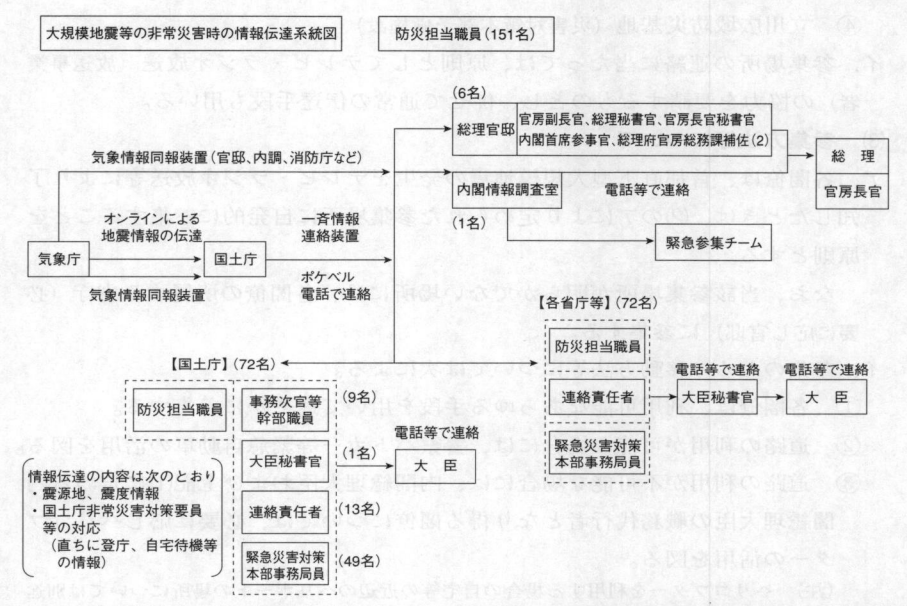

```
大規模地震等の非常災害時の情報伝達系統図    防災担当職員(151名)
```

（図：情報伝達系統図）

- 気象庁 → 気象情報同報装置（官邸、内調、消防庁など）
- 気象庁 → オンラインによる地震情報の伝達 → 国土庁
- 気象情報同報装置
- 総理官邸（6名）：官房副長官、総理秘書官、官房長官秘書官、内閣首席参事官、総理府官房総務課補佐(2) → 総理・官房長官
- 内閣情報調査室（1名） → 電話等で連絡 → 緊急参集チーム
- 一斉情報連絡装置／ポケベル・電話で連絡
- 【国土庁】（72名）：防災担当職員／事務次官等幹部職員（9名）／大臣秘書官（1名）→ 電話等で連絡 → 大臣／連絡責任者（13名）／緊急災害対策本部事務局員（49名）
- 情報伝達の内容は次のとおり
  ・震源地、震度情報
  ・国土庁非常災害対策要員等の対応（直ちに登庁、自宅待機等の情報）
- 【各省庁等】（72名）：防災担当職員／連絡責任者 → 電話等で連絡 → 大臣秘書官 → 電話等で連絡 → 大臣／緊急災害対策本部事務局員

（出典：「阪神・淡路大震災関係資料 Vol. 1」第3編地震対策体制第1章初動体制03災害緊急即応体制（1999年3月）総理府阪神・淡路復興対策本部事務局 pp. 165〜166）

掲げる者がその順序に従い、臨時に内閣総理大臣の職務を行う。
　① 　副総理たる閣僚
　② 　内閣官房長官
　③ 　国土庁長官
　④ 　その他の閣僚
　　（注1）　その他の閣僚については、内閣発足（内閣改造を含む。）の都度指定する。
　　（注2）　上記①から④に掲げる閣僚（以下「内閣総理大臣の職務代行者」という。）の存否、所在等が明らかでない場合には、内閣官房副長官等が上記の順に連絡を取り、その指示を仰ぐ。
　　（注3）　「内閣官房副長官等」とは、政務および事務の内閣官房副長官、内閣官房各室長等および内閣官房危機管理チームのメンバーとする。

(2)　**参集場所について**

ア．各閣僚の参集場所は次の順に従い、内閣総理大臣（又は内閣総理大臣の職務代行者）および内閣官房長官等が、被災状況等を勘案して定める。
　① 　官邸（本館が使用不可能で別館が使用可能な場合は別館）
　② 　国土庁（災害対策本部長室）
　③ 　防衛庁（中央指揮所）

④　立川広域防災基地（災害対策本部予備施設）
イ．参集場所の連絡に当たっては、原則としてテレビ・ラジオ放送（放送事業者）の協力を要請するものとし、併せて通常の伝達手段も用いる。

(3) **参集方法等**について
ア．各閣僚は、首都直下型大規模地震の発生をテレビ・ラジオ放送等により了知したときは、(2)のアにより定められた参集場所に自発的に参集することを原則とする。
　　なお、当該参集場所が明らかでない場所には、各閣僚の所属する省庁（必要に応じ官邸）に参集する。
イ．参集のための移動方法等については次による。
　①　各閣僚は、利用可能なあらゆる手段を用いて速やかに参集する。
　②　道路の利用が可能な場合には、警察パトカー等緊急自動車の活用を図る。
　③　道路の利用が不可能な場合には、内閣総理大臣および上記(1)に定める内閣総理大臣の職務代行者となり得る閣僚については、必要に応じヘリコプターの活用を図る。
　　（注）　ヘリコプターを利用する場合の自宅等の近辺のヘリポートの場所については別途指定する。

(4) **情報伝達方法**について
ア．テレビ・ラジオ放送による連絡を行う。
イ．通常の情報伝達の拠点は内閣情報調査室とし、閣僚本人（又は秘書官）に、通常電話または携帯電話により連絡を行う（官邸が使用できない場合は、次順位の参集場所に情報伝達の拠点を移動する）。
ウ．通常の情報伝達の手段により難い場合は、SP又は警護の警察官に警察無線により連絡を図る。
エ．通常電話の不通に備えるため、衛星電話等無線による連絡手段を整備する。
　（注）　各閣僚には、情報伝達の拠点の連絡先を周知する。

(5) **閣議等の開催**について
ア．緊急災害対策本部の設置が必要な事態が生じた場合には、臨時閣議を開催し、その設置を決定する。
イ．全閣僚が参集しての速やかな臨時閣議の開催が困難な場合には、緊急に内閣総理大臣（又は内閣総理大臣の職務代行者）および連絡のとれる閣僚に電話等により了解を得て、本部設置の閣議決定を行う。この場合、連絡のとれなかった閣僚に対し、事後速やかにその旨連絡を行う。
ウ．緊急災害対策本部の本部員による会合は、全閣僚が参集せずとも同本部長

と参集した閣僚（その他未参集の閣僚の代理の出席も可能）により開催する。

これによって国における大規模地震発生時の初動マニュアルが確定した。

7）非常対策要員の宿舎

非常参集要員が非常参集の連絡を受けた時、迅速に参集しなければ迅速・効果的な初動活動が実施できない。

したがって、大震災以前からも非常参集要員は参集しやすい場所に宿舎を確保してきたが、これに関する明文の決まりがあったわけでなく運用によって実施されてきた。しかしながら、大震災を契機にこれを明文化することとされた。

国土庁防災業務計画第2章第1節2において次のように規定された。

---

2. 災害応急体制の整備
(1) 職員の体制
……（前略）……
○防災局は、あらかじめ定められた非常災害対策要員及び関係省庁の職員について、一斉情報連絡装置により非常参集のための情報を伝達する等、職員の非常参集体制の整備を図る。
○長官官房会計課は、国土庁非常災害対策要員の宿舎を国土庁近傍に確保できるよう努める。
○各部局は非常災害対策要員の指定に当たっては、可能な限り国土庁近傍の者を指定するように努める。
○防災局は、各省庁の非常（緊急）災害対策本部員の宿舎についても、霞ヶ関近傍に確保できるよう、関係省庁に配慮を要請する。

3　情報収集連絡システムの改善

的確で迅速な初動体制を立ち上げるためには、的確・迅速な情報が適切な部署にもたらされなければならない。このために次のような改善がなされた。

1）地震情報の速報システム

従来から地震が発生した時は気象庁が国土庁に地震情報を流し、それに基づいて官邸、初動官庁へ連絡、地震発生地及びその周辺の地方公共団体とも連絡し、初動対策をとる運用がなされてきたが、国の防災基本計画およびこれに基づく防災業務計画においては、抽象的に規定してはいるものの、具体的、実践的な記述

はなされていなかった(35)。

阪神・淡路大震災直後から防災基本計画の修正作業が開始され、その基本方針は「具体的かつ実践的な計画」(36)とすることとされ、平成7年7月に中央防災会議の議を経て、新しい防災基本計画（以下「新計画」という）が制定された。

これに基づいて地震情報の連絡について明文の規定がおかれ、「地震が発生した場合、まず気象庁が地震情報および津波予報等の連絡を官邸（内閣情報調査室）、関係省庁（国土庁、警察庁、防衛庁、海上保安庁、消防庁等）、関係都道府県及び関係指定公共機関に行う」(37)と規定されたのである。これによる情報の流れは図1－4－7のように改善された。

2）中央防災無線網

災害対策、特に緊急時においては被害の実態、災害緊急活動の状況等が関係各機関の間で連絡は容易・迅速に行われる必要がある。このため、通常のNTT回線とは別に独立して防災機関相互面を結ぶ行政無線網の構築が昭和53年から開始され、逐次整備が進んできていた。

中央においては中央省庁と電力、ガス、鉄道事業者などの指定機関相互を結ぶ中央防災無線が、地方においては全国の都道府県、市町村と消防庁を結ぶ防災行政無線網が出来上がっていたのであるが、この地方公共団体を結ぶ防災行政無線は中央では消防庁との回線のみで他の中央省庁にはつながっていなかった。

このため、阪神・淡路大震災において通常の電話回線が錯綜を極め、中央と地方の通信が混乱、現地の情報が迅速に中央へ伝達されない事態が生じ、この経験に鑑み、中央防災無線網が大きく変更された。

(1) ヘリ画像伝送回線の整備

被災地の情報を中央で知るには映像が最も臨場感があり、被害の状況を瞬時に判断できるのであり、実際に阪神・淡路大震災の時はテレビ局のテレビ映像が生々しく放映され、行政サイドは残念ながらリアルタイムでの画像を中央に送れなかった反省から、消防庁、警察庁、防衛庁（現在防衛省）、建設省（現国土交通省）の有するヘリからの画像を固定通信局を通じて中央に伝達することを平成7年度から8年度にかけて整備し、あわせてこれら実働省庁のヘリと映像器材の整備が整えられた。

---

(35) 旧防災基本計画（昭和38年6月14日、昭和46年5月25日修正）第2節。旧国土庁防災業務計画（昭和49年12月3日作成、昭和61年2月20日第2次修正）第3章第1(2)
(36) 「防災基本計画の修正について」（平成7年7月国土庁防災局）
(37) 新計画第2編震災対策編第2章災害対応対策第1節1

第4節　初動体制の抜本改善

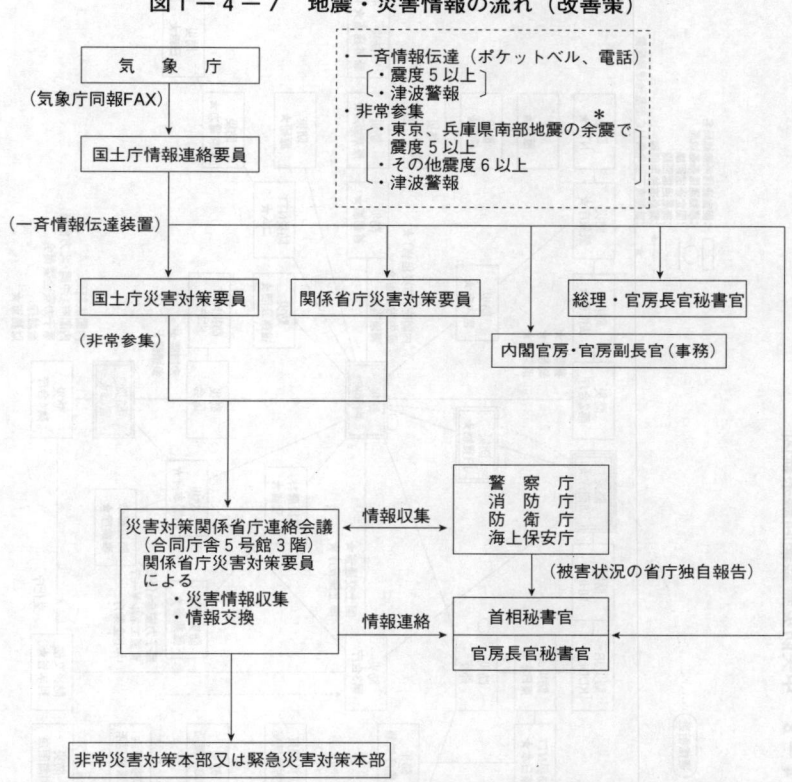

図1－4－7　地震・災害情報の流れ（改善策）

```
         気　象　庁                ・一斉情報伝達（ポケットベル、電話）
              │                     ・震度5以上
         (気象庁同報FAX)             ・津波警報
              ↓                   ・非常参集                    ＊
      国土庁情報連絡要員             ・東京、兵庫県南部地震の余震で
              │                       震度5以上
    (一斉情報伝達装置)                 ・その他震度6以上
              │                     ・津波警報
    ┌─────────┼─────────────────┐
    ↓         ↓                 ↓
国土庁災害    関係省庁         総理・官房長官秘書官
対策要員    災害対策要員            │
(非常参集)                    内閣官房・官房副長官(事務)

              ┌──────────────┐
              │  警　察　庁   │
              │  消　防　庁   │
      情報収集│  防　衛　庁   │
         ←──│  海上保安庁   │
              └──────┬───┘
災害対策関係省庁連絡会議    │(被害状況の省庁独自報告)
(合同庁舎5号館3階)         ↓
関係省庁災害対策要員      首相秘書官
による          情報連絡  ─────────
・災害情報収集     ──→  官房長官秘書官
・情報交換

      ↓
  非常災害対策本部又は緊急災害対策本部
```

（出典：「阪神・淡路大震災関係資料 Vol. 1」第3編地震対策体制第1章初動体制03災害緊急即応体制
（1999年3月）総理府阪神・淡路復興対策本部事務局 p. 32）

(2) 都道府県との緊急連絡用回線

従来都道府県が市町村と結ぶ防災行政無線は、消防庁との間の接続がなされていたものの、中央防災無線網には組み込まれていなかったが、大震災を契機にこのネットに都道府県庁を組み込み、被災地の県庁所在地との情報の収集が多重化されることになった。

(3) 可搬型衛星地球局

初動時の通信網の多角化を図るため、衛星通信を利用して被災地の情報を収集する可搬型地球局の整備を大震災以前から開始していたが、震災後はその整備を急ぎ平成12年度迄に全国9拠点で配備を完了するに至った。

(4) 新官邸への集中

新官邸使用開始に伴い平成14年4月に中央防災無線網は、旧国土庁内にあるセ

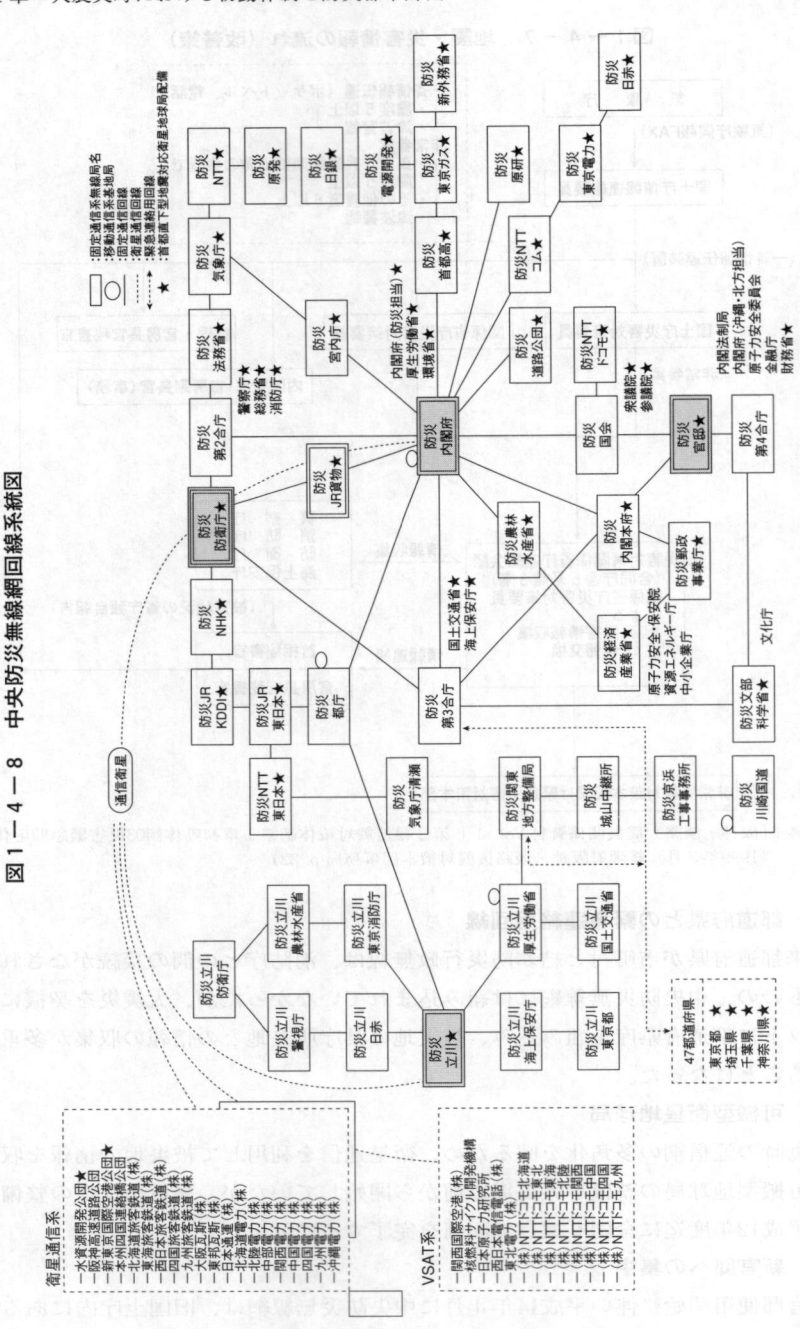

第1章　大震災時における初動体制と防災都市計画

図1－4－8　中央防災無線網回線系統図

(内閣府政策統括官（防災担当）資料)

第4節　初動体制の抜本改善

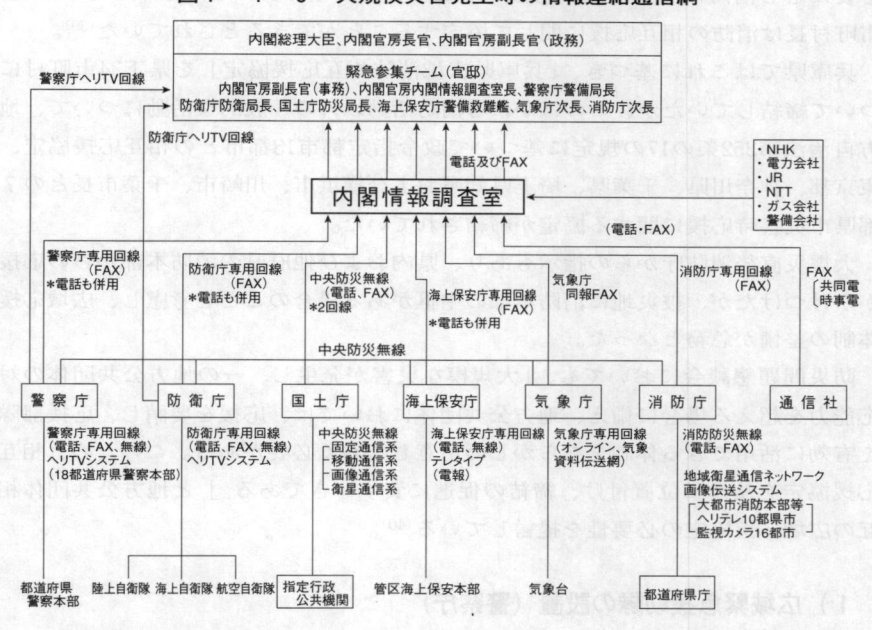

図1－4－9　大規模災害発生時の情報連絡通信網

```
                    内閣総理大臣、内閣官房長官、内閣官房副長官（政務）
                    緊急参集チーム（官邸）
                    内閣官房副長官（事務）、内閣官房内閣情報調査室長、警察庁警備局長
                    防衛庁防衛局長、国土庁防災局長、海上保安庁警備救難監、気象庁次長、消防庁次長

  警察庁ヘリTV回線                                              ・NHK
                                                              ・電力会社
         防衛庁ヘリTV回線        電話及びFAX                    ・JR
                         内閣情報調査室                         ・NTT
                                          （電話・FAX）         ・ガス会社
                                                              ・警備会社

 警察庁専用回線  防衛庁専用回線  中央防災無線  海上保安庁専用回線  気象庁     消防庁専用回線  FAX
  （FAX）       （FAX）       （電話、FAX）    （FAX）         同報FAX    （FAX）      共同電
  ＊電話も併用   ＊電話も併用    ＊2回線        ＊電話も併用                              時事電
           中央防災無線

  警察庁      防衛庁      国土庁      海上保安庁     気象庁     消防庁      通信社

警察庁専用回線  防衛庁専用回線   中央防災無線    海上保安庁専用回線  気象庁専用回線  消防防災無線
（電話、FAX、無線）（電話、FAX、無線） ─固定通信系   （電話、無線）    （オンライン、気象 （電話、FAX）
 ヘリTVシステム  ヘリTVシステム  ─移動通信系   テレタイプ        資料伝送網）
（18都道府県警察本部）           ─画像通信系   （電報）                     地域衛星通信ネットワーク
                              ─衛星通信系                                 画像伝送システム
                                                                       ─大都市消防本部等
                                                                       ─ヘリテレ10都県市
                                                                       ─監視カメラ16都市

都道府県     陸上自衛隊 海上自衛隊 航空自衛隊  指定行政      管区海上保安本部  気象台    都道府県庁
警察本部                                    公共機関
```

＊各省庁、機関総合間の情報連絡通信網については代表例を記載

（出典：「阪神・淡路大震災関係資料 Vol. 1」第3編地震対策体制第1章初動体制03災害緊急即応体制
　　　（1999年3月）総理府阪神・淡路復興対策本部事務局 p. 54）
（注：現在国土庁は内閣府、国土庁防災局長は内閣府政策統括官（防災担当）となっている。）

ンターと新官邸のセンターが併存することとなる。

(5)　**現在の中央防災無線網**

現在の中央防災無線網および大規模災害発生時の情報連絡通信ネットワークは、図1－4－8、図1－4－9のようになっている。

4　広域支援体制の改善

阪神・淡路大震災において都道府県所在地が被災地として甚大な人的、物的被害を受け、通常機能すべき地方公共団体の防災緊急活動の機能が著しく損なわれてしまった場合、いかに広域的に対処するかという課題が顕著にあらわれた。

中央政府がいかに迅速に対策を進めていくか、自衛隊の災害派遣をいかに円滑に進めていくかについては前述したところによるとして、ここでは周辺の自治体などの広域的支援体制について述べることとする。

消防活動については、大震災以前においても消防組織法の規定により市町村は、

必要に応じ消防に関し相互に応援するように努めなければならないとされ[38]、市町村長は消防の相互応援に関して協定することができるとされていた[39]。

兵庫県ではこれに基づき、「兵庫県広域消防相互応援協定」を県下34市町村について締結していたが、このほかにも消防活動以外の一般的な活動について、地方自治法第252条の17の規定に基づいて政令指定都市13都市との相互応援協定、東京都、神奈川県、千葉県、埼玉県知事および横浜市、川崎市、千葉市長との7都県市災害時応援に関する協定が締結されていた。

大震災直後消防庁からの指示もあり、県内および他府県の消防本部からの応援がかけつけたが、被災地に消防本部の中枢がある場合のことを考慮し、広域応援体制の整備が急務となった。

防災問題懇談会においても、「大規模な災害が発生し、一の地方公共団体の対応能力を超える場合に備え、地方公共団体においては、応援を要請し、応援部隊を有効に活用できる体制をあらかじめ用意しておく必要がある。このため、相互応援協定を法律に位置付け、締結の促進に資すべきである。」と地方公共団体相互の広域応援協定の必要性を提言している[40]。

1）広域緊急援助隊の設置（警察庁）

防災問題懇談会の提言には含まれていないが、警察庁は平成7年5月に国内の大規模災害時に都道府県の枠を超えて広域的に即応でき、かつ高度の救出救助能力と自活能力を有する「広域緊急援助隊」の設置を決定する。

広域緊急援助隊は、全国の機動隊員、管区機動隊員、交通機動隊員等の一部を指定して各管区警察局、警察庁および北海道警察を単位として組織し、総勢約4,000名で、北海道、警視庁、神奈川、愛知、大阪、福岡の6都道府県警察を「特定都道府県警察」として指定して、約1,500名に待機体制を取らせる。

機動隊員については、救出救助技術に優れた国際緊急援助隊員を優先的に指定し、その任務は、災害発生の初期段階において被災地を管轄する都道府県公安委員会の援助要求により、ただちに警察航空隊のヘリコプター等で被災地に赴き、

① 被災状況、交通状況に関する情報収集
② 救出救助活動
③ 緊急交通路の確保のための措置および緊急輸送車両の先導
④ 上記活動を支援するための資機材、支援車両等の供給

---

(38) 消防組織法21条1項
(39) 消防組織法21条2項
(40) 防災問題懇談会提言

等の活動を行い、装備を整え長期に被災地で自活できるようにするというものである。
大規模災害時の警察の広域対応フローは次のとおりとなる。

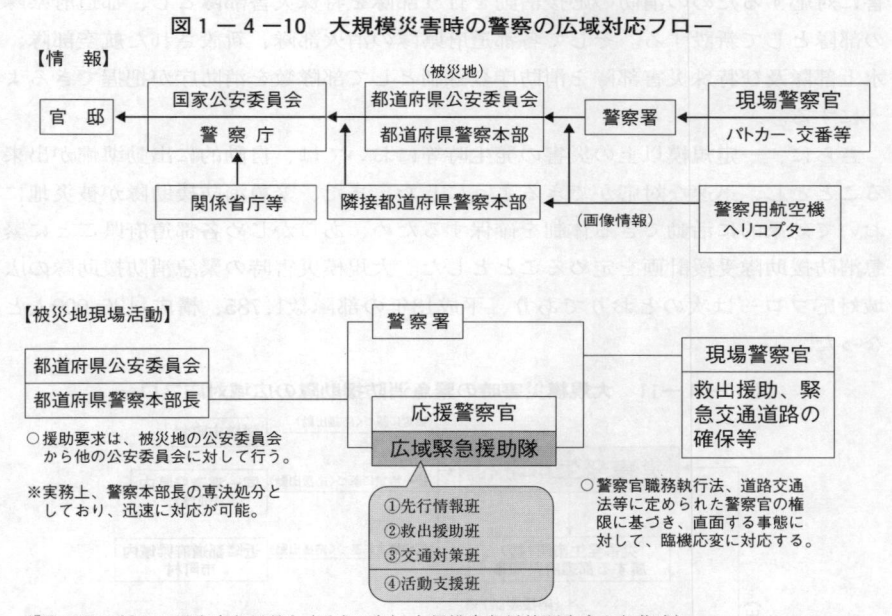

図1－4－10　大規模災害時の警察の広域対応フロー

【情　報】

```
                                    （被災地）
官邸 ← 国家公安委員会 ← 都道府県公安委員会 ← 警察署 ← 現場警察官
       警察庁           都道府県警察本部                パトカー、交番等
         ↑                    ↑
       関係省庁等        隣接都道府県警察本部 ← 警察用航空機
                                     （画像情報）  ヘリコプター
```

【被災地現場活動】

```
                      警察署
都道府県公安委員会         │              現場警察官
都道府県警察本部長 ──→ 応援警察官          救出援助、緊急
                      広域緊急援助隊       交通道路の
○援助要求は、被災地の公安委員会            確保等
  から他の公安委員会に対して行う。
                      ①先行情報班   ○警察官職務執行法、道路交通
※実務上、警察本部長の専決処分と   ②救出援助班     法等に定められた警察官の権
  しており、迅速に対応が可能。    ③交通対策班     限に基づき、直面する事態に
                      ④活動支援班     対して、臨機応変に対応する。
```

（『我が国の新しい災害応急対策』（平成8年）大規模応急対策研究会より作成）

2）緊急消防援助隊の設置（消防庁）

(1)　緊急消防援助隊の創設

消防庁は、平成7年10月に緊急消防援助隊要綱を決定し、緊急消防援助隊を創設する。

緊急消防援助隊は、国内における地震等の大規模災害が発生した市町村のある都道府県内の消防力をもってしてはこれに対処できない場合、被災地の消防の応援のため速やかに被災地に赴き、人命救助活動等を行うことを任務とし、指揮支援部隊、援助部隊、救急部隊、消火部隊および後方支援部隊から構成され、それぞれヘリコプター等で被災情報の収集をして関係機関へ伝達、被災地の救助活動と救急活動、被災地の消防活動、後方支援活動を行う。

創設された平成7年は部隊数1,267、構成員17,000人であった。

第1章 大震災時における初動体制と防災都市計画

(2) 緊急消防援助隊要綱の改正

平成12年に緊急消防援助隊要綱を改正し、航空機による消防の応援活動を行う部隊を航空部隊、消防艇による消防の応援活動を行う部隊を水上部隊、特殊な災害に対応するための消防の応援活動を行う部隊を特殊災害部隊とし、都道府県隊の部隊として新設する。そして各都道府県隊の消火部隊、新設された航空部隊、水上部隊及び特殊災害部隊を消防庁登録制として部隊数を消防庁が把握できるようにする。

さらに、一定規模以上の災害の発生時等においては、自動的に出動準備が出来ることとし、迅速な対応ができるようにした。また、緊急消防援助隊が被災地において効果的に活動できる体制を確保するため、あらかじめ各都道府県ごとに緊急消防援助隊受援計画を定めることとした。大規模災害時の緊急消防援助隊の広域対応フローは次のとおりであり、平成13年の部隊数1,785、構成員26,000人となった。

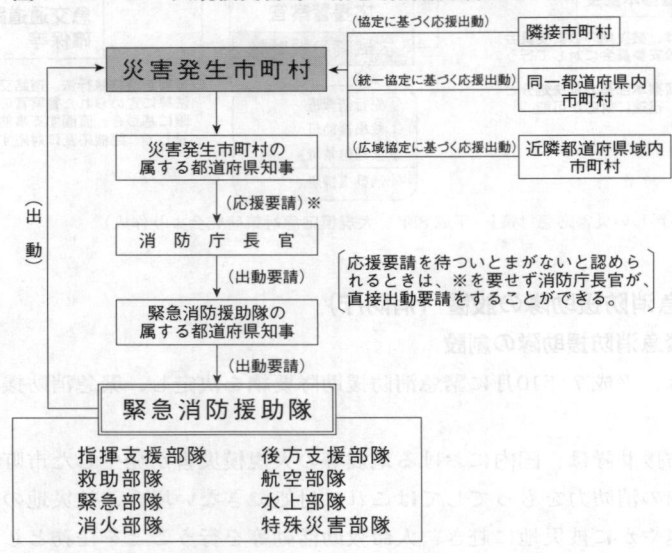

図1-4-11 大規模災害時の緊急消防援助隊の広域対応フロー

```
              (協定に基づく応援出動)  ┌─────────┐
         ┌──────────────────────→ │ 隣接市町村 │
         │                             └─────────┘
    ┌─────────┐ (統一協定に基づく応援出動) ┌──────────────┐
    │災害発生市町村│──────────────────→ │同一都道府県内│
    └─────────┘                          │   市町村    │
         │                                └──────────────┘
         │    (広域協定に基づく応援出動)  ┌──────────────┐
         │ ────────────────────────────→ │近隣都道府県域内│
         ↓                                │    市町村     │
  ┌─────────────┐                        └──────────────┘
  │災害発生市町村の│
  │属する都道府県知事│
  └─────────────┘
         │(応援要請)※
         ↓                    ┌──────────────────────────┐
  ┌─────────────┐            │応援要請を待ついとまがないと認め│
  │ 消防庁長官  │            │られるときは、※を要せず消防庁長官が、│
  └─────────────┘            │直接出動要請をすることができる。│
         │(出動要請)          └──────────────────────────┘
         ↓
  ┌─────────────┐
  │緊急消防援助隊の│
  │属する都道府県知事│
  └─────────────┘
         │(出動要請)
         ↓
  ┌─────────────┐
  │緊急消防援助隊│
  └─────────────┘
    指揮支援部隊   後方支援部隊
    救助部隊      航空部隊
    緊急部隊      水上部隊
    消火部隊      特殊災害部隊
```

(消防庁資料)

(3) 法定化

平成15年6月、消防庁は消防組織法を改正し[41]、消防庁長官は大規模災害で

---
(41) 消防法の改正も同時に行ったので正式には「消防組織法及び消防法の一部を改正する法律」

第4節　初動体制の抜本改善

これ以上の都府県に及ぶような場合、緊急消防援助隊の出動を被災地外の市町村に対し、出動の指示ができることとした。

これにより従来地方の自治権の枠内での消防活動は、広域的応援体制を自主的協定によらずに国が乗り出して広域緊急消防活動を指示できるようになった。

（4）市町村相互の応援協定

広域消防援助は、市町村相互の応援協定を結んでおかなければ効果はあがらない。消防設備の基準が市町村で異なっていたりすれば尚更、協定締結前にきちんと相互に利用し、応援可能かの確認も必要となる[42]。相互応援協定は消防組織法第21条に基づく。

市区町村の相互支援協定の締結状況は図1－4－12、表1－4－2のとおりである。

図1－4－12　大規模災害時等における緊急の消防広域応援体制フローチャート

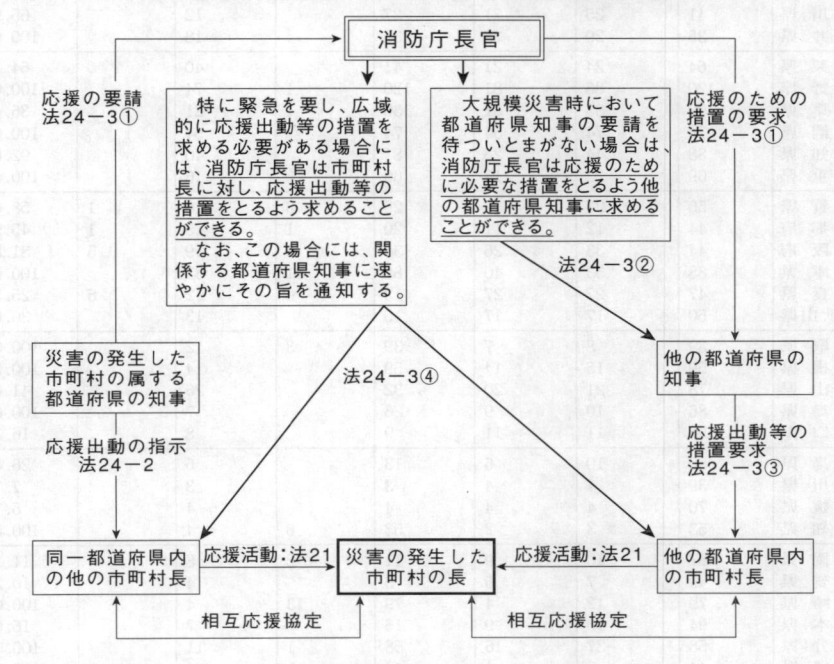

＊チャート内の「法」とは、消防組織法を示すものである。

（内閣府資料）

(42) 阪神・淡路大震災の際、応援にかけつけた消防隊がホースの基準があわず持参した消防用具が使用できない事態も生じた。

第1章 大震災時における初動体制と防災都市計画

表1−4−2 市区町村の相互応援協定状況

都道府県	市区町村数	都道府県内の市区町村が参加している応援協定数	他都道府県の市区町村を含む応援協定数	市区町村間の相互応援協定締結市区町村数		他都道府県の市区町村との協定締結市区町村数		協定締結率（％）
				市区町村数	応援回数	市区町村数	応援回数	
北 海 道	212	40	29	212	2	27		100.0
青 森 県	67	6	5	67	1	8		100.0
岩 手 県	58	24	21	58	1	22		100.0
宮 城 県	71	31	27	59	22	39	1	83.1
秋 田 県	69	18	16	22		13		31.9
山 形 県	44	40	38	44		19		100.0
福 島 県	90	34	30	64		46		71.1
茨 城 県	84	39	39	84	1	30	1	100.0
栃 木 県	49	37	32	49		32		100.0
群 馬 県	70	97	48	51	8	29		72.9
埼 玉 県	90	121	76	79	1	45	1	87.8
千 葉 県	80	41	39	80		29		100.0
東 京 都	62	104	86	58	3	42	2	93.5
神奈川県	37	65	56	33	7	28		89.2
新 潟 県	111	55	43	99		38		89.2
富 山 県	35	53	30	31	1	13		88.6
石 川 県	41	25	21	27		12		65.9
福 井 県	35	29	28	35		18		100.0
山 梨 県	64	24	21	41		40		64.1
長 野 県	120	86	81	120	1	74		100.0
岐 阜 県	99	33	31	36	1	21		36.4
静 岡 県	74	74	54	74		54		100.0
愛 知 県	88	44	25	81		40		92.0
三 重 県	69	22	17	69		16		100.0
滋 賀 県	50	27	17	29	3	18	1	58.0
京 都 府	44	12	11	20	1	15	1	45.5
大 阪 府	44	33	26	36	6	19	5	81.8
兵 庫 県	88	53	40	88	31	33		100.0
奈 良 県	47	27	27	12	6	12	6	25.5
和歌山県	50	17	17	15		13		30.0
鳥 取 県	39	8	7	39	3	12		100.0
島 根 県	59	16	14	59		14		100.0
岡 山 県	78	21	20	32		26		41.0
広 島 県	86	10	9	86		7		100.0
山 口 県	56	11	11	9		8		16.1
徳 島 県	50	10	6	13		6		26.0
香 川 県	39	4	4	3		3		7.7
愛 媛 県	70	4	4	4		4		5.7
高 知 県	53	3	2	53	6	4		100.0
福 岡 県	97	10	9	11	2	8		11.3
佐 賀 県	49	7	6	5		4		10.2
長 崎 県	79	12	4	79	13	4		100.0
熊 本 県	94	10	9	15		7		16.0
大 分 県	58	37	16	58	1	11		100.0
宮 崎 県	44	5	4	44	11	4		100.0
鹿児島県	96	2	2	3		2		3.1
沖 縄 県	52	3	3	3		3		5.8
合 計	3,241	1,484	1,161	2,289	132	972	18	70.6

（内閣府資料）

（5） 消防無線の広域利用

阪神・淡路大震災では全国41都道府県451の消防機関から広域応援活動が実施された。しかし、

① 県が異なる消防本部間の無線としては、当時、全国共通波が1波しかなかったことから、この波の多用による混信が発生したこと
② 異なる県同士による混成チームが作られたことから、個々のチーム内の通信としても全国共通波での通信が行われたことにより混信に拍車をかけたこと

が指摘された。そこで、

① 全国共通波として新たに2波が追加され、各消防本部で無線機を3波利用できるように改修を実施し[43]、
② 隊の連携運用に当たり、基本的には県単位で活動を行うこととした。その際の通信としては各県に指定されている周波数を使用するよう改善が図られた。

第5節　地震被害早期予測システムの確立
　　　　——科学的予測手法の導入

1　科学的予測手法の必要性

　阪神・淡路大震災後初動（緊急災害活動）体制について防災基本計画、防災業務計画、地域防災計画、情報収集連絡システムの抜本的改善が図られた。特に国の初動官庁において情報収集を迅速に行えるよう通信網の整備、多重化が図られ、ヘリコプター等上空からの現地の被災状況の映像がリアルタイムで得られることにより、より的確かつ迅速な初動を実施し得るようになった。
　すなわち、防災基本計画および初動官庁の防災業務計画の改訂により、以下のような体制が整えられた。

(1) 被災地の被害状況が現地の消防、警察、地方公共団体防災部局から初動官庁へ有線、無線を通じて迅速にもたらされ官邸へ集中するシステムが構築され、このため

① 中央防災無線網の拡充
② 中央防災無線と都道府県防災行政無線が連結

---

(43) 平成7年7月4日付け消防庁防災課長通知

第1章　大震災時における初動体制と防災都市計画

　③　警察、消防のヘリコプターによる被災地の上空からの被災状況データ把握
　④　初動官庁特に自衛隊ヘリの映像のリアルタイム伝送
といった情報収集が迅速に実施する体制

　(2)　こうして得られた情報に基づいて的確な初動を確保するため、地震が発生した場合に初動関係省庁の幹部は30分以内に官邸へ非常参集する体制

　(3)　これに応じて関係各省庁の災害対策要員も当然それぞれの省庁へ非常参集する体制

　(4)　このため初動官公署へ大地震発生から30分以内に到達できる場所に宿舎を確保して、これらの要員がそこに居住を移すこと

　(5)　官邸に非常参集した初動官庁幹部により、収集された情報の検討と対策が練られ、それが内閣総理大臣をはじめとする各省庁大臣にあげられるような対策の実施される体制

　(6)　発生した災害が著しく甚大な被害を与えると予想される時は、内閣総理大臣を本部長とし全閣僚が本部員となる緊急災害対策本部が設置され、対策が実施される体制

　(7)　その際緊急かつ重要だと考えられる救助活動等については緊急対策本部長である内閣総理大臣に各省大臣への指示権が付与され、より迅速かつ効果的な初動が実施される仕組み

　このようにして大地震発生と同時に初動官庁がとるべき体制は、格段と改善されたといえる。しかし、現地における正確な数値情報が報告されるまでには相当の時間がかかり、また、ヘリ画像によるリアルタイムの現地の情報が届いたとしても、被害の大小についての直感的、視覚的判断に基づいて行動するしかできないことも明らかになった。

　すなわち人命に関するものについていえば、消防または警察によって捜索救助が行われ、あるいは病院へ運ばれて死者、負傷者（重傷、軽傷の別も含めて）が確認された後、現地の警察署、消防署を通じて中央へ情報が伝達されるため、正規の手続を踏んで報告されるが故に当初もたらされる数値はきわめて低く、その後時間の経過とともに累増あるいは激増していくこととなる。

　さらに過密大都市では建築物が密集しており、ひとたび大震災に見舞われると建物被害もきわめて大きくかつ広範囲にわたるため、全・半壊といった調査にも相当時間がかかり、これらの倒壊した建物の中に閉じこめられた被災者の安否情報はかなり大がかりな救助隊による救出活動後はじめてその数値が情報として発信されることを考慮すると、前節までに改善された初動体制としての緊急防災活動も的確な情報、すなわちどの都市のどの地区で被害が大きく、どの程度の人

員や器材で救助活動をしたらいいかということを判断することはきわめて困難と言わざるを得ない。

したがってこうした時の初動官庁の行動基準は、必ずしも被害の全容がつかみ得なくとも重大な被害が生じているとの感触があれば行動に移すという「プロアクティブ（proactive）」の原則に依拠するしかないこととなる。

そこで、これを客観的に数字データに基づく被害規模の予測を行うシステムが検討された。

すなわち正確な数字を待っていたのでは効果的な救命救助活動ができないことから、地理情報システム（GIS）を使って蓋然性のある被害数値の予測を震源地の地震力と地形に応じた震度分布とその震度分布上にある建築物等を地図上に入力しておき、実際に地震が発生した際の被害状況をきわめて短時間に予測をし、その予測の数値を初動体制に活用しようとする考え方である。

この地理情報システムは、わが国においても後述するように鉄道、ガスなどの分野において地震との関係で使用されていたが災害対策全般に使用されてはいなかった。しかし、米国では連邦危機管理庁（FEMA）はこのシステムを構築して被害予測をしていることから、阪神・淡路大震災発生直後、ウィット連邦危機管理庁長官が大統領の指示の下来日し、日本でも地理情報システムを採用することを勧めたこともあり、わが国でも導入することとしたのである。

そこで本節では初動体制において必要な被害予測手法を地理情報システムを採用している連邦危機管理庁についてその組織の概要とGISの利用状況を述べ、わが国で部分的に採用されていたものとの比較および日本のインプットするデータベースの比較をし、従来わが国で一般的に行われていた被害予測方法との比較を通じて科学的予測手法の初動体制へ導入する必要性、理由を明らかにする。

2　アメリカ危機管理庁の地理情報システム[44]

米国においては既に初期救援期の判断資料としてFEMA（Federal Emergency Management Agency　連邦緊急事態管理庁）は、GIS（Geographical Information Systems　地理情報システム）を採用していた。

連邦緊急事態管理庁（Federal Emergency Management Agency）の組織と活動の概要は次のとおりである[45]。

---

(44)　「連邦緊急事態管理庁を中心とした米国における地震防災体制調査報告書」（平成14年3月）㈳国際建設技術協会　平成7年当時は危機管理庁を連邦緊急事態管理庁と訳していた
(45)　「平成7年2月FEMA（米国連邦緊急事態管理庁）調査団リポート」（平成7年3月7日）

第1章 大震災時における初動体制と防災都市計画

(1) 組織、陣容

連邦緊急事態管理庁は、1979年に大統領行政命令により、独立機関として設立。同庁は、ワシントンと地方の10の事務所に2,400名の人員を擁する(Ⅰ)。

なお現在2003年5月現在においては、その組織は(Ⅱ)のようになっている。

図1-5-1 米国緊急事態管理庁（FEMA）

(Ⅰ)

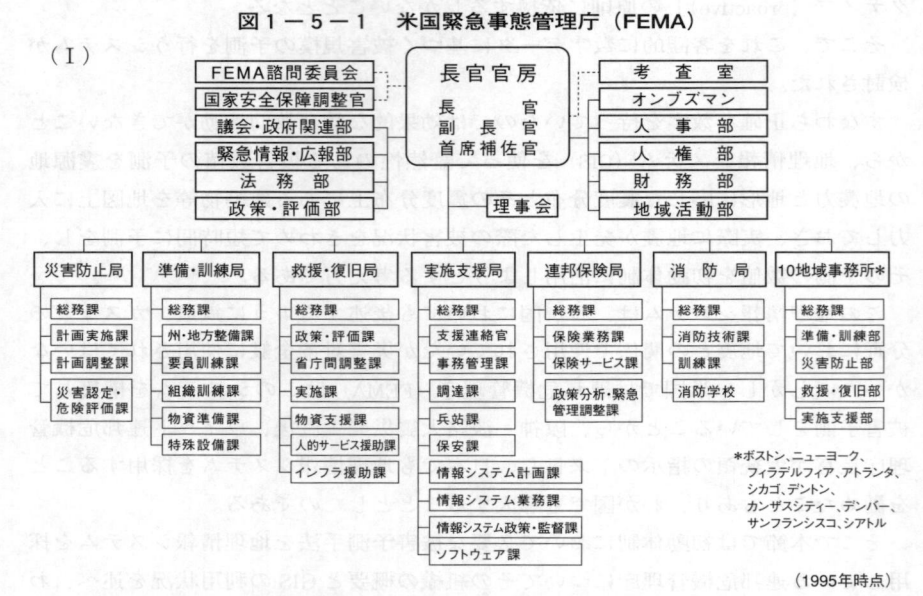

長官官房
- 長官
- 副長官
- 首席補佐官

- FEMA諮問委員会
- 国家安全保障調整官
- 議会・政府関連部
- 緊急情報・広報部
- 法務部
- 政策・評価部

- 考査室
- オンブズマン
- 人事部
- 人権部
- 財務部
- 地域活動部

理事会

- 災害防止局
  - 総務課
  - 計画実施課
  - 計画調整課
  - 災害認定・危険評価課
- 準備・訓練局
  - 総務課
  - 州・地方整備課
  - 要員訓練課
  - 組織訓練課
  - 物資準備課
  - 特殊設備課
- 救援・復旧局
  - 総務課
  - 政策・評価課
  - 省庁間調整課
  - 実施課
  - 物資支援課
  - 人的サービス援助課
  - インフラ援助課
- 実施支援局
  - 総務課
  - 支援連絡官
  - 事務管理課
  - 調達課
  - 兵站課
  - 保安課
  - 情報システム計画課
  - 情報システム業務課
  - 情報システム政策・監督課
  - ソフトウェア課
- 連邦保険局
  - 総務課
  - 保険業務課
  - 保険サービス課
  - 政策分析・緊急管理調整課
- 消防局
  - 総務課
  - 消防技術課
  - 訓練課
  - 消防学校
- 10地域事務所*
  - 総務課
  - 準備・訓練部
  - 災害防止部
  - 救援・復旧部
  - 実施支援部

*ボストン、ニューヨーク、フィラデルフィア、アトランタ、シカゴ、デントン、カンザスシティー、デンバー、サンフランシスコ、シアトル

(1995年時点)

(出典:「阪神・淡路大震災関係資料 Vol. 3」第7編国際協力02FEMA（1999年3月）総理府阪神・淡路復興対策本部事務局 p. 23)

(Ⅱ)

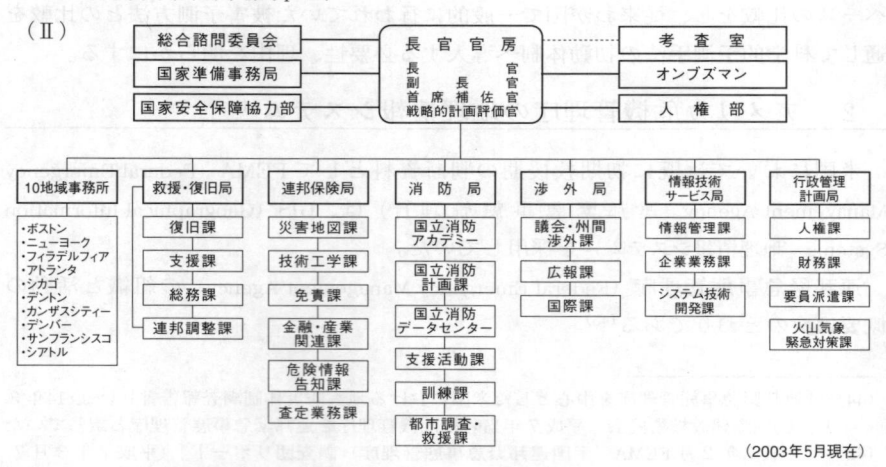

長官官房
- 長官
- 副長官
- 首席補佐官
- 戦略的計画評価官

- 総合諮問委員会
- 国家準備事務局
- 国家安全保障協力部

- 考査室
- オンブズマン
- 人権部

- 10地域事務所
  - ・ボストン
  - ・ニューヨーク
  - ・フィラデルフィア
  - ・アトランタ
  - ・シカゴ
  - ・デントン
  - ・カンザスシティー
  - ・デンバー
  - ・サンフランシスコ
  - ・シアトル
- 救援・復旧局
  - 復旧課
  - 支援課
  - 総務課
  - 連邦調整課
- 連邦保険局
  - 災害地図課
  - 技術工学課
  - 免責課
  - 金融・産業関連課
  - 危険情報告知課
  - 査定業務課
- 消防局
  - 国立消防アカデミー
  - 国立消防計画課
  - 国立消防データセンター
  - 支援活動課
  - 訓練課
  - 都市調査・救援課
- 渉外局
  - 議会・州間渉外課
  - 広報課
  - 国際課
- 情報技術サービス局
  - 情報管理課
  - 企業業務課
  - システム技術開発課
- 行政管理計画局
  - 人権課
  - 財務課
  - 要員派遣課
  - 火山気象緊急対策課

(2003年5月現在)

(FEMA ホームページより作成)

（2）目　的

　連邦緊急事態管理庁は、自然災害、暴動等による緊急事態に対する対応の計画、予防、応急、復旧に関する連邦政府の中心機関であり、その使命は、あらゆる危険から生命と財産の損失を軽減し、米国の制度を護るために国家的な指導力と支援を与えることにある。

（3）活動内容

　米国においても、災害が発生した場合の初期対応は、州、地方政府が行うが、効率的な対応を行うに資源が不十分な場合、大統領に連邦災害宣言の発表を依頼することができる。この宣言により連邦資金による支援が行われることになるが、連邦緊急事態管理庁は、これらの支援の中心的存在となり、現地に事務所を設け、他の連邦政府機関、州、地方政府、民間NGO等と緊密に連携をとりながら、支援施策を総合調整、資金提供する。

3　地理情報システム（GIS）[46]

1）GISシステムの用途

　GIS（地理情報システム）は、地盤等の自然条件、居住状況等の社会条件の数値データを組み合わせ、地図表示によって分析、集計するシステムである。

　これに、地震情報（震源の位置、マグニチュード）を分析して得られる地震動のエネルギー分布を重ね合わせることによって、時間の経過に応じた地震による各種の影響を地図表示し、分析、集計することが可能となる。

　このため、GISは、①発災初期の被害地域の推定、②初期救援活動期の調査、救援地の選定、③復興期の防災措置内容の決定等に利用することが可能である。

2）アメリカにおけるGISの利用状況

　FEMAでは、現在まで主に上記②の初期救援期の判断資料として、GISから得られる情報を活用してきている。

　発災直後、被災地域の範囲、人口、家屋の被害状況を推定し、リモート・センシング等の調査地点の判断資料とし、リモート・センシング等による調査結果をFEMA地方事務所で高速デジタル化し、災害の実況情報として逐次GISに入力し、救援活動のアクセス点、人員、物資の配置方法等を地図表示。また、輸送、通信、重要施設、危険物資の状況を地図表示し、救援物資輸送方法、避難順路、避難地

---

[46] Geographic Information System、後述するDIS（Disaster Information System、121頁参照）は、GISをベースにして作られる。

の選定等を行うほか、ライフライン、通信の復旧活動地点の選定、プライオリティー付け等を行う資料とするのである[47]。

3）日本において利用されていた GIS

わが国においても平成7年1月までに GIS を使って地震の早期被害想定をし、それを基に地震発生時の対策を検討し、あるいは実施に移していた機関もあった。

たとえば、鉄道総合技術研究所のユレダス、東京ガスの SINGNAL システム、神奈川県の SOT システムである（表1－5－1）。

鉄道のユレダスの場合は、地震計からの地震規模と推定マグニチュードと震央距離から列車の運行管理を図ろうとするもので、一定の判断基準に基づき列車の運行停止を指示しようとするものであり、東京ガスのシステムは、地震動の強さを把握してガスの供給遮断の判断基準とするものであり、いずれも公共交通機関、公益事業体としての地震時の責務から実施システムを構築していたものである。

神奈川県のシステムは必ずしも詳細なデータに基づくものではないが、地震被害地域の推定を行い初動体制を確立しようとするものであった。

このようにわが国でも GIS による地震対策の取組みは部分的には検討され、実施されてはいたものの、成熟していなかった段階であるといってよかった。

4）日米の比較

GIS 利用の際には、データベースの精度及び地震計ネットワークの密度が、アウトプットされる情報収集の有用性に決定的な差をもたらす。

GIS の地震早期被害予測に有用であるという前提に立って、日本においてこれを早期に導入するとして、米国で利用されているデータベースの現状と、日本において現在利用できるデータベースについての比較もきちんとすべきであるということから、当時において調査されたのが、表1－5－2の「FEMA が地震被害評価システムに主に利用しているデータベースの概要と日米比較」である。

これによれば、GIS を日本に導入する場合には、地形、人口等のセンサスデータ、ライフライン等のデータベースの分野で、データ内容の詳細化を含め、大幅な補充が必要と考えられた。

また地震計ネットワークについても、わが国の地層条件の複雑さを考慮すれば、

---

(47) ・FEMA では、これまで救援のための人員、物資の効率的投入、二次被害の縮小を目的として、GIS を使用してきた。
・現在、地震波のスペクトル解析等のスピードアップによって、被災地域の範囲を示す第1次地図表示を早期に行う開発を進めている。

第5節 地震被害早期予測システムの確立

表1−5−1　国内で利用されているGISの例

	鉄道総合技術研究所 (ユレダス)	東京ガス (SINGNALシステム)	神奈川県 (SOTシステム)
システムの目的	・地震の早期検知～警報発令 (地震規模、発生位置推定) ・列車運行の管理	供給地域内の地震動の強さを把握し、 ・ガスの供給遮断 ・復旧装置の最適化 の判断資料にする	・地震被害地域の推定 ・情報提供～初動体制確立
センサーの種類・設置箇所	・地震計　　　　　　19箇所 (P波の到達、初期微動継続時間、卓越周期を検地) ＊平成2年度時点、首都圏	・SIセンサー(加速度計) 　　　　　　　　　331箇所 ・基盤地震計　　　5箇所 ・液状化センサー　20箇所	・計測地震度　　　　16箇所 地区行政センター 土木事務所等
情報伝達	・有線(専用回路) ・衛星通信回線	・固定無線回線(多重無線)	・NTT専用回線
判断基準等	・推定した地震のマグニチュードと震央距離による	・SI、Amaxに基づきKブロック単位で被害を推定 ・基礎地震計から震源(規模、位置)を把握	—
運用方法等	・判断基準に基づき、警報(＝列車停止)を地震動がとどく以前に発し、列車を停止させる。 ・他施設(ビル、工場等)への適用を提案	本社防災供給センターに情報を集約し、自動の被害推定結果に基づき、Kブロックの供給遮断を判断	・県庁にて、情報(計測震度、加速度)を集約 ・関係機関への情報提供

(1995年時点)

(出典：「阪神・淡路大震災関係資料Vol.3」第7編国際協力02FEMA(1999年3月)総理府阪神・淡路復興対策本部事務局 p.36)

現在の60kmメッシュ(気象庁)をカリフォルニア並みの15～30kmメッシュの水準まで密度を上げ、また、国内の諸組織が有する地震計を相互に連携する等の対応が必要と考えられた。

なお米国におけるデータベースは、関係省庁が参加する連邦地理データ委員会の下に各種機関、団体の仕様の統一化が進められているが、同様の統一化をわが国でも進める必要がある。また、今後の防災技術の共同開発、共同利用の観点からは、データベースの仕様、GISによる分析手法について、日米を含めた何らかの国際的な標準化が必要な検討分野と思われる。

4　防災問題懇談会

政府部内での検討に加えて、自然災害に対応した国、地方公共団体等による防災体制の在り方について検討するための、高度な識見を有する者による「防災問題懇談会」[48]が平成7年3月28日に設置され、学界、経済界、官界、マスコミ、

表1-5-2　FEMAが地震被害評価システムに主に利用しているデータベースの概要と日米比較

		米　　　　国	日本に現存するデータベース
自然的条件	地　質	1 kmメッシュ	1 kmメッシュ
	土　壌	1 kmメッシュ	1 kmメッシュ
	……		
	断　層	1/200万ベクターデータ	1/50万ベクターデータ
	岩　質	〃	〃
	地形（標高）	30mメッシュ	50mメッシュ 一部250mメッシュ
社会的条件	センサスデータ内容	ブロックごと 人口、世帯、人種、言語、年齢、所得、居住する建物の種類	1 kmメッシュ 人口、世帯、年齢、所得
	道路ネットワーク	1/10万ベクターデータ	1/2.5万ベクターデータ
	ライフライン内容	1/100万ベクターデータ ガス、電力、水道……	（全国のデータなし）
	公共施設	ダム、病院、学校……	病院、学校、公民館……

地震ネットワーク

米　　　国	USGS：全国約1,000カ所（大学などとの共同利用分を含む）
日　　　本	気象庁約150カ所、建設省約360カ所、運輸省等

（参考）連邦と州の有するデータの違いの例

データ	国レベル	地方レベル
ベースマップ	10万程度	1万以上
人口・建築物	ブロックごと	1戸ごと
人口データの更新	3年	1カ月
ライフライン（ガス、電気、通信……）	州際の幹線パイプラインのみ	事業者のもつ詳細なデータを利用
地質等の自然条件	全国均質	カリフォルニアなどではより詳細

（出典：「阪神・淡路大震災関係資料 Vol. 3」第7編国際協力02FEMA（1999年3月）総理府阪神・淡路復興対策本部事務局 p. 13）

労働界から18人の委員が任命され、
① 災害情報の収集および伝達体制の在り方
② 消防・救急・警察・医療・自衛隊等に係る緊急即応体制の在り方
③ 広域連携体制の在り方
④ その他の災害対応体制の在り方（ボランティア活動の在り方、外国からの応

第5節　地震被害早期予測システムの確立

援の受入れ態勢の在り方、災害対策基本法の見直しなど）について4月以降6回にわたり精力的な審議・検討を広範に行い、9月11日には提言がまとめられるに至る[49]。

その提言においては、本提言にあたっての基本的認識について、阪神・淡路大震災の教訓として、「平成7年1月17日に発生した阪神・淡路大震災は、死者5,502人、負傷者41,527人、全壊家屋100,282棟、避難者最大時約32万人、被害総額約10兆円という甚大な被害をもたらした。死者の多くは家屋倒壊や家具転倒に起因した圧迫等による死亡であったと報告されており、建築物の耐震性の確保及び住民による家庭内の身近な安全対策の実施が大きな課題であることがあらためて明らかになった。

一方、救助・消火活動については、災害の規模や激甚さに加え、被災地方公共団体の初動体制や要員等の限界などから、地域の対応能力を超える状況にあった。これに対して直ちに広域応援体制による大量の要員・資機材の投入が必要であったにもかかわらず、広域応援を行うための各種機能、システム、指揮調整の面で万全とはいえず、実行性及び迅速性を欠いたことは大きな反省点である。」と言及。そしてこの教訓から、応急対策の面で被害の軽減に関わる問題点を整理すると、概ね次のとおりである。

① 被害情報収集の収集・伝達についての問題

地元地方公共団体およびその職員が被災し、初動対応能力が低下したことや、体制面・訓練習熟面の問題から、情報連絡および意思決定のシステムが十分機能せず、被害調査、報告、応援要請その他の基本的な対応が発災直後困難となる状態に陥ったこと。

② 国等の緊急即応体制についての問題

国および周辺の地方公共団体は、発災直後に地元地方公共団体との連絡を開始したが、被災地からの確定情報が必ずしも十分でない等の事情から、初動対応の迅速かつ効果的な実施に支障をきたしたこと。

③ 広域連携についての問題

地方公共団体相互の応援協定は一部についてはあったものの、全体としてみると、要請・応援のシステムが大規模災害時の混乱の中で円滑に作動しなかったこと。

④ 緊急輸送等についての問題

道路の損壊および車両の集中による極度の渋滞に加え、鉄道および港湾の損壊

---

(48) 「防災問題懇談会の開催について」（平成7年3月28日　内閣総理大臣決裁）
(49) 「防災問題懇談会提言」（平成7年9月11日）

も著しく、要員や物資の緊急輸送に著しい支障が生じたこと。

また、断水等により消防水利の確保が困難となったことと、初期の情報収集・伝達と国等の緊急即応体制について、特に重要な反省点として認識して提言をまとめたことが明確にされている。

そして災害対応についての基本的考え方を次のように示す。

災害には第一次的には、住民に最も身近な行政体としての市町村が当たるものであるが、これを支援する都道府県、そしてさらに広域的支援を行う国が、密接に連携する必要がある。また、災害から生命・財産を守ることは行政の防災活動だけで対応できるものではなく、国民一人ひとりの役割が重要である。懇談会はこのような観点から、基本的な対応をそれぞれの主体に求めたのである。

また災害への対応は、災害の発生から時間を経るにしたがって刻々変化するものであり、それに見合った対応およびその準備を行うべきとして次のように指摘する。

（1） 地方公共団体の責務

防災に関し第一次的な権限および責任を有する市町村並びにそれを直接支援する都道府県は、住民の安全を守る責任を果たすため、災害対策の制度、システムを理解し、習熟しておくことが必要である。特に都市直下型地震に対する認識等、その地域における災害時の状況を予想し、対応することが必要である。的確な情報と迅速な行動が応急対策の成否を分けるとの認識の下に、情報収集、応援要請等について、訓練等により円滑な対応がとれるよう準備することが重要である。

発災直後は、現地の消防・警察等が、外部からの支援や指示を待つまでもなく、持場においてただちに救助・消火活動等に全力を挙げることが応急対策の基本であるが、大規模災害に対処するためには、被災地外の地方公共団体及び国による広域的な応援体制が必要となる。そのため他の地方公共団体と協定を積極的に締結するとともに、要請および応援の迅速な実施のための手続きを定めておく必要がある。特に都道府県にあっては、市町村への支援、国への連絡等その機能を十分発揮できるよう体制整備に努める必要がある。

また、住民の防災意識の高揚や自主的な防災組織への参加促進を図ることは、地方公共団体としての大きなテーマであり、学校教育、社会教育も含め、さまざまな場で住民に対し周知することが重要である。

（2） 国 の 責 務

国は、国民の安全な生活を確保する上で大きな責任と能力を有している。地方公共団体が独力で大規模災害に必要な体制整備を行うことは困難であり、現実的でもなく、その能力には限界がある。したがって、大規模災害時には国において、

積極的に地方公共団体の応急対策の支援を行うべきである。特に被災地方公共団体の機能が災害により低下している場合には、国は、都道府県、市町村との役割分担を尊重しつつも、総理大臣を陣頭に国の能力を発揮し、各行政機関等が一体となって緊急事態に対処することが求められる。

このため国は平時から地方公共団体との連携を強化するとともに、大規模災害時には国として、自ら迅速に情報を収集し、必要な支援を行える体制を整える必要がある。

そして国民も一人ひとりが自分の身を守るのはまず自分自身であるという意識を持ち、家族や近隣の人と協力し、あるいは自主防災組織の活動に参加して初期対応を行うことが重要であり、企業の積極的な貢献が一層望まれるとしたあと、行政の運用、実務前の改善を行うべき施策の一番目に情報・伝達体制の整備として、次のように提言するに至る。

① 初期情報の収集体制等の総合的な整備

警察・消防・自衛隊・海上保安庁等の機関は、災害時には、現地において組織的に情報を収集し、災害の規模を把握して、応急対策に資するとともに、さらに迅速に国等に情報を伝達することが必要であり、そのため情報収集専任職員の指定等の体制の整備を図るべきである。

また国は初期情報の収集・集約体制の整備を図る必要がある。

さらに、救助・消火活動の的確な実施および国や周辺地方公共団体等の迅速な応援を可能とするため、被害把握に基づく総合的な判断が行えるよう、国、地方公共団体においては、行政のみならず電力会社、ガス会社等の公共機関等から情報を集める体制の整備等が必要である。

この他、発災直後の被害情報の伝達系統を多重化するため、大規模災害により被災市町村から都道府県への連絡が困難になった場合等には、その市町村が、一時的に都道府県を経由せず国への情報収集連絡を行うことも重要である。

② 初期情報の収集システムの高度化

国および地方公共団体は、迅速な情報収集・伝達のため、日常の業務に使用している現有施設の増強と活用に加え、航空機による状況調査、固定型の監視装置等の画像情報収集設備を整備し、これらのシステムの運営についてあらかじめ習熟する必要がある。

③ 被害の早期予測システムの開発

地震発生直後に、警察、消防等の各機関からの通常の情報に加え、震度データ等と人口、地盤、建物等のデータベースを基に、被災地域の概括的な被災状況（人的被害、建築物被害等）の即時的な予測を行うとともに、それを救助活動や物

資の輸送等にも活用できるような地震防災情報システムを開発し、将来的には災害予防対策、応急対策、復旧復興対策にも利用する必要がある。

④ 無線通信網の整備

さらに加えて無線通信網の整備を災害情報のデータ化の推進を提言する。

国、地方公共団体等の防災関係機関は、災害時に情報収集や出先機関、実働部隊等との連絡を行うため、衛星通信を含む情報通信設備の整備等により通信網の充実強化を図るとともに、無線通信網の相互接続等によるネットワーク相互の連携および運用方法の確立を図る。また、電力会社等の無線通信網を運用する民間の公共的機関との協力等による通信の多重化を図る必要がある。

さらに、学校、病院等の施設や救援機関等の間の無線通信手段の確保に努めるべきである。

この他国においては、電波を効率的に利用し応急用により多く割り振るためのデジタル化及び狭帯域化の技術の開発・実用化を急ぐとともに、災害時における重要通信を確保するための運用調整を行う必要がある。

⑤ 災害対策情報のデータ化

国、地方公共団体が応急対策を迅速・的確に決定するには、災害の発生時に応急対策要員や応急用資機材に関する情報を、データベースとして統一的なシステムの下に収集・管理することが効果的である。災害時には、被害の情報把握が概括的・部分的な段階でも、たとえば被災地の要員、資材に関するデータを基に、必要と推定される応援要員、資材についての周辺地域等から緊急輸送を開始するなど先行的に対策を講じることが望ましい。

⑥ 国民に対する情報提供

国および地方公共団体により収集された情報や、国および地方公共団体が実施しようとする対策については、被災者や一般国民へ伝達し、行政の信頼性を確保することが重要である。できるだけ首長自らも被災者等に直接対応状況を説明するなど、広報に努めるべきである。また報道機関の大きな役割に鑑み、安否情報の提供を含め、その積極的な協力を得ることが重要である。

さらに関係機関が情報の共有等に努め、各機関の個別情報はもとより総合的な情報を被災者、国民に提供する必要がある。加えて、災害時に被災者が必要とする身近で実用的な情報等にアクセスできる地域の情報拠点を、地方公共団体において設置、運営すべきである。また、パソコン通信等を利用した国民の安否情報の通信等も積極的に検討する必要がある。

なお情報提供については、外国人の住民、旅行者にもわかりやすく行うための伝達手段の工夫等の配慮が必要である。

5　重畳的判断必要型被害予測手法

　地震防災は大きな総合問題であって行政、産業、市民等の広範囲に社会全体で取り組むべきであり、地震学においても地域の地震危険度の評価は、防災計画策定に対して寄与しうる分野であるとされてきた[50]。

　伊勢湾台風を契機に災害対策基本法が成立した後も、政府は当初は台風被害に対する対策に忙殺されていたが、昭和39年7月、河角廣博士が国会における関東大震災69年周期説を発表し、首都圏の地震対策の早期着手を要請した頃から[51]、大規模地震対策への取り組みが大きく進み始める。

　中央防災会議は1971年5月に「大都市震災対策推進要綱」[52]を決定し、大都市地震対策の緊急、重要性を提起し、大都市震災対策に関する基本的な考え方、事前対策、災害応急対策、震災復興の方針についての要綱を決定する。さらに東京都防災会議は、1973年10月に東京都地域防災計画震災編を発表するに至る。その流れの中で、地震による地域ごとの危険度を科学的に測定する調査を実施し公表しなければならないこととする[53]。

　まず、東京都区部について昭和47年～49年度に、多摩地域について昭和52年～53年度に調査を行い、それを昭和50年、55年に公表する[54][55]。

　この調査は概ね5年毎に測定して経年変化をトレースできるようにすることを目的とし、都市に造られたフィジカルな施設とその地盤、そこへの地震動に対する主要な施設の物理的破棄の確率量と昼夜間人口、道路率、空地率等の社会的条件を定量化して危険度を測定するという手法で測定を行った。

　その後東京都は区部については、昭和56年～57年度調査を59年に[56]、多摩地域については昭和59年～60年度調査を昭和62年に[57]、以後は区部・多摩地域を一緒にして第3回が平成5年に、第4回が平成10年に、第5回が平成14年に公表されている[58]。

　東京都の予測手法は昭和50年に公表した時のものから、その後5回目の測定までに変遷があるのでここでは昭和50年の算定フロー図（図1－5－2）と平成14年の測定調査フロー図（図1－5－3）を示す。

---

(50)　笠原慶一『防災工学の地震学』鹿島出版会　p.143
(51)　衆議院会議録情報第046回国会　災害対策特別委員会第13号　（昭和39年7月3日）
(52)　大都市震災対策推進要綱　中央防災会議（昭和46年5月25日）
(53)　東京都震災予防条例17条（平成12年に全面改正され、現存は東京都震災対策条例12条）
(54)　地震に関する地域危険度測定調査（昭和50年11月）東京都総務局
(55)　多摩地域の地震に関する地域危険度測定調査（昭和55年）東京都都市計画局
(56)　地震に関する地域危険度測定調査報告（区部第2回）（昭和59年）東京都都市計画局

第1章　大震災時における初動体制と防災都市計画

　また、科学技術庁も大震時における総合的被害予測モデルの開発研究を都市センターに委託し建築研究所を中心に主として建築物についての倒壊、火災の被害予測のモデル開発も併行して行われた[59]。

　第1回から第5回までで大きく変わっているのは、500mメッシュでの公表から町丁目単位の公表にしたこと、木造建物の危険度中心から建物分類ごとの建物倒壊危険度へ、出火危険度と延焼危険度の統合、五要素を合算した総合危険度表示から、三要素合算総合危険度および個別の防災対策のために利用しうる危険度特性評価表示にしたことが挙げられる。しかし危険度測定方法は基本的には同一であると考えられる。

　その後東海大地震を想定した愛知県の被害予測、埼玉県、千葉県、神奈川県に

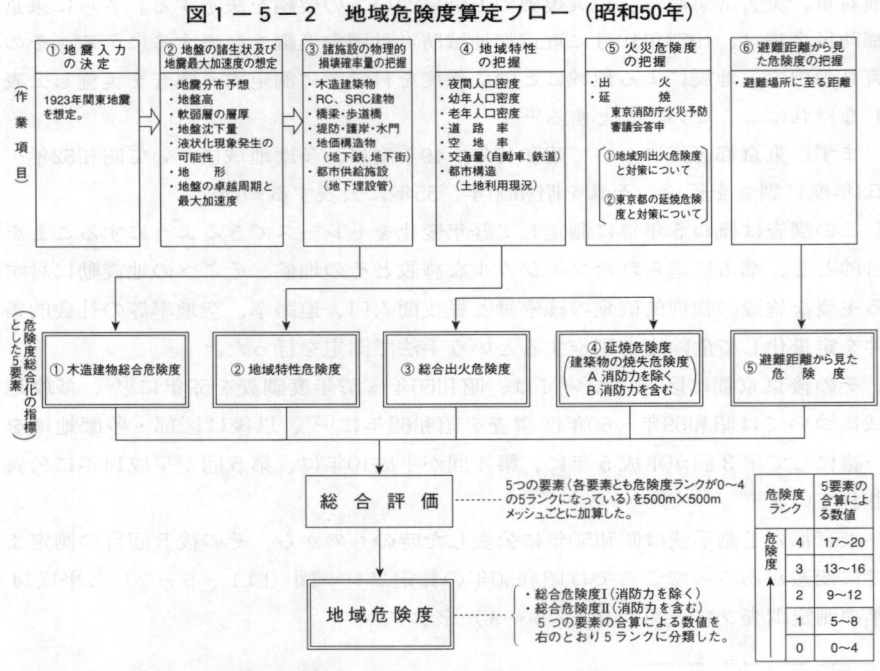

図1－5－2　地域危険度算定フロー（昭和50年）

（出典：「地震に関する危険度測定調査（概要）」昭和47年～48年（昭和50年11月）東京都総務局 p.2）

---

(57)　「地震に関する地域危険度測定調査報告」（多摩第2回）（昭和62年）東京都都市計画局
(58)　「地震に関する地域危険度測定調査報告」第3回（平成5年）、第4回（平成10年）、第5回（平成14年）東京都都市計画局
(59)　建築研究報告No.78　大震時における総合的被害予測モデルに関する研究（昭和52年3月）建設省建築研究所

第5節　地震被害早期予測システムの確立

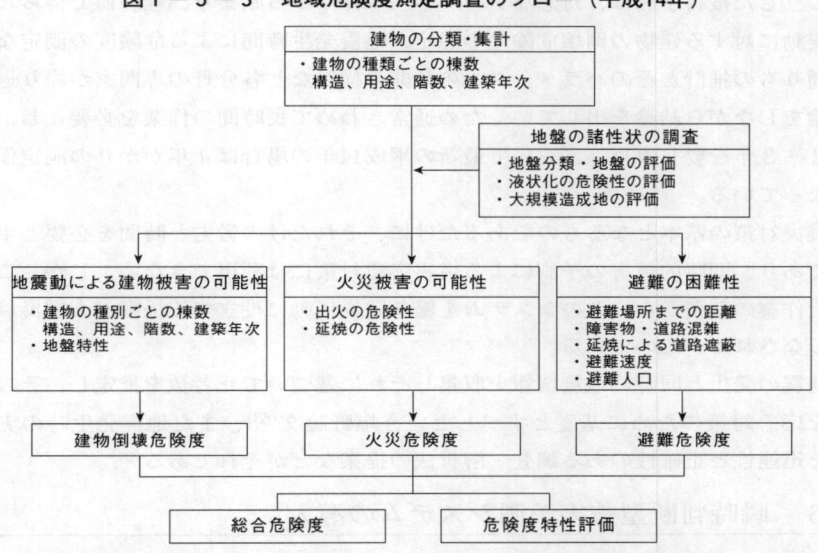

図1－5－3　地域危険度測定調査のフロー（平成14年）

```
            ┌──────────────────────┐
            │    建物の分類・集計     │
            │・建物の種類ごとの棟数   │
            │  構造、用途、階数、建築年次│
            └──────────┬───────────┘
                       │
            ┌──────────┴───────────┐
            │   地盤の諸性状の調査    │
            │・地盤分類・地盤の評価   │
            │・液状化の危険性の評価   │
            │・大規模造成地の評価     │
            └──────────┬───────────┘
    ┌──────────────────┼──────────────────┐
┌───┴────────┐  ┌──────┴──────┐  ┌──────┴──────┐
│地震動による    │  │火災被害の可能性│  │避難の困難性  │
│建物被害の可能性│  │・出火の危険性  │  │・避難場所までの距離│
│・建物の種類ごとの棟数│・延焼の危険性│  │・障害物・道路混雑│
│  構造、用途、階数、建築年次│      │  │・延焼による道路遮蔽│
│・地盤特性      │  │              │  │・避難速度    │
│                │  │              │  │・避難人口    │
└───┬────────┘  └──────┬──────┘  └──────┬──────┘
    │                   │                   │
┌───┴────┐      ┌──────┴──────┐      ┌────┴────┐
│建物倒壊危険度│    │  火災危険度  │      │ 避難危険度│
└───┬────┘      └──────┬──────┘      └────┬────┘
    └──────┬────────────┴────────────┬────┘
     ┌─────┴──────┐          ┌───────┴────────┐
     │  総合危険度  │          │  危険度特性評価  │
     └────────────┘          └────────────────┘
```

（出典：「地震に関する危険度測定調査報告書」（第5回）（平成14年）東京都都市計画局 p.3）

おいて地震被害想定報告が出ることとなる[60]。

また地震学会においても北海道の市町村別総合地震危険度の評価に関する研究が発表される[61]。

行政管理庁も昭和53年に大規模地震対策特別措置法が制定され、東海大地震への体制整備の強まりにつれ、震災対策に関する行政監察を実施し、その一番目が地震被害想定の作成の推進という課題として取り上げ、被害想定の技術が確定されていないことから、被害想定を行っていない地方公共団体への的確な被害想定の作成を促すべき勧告を行うまでに至った[62]。

---

[60]　・東海大震災を想定した愛知県における被害の予測調査報告書（その2）（昭和53年5月）愛知県防災会議地震部会
　　　・東海地方における大地震の被害予測に関する研究　研究代表者　村松郁栄　文部省科学研究費　自然災害特別研究研究成果№Ａ－56－3（昭和56年5月）自然災害科学総合研究班
　　　・埼玉県地震被害想定策定調査報告書（昭和55年度概要書）（昭和56年3月）埼玉県
　　　・昭和58年度千葉県大規模地震被害想定調査（第4次調査）報告書（昭和59年3月）千葉県総務部消防防災課
　　　・神奈川県地震被害想定調査報告書（総合）（昭和61年3月）神奈川県

[61]　鏡味洋史、岡田成幸、太田裕「市町村別『総合地震危険度』評価に関する研究」（地震学会　昭和61年度春季大会、同昭和62年度春季大会発表）岡田成幸、井上高秋「市町村単位でみた地震防災行政重点地域の抽出」（地震学会1990年度秋季大会発表）

第1章　大震災時における初動体制と防災都市計画

　こうした被害予測は、丹念なデータベース作りから始まり、経験値で得られた地震動に対する建物の倒壊危険性の想定、地震発生時間による危険度の測定など幾通りもの推計とそのパラメーターの是非の検討など各分野の専門家が繰り返し議論をしながら結論を出していくため通常きわめて長時間の作業を必要とし、通常2～3年を要し東京都において最新の平成14年の場合は4年がかりの測定作業となっている。

　震災対策の基本となるものであるだけに、それだけの労力と時間を必要とするのであり、即時的被害の予測による災害応急対策には利用できない。しかしこうした作業の蓄積から、このシステムを緊急防災活動に役立てる提案が大震災以前からなされていたのである。

　地震の発生と同時に地震情報を収集しそれに基づいて死者数を推定し、その結果を応急対策のために基礎とすべしという塩野論文[63]、また地震発生時の実被害を迅速性と正確性のある調査・解析法の提案などがそれである[64]。

6　瞬時判断型被害予測システムの導入

　防災問題懇談会は平成7年3月28日に設置され、その提言は9月11日になされたのであるが、政府としてはすでにFEMAへの調査団の帰国報告と同時に、GISのシステムを参考にし、デジタル地図と防災情報をリンクさせたデータベースを整備して被災地域の概括的な被害状況（人的被害、建築物被害等）の即時的な予測を行い、予測に従って政府の初動対応の迅速化を図るとともに救助、輸送等に活用できる「地震防災情報システム（DIS）（Disaster Information System）」を整備する方針が定まっていた。

　したがって、平成7年度の補正予算において東京都および神奈川県について1／25000デジタル地図とその上に登載する防災情報データベースの整備が開始された。

1）被害予測方式のパターン

　従来から大地震が発生した時の被害予測については、一定の条件を仮定した試みがなされてきた。

　たとえば、東海地域において起こり得ると予想されている地震についての被害

---

(62)　「震災対策に関する行政監察結果報告書」（昭和57年12月）行政管理庁行政監察局
(63)　塩野計司　「震度・建物種別・人口密度にもとづく死者数の推定」（地震学会1989年度秋季大会発表）
(64)　太田裕、塩野計司　「地域地震防災対策の最適戦略化」（地震学会1991年度春季、1992年度春季大会発表）

120

規模は、国土庁が1988年12月に試算を公表しており、この予測に基づいて防止対策が、国、関係都県、市町村の間で検討が重ねられてきた経緯がある。

しかし、これまでの予測の手法は地図情報をあらかじめセットして、震源と地震規模を設定し震源からの距離、地盤特性をもとにした工学的計算により、面的な震度分布を推定し被害を予測するのであるが、この推計にあたっては学問的より正確さを追求するため、液状化の被害の程度、火災の被害の広がり、ライフラインの被害、急傾斜地の崩壊状況など、メッシュ毎に推計されてきたデータについて詳細な検討を何度も検討しながら予測値を出していくため、かなり長時間を要するため急場の応急対策に利用できないという難点がある。

また、とくに消防研究所において開発されていた簡易形地震被害予測システムについても、基本的には事前対策の目的には資しても応急対策としては使用することが困難である。

これらの従来からの試みを重畳的判断必要型被害予測手法と呼ぶとすると、瞬時に初動対策を効果的に遂行するために必要とされる場合には使用できないことから、入力するデータの選択を極力絞り込み、瞬時判断型予測システムを開発する必要が必然的に生じてくることになる。

新たに開発されることとなった、この瞬時判断型予測システムを国土庁はDISと名付けたが、このDISは前記GISに入力したベースの上に地震被害早期評価システムと組み込ませたもので、内閣府になってから平成11年からはこれに加えて、応急対策支援システムも組み込ませている。

2）DISのシステム
（1） 当初のシステム

地震発災後の「応急対策」、「復旧・復興」、また、発災に先立つ「事前の備え」の3段階で迅速・的確な意志決定をトータルにバックアップし、特に発災直後で現地情報等がきわめて限られた状況下で、データベースを活用して応急対策等の判断を最大限に有効化することを目指している。

① **発災時の応急対策**として、

(ｱ) 被害状況の早期評価　　発災直後の現地情報がきわめて限られた状況下でも、倒壊建築物やそれに伴う人的被害を自動的に概ね30分程度で地震被害のおおまかな規模を推計し、初動期の判断を助ける。

(ｲ) 得られた情報を最大限に活用　　時間に応じて変化する情報を事前に整備されたデータベースを活用して、たとえば、緊急輸送、救助・医療、避難、ボランティア、ライフライン等の応急対策の各種計画の策定に最大限の効果をあげる。

第1章　大震災時における初動体制と防災都市計画

地震災害からの復旧・復興として、復旧・復興に向けて打ち出される各種のさまざまなレベルの計画の策定を支える情報の提供と、計画の進行状況を適切に管理する。

② **地震災害の事前の備え**として、

(ア)　被害想定作業と事前対策計画策定　　地図と関係づけられた個々の施設などの耐震性能、人口分布などの各種情報に基づいて被害状況の想定を行い、被害想定の結果とあわせ、地震に強いまちづくり計画、防災施設等整備計画、物資備蓄計画などの地域の各種事前対策計画の策定に有効な各種の情報の提供をする。

(イ)　実践的な訓練の計画・実施　　地震発生に始まる事態の進展に応じたリアルタイムの訓練の実現により、突発事案等への対応能力を高めることができる訓練の計画と実施を可能にする。

その概念図は図1－5－4、1－5－5のとおりである。

(2)　現在のDIS

当初のDISの構成は、特に早期被害予測に重点を置くべきとの観点から修正され、次のように構築された。

阪神・淡路大震災時に、地震被害の把握の遅れが初動対応の遅れにつながったという反省から、地震被害情報が入らなくても、震度情報・地形・地盤・人口・建物等の情報をコンピュータ上の数値地図上で被害規模を推計し、政府の初動体制を早期に立ち上げることを目的とする地震被害早期評価システム（EES）及び各種応急対策を支援する応急対策支援システム（EMS）からなる地震防災情報システム（DIS）の整備とする。

(ⅰ)　システムの内容

DISは、地盤・地形、道路、行政機関、防災施設などに関する情報を必要に応じあらかじめデータベースとして登録し、この防災情報データベースを基礎として災害対策に求められる各種の分析や発災後の被害情報の管理を行うものである。DISにあらかじめ登録する防災情報の例としては次に掲げるようなものがある（図1－5－6、表1－5－3）。

・基本地図　　　　　1／25000地形図、1／2500詳細地図
・自然条件　　　　　地質、活断層
・社会条件　　　　　人口・世帯数、高層建築物、地下街
・公共土木施設　　　道路、鉄道・駅、港湾、空港、ヘリポート
・防災施設　　　　　行政機関、病院、避難施設、備蓄施設

第5節　地震被害早期予測システムの確立

図1－5－4　DIS（地震防災情報システム）の構成

```
                    ┌─────────────────────┐         ┌───┐
                    │  地震被害想定システム  │────────→│図 │
                    └─────────────────────┘         │上 │
                              ↓                      │訓 │
                    ┌─────────────────────────────┐ │練 │
                    │地震防災施設等整備計画支援システム│→│シ │
                    └─────────────────────────────┘ │ス │
                         ☆発災                      │テ │
  0 ～～～           ┌─────────────────────┐         │ム │
                    │ 地震被害早期評価システム │         └───┘
                    └─────────────────────┘
                              ↓                      ┌───┐
                    ┌─────────────────────┐         │地 │
                    │  応急対策支援システム  │         │震 │
  1時間 ～           │   輸送対策          │←────────│被 │
  1日   ～           │   救助・医療        │         │害 │
  1週間 ～           │   避難              │         │情 │
                    │   ボランティア       │         │報 │
                    │   ライフライン       │         │シ │
                    │     ：              │         │ス │
                    └─────────────────────┘         │テ │
                              ↓                      │ム │
                    ┌─────────────────────┐         │   │
                    │  復旧・復興支援システム │←────────│   │
                    └─────────────────────┘         └───┘
```

（内閣府資料）

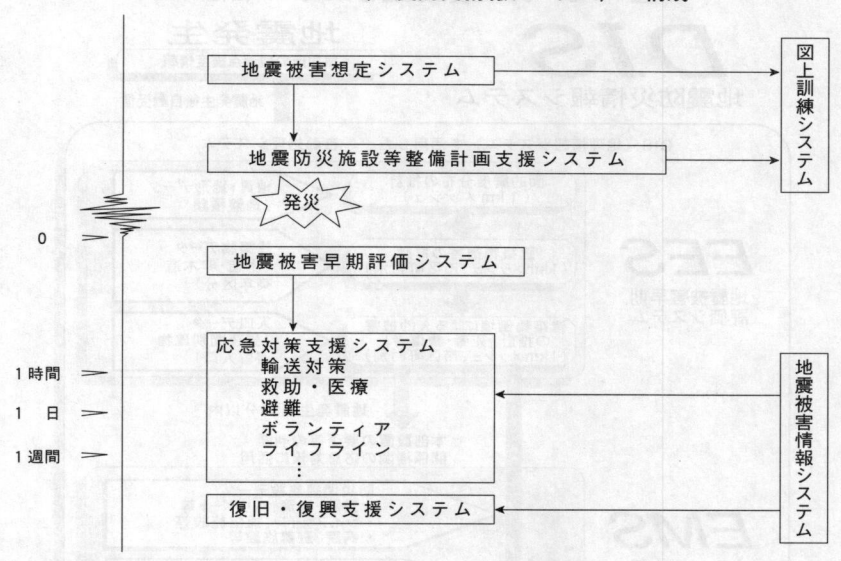

図1－5－5　DIS（地震防災情報システム）のシステムイメージ

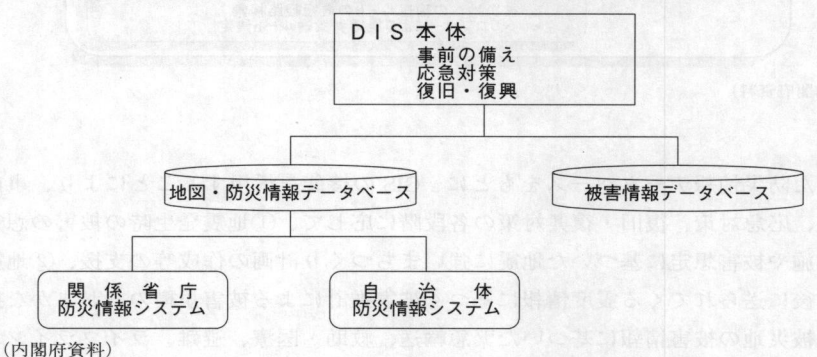

```
              ┌──────────────┐
              │   DIS本体    │
              │  事前の備え   │
              │  応急対策    │
              │  復旧・復興   │
              └──────────────┘
                 ┌────┴────┐
          ┌──────────────┐  ┌──────────────┐
          │地図・防災情報  │  │被害情報      │
          │データベース    │  │データベース   │
          └──────────────┘  └──────────────┘
           ┌──────┴──────┐
    ┌──────────┐  ┌──────────┐
    │関係省庁    │  │自治体      │
    │防災情報システム│  │防災情報システム│
    └──────────┘  └──────────┘
```

（内閣府資料）

　　精細な表示機能
　　　最大縮尺1／2500精度の地図データで建物1軒1軒を表示
　　　消防署、警察署、学校、物資備蓄場所などの防災に直結した施設も表示
　　　道路、空港、港湾などの緊急輸送関連施設も表示
　　強力な分析機能
　　　7つのサブシステムが強力な分析機能を発揮
　　　サブシステムの追加により新たなニーズにも対応
　　（内閣府資料）

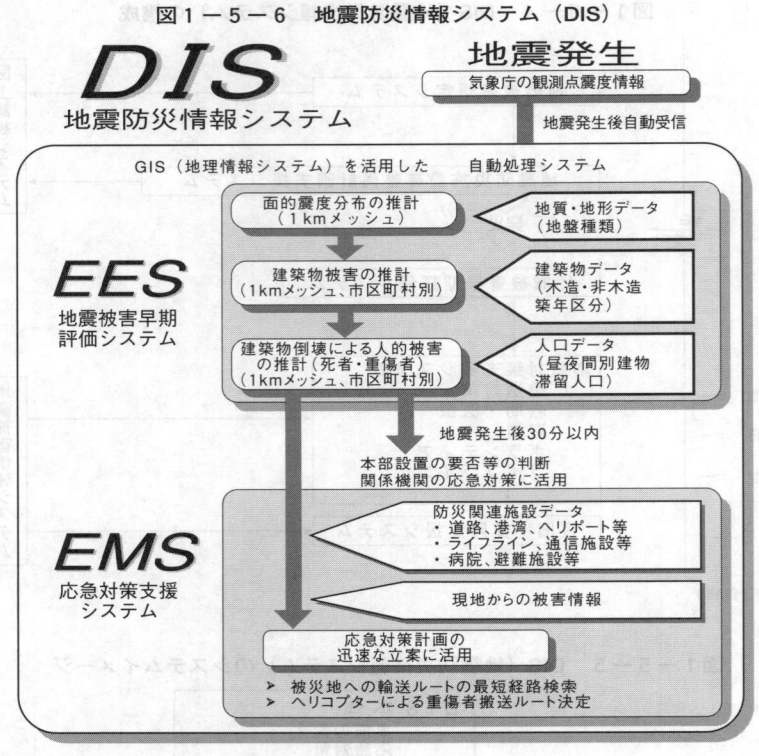

図1－5－6 地震防災情報システム（DIS）

DIS 地震防災情報システム

地震発生
気象庁の観測点震度情報
地震発生後自動受信

GIS（地理情報システム）を活用した自動処理システム

EES 地震被害早期評価システム
- 面的震度分布の推計（1kmメッシュ） ← 地質・地形データ（地盤種類）
- 建築物被害の推計（1kmメッシュ、市区町村別） ← 建築物データ（木造・非木造 築年区分）
- 建築物倒壊による人的被害の推計（死者・重傷者）（1kmメッシュ、市区町村別） ← 人口データ（昼夜間別建物滞留人口）

地震発生後30分以内
本部設置の要否等の判断
関係機関の応急対策に活用

EMS 応急対策支援システム
← 防災関連施設データ
・道路、港湾、ヘリポート等
・ライフライン、通信施設等
・病院、避難施設等
← 現地からの被害情報

応急対策計画の迅速な立案に活用
➤ 被災地への輸送ルートの最短経路検索
➤ ヘリコプターによる重傷者搬送ルート決定

（内閣府資料）

　また防災情報データベースをもとに、GISの機能を活用することにより、事前対策、応急対策、復旧・復興対策の各段階に応じて、①地震発生時の被害の想定の実施や被害想定に基づいた地震に強いまちづくり計画の作成等の支援、②地震発生後に送られてくる震度情報に基づく被害推計による被害規模のおおまかな把握や被災地の被害情報に基づいた緊急輸送、救助・医療、避難、ライフライン、ボランティアなどの各種応急対策計画の策定の支援、③公共施設や輸送機関などの復旧・復興に有用な情報の提供や復旧・復興計画の進捗状況の適切な管理等が可能となり、情報の統合的な活用による各種震災対策の充実が可能となる。

(ⅱ) 地震被害早期評価システム（EES）

　DISを構成するシステムのうち、地震発生直後に被害のおおまかな規模を把握する「地震被害早期評価システム（EES；Early Estimation System）」は、地震災害の規模が大きいほど緊急の対応が必要となるにもかかわらず、地震発生直後には

表1-5-3　地震防災情報システム(DIS)データベースに登録されている情報の例

DIS データ整備項目					
分類	データ項目	分類	データ項目	分類	データ項目
基本地図	都道府県境界図	公共土木施設	道路	防災施設	警察署
	行政区域界及び海岸線図		橋梁		消防署
	1/25,000ラスター地図		トンネル		自衛隊施設
	1/2,500ベクター地図		鉄道・駅		海上保安本部
	町丁目・大字界		港湾		病院
	土地条件図		岸壁		保健衛生施設
自然条件	表層地質		航路		行政機関の庁舎
社会条件	人口・世帯		飛行場		指定機関
	事業所		ヘリポート		学校
地震	過去の震源・規模		海岸保全施設		体育施設
地盤等	活断層	ライフライン	電力		公共空地
	土地災害危険区域		都市ガス		広域避難場所
	液状化危険区域		水道		避難施設
建築物	高層建築物		下水道		社会福祉施設
	地下街・地下通路		電話		緊急輸送道路
	特別防災区域		放送事業所		広域輸送拠点
	危険物施設	重要施設	ダム		流通施設
			発電所		備蓄場所
					臨時ヘリポート
					非常用水

(内閣府資料)

その判断に必要な情報がきわめて限られたものとなることに対応して、地震による被害規模の概要を地震発生から概ね30分以内に推計し、防災関係機関の迅速かつ的確な初動対応のための判断に活用するものである。

具体的には、地震発生直後に気象庁から送られてくる震度情報と、あらかじめ全国の各市区町村ごとに整備された地盤、建築物（築年・構造別）、人口（時間帯別）等のデータベースに基づいて、震度4以上の地震が発生した直後に建築物倒壊棟数と建築物の倒壊に伴う人的被害の状況の概要を推計するものである。

(iii) 応急対策支援システム（EMS）

DISを構成するシステムとして、EESのほかにGISを活用して各種応急対策活

動を支援する「応急対策支援システム（EMS；Emergency Measures Support System）」があり、このシステムは、あらかじめ整備しておく防災関連施設等のデータベースと、実際の被害情報や応急対策の状況等について関係省庁から提供される情報を集約・整理し、関係省庁間で共有することにより、各種応急対策活動を支援するものである。

(iv) 防災関係機関とのネットワーク化

防災情報の共有化等を図るため、関係機関とのネットワーク化の推進が必要であり、現在首相官邸を始めとする関係省庁にDIS端末を設置しているほか、被害状況を迅速かつ正確に把握・共有できるようにするため、ライフライン企業など防災関係機関とのオンライン化が進められている。重畳的判断必要型予測システムと瞬時判断型予測システムとの比較、その面的震度の推定の違いは図1－5－7と表1－5－4の如くである。

また地震被害早期評価システム（国土庁）と簡易型地震被害予測システム（消防研）の違いは以下のとおりである。

地震被害早期評価システム（国土庁）は、地震発災直後に被害の評価を行うシステムであり、気象庁からリアルタイムで送信された各観測点の震度から、ワー

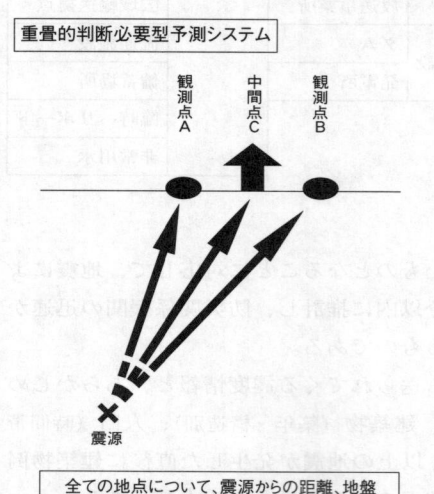

図1－5－7　面的震度の推計の違い

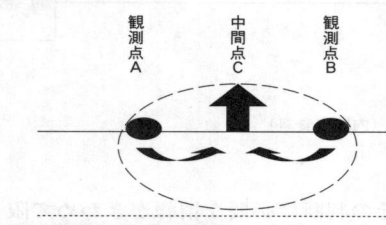

重畳的判断必要型予測システム	瞬時判断型予測システム
全ての地点について、震源からの距離、地盤特性をもとに震度を推定	深さ30m程度の地表付近における地震の伝播をもとに震度を推定

（内閣府資料）

第5節　地震被害早期予測システムの確立

表1-5-4　重畳的判断必要型予測システムと瞬時判断型予測システムの比較一覧

項　目	重畳的判断必要型予測システム	瞬時判断型予測システム
目　　的	地震の発生地域や対策などの効果を、想定される条件での被害を想定し、その結果を資料として利用する	地震災害の発生直後の情報の空白を埋めるため、発災後速やかに被害予測情報を提供
震度分析の推計方法		
入力データ	震源と地震規模を設定	全国の観測点震度データを収集
震度の推定	震源からの距離、地盤特性をもとにした工学的計算により面的な震度分析を推定	地表付近の地質情報をもとに、地震動の伝わり方を工学的に計算し、観測点間の震度分析を補完し、面的な震度分析を作成
推計の時期	平常時（発災前）	発災直後（30分以内）
対象地域	設定された地震の影響範囲のみ	日本全国
推計の即時性	多大な時間を要する	推計開始から十数分で推計
対象災害	幅広い種類の被害形態に対応	推計できる災害が限られている
建物倒壊（地震動）	対応可	対応可
推計のロジック	過去の被災事例をもとに、建物の種別（木造・非木造、建築時の基準など）毎に震度と被害の発生率を関連づけ、メッシュ毎の推定震度から被害率を推定。	対応せず
建物倒壊（液状化）	対応可	対応せず
液状化被害	対応可	対応せず
火災被害	対応可	対応せず
津波	対応可	整備中
ライフライン被害	対応可	対応せず
急傾斜地崩壊	対応可	対応せず

（内閣府資料より作成）

第1章　大震災時における初動体制と防災都市計画

クステーションを用い、自動的に建物被害および人的被害を地震発生後概ね30分で評価する。

簡易型地震被害予測システム（消防研）は、主に事前対策として被害想定を行うためパソコンを用いて簡易に予測するシステムであり、担当者による震源情報の入力が必要であり、また、点震源モデルにより地震動評価を行っているため、震度の実観測値とは整合しない可能性がある。

- システム整備の主目的が
  - （国土庁）　地震発災直後の被害の評価
  - （消防研）　主に（事前の対策のための）被害想定

- システムの起動方式が
  - （国土庁）　リアルタイムであり、地震発生後概ね30分で評価
  - （消防研）　準リアルタイム（担当者による情報入力が必要、計算時間不明）

- 計算を行うハードウェアが
  - （国土庁）　ワークステーション
  - （消防研）　パソコン

- 地震動評価において
  - （国土庁）　観測された震度から計算する
  - （消防研）　点震源モデルにより震源位置・規模から計算する（観測値は用いない）

  - （国土庁）　各メッシュにおける震度を計算する
  - （消防研）　各メッシュにおける速度を計算する
- 建物被害評価において
  - （国土庁）　木造・非木造建物の被害を推定する
  - （消防研）　木造建物のみの被害を推定する

  - （国土庁）　各メッシュの家屋数の推定に固定資産台帳データを使用
  - （消防研）　各メッシュの家屋数の推定に国勢調査地域メッシュデータを使用

  - （国土庁）　木造建物の建築年代を考慮している
  - （消防研）　木造建物の建築年代は考えない

  - （国土庁）　震度から建物被害の計算を行う
  - （消防研）　SI値から建物被害の計算を行う

  - （国土庁）　火災による被害推定は行わない
  - （消防研）　出火件数の推定を行う

- 人的被害評価において
  - （国土庁）　木造・非木造建物倒壊に伴う死者数の被害を推定する

(消防研) 木造建物倒壊のみに伴う死者数の被害を推定する（算定式が異なる）

出典：「阪神・淡路大震災関係資料 Vol. 1」第3編地震対策体制第1章初動体制03災害緊急即応体制（1999年3月）総理府阪神・淡路復興対策本部事務局 p. 226

（3） 防災情報システム整備の基本方針

DISシステムはこれで完全といったものはなく、常に新しい観点から検討し、改善が図られなければならない。

防災対策にとって情報は、平常時から的確に災害に備えるためにも災害時に状況に即応した対応を行うためにも基礎となるものであり、広域的な大規模災害に的確に対応するためには画像情報収集をはじめ、最新の情報システムを活かして情報を共有することが不可欠である、という基本的認識の下に防災情報システム整備について、政府としての体系的な推進戦略を定めることが決定された[65]。

その**基本方針**は、

① 被災直後や夜間での状況把握が困難であること、被災地の地方防災機関に情報が十分伝わらないこと等の時間的・空間的な情報の空白を解消するため、防災関係機関全体の迅速・的確な情報の収集・伝達・提供体制を確立

② 時々刻々変化する状況を把握し、迅速・的確な判断を行うための情報整理、防災関係者の情報伝達の負荷の大幅軽減を図るなど、情報システムを的確かつ効果的に活用するための情報活用体制を確立

③ 災害時の防災情報が的確かつ円滑に利用されるため、様々な災害関係情報や教訓の保存・活用等を図り、平常時からの防災情報の的確な共有・活用を体系的に推進

④ 実際の行動に役立つ情報流通を確保するため、相当量の情報交換が円滑に行われ、情報の共通化・標準化を図る、本格的にITを活用した防災電子政府を構築

⑤ 政府として防災情報システムを一体的に推進する防災情報システム整備推進体制を整備し、3年を目標に実用化を図る

こととされ、その**具体的施策**としては、

① 迅速・的確な情報収集
 a．被災全体像の早期把握システムの精度向上
 b．悪条件下における情報収集
 c．画像情報等の体系的収集
 d．防災情報システムを運用する人員体制の充実

[65]「防災情報システム整備の基本方針」（平成15年3月18日中央防災会議）

② 信頼性の高い大容量データ通信体系等の整備
　　a．全国的な大容量防災通信ネットワークの整備
　　b．通信網の相互利用
　　c．通信施設等の被災対策
③ 総合化による情報の有効活用
　　a．官民の施設管理情報等の活用
　　b．防災GISの整備
　　c．災害関係情報の体系的保存と活用
④ 的確で効果的な住民等への情報提供
　　a．防災情報の提供

表1－5－5　DISによる阪神・淡路大震災の再現結果について

1．阪神・淡路大震災の被害状況と現時点におけるDISによる推計結果

	死者数	建物被害
実被害	4,831人	104,906棟
推計値	1,326人	37,781棟

2．DISに入力されている建築物ストックのデータ
（神戸、尼崎、明石、西宮、洲本、芦屋、伊丹、加古川、宝塚、三木、高砂、川西、小野、三田市における合計）

	構造別 築年別	木造建物棟数	非木造建物棟数	計
H12.1.1 固定資産税台帳 H7.10.1 国調	S56以前建築	161,997 (16%)	118,003 (12%)	280,000 (28%)
	S57以降建築	546,589 (56%)	162,136 (16%)	708,725 (72%)
	計	708,586 (72%)	280,139 (28%)	988,725 (100%)

（　）内は、時期別建物総数に占める割合

（参考：震災以前の建築物ストックのデータ）

	構造別 築年別	木造建物棟数	非木造建物棟数	計
H6.1.1 固定資産税台帳 H2.10.1 国調	S56以前建築	280,392 (27%)	166,796 (16%)	447,188 (44%)
	S57以降建築	499,518 (49%)	73,993 (7%)	573,511 (56%)
	計	779,910 (76%)	240,789 (24%)	1,020,699 (100%)

（　）内は、時期別建物総数に占める割合

（内閣府資料（平成15年試算））

第6節　木造密集市街地の防災課へのGISの適用

表1−5−6　地震防災情報システム（DIS）の整備スケジュール

	平成12年度以前	平成13年度	平成14年度	平成15年度	平成16年度	平成17年度以降
【データ整備・更新】						→
【DISとしての整備】	・EESの構築 ・EMSの構築 ・広域医療搬送システムの整備 ・津波浸水予測システムの整備				総合防災情報システム	
【他システムとの連携】		・厚生労働省の災害時病院情報システムとの連携	・東京電力の停電情報システムとの連携 ・東京ガスのガス供給停止情報システムとの連携	・人工衛星等を活用した被害早期把握システムとの連携 ・NHK		
【他機関への設置】	・首相官邸、消防庁、厚生労働省、経済産業省、国土交通省、気象庁に設置		・警察庁、防衛庁、財務省、文部科学省、農林水産省、海上保安庁、原子力安全・保安院に設置			

（内閣府作成）

b．防災情報バリアフリー対策
　　　c．企業防災を支援する情報提供
　　⑤　情報の共通化・標準化
　　　a．防災情報共通プラットフォームの構築
　　　b．現地における高度情報化
　　　c．情報共有にあたっての役割・責任の明確化
　　　d．緊急時の的確な情報運用
　　⑥　防災情報システム整備推進体制の整備
　　　a．実行計画の策定
　　　b．防災情報共有化推進会議の設置
を掲げる。
　このDISを使った阪神・淡路大震災の被害状況の再現結果が表1－5－5であり、DISの整備スケジュールが表1－5－6である。

第6節　木造密集市街地の防災化へのGISの適用

　木造密集市街地は従来から都市防災上の観点から、また都市環境・生活環境の観点からもその改善、再生の必要性が叫ばれていながら実際には進捗がはかどらないできている。防災行政の分野においては、1971年5月の中央防災会議の「大都市震災対策推進要綱」の決定以来、東京都をはじめとする地域防災計画において地域危険度を公表することが定められるようになり、大都市地域において地震災害の被害予測が調査され公表されてきた。
　しかし被害予測手法は、主として地震災害により人命、建物倒壊、出火延焼等による被害の予測と公表により行政作用として必要とされる災害予防、応急対策、復旧対策、復興対策といった防災対策の基礎フレームを提供すると共に、真の防災対策にとって必要となる自助、公助の観念から広く一般市民に対し当該都市の危険度を公表して、そのための備えをする防災意識の向上と防災訓練、建物改修等の予防的防災活動を促す役割を有してきた。
　そして特に危険度の公表は、居住地域およびその周辺の地震による建物倒壊、出火延焼の危険度、避難路・避難地へのルートの認識を深め、そうした危険度の高い地域の防災化を促す機能を有しているといえるし、各公共団体もそうした目的で被害予測を公表してきたのである。しかし、この被害予測の公表は、残念ながら被害の危険度の高い地域の防災不燃化を促進する手段としては有効に機能してはこなかった。

第6節　木造密集市街地の防災課へのGISの適用

　GISによる被害予測手法はシステムを構築しておけば地震の位置、規模により生ずる被害を定量的に地域毎に把握して地域住民に示すことが容易に可能となり、また被災の程度の比較も容易であるため、木造密集市街地として再生すべき地域の被災危険度の優先順位も決め易いという利点を有していることから、こうした被災危険度の高い地域の防災化に積極的に利用することが、都市づくりの観点からも建物の崩壊、人命の損失といった初動を含めた防災対策の観点からも極めて有効である。

　そこで、木造密集市街地の再生についてこれ迄にとられてきた施策の体系と経緯を検証し、初動体制に深く関係する木造密集市街地の再生をGISの適用による早期防災化の必要性について述べる。

1）密集住宅市街地の再生事業の進捗状況

　木造密集市街地が住宅・建築政策上および都市防災上問題があることは夙に認識され、その解消のための事業化が試みられてきているが、実際の進捗ははかばかしくなかった。

　10年前の平成5年度の時点における木造賃貸住宅等の密集地区の再生を図るべき地区として国においても取り上げられている地区は、表1－6－1のとおり全国で52地区、3,614haである。土地区画整理事業とか市街地再開発事業といった手法によって事業を実施することは、権利調整、事業資金などの点からしてもきわめて困難であるため、これらの地区は約10年後の現在でも権利者が売買を合意した土地を公共団体（区）が買い上げて、小公園等として将来の区域改造の種地としているのに過ぎないのである。

　表1－6－1の市街地住宅密集地区再生事業は、三大都市圏の木造賃貸住宅等の密集地区において、老朽住宅棟の除却、建替および地区施設の整備等を総合的に推進し、利便性の高いこれら住宅密集地区の再生を図ることにより、職住近接した良質な市街地住宅の供給、住環境の改善、防災性の向上および居住水準の向上を図ることを目的とする事業で、次の要件に該当する地区が国の予算の採択地区とされている。

(1)　地区面積が概ね20ha以上で、次の①から④までに該当すること。
　①　木造共同建・長屋建・
　　　重ね建住宅率　　　　概ね30％以上
　　　　　　　　　　　　　（住工混在型地区にあっては概ね20％以上）
　②　住宅戸数密度　　　　概ね55戸／ha以上
　③　老朽住宅戸数密度　　概ね20戸／ha以上

④　工場床面積密度　　　　　　概ね800m^2／ha 以上（住工混在型地区のみ）
(2)　十分な公共施設又は生活環境施設がないこと等により、住環境が劣っていると認められること。

地方公共団体は整備計画を作成して次の事業を行う。
(1)　老朽住宅、工場等の共同住宅、工場併存住宅への建替に対する除却等費、共同施設整備費等の助成
(2)　道路、公園等の地区施設整備のための低質建築物等およびその敷地等の取得
(3)　①地区の整備に伴い住宅に困窮する人々のうち、特に高齢者等を対象とする賃貸住宅の建設および借り上げ
　　　②従前居住者の公的住宅への入居斡旋
(4)　家主が低所得の再入居者に係る家賃を低減する場合の家賃差額に対する助成
(5)　木造賃貸住宅等が特に密集している地区における不良住宅の買収除却および道路、公園等の整備を行う木造賃貸住宅等密集地区整備事業

国は、前記整備計画を承認すると次の費用を補助する。
(1)　整備計画作成等費
(2)　建替促進費（除却等費、建築設計費、共同施設整備費、施設併存構造費（住工混在型地区のみ））
(3)　用地取得促進費（低質建築物等の敷地等の取得に要する費用）
(4)　建設型従前居住者用賃貸住宅建設費（用地費、工事費）
(5)　借上型従前居住者用賃貸住宅建設費（共同施設整備費、特別設備等設置費）
(6)　民間賃貸住宅建替促進家賃対策補助
(7)　木造賃貸住宅等密集地区整備事業
　　　①　不良住宅買収・除却費
　　　②　土地整備費

　この市街地住宅密集地区再生事業は、昭和51年度に過密住宅地区更新事業として予算補助制度が創設され、その後木造賃貸住宅地区総合整備事業、市街地住宅密集地区再生事業、その後住環境整備事業系統の事業と統合されて密集住宅地区整備促進事業となった。平成16年度からは住宅市街地総合整備事業とされたが、少しずつ補助制度に変革が加えられてきているが制度の根幹は大きく変わっていない。これらの制度的変遷は表1－6－2のとおりである。

　このように制度的変遷があるため、経年的な事業推移を比較することは正確な意味においては困難であるが、平成15年度末の密集住宅市街地整備促進事業の東

第6節　木造密集市街地の防災課へのGISの適用

表1－6－1　市街地住宅密集地区再生事業実施地区一覧

（平成6年2月1日現在）

所在地・地区名			面積（ha）	整備計画承認日
東京都	豊島区	東池袋4・5丁目地区	19.2	58. 3.31
		染井霊園周辺地区	53.1	元. 9. 1
		上池袋地区	67.1	5. 5. 1
	世田谷区	太子堂2・3丁目地区	35.6	58. 3.31
		北沢3・4丁目地区	33.6	59. 2.27
		世田谷・若林地区	42.2	63. 8.29
		区役所北部地区	70.9	4. 4.10
		上馬・野沢地区	37.7	5.10.15
	新宿区	西新宿地区	39.0	59. 7.21
		北新宿地区	69.0	60. 7.15
		大久保・百人町地区	46.5	63.11.25
		若葉・須賀町地区	15.6	5. 3. 1
		上落合地区	47.0	5. 8.10
	墨田区	北部中央地区	210.0	60. 2. 6
	杉並区	蚕糸試験場跡地周辺地区	26.1	60.10.15
		気象研究所跡地周辺地区	18.0	60.10.15
	練馬区	練馬地区	20.0	61.10. 6
		江古田北部地区	43.7	4. 7. 1
	目黒区	上目黒・祐天寺地区	40.6	62.10. 1
		目黒本町地区	20.0	63.11.25
		駒場地区	23.0	3.11.25
	荒川区	荒川5・6丁目地区	33.6	62.11. 6
	品川区	旗の台・中延地区	19.3	元. 5.12
		戸越1・2丁目地区	23.0	5. 4.30
	板橋区	上板橋駅南口地区	20.3	2. 3.31
		仲宿地区	60.0	2. 3.31
		大谷口地区	76.9	5. 3.31
	大田区	西蒲田・蒲田地区	84.0	2. 6.11
		大森・北糀谷地区	200.6	5. 6. 1
	文京区	大塚5・6丁目地区	25.5	5. 5. 1
	中野区	南台4丁目地区	18.8	4. 3.31
		平和の森公園周辺地区	52.0	5.12.10
	渋谷区	本町地区	99.2	5.10.15
（東京都　小計）		33地区	1,691.1	
神奈川県	横浜市	鶴見第一地区	40.2	2. 3.30
		鶴見第二地区	137.1	5.11.25
	川崎市	小田2・3丁目地区	25.8	5. 3.31
（神奈川県　小計）		3地区	203.1	
愛知県	名古屋市	稲葉地区	57.1	元. 3.31
（愛知県　小計）		1地区	57.1	
大阪府	豊中市	庄内地区	425.5	58.12. 2
	寝屋川市	萱島東地区	48.7	59. 4.17
		池田・大利地区	66.0	60. 2.14
		香里地区	133.0	61. 3.19
	門真市	北部地区	461.0	59.11.21
	堺市	湊地区	18.0	2.11. 6
（大阪府　小計）		6地区	1,152.2	
兵庫県	神戸市	東垂水地区	99.2	58.11.17
		深江地区	49.1	61.12.15
		原田・岩屋地区	86.9	61.12.15
		西出・東出・東川崎地区	22.6	62. 3.26
		宮本・吾妻地区	98.9	2. 3.31
		長田南部地区	63.2	4. 5.27
	尼崎市	崇徳院地区	21.0	58.11.17
		大物地区	26.5	3.10.25
		大庄中通地区	43.1	3.10.25
（兵庫県　小計）		9地区	510.5	
計		52地区	3,614.0	

（出典：平成6年度住宅局関係予算概要（参考資料）（平成6年2月）建設省住宅局 p.154）

京都の事業実績は、表1－6－3のとおりである。

これを前出表1－6－1と比較すると、地区数33が62に、地区面積が1,691haが2,735haと増えているが、昭和58年度からの事業実績は建替戸数6,673戸、用地取得13.9haと住環境の改善自体の建替の実施されたところは改善されているといえるが、防災コミュニティ作りの観点からは充分な実績にはほど遠いといえる。

2）密集市街地法の制定

阪神・淡路大震災の際、木造建築物を中心に建物が倒壊し、火災が発生して被害が拡大した経験から政府は、大規模地震時に市街地大火を引き起こすなど防災上危険な密集市街地の整備を総合的に推進するため、「**密集市街地における防災街区の整備の促進に関する法律**」（「密集市街地法」）を平成9年に制定した。

(1) **防災再開発促進地区の都市計画**[66]

老朽化した木造の建築物が密集しており、かつ、十分な公共施設がないこと等から地震等が発生した場合の延焼防止上避難上防災機能が確保されていない地区を防災再開発促進地区として定め、その区域内で防災街区として整備開発の計画の概要を明らかにする防災再開発方針を都市計画に定める。

(2) **耐火建築物への建替え、延焼防止上危険な建築物の除却**[67]

イ．建替えに対する補助

防災再開発促進地区において、防災上有効な建替えに関する計画について地方公共団体の認定を受けた場合、共同・協調建替え事業については補助を受けることができる。

ロ．延焼等危険建築物に対する措置

① 除去勧告　地方公共団体は、防災再開発促進地区において、地震時に著しい延焼被害をもたらすなどの可能性が高い老朽建築物（延焼等危険建築物）の所有者に対し除去を勧告することができる。

② 居住安定計画の認定　除去勧告を受けた賃貸住宅の所有者は「除去及び居住者の安定の確保に関する計画」を策定し、市町村長の認定を受け、公営住宅等地方公共団体の管理する住宅への入居、家賃の減額、移転費用の補助の支援を受けることができる。

---

(66) 密集市街地における防災街区の整備の促進に関する法律　3条
(67) 同法4条、12条、13条、15条、20条～23条

第6節 木造密集市街地の防災課へのGISの適用

表1-6-2 密集住宅市街地整備促進事業の変遷

年度	49	50	51	52	53	54	55	56	57	58	59	60	61	62	63	元	2	3	4	5	6	7	8	9	10	11	12	13	14	15	16
特定住宅地区整備促進事業																															
			過密住宅地区更新事業																												
									住環境整備モデル事業																					
													木造賃貸住宅地区総合整備事業																	
																市街地住宅密集地区再生事業														
																		密集住宅市街地整備促進事業												
																														住宅市街地総合整備事業
																コミュニティ住環境整備事業														
																		誘導型住環境整備事業												
																		商店街再生プロジェクト												
																				総合住環境整備事業										
																					小規模住宅地区等改良事業									
			小規模住宅地区改良事業																											
							老朽住宅除却促進事業																							
																						特定住宅地区活性化事業							
																						老朽住宅地区活性化促進事業							

注) 平成16年度において、住宅市街地整備総合支援事業及び密集住宅市街地整備促進事業並びにこれらに係る住宅地区関連公共施設等総合整備事業を統合・整備し住宅市街地総合整備事業が創設された。
(国土交通省資料)

表1－6－3　密集住宅市街地整備促進事業実績

平成16年3月末現在

区		地　区　名	地区面積 (ha)	58～14年度実績		
				建替戸数	用地取得 (㎡)	コミュニティ 住宅戸数
新宿区	1	西　　新　　宿	39.0	140	0	0
	2	北　　新　　宿	69.0	331	1,764	40
	3	大久保・百人町	46.5	150	0	0
	4	若　葉・須　賀　町	15.6	0	1,149	0
	5	上　　落　　合	47.0	64	0	0
	6	赤　城　周　辺	17.0	13	0	0
文京区	7	大塚5・6丁目	25.5	58	1,820	0
	8	千駄木・向丘	91.0	74	396	0
台東区	9	谷中2・3・5丁目	28.7	0	7,150	
	10	根岸3・4・5丁目	33.2	0	0	
墨田区	11	北　部　中　央	56.3	176	10,502	0
	12	京　　　　島	25.5	137	11,975	137
	13	鐘ヶ淵周辺	78.4	0	0	0
品川区	14	旗の台・仲延	19.3	21	891	0
	15	戸越1・2丁目	23.0	113	2,576	10
	16	荏　原　北	77.0	110	2,029	0
目黒区	17	上目黒・祐天寺	40.6	389	1,960	0
	18	目　黒　本　町	20.0	187	1,338	8
	19	駒　　　　場	23.0	65	355	0
	20	五　　本　　木	14.4	17	924	0
	21	目黒本町6・原町	39.1	8	411	0
大田区	22	西蒲田・蒲田	84.0	170	4,120	23
	23	大森・北糀谷	200.6	251	381	0
	24	蒲田2・3丁目	26.3	288	0	0
	25	矢口・下丸子	103.7	6	60	0
世田谷区	26	太子堂2・3丁目	35.6	285	7,164	0
	27	北沢3・4丁目	33.6	144	5,890	0
	28	世田谷・若林	47.7	192	5,524	0
	29	三宿1・2丁目	36.4	29	6,630	0
	30	区　役　所　北　部	70.9	77	658	0
	31	上　馬・野　沢	37.7	109	1,177	0
	32	北沢5・大原1丁目	44.4	5	2,872	0
	33	太子堂4丁目	14.8	0	352	0
	34	豪徳寺駅周辺	29.6	0	283	0

第6節　木造密集市街地の防災課へのGISの適用

区		地　区　名	地区面積 (ha)	58～14年度実績		
				建替戸数	用地取得 (㎡)	コミュニティ 住宅戸数
渋谷区	35	本　　　　町	99.2	411	2,825	0
中野区	36	南　台　4　丁　目	18.8	81	677	26
	37	平和の森公園周辺	52.0	299	2,104	0
	38	南　台　1・2　丁　目	25.8	0	677	0
杉並区	39	蚕糸試験場跡地周辺	26.1	121	1,150	0
	40	気象研究所跡地周辺	18.0	144	140	0
	41	天　沼　3　丁　目	26.4	5	602	0
豊島区	42	東池袋4・5丁目	19.2	151	6,794	11
	43	染井霊園周辺	53.1	152	1,866	0
	44	上　　池　　袋	67.1	162	3,960	0
	45	南長崎2・3丁目	25.3	54	1,317	0
北区	46	上十条3・4丁目	19.6	42	1,085	0
荒川区	47	荒川5・6丁目	33.6	295	512	0
	48	町屋2・3・4丁目	43.5	59	0	0
	49	荒川1丁目・南千住1丁目	15.1	0	0	0
板橋区	50	仲　　　　宿	60.0	421	1,412	0
	51	上　板　橋　駅　南　口	20.3	70	507	0
	52	大　　谷　　口	76.9	41	478	0
	53	若　　　　木	18.1	0	75	0
	54	前　　野　　町	53.5	16	1,460	0
	55	西　台　1　丁　目　北	32.0	0	0	0
練馬区	56	練　　　　馬	20.0	140	1,499	11
	57	江　古　田　北　部	43.7	135	5,260	10
	58	北　　　　町	31.1	34	2,600	0
足立区	59	足立1・2・3丁目	50.2	142	1,314	0
	60	関　原　1　丁　目	12.0	68	11,033	68
	61	西新井駅西口周辺	42.5	0	0	0
葛飾区	62	東　四　つ　木	40.0	21	6,550	16
	63	四つ木1・2丁目	25.7	0	0	0
江戸川区	64	一　之　江　駅　付　近	5.9	0	531	0
	65	南小岩7・8丁目	40.0	0	1,393	0
	66	松　島　3　丁　目	25.6			
		合　　　計	2,734.7	6,673	138,173	360

（東京都資料）

(3) 防災街区整備地区計画 [68]

イ．防災街区整備地区計画

　市町村は、火災被害の軽減に役立つよう、地区レベルの道路等の公共施設の整備とその沿道に耐火建築物を誘導するための計画事項を追加した新たな地区計画として防災街区整備地区計画を定めることができる。

ロ．防災街区整備権利移転等促進計画

　市町村は、新たな地区計画の中で、地権者等の同意を得て、耐火建築物の建築、道路等の公共施設の整備など地区計画を実現する者へ土地の権利を円滑に移転するための計画を作成できる。

(4) 整備の主体 [69]

イ．防災街区整備組合

　新たな地区計画の中で、地権者が協同して耐火建築物の建築や道路等の公共施設の整備を一体的に行う法人として、組合を設立できる。

ロ．防災街区整備推進機構

　組合などの防災街区の整備の事業を促進するため、市町村長が「まちづくり公社」などを防災街区整備推進機構として指定し、同機構は国の融資等を活用して事業用地の先行取得や事業を行う者に対する情報の提供その他の援助を行う。

ハ．都市基盤整備公団

　都市基盤整備公団は、大都市に存する防災再開発促進地区で、地方公共団体の委任に基づき、市街地の整備に係る業務を行うことができる。

3）密集市街地法の改正

　平成13年5月内閣に都市再生本部が設置された。バブル経済崩壊後の日本経済の再生を担う役割を都市再生に求め、21世紀に向け都市の持つ活力、国際競争力を高めて経済再生の実現を図る方針が打ち出された。

　その際の重点の一つとして、地震に危険な市街地の存在など都市生活に過重な負担を強いている「20世紀の負の遺産」を緊急に解消することにより災害に強い都市構造の形成を図ろうとすることが決定された。

　これに伴い、木造密集市街地の改造は大きくクローズアップされることになる。平成13年12月に「特に大火の可能性の高い危険な市街地（全国で約5,000ha、東京、大阪で夫々2,000ha）について今後10年間で重点地区として整備することが決定さ

---

(68)　密集市街地法32条、34条
(69)　同法40条、116条、31条

れた[70]。これにより密集市街地法も強力に事業の推進、防災性の向上のための地域の整備の支援策を講ずる必要から、平成15年に改正案が国会で審議され、5月16日に可決成立した。

その要点は以下のとおりである。

(1) **防災街区整備方針**[71]

従来の防災再開発促進地区という面整備に加えて、避難地、避難路といった防災公共施設をこれに面して建っている建築物の不燃化を図る防災環境の整備を追加して、名称も防災街区整備方針としたこと。

(2) **特定防災街区整備地区の創設**[72]

延焼防止効果等の防災機能を向上させるために新たに地域地区として、特定防災街区整備地区を定めることができることとし、建築物の耐火化又は準耐火化、建ぺい率、壁面制限、間口率、高さ制限などを定めて建築物の建替えを誘導することとする。

(3) **防災街区整備事業の創設**[73]

特定防災街区整備地区において、特に木造建築物が多く、防災性能の低い地区について、第一種市街地再開発事業に準じて権利変換方式により共同建替えができる防災街区整備事業を創設する。

施行者は、個人施行者、防災街区整備事業組合（2／3の権利者の同意で設立）、事業会社、地方公共団体、都市基盤整備公団、地域振興整備公団及び住宅供給公社とされる。これにより一般の市街地再開発事業より柔軟に事業化を進めることができるようにしようとするものである。

(4) **防災公共施設の整備**[74]

防災性能の高い道路、公園等を地区内又は防災環境軸で早期に作ることは極めて効果が高いのであるが、現実には予算上の制約、土地確保上の制約から事業の進捗がはかばかしくないのが通例であるが、木造密集市街地の建替えの促進のインセンティブとしてはこうした防災公共施設の整備によって進む場合が多いことを考慮し、かつ、10年間で木造密集市街地を整備するという都市再生本部の大方針を実行していくためにも防災公共施設の整備予定時期を明らかにして時間管理の概念を導入したのである。

---

(70) 都市再生本部第三次決定（平成13年12月4日）
(71) 密集市街地における防災街区の整備の促進に関する法律3条
(72) 同法31条
(73) 同法2条、117条〜280条
(74) 同法281条、283条

同法のスキームをまとめると図1－6－1のようになる。

4）整備地域の基準

都市再生本部が発表した大火の可能性の高い危険な市街地（全国約8,000ha、東京、大阪夫々約2,000ha）は、第八期住宅建設五ヶ年計画[75]において「緊急に改善すべき密集市街地等の整備を進める」と定められた際の基礎資料として使用されたものと同一のものとなっているが、このうち東京都については、平成7年に木造住宅密集地域整備プログラムにおいて早急に整備すべき市街地を整備地域として約6,000haを指定しているが、この地域の選定基準は、「地域危険度のうち建物崩壊危険度5及び火災危険度5に相当し、老朽木造建物棟数が30棟／ha以上の町丁目を含み、平均不燃領域率が60％未満である区域」とされるが、ここにいう建物倒壊危険度、災害危険度の概念は5　1）で述べた、地震に関する地域危険度調査報告において使用されている指標である。

そしてこの整備地域の中で、特に重点化して展開し早期に防災機能の向上を図る地域を重点整備地域として指定しているのだが、これが11地域約2,400haとされ、これを受けて政府の都市再生本部は約2,000haとしているのである。

したがって、東京都においては、危険地域の予測手法は緊急防災行政作用に利用されることよりも予防的防災行政作用に利用されているといえる[76]。

5）予防的都市計画への応用－木造密集市街地への適用

都市防火対策は木造市街地として形成されてきたわが国においては、最も重要な課題である。これについての研究もあらゆる角度からなされてきており、建築基準法の単体規定による防火規制、都市計画上の用途規制と重ねて定められる防火地域、準防火地域による集団的防火規制からはじまり、防火帯構想、防災街区構想等実際の都市建設にあたっても経験が積み重ねられてきた分野である。

阪神・淡路大震災においても耐火建築物がかなり存在していたものの、木造建築物も多く、木造密集市街地を中心に66haが地震に伴い発生した大火によって焼失した[77]。

阪神・淡路大震災での大規模火災の発生という教訓を踏まえて制定された「密

（75）　平成13年3月13日閣議決定
（76）　平成14年の第5回地震に関する地域危険度測定調査報告では、第4回までは行っており、人的危険度の測定を防災都市づくり施策への反映の困難さから実施しなかった。
（77）　・「兵庫県南部地震における神戸市内の市街地火災調査報告（速報）」（平成7年3月）
　　　自治省消防庁消防研究所
　　　・「平成7年度兵庫県南部地震被害調査報告書」（平成8年3月）建設省建築研究所

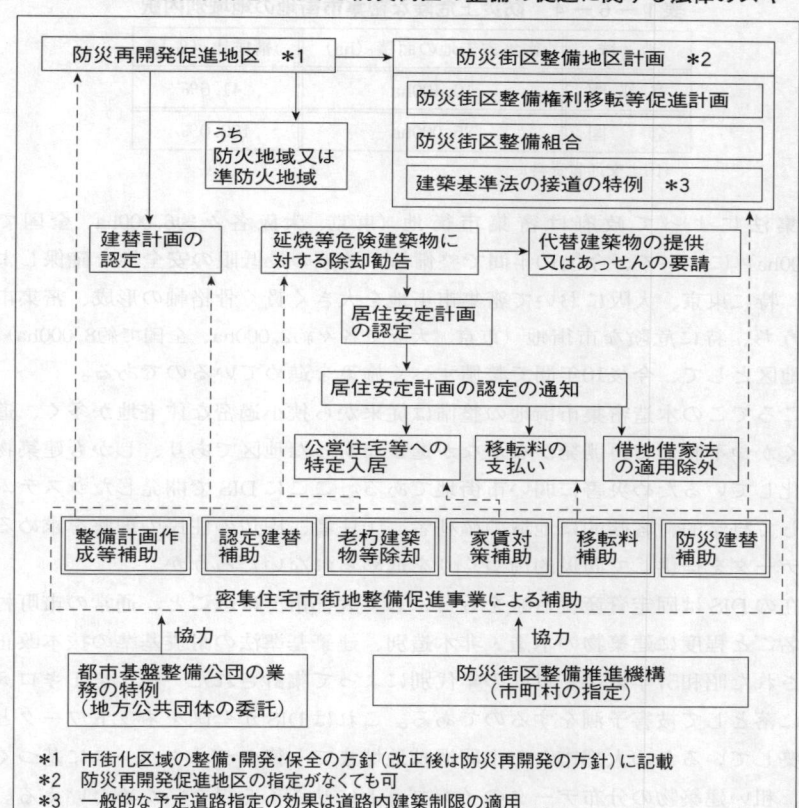

第6節 木造密集市街地の防災課へのGISの適用

図1－6－1　密集市街地における防災街区の整備の促進に関する法律のスキーム

```
防災再開発促進地区 *1 ──────→ 防災街区整備地区計画 *2
                               ├─ 防災街区整備権利移転等促進計画
   うち                         ├─ 防災街区整備組合
   防火地域又は                   └─ 建築基準法の接道の特例 *3
   準防火地域

建替計画の  延焼等危険建築物に   代替建築物の提供
認定      対する除却勧告       又はあっせんの要請

          居住安定計画
          の認定

          居住安定計画の認定の通知

   公営住宅等への   移転料の     借地借家法
   特定入居        支払い       の適用除外

整備計画作  認定建替  老朽建築   家賃対  移転料  防災建替
成等補助   補助    物等除却   策補助  補助    補助
        密集住宅市街地整備促進事業による補助

   協力                    協力
都市基盤整備公団の業           防災街区整備推進機構
務の特例                    （市町村の指定）
（地方公共団体の委託）
```

*1　市街化区域の整備・開発・保全の方針（改正後は防災再開発の方針）に記載
*2　防災再開発促進地区の指定がなくても可
*3　一般的な予定道路指定の効果は道路内建築制限の適用

（国土交通省資料）

集市街地における防災街区の整備の促進に関する法律」は、阪神・淡路大震災に関し、おこった火災についての消防研究所と建築研究所の調査が結果に基づいてこの法律が提案されるに至ったといえるが、大規模火災の延焼要因として、市街地遮断効果のある空地、道路、鉄道が約7割を占め、さらに燃失面積1,000m²以上の43の大規模火災地区について火災規模と市街地構造を分析すると1棟あたり平均宅地面積100m²以下の狭小建築物が密集している地域で大規模火災が高いことが明らかにされている。

平成7年に地方公共団体が防災上危険と判断される市街地の面積をそれぞれ調査した集計結果は次表のとおりで、防災上危険な市街地は全国で85,000ha存在し、そのうち3分の2が三大都市圏に集中しているとしている。

表1－6－4　防災上危険な密集市街地の地域別内訳

地　域	密集市街地の面積（ha）	構成比（％）
首都圏	10,400ha	41.6%
全　国	25,000ha	100.0%

（国土交通省資料）

　密集法によって政府は密集市街地（東京、大阪各々約6,000ha、全国で約25,000ha）について、今後10年間で整備し、地域の最低限の安全性を確保しようとし、特に東京、大阪において密集市街地を大きく貫く骨格軸の形成、密集市街地のうち、特に危険な市街地（東京、大阪で各々約2,000ha、全国で約8,000ha）を重点地区として、今後10年間で整備すべく施策を進めているのである。

　ところでこの木造密集市街地の整備は従来から狭小過密な住宅地が多く、道路も狭くかつ不整形で再開発がなかなか進まなかった地区であり、しかも建築物が老朽化しているため災害に弱い市街地である。ここにDISで開発したシステムを導入して科学的、客観的に地域の権利者、居住者、周辺の住民の理解を求めるようなデータを提供して防災的街づくりを進められないだろうか。

　現在のDISは固定資産税台帳をもとにして大都市では区ごと、通常の市町村では町名ごと程度に建築物の木造・非木造別、建築基準法の耐震基準の抜本改正が施行された昭和57年以後と以前の年代別によって集計されたデータを1キロメッシュに落として被害予測をするのである。これはDISが全国をネットワークとして構築しているため大都市から山間過疎地域まで一律のデータベースに基づくためや、粗い建築物の分布データのインプットにせざるを得ないためといえる。特に防災対策上の課題である木造密集市街地の多い大都市においては、これを建築確認による書類をもとにして個々の建築物の属性をデータとして入力することによって、より精度の高い被害予測を簡単に手に入れることができ、地区住民へより客観的、合理的な危険の予知、説明をすることが可能となり、効果的な防災対策を進めることができ、最終的には起こり得る大震災から住民の生命、財産を守ることになるといえる。

第7節　ま　と　め

　第1章においては緊急防災活動（初動）について考察した。過密大都市における大震災は甚大な被害を惹き起こすことから、防災行政のなかでも人命救助に係る緊急防災活動は最も重視されるべきものである。

第7節　ま　と　め

　またこの緊急防災活動は被害の程度によって大きく左右される。すなわち被害が甚大であればある程緊急防災活動も情報収集の正確かつ迅速さが要求され、救助活動の規模も大きくかつ広域的応援体制の下に実施されることとなる。本来の防災行政はこうした防災緊急活動が少なくてすむことが望ましい。防災緊急活動を極少にするための地震災害の極少化が理想である。そのためには地震災害の予測をきちんと立てて、地震災害に弱い地区を明示し、それに基づいた防災に強い町を造っていくことが究極の目標といえる。

　防災行政作用はすぐれた経験則に基づいて積み上げられてきたものである。各種災害に見舞われるわが国においては至極当然のこととされてきた。

　第1章ではこうした経験則をもとに災害対策基本法に基づく防災行政作用システムを①計画論としての防災基本計画、防災業務計画、地域防災計画、②組織論としての中央防災会議、地方防災会議、災害対策本部、緊急災害対策本部、災害対策本部、非常参集システム、及び③情報収集連絡システムに分類して体系的に整理した。そして阪神・淡路大震災の初動について事実関係の整理を行い、そこで明らかになった従来の防災行政作用の改善すべき点およびその抜本的改善へ至る経緯を明らかにし、その主要な制度改善事項を分類整理した。改善は①災害対策基本法等の法令改正、②防災基本計画、防災業務計画、地域防災計画等の防災計画の改正、③閣議決定、閣議申し合わせ、④通達等の形式をとってなされたが、これを項目別に整理すると以下のとおりとなる。

(1) **内閣機能の強化**
　① 　内閣総理大臣を本部長とし、国務大臣を本部員とする緊急災害対策本部の創設
　② 　内閣総理大臣の緊急災害対策本部長としての指示権の創設
　③ 　官邸非常参集システムの創設
　④ 　内閣官房危機管理チームの設置
　⑤ 　内閣情報室の設置
　⑥ 　災害情報システムの官邸集中制

(2) **即時・多角的情報収集と情報集中**
　① 　各情報収集機関の改善
　　ⅰ）通信施設の多重化（無線、有線施設の増強）
　　ⅱ）航空機、ヘリコプター利用の情報収集
　　ⅲ）TV映像システムの採用
　　ⅳ）衛星通信の利用

② 情報共有システムの改善
　ⅰ）中央防災無線の整備強化
　ⅱ）地方団体の防災行政無線と中央防災無線の連結
　ⅲ）初動体制官庁以外の通信ネットの利用
　ⅳ）官邸への情報集中
(3) 迅速活動の確保
　① 情報システムの迅速化
　② 災害要員宿舎の確保
　③ 市町村長の要請による自衛隊の災害派遣制度の創設
　④ 自衛隊の自主派遣の基準明確化
　⑤ 緊急通行車両の通行確保
(4) 広域集中体制
　① 広域緊急援助隊の創設（警察）
　② 広域消防援助隊の創設（消防）
　③ 自衛隊の出動要件の緩和
　④ 自衛隊の飛行機、ヘリコプターによる情報収集

　以上の抜本的改善は主として従来の経験則をもとに実施してきた行政技術的改善手法により行われ、今後の大震災に対してその効果を発揮することとなると判断されるが、こうした改善をもってしても緊急防災活動としての救命・救助活動は場所とその対象人数が概数としての把握が早ければ早い程好ましいことから、GIS を利用した被害予測手法である DIS の導入が図られ、行政技術的手法に加え科学的予測手法を採用することによって格段と初動体制が整うこととなった。
　さらにこの DIS は初動にとって必要ばかりでなく、DIS で予測される被害予測はそのまま現在の市街地の木造密集市街地などの一定地域に早期に防災のための市街地の再生を図るべきことを示唆することとなり、その被災の程度、概略を数量的に示すことにより、それらの地域の危険度の順位をつけることができ、それを基に従来進捗がはかどってこなかった木造密集市街地の再生への理論的説明に基礎を与えることが明らかとなったといえる。

第2章　スペア都市計画論
（緊急時暫定利用目的）

第1節　阪神・淡路大震災で直面した課題

　近代国家として首都東京を大火から守り、西欧各国の首都と比較しても劣らないものを作るべきという試みは明治5年の銀座、京橋、築地の大火後に銀座煉瓦街の構築をスタートさせ、その後明治21年の東京市区改正条例という勅令の制定に発展し、これが大正8年の旧都市計画法の制定につながり、ここにわが国の近代的都市計画制度が法律制度として確立したのである[1]。

　わが国の都市計画を論ずるにあたって避けられないのが、木造市街地であることからする防火都市及び地震多発国であることからくる防災都市を目指さざるを得ないことが桎梏でもあり、また大きな特徴でもあることが認識しておく必要がある。

　それはとりもなおさず、大正12年9月1日におきた関東大震災によって首都東京市の約半分が焼失するという、地震・火災に脆弱な木造市街地の欠陥をさらけ出してしまったことでも証明され、特別都市計画法を制定して広幅員の街路を骨格に防災遮断帯とした整然たる街路を区画整理方式で作る一方、都市の重要部分を防火地域として耐火建築物の建築を義務づけ都市の防災機能を高めることを実施し、さらにわが国が軍国主義化していき戦時体制に移行するに従って旧都市計画法第1条に「防空」[2]が追加されるに至る。

　第2次大戦によって被災した都市の復興も同様の手法により戦災復興土地区画整理事業を核として類焼防止効果の高い広幅員道路及び消火活動を容易にする整然と区画された道路と防火地域、準防火地域を重ね合わせることによって都市の防災効果を高める努力が続けられてきた。

　都市計画は、恒久的計画であるとされる。旧都市計画法では「都市計画ト称スルハ重要施設ノ計画……」と規定され、永久の施設計画と解されてきた[3]。し

（1）　台健『明治期の都市計画』（リファレンス昭和62年11月）
（2）　旧都市計画法第1条「本法ニ於テ都市計画ト称スルハ交通、衛生、保安、防空、経済等ニ関シ永久ニ公共ノ安寧ヲ維持シ又ハ福利ヲ増進する為ノ重要施設ノ計画ニシテ市若ハ主務大臣ノ指定スル町村ノ区域内ニ於テ又ハ其ノ区域外ニ亙リ執行スヘキモノヲ謂フ」

第2章　スペア都市計画論

たがって都市計画が決定されると、その土地が収用されたり土地開発や建築が禁止されたり規制されたりされるのである。

その概念は、昭和43年に制定された現在の都市計画法にも継承されている。すなわち、都市計画は概念的には都市計画を新たに定める時は、その都市計画が道路や公園等の施設であろうが、市街化区域及び市街化調整区域であろうが、用途地域などの地域地区であろうが、決定する時点においては当該都市において最善のものであり、永久にあるいはかなり長期にわたって存続すべきであるという前提の下に土地所有者などの関係権利者に権利収用や権利規制という公用負担を課するものである[4]。したがってその土地を暫定的、一時的に利用したり、規制したりするためには都市計画は定められないこととされる。

しかし、地震・大火などの災害が起きると多数の罹災者が発生する。また台風、集中豪雨や火山の噴火等によっても一時的に避難を余儀なくされる住民が発生する。こうした暫定的、一時的利用の必要性を満たす行政需要に対して、都市計画は無関心であっていいのかという疑問が生じてくる。

昭和36年の災害対策基本法を契機にして避難所が各都市で指定されるようになり、さらに東海大震災の可能性の議論が高まるにつれ、地震災害を中心にして避難場所が設定され、緊急時にそこへ避難できるように地方自治体が広報や道路の沿道への避難場所を明示した地図の看板等で周知するようにされてきている。これらの避難所がほとんど公民館、学校、公園等の公的施設が指定されている。避難所の場合は、一定期間避難者が災害が落ち着くまでの間、休息、仮泊するため利用されることが多いため、既設の公的建築物で常時使用していないものが指定されてきた。指定されたのは、公民館、学校、体育館等の通常は都市計画を定めない施設であることが多いため、都市計画との関連で議論の対象として表面化してこなかった。

しかし、近時の都市化を受けて特に大都市においては既成市街地の建築密度が稠密となり、大災害がおきた時に避難所の数が不足する問題、更に罹災者を収容する仮設住宅の用地の問題、及び大量に発生するがれきの処理・処分の問題が発生することとなる。さらに被災者の恒久住宅である復興住宅の用地の確保の問題にも対処しなければならなくなる。今回の阪神・淡路大震災はまさにこの問題に直面したのである。

（3）　飯沼一省『都市の理念』（都市計画協会内都市計画法制定50年・新法施行記念事業委員会）p. 61
　　　池田宏『都市計画法制概論』pp. 31〜32、73〜74
（4）　当該都市計画が決定された後、事情が変更するなど特別の事情がある時は、当該都市計画を変更すること（廃止を含めて）は可能である。（都市計画法21条1項）

今回の神戸市の場合、臨海部にポートアイランドや六甲アイランド、六甲山の北側には西神ニュータウンをはじめとするニュータウンが造成途上であり、これらの用地確保には事なきを得たのだが、これをビルトアップが完全に終わった既成大都市についてあてはめてみると都市計画として真剣な検討が必要となってくる。

その意味で今回の神戸市における避難所、仮設住宅用地およびがれき処理・処分用地の防災行政作用として実施された経過とその結果について検証をしておくことはきわめて重要である。

第2節　避　難　所

阪神・淡路大震災における、神戸市の人的及び建築物被害の状況は次のとおりであった[5]。

人	死　者	4,569人
	行方不明者	2〃
	負傷者	14,679〃
建物	全　壊	61,800棟（住家のみ）
	半　壊	51,125〃
	全　焼	6,965〃
	半　焼	80〃

神戸市では震災前から地域防災計画において市域全域で市立学校271校を含めた市立施設の304カ所、国立、県立の学校を中心とした施設15カ所、私立学校等の民間施設46カ所、合計365カ所を避難所として指定してあった[6]。

しかし、現実には指定された避難所では被災者の収容が不可能であり、指定されていなかった幼稚園、保育所、児童館等の公益施設、公民館、集会所等の会館、病院等の医療施設、公園、市等の施設、神社仏閣等利用しうる施設が総動員される形で避難所として利用されることになる。

表2－2－1　指定避難所以外の避難所の分類

	公益施設	会館等	医療関係	公園等	市等施設	神社・寺等	その他民間施設等	計
箇所数	115	40	10	38	138	27	80	448
割合（％）	26%	9%	2%	8%	31%	6%	18%	100%

（神戸市資料より作成）

（5）『阪神・淡路大震災神戸復興誌』（平成12年1月）神戸市 p. 10
（6）「神戸市地域防災計画」（平成6年度）pp. 208〜218、279〜291

第2章　スペア都市計画論

　大震災当日の1月17日には497カ所の避難所に202,043人が、ピーク時の1月24日には589カ所の避難所に236,899人が避難した（避難所の最大は1月26日の599カ所を数えた）[7][8]。

1　避難所の系譜と神戸市の実態

　台風などの来襲等による河川の氾濫の恐れがある場合や、崖崩れの起こりそうな場合、一時的に付近の住民を避難させる必要があること、また地震等の災害が発生して住宅が被災し利用できなかった場合にも同様に他所への避難が必要となることはかなり昔から経験則に基づいて実施されてきたことである。しかしながらその沿革、詳細な論述されたものを見つけ出すのは困難である。防災対策としての行政作用としてとらえてみても、これが臨時的、暫定的、一時的である性格も手伝い、さらには実際に市町村レベルの行政に任せていることもあり国の制度論的議論としてはやや看過されてきたといってよい。

　戦後わが国の本格的災害対策制度を確立させた昭和36年の災害対策基本法制定の過程において、政府案によらず与党案が立案されることとなり、自由民主党の災害基本法制定準備小委員会（野田卯一委員長）がまとめた「災害基本法の構想」（昭35.9.8）において現行の災害関係法規において不備のある箇所は、必要があれば基本法の中に書き込むべきとする事項を26項目列挙しているが、その一つに「市町村別の災害時避難計画の樹立（水害・風害・地震・大火・津波等の災害別に避難計画を未然に確立しておき、これに伴う諸施設の整備計画を確立するとともに、その実施を奨励する。――ことに道路及び学校等の避難場所の設定）」が記述されている[9]。

　ここに記述されている「避難場所」の文言は結果的には法定されず、法第42条第2項において市町村地域防災計画において避難の計画を定めることとする旨が以下のように規定されるにとどまる。

「法第42条
　第1項　（略）
　第2項　市町村地域防災計画には、次の各号に掲げる事項について定めるものとする。
　　第一号　（略）
　　第二号　当該市町村の地域に係る防災施設の新設又は改良

（7）『阪神・淡路大震災神戸復興誌』（平成12年1月）神戸市　図表5-2-1（p.94）
（8）『阪神・淡路大震災神戸復興誌』（平成12年1月）神戸市　図表5-2（p.95）
（9）野田卯一『災害対策基本法－沿革と解説』㈳全国防災協会　p.59

第2節 避難所

　　防災のための調査研究、教育及び訓練その他の災害予防、情報の収集及び伝達、
　災害に関する予報又は警報の発令及び伝達、避難、消火、水防、救難、救助、衛生
　その他の災害応急対策並びに災害復興に関する事項別の計画」（下線筆者）

　したがって、震災前に定められていた「防災基本計画」においては防災業務計
画および地域防災計画において重点をおくべき事項の一つとして、避難に関する
事項が定められ[(10)]、これを受けて「自治省・消防庁防災業務計画」においては避
難地等についてその整備を促進するよう指導するという記述にとどめている[(11)]。
「神戸市地域防災計画」において避難者収容計画として365カ所の収容避難所が定
められ[(12)]、同じく「神戸市地域防災計画地震対策編」においては広域避難場所
（指定予定）と19カ所の広域避難場所（整備計画）が定められていた[(13)]。

　そして「避難者収容計画」は、災害により居住の場所を失った者、又は被害を
うけるおそれがある者を収容避難所に一時的に収容し、保護するための計画とさ
れ、地震発生時は地震対策編の広域避難場所を併用することとされている。

　また収容避難所は、災害が発生した場合に区長はただちに必要箇所の収容避難
所を開設すべきとされ、その収容避難所は原則として公立小中学校の建物を使用
することとし[(14)]、あらかじめ指定された収容避難所は表2－2－2のとおりで
ある。

　ただこの収容避難所の開設期間は一般基準としては災害が発生した日から7日
間[(15)]ときめられている。これは風水害を念頭においているものと思料され、台風
の接近と被災のおそれ、実際の被災、その後の天候の回復、さらには学校施設の
長期使用が学校教育に与える影響等を考慮して定められた。したがって、阪神・
淡路大震災の如く大都市で罹災人口の多かった地震災害においてはこの計画の妥
当性に疑問を投げかけることとなるが、この一般基準により難い特別の事情が
あるときは、その都度厚生大臣に協議し、特別基準を設定することができるとさ
れ、大幅に延長されている[(16)]。

　一方において地震災害について昭和53年の大規模地震対策特別措置法の制定に

---

(10)　「防災基本計画」（昭和46年5月修正版）第6章第2節イ
(11)　「自治省・消防庁防災業務計画」（昭和55年10月）第4章第4(1)および(4)
(12)　「神戸市地域防災計画」（平成6年度）第3章第15節　pp. 208～218
(13)　「神戸市地域防災計画地震対策編」（平成6年度）第2章第4節　pp. 37～39
(14)　「災害救助法による救助の程度、方法及び期間並びに実費弁償について」（昭和40年5
　　月）厚生事務次官通達　第1.1.(1)イ
(15)　「災害救助法による救助の程度、方法及び期間並びに実費弁償について」（昭和40年5
　　月）　第1.1.(1)エ
(16)　「災害救助法による救助の程度、方法及び期間並びに実費弁償について」（昭和40年5
　　月）　第1.本文但書

第2章　スペア都市計画論

表2－2－2　収容避難所一覧

区別＼種別	市立の施設		国・県立学校等公立の施設	私立学校等私立の施設	合　計
	学　校	学校以外の施設			
	箇所	箇所	箇所	箇所	箇所
東　灘　区	26	2	4	5	37
灘　　　区	17	1	3		21
中　央　区	21	2		1	24
兵　庫　区	21	2	1	2	26
北　　　区	50	9	2	27	88
長　田　区	24	3	1	1	29
須　磨　区	35	8	1	6	50
垂　水　区	36	2	2	3	43
西　　　区	42	3	1	1	47
計	272	32	15	46	365

（神戸市資料より作成）

よって東海地震の危険が議論されるようになってから広域避難地・避難路の整備が全国的にクローズアップされるようになり神戸市の地域防災計画においても地震対策編を新たに作成し、その中で表2－2－3の如く広域避難場所と避難路を指定するのである。

2　避難所の定義

1で述べたことを整理すると次のようになる。
① 避難所としての明確な定義がなされていないこと。
② 避難所としての指定基準も明示されていないこと。
③ 避難所と特に地震に際しての避難地との役割が不明確であること。

こうしたことになった理由は、避難に係る防災行政作用は一時的であること、期間も長期にわたらないこと、従来の災害の経験から大きな社会的問題を引き起こすには至らなかったこと——特に大都市における人口過密市街地において発生する大量避難者の発生についての予見と知見を欠いていたことが挙げられよう。

（i）災害対策基本法、防災基本計画、防災業務計画、地域防災計画においても避難所の定義・指定基準を明示しているものは見つけられない。それは今回の震災の前と後を問わない。換言すると市町村防災計画において当該市町村の避難計画担当部局において黙示的に指定を委ねているに過ぎないと言える。このことは東京都などの他の地方自治体においても同様といえる。ただ、東京都は都市防災リストとして避難地の一類型として避難所の規模、基準などを定めているが（表2－2－4）、ここにいう避難所は本書でいう避難所とは性格を異にしている。

避難所として公立の小学校、中学校、高校、大学をほとんど網羅的に指定して

第2節　避　難　所

表2－2－3　広域避難場所計画の概要

○　広域避難場所（指定予定）

	避難場所	所在地	避難場所 全面積（ヘクタール）	避難有効 面積（ヘクタール）	最大収容 人数（千人）
1	瀬戸公園	東灘区	12	7	70
2	王　子	灘　区	19	8	80
3	御　崎	兵庫区	12	3	30
4	鵯越墓園	北　区	220	45	450
5	海浜公園	須磨区	31	16	160
6	離　宮	須磨区	134	15	150
7	舞子墓園	垂水区	65	36	360
	合　　計		493	130	1,300

＊最大収容人数：1人当りの避難有効面積　1㎡

○　広域避難場所（整備計画）

	避難場所	所在地	避難場所整備 計画面積（ヘクタール）
8	本　庄	東灘区	25
9	本　山	東灘区	20
10	渦ヶ森	東灘区	20
11	六甲台	灘区	47
12	三　宮	中央区	89
13	神戸駅・大倉山	中央区	67
14	夢野・会下山	兵庫区・長田区	26
15	兵　庫	兵庫区・長田区	31
16	鷹　取	須磨区	29
17	塩屋山手	垂水区	19
18	明石舞子	垂水区	30
19	鈴蘭台	北　区	14
	合　　計		417

（出典：「神戸市地域防災計画　地震対策編」（平成6年度）神戸市防災会議 p.39）

いることから付近の市民が以前から通学し、行事に参加して慣れ親しんでいる公共の施設で非常時に収容するスペースのある場所（建物）を指定したということにとどまっていたと考えられる。特に民間の施設を指定するということは一般的に行政作用を民間施設に及ぼすことに対しては法令の根拠が必要とされたり、費用負担の問題を生じたりするため避けることにも、この問題のロジカルな組み立てを妨げてきた理由の1つといえる。

第2章 スペア都市計画論

表2-2-4 都市防災施設リスト

	規 模	配置基準	構成施設	機能性	備 考
【避難路】					
・地域避難路				歩行者専用路	
・避難道路	15m	避難場所までの距離3km以上の地区	両側不燃化促進	避難の安全性確保	・地域防災計画、震災予防計画（総務局）
・主要避難路	30～50m		両側高層不燃化 片側歩行者、自転車専用道（10m）		
・特別避難路	20m以上	避難地までの距離2km以上の地区	両側不燃化 消火水利 避難者用安全施設	一般車両の通行禁止 避難の安全性確保	・大都市震災対策施設整備計画（建設省）「災害防止帯」
・複数避難路	5～10m	100～150m間隔で平行する道路	安全施設（学校等）をはさむ壁面線規制		
【避難地】					
・避難所（防災空地）	0.05ha以上	半径0.5km圏域	学校、公園、区役所出張所	避難時の家族、隣人の一時集合地、情報伝達	・地域防災計画、震災予防計画（総務局）・区市地域防災計画
・一次避難地（収容施設）	1ha程度	半径0.5km圏域	学校	一般避難者の一時集結、待避、情報伝達	・震災予防条例第22条「指定重要建築物」
・待避的空閑地	2～3ha	半径0.5km圏域	公園、緑地、広場、グランド、住宅団地、学校、官庁職員住宅、公益施設、寺社（周囲耐火建物）、駐車場、耐火建築群	一般避難者の中継所、情報伝達 避難障害物処理空間	・防災計画基本調査等（都市計画局）・震災予防条例第22条「指定重要建築物」
・中継避難地	2～3ha	10ha圏域	公園、緑地、広場、グランド、住宅団地、学校、官庁職員住宅、公益施設、寺社（周囲耐火建物）、駐車場、耐火建築群		・国土庁大都市圏整備局・大都市震災対策施設整備計画（建設省）
・地区拠点	2～3ha	10ha圏域	〃	社会的弱者の最終避難地 救急、消防、警備等要員待機	・防災計画基本調査等（都市計画局）・地域防災計画、震災予防計画（総務局）
・指定避難地					
・広域避難地	25ha以上（10ha以上）	2～4km以内	公園、緑地、広場、河川敷、耐火造住宅団地、学校、グランド、消防水利、備蓄倉庫、防災器材	救援復旧活動の拠点 延焼防止 地震発生後3時間以降の安全性の確保	・大都市震災対策施設整備計画（建設省）・防災計画基本調査等（都市計画局）・地域防災計画、震災予防計画（総務局）

第 2 節　避　難　所

	規　模	配置基準	構成施設	機 能 性	備　考
・防災拠点 ・連坦拠点	50〜100ha 50ha 以上	1〜2 km 以内 〃	耐火建築物群と大規模空地	避難者の数日間の生命維持	・防災計画基本調査等 　　（都市計画局） ・地域防災計画、震災予防計画 　　（総務局）

（出典：「都市防災施設基本計画—防災生活圏の京成—」（昭和56年）東京都都市計画局 pp. 39〜40）

(ⅱ)　また、地震対策編に規定される広域避難地と避難所との関係も、概念的に整理されているとは言い難い。昭和53年に制定された大規模地震対策特別措置法により、内閣総理大臣が指定した地震防災対策強化地域については中央防災会議が地震防災基本計画を作成しなければならないこととされるが、その中の地震防災強化計画において避難地・避難路の整備を図るべきことを作成することとされる[17]。さらに、防災業務計画及び地域防災計画においても避難地・避難路の整備に関する事項を定めなければならないことを規定する[18][19]。

しかし大規模地震対策特別措置法において避難地については明確な定義は置いていなく、同令第 2 条第 1 号で主務大臣の定める基準に適合するものを規定するにとどめる。まして広域避難地についても明確に規定されたものはない。

また防災基本計画においては、「避難地」という概念は使用していない。すなわち、大震災以前の防災基本計画において、防災業務計画および地域防災計画において重点をおくべき事項として、

「避難（小、中学校の児童、生徒の集団避難を含む。）に関する事項
　避難の指示、警告、伝達、誘導及び収容並びに緊急輸送のための組織、方法等に関する計画」[20]（下線筆者）

とのみ定めている。震災後の防災基本計画においても、その震災対策編において避難収容活動として 1 節を設けているが、避難収容活動の対象施設として避難場所を定め、発災時に必要に応じ開設することにしているが、避難場所についての明確な定義づけはしていない[21]。

---

(17)　大規模地震対策特別措置法 3 条 1 項、5 条 1 項および 2 項　同法施行令 2 条 1 号イ、ロ
(18)　同法 6 条 1 項 2 号
(19)　平成 7 年 6 月に制定された地震防災対策特別措置法は、地震防災緊急事業五箇年計画を作成し、避難地・避難路もその対称としている（同法 2 条、3 条）。
(20)　「防災基本計画」（昭和38年 6 月）第 6 章第 2 節二
(21)　「防災基本計画」（平成 7 年 7 月）第 2 編震災対策編第 2 章第 5 節

第2章　スペア都市計画論

「避難地」の考え方は大正12年の関東大震災における経験則に拠るところが多い。すなわち関東大震災時は、地震における建物倒壊に直接起因するよりも火災による死者が多かったこと、とくに一時避難をしていた被服廠を延焼の輻射熱がおおい、多数の焼死者を出した経験から広い空地の避難場所の重要性が認識され、被災者を被災地に近い場所へまず避難させ、延焼の状況によっては広い空地の避難地を定めておき、そこへ誘導するという考え方に基づくものである。

すなわち、一次避難地[22]と広域避難地という二段階避難の計画に被災地からこれらの避難地へ安全に移動できるよう避難路を加えて防災性能を高めるよう整備しようとしてきたのである。とくにこの考え方は関東大震災を経験し、東海地震が間近に迫ってくるという認識を強く持った静岡県によって推進され、昭和52年7月に東海地震対策の「避難地・幹線避難路の計画指針」を作成、昭和63年にはこれを全面的に改定して東海地震対策「避難計画策定指針」とし、現在は平成13年7月に改正されたものが使用されている。

これによると地震が発生した場合、避難がおこりうるケースを津波、山・崖崩れ、延焼火災の3つに分け、要避難地区を地質、地盤、地形、木造家屋密集度、人口密度、危険度の分布等からみて定め、その要避難地区から3つのケースに分けて避難地へ、あるいは避難所へという地域ごとにより異なる避難形態を定めることとしている（図2－2－1）。

そしてとくに大規模な地震の発生により市街地大火が予想される地域については一時避難地、広域避難地を確保することとし、広域避難地までは2km以内

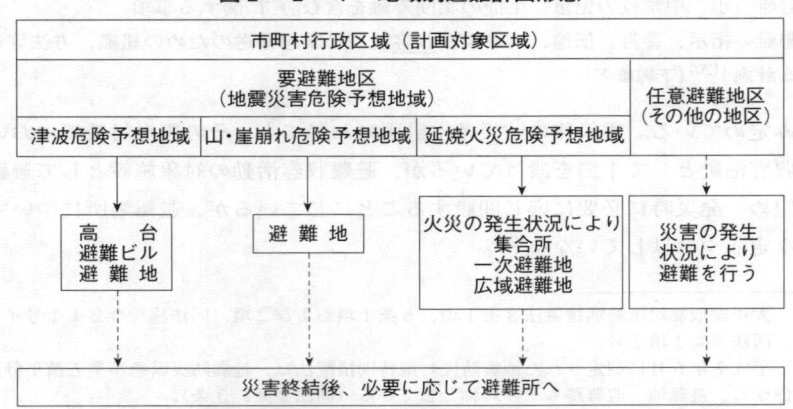

図2－2－1　地域別避難計画形態

市町村行政区域（計画対象区域）			
要避難地区（地震災害危険予想地域）			任意避難地区（その他の地区）
津波危険予想地域	山・崖崩れ危険予想地域	延焼火災危険予想地域	
高台　避難ビル　避難地	避難地	火災の発生状況により　集合所　一次避難地　広域避難地	災害の発生状況により避難を行う
災害終結後、必要に応じて避難所へ			

（出典：東海地震対策「避難計画策定指針」5. 地域による避難形態　昭和63年8月（平成13年7月改定）静岡県）

（徒歩で1時間以内）で到達できるようにすること、避難者1人あたりの必要面積を概ね2㎡とすることを定め、広域避難地に到達するまでの間に延焼の拡大の危険に応じ避難の中継地点としての避難者が1km以内で到達できる一次避難地を設けることとしている。

そして、避難のパターンを図2－2－2の如くに規定する。

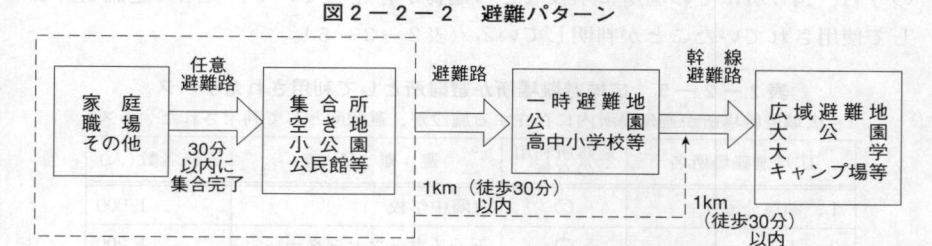

図2－2－2　避難パターン

```
┌─────────┐  任意    ┌─────────┐         ┌─────────┐  幹 線   ┌─────────┐
│ 家 庭   │ 避難路   │ 集合所  │ 避難路  │一時避難地│ 避難路   │広域避難地│
│ 職 場   │─────→│ 空き地  │─────→│ 公  園  │─────→│大 公 園 │
│ その他  │ 30分     │ 小公園  │         │高中小学校等│       │大   学  │
│         │ 以内に   │ 公民館等│         │         │         │キャンプ場等│
└─────────┘ 集合完了 └─────────┘         └─────────┘         └─────────┘
                                     1km（徒歩30分）       1km
                                         以内            （徒歩30分）
                                                            以内
```

（出典：東海地震対策「避難計画策定指針」5. 地域による避難形態　昭和63年8月（平成13年7月改定）静岡県）

神戸市地域防災計画地震対策編においては、広域避難場所の指定基準が明示されているが、ここでは避難場所として指定されるべき即地的面積基準のみ示され、その指定に必要な避難者の積算根拠は明示されていない。

○広域避難場所選定基準
(1)　面積　10ヘクタール以上
(2)　空地又は耐火建築物の敷地で構成される土地で、非耐火建築物の建築面積が原則として2％以下のもの
(3)　避難人口1人当り面積は1㎡以上

避難地の指定にあたっては、避難地が避難者にとって十分安全であるような広さがあり、周辺からの延焼や建造物の倒壊などによる被害を受けるおそれがないこと等の避難地そのものの即地的属性を定めるべきは当然としても、その広さを確定するに足る想定避難者の根拠も重要である。木造家屋の密集度、老朽建築物の多少、人口密度等に基づく積算が重視されなければならない。

東京都の例でいうと、人口密度①150／ha以上、②非耐火建築物建ぺい率20％以上、③沖積層の上に市街地が形成されていることの3条件のうち2条件を該当する地区を延焼火災危険予想地域の選定基準としているが、それによって避難者数がいくらになるかについては基準が示されていない。

避難地と避難所の相互の関係について調べてみると、東京都の場合は住居が破

---

(22)　東京都では一次避難地という。

壊された場合は避難所へと明示され、避難所必要面積の算定基準も即地的なものについては明示されてはいるが、避難地との相互関係については明らかにされていない。

神戸市について検証してみると、「神戸市地域防災計画地震対策編」において両者の関係を明確に規定してはいないが、広域避難場所として指定された19カ所のうち、14カ所はその場所に学校などの建物が存在していて、実際の避難場所として使用されていたことが判明している（表2－2－5）。

表2－2－5　広域避難場所が避難所として利用されたケース
（＝広域避難場所が避難場所内に存在する施設が、避難所として利用されたケース）

広域避難場所名	避難所利用の有無	避　難　所　名	避難者数(人)
1．瀬戸公園	○	魚崎中学校	1,000
2．王子	○	王子スポーツセンター	1,200
3．御崎	○	地下鉄御崎公園事務所	100
4．鵯越墓園	×		
5．海浜公園	○ ○	市立須磨海浜水族園 うず潮	50 120
6．離宮	○	須磨高校	600
7．舞子墓園	×		
8．本庄	○	本庄小学校 本庄中学校	1,000 1,000
9．本山	○	本山第二小学校 本山南中学校	300 1,500
10．渦ヶ森	○	神戸大学附属住吉小学校 渦が森小学校	360 360
11．六甲台	○	神戸大学	1,200
12．三宮	×		
13．神戸駅・大倉山	○	楠中学校 湊川多聞小学校	500 650
14．夢野・会下山	○	夢野小学校	300
15．兵庫	×		
16．鷹取	×		
17．塩屋山手	○	塩屋中学校	45
18．明石舞子	○	舞子中学校	120
19．鈴蘭台	○	南五葉小学校	21

（神戸市資料）

このように避難所と避難地の定義はその両者の相互関係についてはあいまいのままにされてきたのであるが、これはその沿革によって一方では災害救助法による国の補助が支給される収容施設として頻発した台風被害のために必要性が高く、使用されてきた避難所と、大規模な地震の発生のおそれが、あるいは実際に発生した際、被災住民を一時的にあるいは広域的に延焼のおそれがある場合その被害から避難させるため避難地がそれぞれの目的に沿って制度化され、運用され、避難所は臨時的に避難者を収容して仮泊できる建物を前提にし、避難地は避難者の一定期間の滞留地としての一定規模以上の広さのあるオープンスペースを前提としているものの、例えば運動場などの広い空地のある学校では避難地としても使用できるということから即地的には避難所でもあり避難地でもありということから新しい防災基本計画においても避難所と避難地の双方を含めていると解されているばかりでなく、応急仮設住宅をも避難場所として位置づけていることは、理論的には1つの方向を示す整理がなされたと認めるべきである。しかしこの点はさらに今後の検討・研究が必要とされる分野でもある。

3　阪神・淡路大震災の避難の実態

阪神・淡路大震災における実態を検証してみることとする。神戸市における避難者数、箇所数の推移は図2－2－3のとおりである。

また避難所、待機所、応急仮設住宅の推移を表2－2－6に示す。

大震災によって被災した人の避難生活の推移は、この表によって明らかにされているが、防災基本計画にいう「避難場所」のカテゴリーに避難所と応急仮設住宅を含めていることは正しい判断といえることを証明している。避難所も仮設住宅も恒久的な住宅への橋渡しを果たす臨時、応急的なものであって、そうした観点からこれに関する防災行政作用を考えると、緊急避難的な一時しのぎの場の避難所から恒久住宅へ、恒久住宅への移行が困難な被災者に対しては二次的な避難施設である応急仮設住宅の建設を促進して、避難所に比して多少生活実感を具有する臨時的住宅への避難をし、恒久住宅への建設の促進や自力建設への支援によって円滑に被災者の生活再建と安定を図るという行政作用である。

1月17日の震災直後20万を超えた避難所の避難者も自宅周辺の延焼のおそれが少なくなるとか[23]、余震の回数[24]が減るとかいった物理的危険度の減少に伴う

---
(23)　火災は17日から26日まで175件発生（『阪神・淡路大震災－神戸市の記録1995年－』（平成8年1月）阪神・淡路大震災神戸市災害対策本部 p. 32）
(24)　余震は1月17日から26日迄で116回（『阪神・淡路大震災－神戸市の記録1995年－』（平成8年1月）阪神・淡路大震災神戸市災害対策本部 p. 15）

第2章 スペア都市計画論

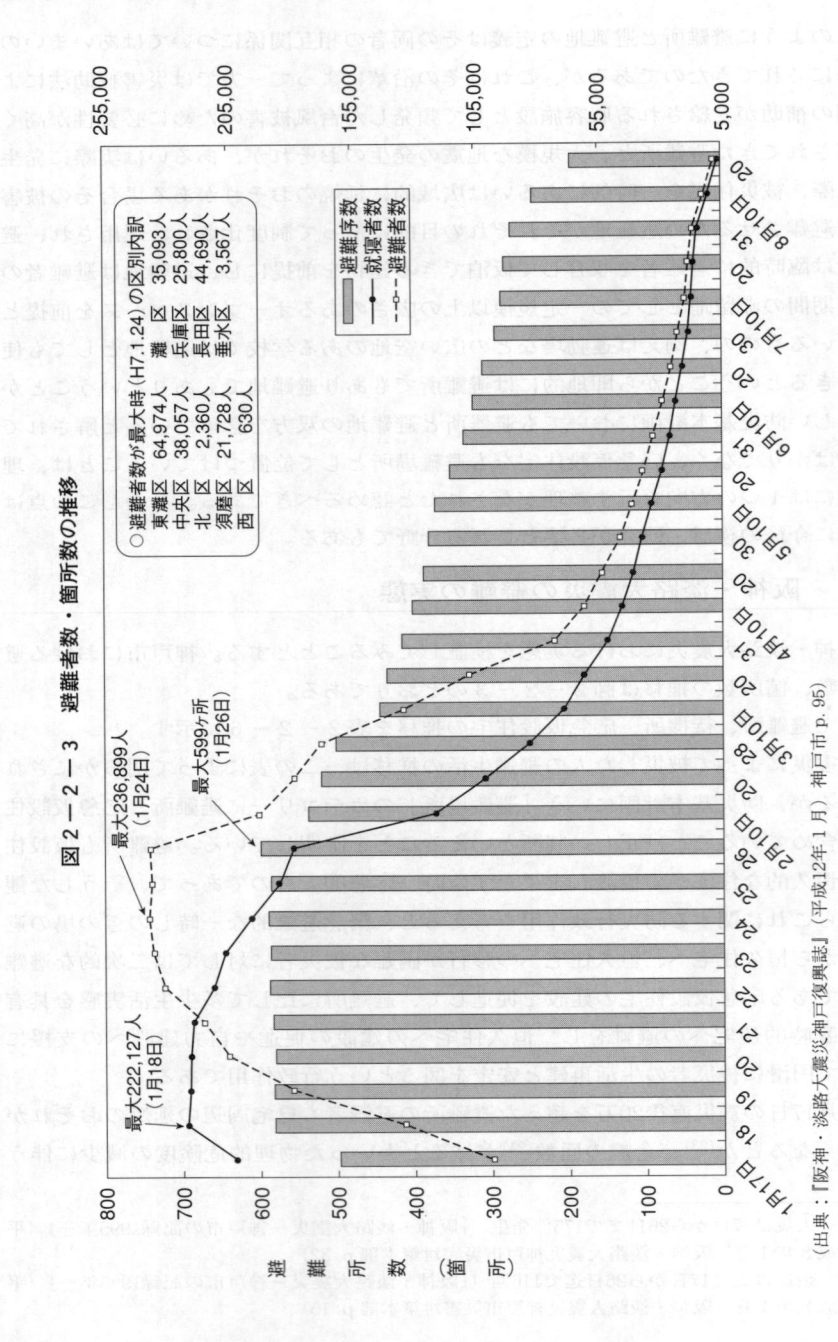

図2−2−3 避難者数・箇所数の推移

○避難者数が最大時（H7.1.24）の区別内訳
東灘区 64,974人　灘区 35,093人
中央区 38,057人　兵庫区 25,800人
北区 2,360人　長田区 44,690人
須磨区 21,728人　垂水区 3,567人
西区 630人

最大236,899人（1月24日）
最大599ヶ所（1月26日）
最大222,127人（1月18日）

凡例：
■ 避難所数
―●― 避難者数
―□― 就寝者数

（出典：『阪神・淡路大震災神戸復興誌』（平成12年1月）神戸市 p.95）

160

第2節 避難所

表2－2－6　避難所・待機所・応急仮設住宅の推移

年月日	避難所 箇所	避難所 人員	待機所 箇所	待機所 人員	応急仮設住宅 管理戸数	応急仮設住宅 入居世帯数	備考
H 7. 1.17	497	202,043	—	—			
H 7. 1.18	582	222,127	—	—			
H 7. 1.末	565	155,261	—	—			
H 7. 2.末	502	83,606	—	—	1,120		
H 7. 3.末	416	51,261	—	—	15,392		
H 7. 6.末	294	18,858	—	—	23,918		
H 7. 8.20	196	6,672	—	—	32,346		避難所廃止
H 7. 8.21	157	4,221	※ 10	594	32,346		待機所設置(旧避難所に変更)
H 7.12.末	37	580	7	280	32,346	30,526	
H 8. 3.末	24	356	6	139	32,346	—	
H 8. 6.末	18	287	5	97	32,346	28,520	
H 9. 3.末	12	155	5	43	32,327	24,174	待機所廃止(旧避難所等に統一)
H 9. 4. 1	17箇所	186人	91世帯		32,327	24,174	
H 9. 9.末	12箇所	145人	71世帯		32,283	19,583	
H10. 3.末	8箇所	102人	54世帯		32,033	15,895	
H10. 9.末	7箇所	82人	41世帯		31,585	8,077	
H10.12.末	6箇所	67人	31世帯		30,087	5,304	旧待機所解消(12.17)
H11. 3.末	6箇所	47人	18世帯		27,453	3,548	
H11. 6.末	6箇所	31人	11世帯		25,956	543	
H11. 9.末	1箇所	2人	1世帯		16,441	84	

＊待機所は12ヵ所設置したが、当初は10ヶ所を使用開始（H 7.11.13～12ヵ所を使用）
（出典：『阪神・淡路大震災神戸復興誌』（平成12年1月）神戸市 p.94）

もののほか、損壊、火災を免れた住家の耐震診断によってその安全が確認されたり、縁戚、知人、友人への転居、市域内外の公的住宅への転居などによって徐々にその数が減少していったが、基本的には精力的な応急仮設住宅の建設によってその戸数が増加するに比例して減少し、管理戸数が3万戸を超す頃には1万人を切り、8月には避難所が廃止され、その時点で居所の定まらない被災者が自立、または仮設住宅等に入居するまでの間、暫定的に生活する場として待機所を設け、学校などの避難所の避難の受け皿とすることが実施に移されたが、実際にはその移行は必ずしもうまくいかず避難所と待機所が併設する体制が、平成11年9月末まで続き、最終的には被災者に対する公的住宅への大巾減額家賃制度が実施されるまで続いた[25]。このことは、臨時的な施設として位置づけられた避難所は、学校であれ、公園であれ、他の公共的施設であれ、本来の使用目的があるものを暫定的に利用するものであるが故に、その利用期間が短期であることを前提に指

---

(25)　『神戸復興誌』（平成12年1月、神戸市）pp. 309～313、「阪神・淡路大震災神戸復興誌 Vol. 2」第4章復興協議会（平成11年3月）総理府　阪神・淡路復興対策本部事務局　pp. 407～412

定されるのであるが、暫定的とはいえその利用の廃止に至る迄には他の防災行政作用の重畳的実施が必要となることを今回の実例はあきらかにしたといえる。それは、(1)学校活動等の本来的活動の再開への理解の深化、(2)待機所等の二次的代替施設の提案と説得、(3)応急仮設住宅の不足なき早期建設、(4)被災者用公営住宅の被災前支払家賃相当額への特別家賃減免措置の実施等の複数の行政作用による相乗的な効果がリスクマネジメントとして必要であったことを証明したものといえる。

以上、3までのことを要約すると以下のとおりである。

4　避難所の指定のあり方

（1）広域避難地の効用の適否

阪神・淡路大震災においては指定されていた広域避難地としての目的達成度は低かった。これは次の3つの理由に求められる。

① 今回の地震被害の多かった中心市街地は戦災復興土地区画整理事業や埋立事業によって広幅員街路および防火遮断効果のある諸街路が碁盤目状に整備されていたり、公園、学校のグランド等の空地が焼け止まり要因の6割を占め、延焼の拡大が食い止められたこと[26]

② 防火地域の指定が進み、不燃化が進展していたこと[27]

③ フェーン現象などの強風等の自然的条件が延焼による大火を引き起こす条件になかったこと

被災者は建物の倒壊、損傷、余震による倒壊のおそれから空地を主体とする避難地よりも寝泊まり出来る避難所へと殺到した結果となったといえる。

したがって、避難地および避難場所の相関関係は次のように定義づけ、その性格を明確にして防災行政作用として一般住民に周知することが適当であることが明らかになった。

イ．防火遮断効果の高い街路網計画が既成し、防火地域の指定により耐火建築物が相当程度ある地域では[28]、避難地よりも避難所の方が防災行政作用としての効果が高い。

ロ．イ．以外の地域[29]、特に道路密度が低く防火遮断効果の大きい広幅員街路で囲まれている範囲が極めて広い住宅地域などでは、避難地および避難所

---

(26) 「兵庫県南部地震における神戸市内の市街地火災調査報告（速報）」（平成7年3月）自治省消防研究所　p. 64
(27) 中心市街地の防火地域率
(28) 東京を例にとると例えば都心三区
(29) 東京を例にとると例えば杉並、世田谷などの住宅地

（2） 避難所の指定、利用状況

従来避難所については、はっきりした指定基準が存在していなかったことは前述のとおりであるが、阪神・淡路大震災においては避難所が大きな問題としてクローズアップされた。それはこの震災が大都市の人口密集地を直撃したため、被災者の数が最近の災害の中でもきわめて甚大であり、地震災害としても関東大震災に次ぐ被害規模であり、人口の都市集中、特に大都市への人口集中が進むなかで、延焼の規模が関東大震災に比して小さいにも拘わらず、被害が大きかったことが注目されたからである。

その意味では今回の震災は、従来十分な検討も可能でなかったため指定されていた避難所の指定基準、特にその必要箇所数、必要面積等についての大まかな根拠を提供する結果を招来したと考えることができる。

(a) 総　　括

被災中心部6区、周辺部3区毎の避難所、ピーク時避難者、人口当りの避難率、住宅被害率とそれに対する避難率等を表にしたが、表2－2－7、表2－2－8であり、これを基に検証することとする。表2－2－7は中心部5区、表2－2－8では中心部須磨区と周辺地域3区と2つに分けて表を作ってあるが、それは次の理由に基づく。

①　周辺地域の垂水、北及び西の3区は基本的に六甲山系の北に位置しているため、地震による影響が少なく、住宅被害については調査データがないためその数は不明であるが、ピーク時避難者数は垂水区が3,097人、北区が2,063人、西区が630人と中心部の各区と桁違いに少ないこと。

②　中心部の須磨区は、六甲山系の南側の旧市街地と北側の新市街地から成っている点、他の5区が六甲山系南側のみに位置しているのと異なり、ピーク時避難者数は20,414人と多いのであるが、全住宅数と住宅被害数のデータが旧市街地部のみしか調査されていないことから、他のデータが全区としているため、1戸あたり居住者数が他の五区は平均2.7人であるのに、須磨区は7.58人と不正確な数字になること、人口1人あたり避難率が被災の少なかった新市街地人口が多いため11％と他の5区の平均31％から著しく低いことを考慮すると、他の5区と一緒に分析するのが不適当と考えられること。

したがって以後の検証、分析は中心部5区に限定することとする。

(b) 避難所と避難者数

大震災前に指定されていた避難所が現実にいかに機能したかを検証するため、

第2章 スペア都市計画論

表2－2－7　中心五区避難所利用状況

記号	計算式		中心部					平均	σ
			東灘	灘	中央	兵庫	長田		
A		被災前避難所数	37	21	24	25	30	27.4	6.3
A′		うち 利用避難所数	34	19	18	19	25	23.0	6.7
A″		指定外避難所数	86	55	66	77	53	67.4	14.2
B	A′＋A″		120	74	84	96	78	90.4	18.5
	A/B		30.8%	28.4%	28.6%	26.0%	38.5%	30%	5%
C		ピーク時避難者数	65,859	34,158	38,405	25,605	46,405	42,086	15,263
D′		A′利用者数	33,900	21,750	21,523	16,315	32,790	25,256	7,708
D″		A″利用者数	31,959	12,408	16,882	9,290	13,615	16,831	8,883
	D″/C	不足率	49%	36%	44%	36%	29%	39%	7%
E		全住宅数	59,473	45,610	44,108	45,677	54,991	49,972	6,843
E′		うち木造	26,846	23,850	16,183	26,652	39,910	26,688	8,562
F		住家被害数	38,071	29,085	21,061	31,846	42,463	32,505	8,265
F′		うち木造	21,404	19,525	11,352	20,951	34,249	21,496	8,212
I		人口	191,716	124,538	111,195	117,558	129,978	134,997	32,490
	C/I	人口1人あたり避難率	34%	27%	35%	22%	36%	31%	6%
	I/E	1戸あたり居住者数	3.22	2.73	2.52	2.57	2.36	2.7	0.3

								平均	σ
J	A/I＊10000	人口1万人あたり被災前避難所数	1.9	1.7	2.2	2.1	2.3	2.0	0.2
K	B/I＊10000	人口1万人あたり総避難所数	6.3	5.9	7.6	8.2	6.0	6.8	1.0
	K/J	不足避難所数倍率	3.2	3.5	3.5	3.8	2.6	3.3	0.5
	A′/A	指定避難所アベイラビリティ	92%	90%	75%	76%	83%	83%	8%
	1－A′/A	ロス率	8%	10%	25%	24%	17%	17%	8%
L	D′/A′	平均利用者人数／利用避難所	997	1,145	1,196	859	1,312	1,102	177
M	D″/A″	平均利用者人数／指定外避難所	372	226	256	121	257	246	90
	M/L		37%	20%	21%	14%	20%	22%	9%
N	C/L	利用人数補正数 必要避難所数	66	30	32	30	35	38.6	15.5
O	N/I＊10000	同補正後 人口1万人あたり必要総避難所数	3.4	2.4	2.9	2.5	2.7	2.8	0.4
O′	O/(1－ロス率17%)		4.1	2.9	3.5	3.0	3.3	3.4	0.5
P	A″/I＊10000/(1－ロス率17%)		5.4	5.3	7.1	7.9	4.9	6.1	1.3

（神戸市資料より作成）

第2節 避難所

表2－2－8 周辺三区避難所利用状況

記号	計算式		須磨	周辺地域				
				垂水	北	西	平均	σ
A		被災前避難所数	50	43	88	46	59.0	25.2
A′		うち 利用避難所数	30	26	18	11	18.3	7.5
A″		指定外避難所数	37	13	7	5	8.3	4.2
B	A′+A″		67	39	25	16	26.7	11.6
	A/B		74.6%	110.3%	352.0%	287.5%	250%	125%
C		ピーク時避難者数	20,414	3,097	2,063	630		
D′		A′利用者数	14,163	2,929	1,504	463		
D″		A″利用者数	6,251	168	559	167	298.0	226.0
	D″/C	不足率	31%	5%	27%	27%	20%	12%
E		全住宅数	24,941					
E′		うち木造	17,788					
F		住家被害数	19,137					
F′		うち木造	15,078					
I		人口	188,949	237,735	201,530	217,166	218,810	18,158
	C/I	人口1人あたり避難率	11%	1%	1%	0%	1%	1%
	I/E	1戸あたり居住者数	7.58					

記号	計算式						平均	σ	全体 平均	σ
J	A/I*10000	人口1万人あたり被災前避難所数		1.8	4.4	2.1	2.8	1.4	2.3	0.9
K	B/I*10000	人口1万人あたり総避難所数		1.6	1.2	0.7	1.2	0.5	4.7	3.0
	K/J	不足避難所数倍率		0.9	0.3	0.3	0.5	0.3	2.3	1.5
	A′/A	指定避難所アベイラビリティ		60%	20%	24%	35%	22%	65%	28%
	1－A′/A	ロス率		40%	80%	76%	65%	22%	35%	28%
L	D′/A′	平均利用者人数／利用避難所		113	84	42	79	35	718	546
M	D″/A″	平均利用者人数／指定外避難所		13	80	33	42	34	170	127
	M/L			11%	96%	79%	62%	45%	37%	32%
N	C/L	利用人数補正後 必要避難所数		27	25	15	22.4	6.6	32.5	14.8
O	N/I*10000	同補正後 人口1万人あたり必要総避難所		1.2	1.2	0.7	1.0	0.3	2.1	1.0

（神戸市資料より作成）

実際の避難者がどういう避難をしたかを各区別に調べる必要がある。さらに被災の程度によっても調査すること必要である。

まず被災避難所数は、最大が東灘区の37カ所、最小が灘区の21カ所、平均して27.4カ所あったが、倒壊などにより利用できたのは平均23.0カ所であった（表2－2－7 A、A'）。

指定避難所の利用状況についてみると、その利用率は100％とはいえなかった。

一方、避難者はピーク時中心部においては、東灘区が最大で65,859人、最小の長田区でも25,605人、平均42,086人にのぼった（表2－2－7 C）。

その利用率は平均83％であるが（表2－2－7 K）、これは避難所自体が被災したため利用できなくなったので、ロス率として逆算すると平均17％（表2－2－7 K）となる。このロス率は指定避難所を指定するにあたっての考慮事項とされねばならない。

この避難者の収容にあたって被災前に指定されていた避難所では到底対応できず、新たに避難所として指定された避難所は、当初指定避難所の2倍以上に達し、最大が東灘区の86カ所、最小が長田区の53カ所、平均67.4カ所にのぼった。（表2－2－7 A"）各区毎の避難所総数に対する指定避難所数の割合は平均で30％であった（表2－2－7 B）。

そして、指定避難所に収容しきれず、指定外避難所に収容された避難者に対する当該区避難者の割合（不足率）は、東灘区で49％、中央区で44％、灘区、兵庫区で36％、長田区で29％という状況だった（表2－2－7 D"）。

(c) 人口と避難所

この避難者と人口との相関関係を次に検証してみると、（表2－2－7 I）に示す各区毎の平成7年1月17日現在の人口に対する人口1人当たり避難率は36％から22％の間に分布し、平均31％とほぼ一定水準を示し（表2－2－7 I）、人口1万人当たり被災前避難所数は平均2.0（表2－2－7 J）、人口1万人当たり総避難所数の平均6.8、不足避難所数倍率も平均3.3（表2－2－7 K）と一定となっていることは、今後の避難所指定基準に一定の尺度を提供するものと捉えることができる。

なお、指定避難所と指定外利用避難所のそれぞれの利用人数を調査すると、指定避難者平均利用数は最大1,312人から最小859人、平均1,102人、指定外避難所利用者数は最大372人、最小121人、平均246人と指定外避難所が被災後緊急に利用することとなったため、避難所の規模が大きくなく一避難所当たりの収容人数（利用可能人数）が当然のことながら少なく、その比率は平均22％にとどまっていることを示している（表2－2－7 L、M）。

第 2 節　避　難　所

いずれにしても神戸市の避難所の指定は少なかったことが明らかになったので、そこで人口1万人当たりの必要避難所数を計算してみることとする。

【ケース1】

指定避難所の平均利用人数を避難所の収容人員とする東灘区で66、灘区、中央区、兵庫区、長田区で30〜35カ所が必要とされ（表2－2－7 N）、人口1万人当たりは3.4〜2.4カ所（表2－2－7 O）、これにアベイラビリティー（ロス率の逆算）を乗ずると必要避難所数は平均3.4カ所と指定時の平均2.0に比し1.7倍の避難所が必要であったことが明らかになる。

【ケース2】

指定避難所を従前の数とし、収容規模を指定外避難所の収容規模（平均250人程度）とするケース。この場合、人口1万人当たり6.1カ所が必要とされる（表2－2－7 P）。

(d)　住宅倒壊率と避難所

表2－2－9をもとに住宅の被災率、木造住宅被災率と避難者の相関関係を調べてみると下表のようになる。

表2－2－9　中心五区被災率と避難者の相関関係

	東灘	灘	中央	兵庫	長田	平均	σ
木造率	45%	52%	37%	58%	73%	53%	14%
被災木造率	56%	67%	54%	66%	81%	65%	11%
住家被災率（全住宅）	64%	64%	48%	70%	77%	64%	11%
木造被災率	80%	82%	70%	79%	86%	79%	6%
人口1人あたり避難率	0.34	0.27	0.35	0.22	0.36	0.31	0.06
人口1万人あたり必要避難所数	3.45	2.40	2.89	2.54	2.72	2.80	0.41

相関係数

木造率 VS 木造被災率（α）	0.85	強い正の相関
木造率 VS 住家被災率（β）	0.94	強い正の相関
木造率 VS 避難率（γ）	−0.12	無相関
木造率 VS 必要避難所数（δ）	−0.41	弱い負の相関

　　木　　造　　率＝木造住宅数／全住宅数
　　被　災　木　造　率＝被災木造住宅数／被災住宅数
　　住家被災率(全住宅)＝被災住宅数／全住宅数
　　木　造　被　災　率＝被災木造住宅数／木造住宅数

（神戸市資料より作成）

木造被災率と木造率および住家被災率と木造率に強い相関が認められ、
① 木造住宅の多い（木造率が高い）地域では、木造住宅1戸あたりの被災率が高いという結果であり、木造住宅が集中している地域ほど、高い割合で木造住宅が被災している（α）、および木造住宅の多い地域では、住宅全体の被災率も上がっている（β）ことを示している。
② 木造率と避難率との関係は無相関であり、意外であるが、木造住宅が多いからといって避難者数が増えているわけではないことを示している（γ）。
③ 木造率と必要避難所数は弱い負の相関を示しており、これは木造率の高い地域ほど、必要な避難所数が少ないということである。

(e) 避 難 圏

大地震が発生し、建築物の倒壊、火災発生のおそれ等によって避難を余儀なくされる場合、避難すべき避難所についても次のような要件が充足することが要求される。

イ．避難者が日常生活のなかで通学したり、父兄としてその場所に行ったことがある等、避難所の位置を熟知し慣れ親しんでいること、さらには避難所として指定されていることが周知されていること。
ロ．避難所自体が、地震・火災に対して安全であること。
ハ．避難所への経路が安全であること。
二．避難所への到達が容易であること。

このうち、二．については実際にどのくらいが適切であるかについては理論的に説明することは困難であるが、今回の大震災のような実例の検証ができれば、それが現実の避難圏として想定する有力な根拠とすることができる。

神戸市が平成7年3月10日に全避難所について調査を行ったが、そのなかに避難距離についてのデータがある[30]。

それによると、被災した市民は被災前住所と同一の区内に90％以上の割合で避難していた。ただし地震による被害の大きかった兵庫区と長田区などでは、被災者を収容できる施設が少ないこともあって、他区への移動が見られ、区内への避難の割合が、兵庫区で87.2％、長田区で86.9％であった。

さらに市は平成7年5月10日から16日にかけて、366ヶ所の避難所14,036世帯について「避難所個別面談調査」を実施したが、その中で被災時住所と避難場所の関係について、被災時の住所と現在の避難場所は同一区内がほとんであるが、中央区では兵庫区から、須磨区では長田区からの避難者が10％〜20％程度見られ、

---

(30) 『阪神・淡路大震災－神戸市の記録1995年－』（平成8年1月）阪神・淡路大震災神戸市災害対策本部 pp. 214〜215

北区は「しあわせの村」の施設が障害者の2次避難所となっており、西区とともに他の区の避難者のみとなっている、という調査結果となっている。

すなわち、避難者の避難所選択志向は同一区内という従前居住地から近い所を強く求めていることがはっきりする。表2－2－8の被災地から遠い周辺地域の垂水区、北区、西区のピーク時避難者がそれぞれ3,097人、2,063人、630人、合計5,790人でトータルのピーク時避難者236,899人のわずか0.24％に過ぎないことはそれをまた実証しているといえる。

避難所は避難する人の居住地の近く、少なくとも同一区に存することが強く求められていることがデータ的に判明したといえる。

しからば、どれくらいの近さの所にあることがふさわしいかという問題となるが、これについては、平成7年3月に市の実施した調査に基づいて灘区の9つの避難所について、避難者の避難距離や避難圏についての横田隆司の研究[31]がある。それによると、ある避難所に避難している者の90％が含まれる最小半径の90％避難圏を求めたのが表2－2－10である。この調査は避難所に関して主として社会学的見地からの詳細な調査と分析を行っているものであり、避難所の指定に関しては問題意識として正面に取り扱っているわけではないが、避難所を指定するにあたって重要な結果を明らかにしている。すなわち概念的には従来から認識されていた被災者が緊急時に避難する場所は、居住地から程遠くない距離の所を選好することを定量的に示しているからである。

避難所の大半は小学、中学校であり、このことは避難者は日頃から運動会、PTA等で慣れ親しんでいる学校を選好するという心理的安心感によって支えられ

表2－2－10　各避難所における避難世帯の90％避難圏

避難所名	90％避難圏域／m
福住小学校	600－　700
稗田小学校	500－　600
摩耶小学校	600－　700
青陽東養護学校	600－　700
神戸高校	1,700－1,500
王子スポーツセンター	1,800－1,900
西灘保育所　　　　　　　 岩屋地域福祉センター 岩屋北公園	200－　300

(出典：注(31) p.74)

(31) 横田隆司「灘区における避難圏」柏原士郎・上野敦・森田孝夫編著『阪神・淡路大震災における避難所の研究』1998年1月　大阪大学出版会 pp.67～78

ていると推測され、このことを考慮するに緊急時の妥当避難距離は500－700mであるということができる。

（3） 避難所の指定基準

避難所の指定状況、利用状況から明らかにされたことは、

① 建築物の被害が大きかった地域においてはあらかじめ指定されていた避難所が著しく不足したこと（中心部五区では避難所数で平均70％、避難者数で平均40％不足した結果となっている）

② 建築物の被害が少なかった地域においては逆に利用されない指定避難所がかなり存在したこと（周辺三区での利用率は、避難所数で平均31％にとどまっている）

③ 避難所としての指定又は利用に際し重要なのは避難圏域の概念（特に自宅との距離）が大切であること

④ したがって周辺三区においても指定避難所で利用されていないものがあるにも拘らず、あらかじめ指定されていなかったもので避難所として利用されたものが平均して3割もあったこと

このことから避難所の指定基準を考える際に重要なメルクマールを与えてくれているといえる。

すなわち都市計画サイドでも住区の中心的施設である小・中学校を事前に指定しておくという基本原則は当然としても、被災程度の少ない地域では利用されないことも考慮しつつ、被災程度が甚だしく避難者数があらかじめ指定された避難所では収容しきれない場合には、地方公共団体が発災後避難所として利用されることが適当と考える施設を予備的に決めておくことが必要となってくる。

その場合の考えられる施設としては、表2－2－1の分類表に示された施設が考えられるが、避難所として利用するにはその利用施設の管理者の承諾を受けておく必要があるので、市民交流センター、まちづくり会館などの市の施設、国立・県立の大学・高校、私立の高校・大学などの公的施設を優先し、地域のコミュニティー集会所、民間の利用可能な施設を指定し、また体育施設などの広い室内のある施設を選定しておくことが効果的といえる。

さらに一歩進んで、地域によっては最大限の避難者数をも収容できるように予め想定避難者数に対応できる避難所数を指定しておくことも選択肢の1つとすることも可能である。

第3節 仮 設 住 宅

1　仮設住宅の意義

　災害救助法は、昭和22年10月に制定された。それまでは災害後の被災者への避難所、食料、被服、治療などの経費を都道府県ごとに基金を設けて支出したが、昭和21年の南海大地震では、インフレも手伝い基金でまかないきれず、一般会計や国庫補助でまかなったばかりでなく、府県によっても基準がまちまちだったことから、都道府県ごとに災害救助基金を設け、その支出額に応じ国が最高9割まで補助することとし、被災者の救助に万全を期そうとしたのである。

　災害救助法第23条で救助の対象を以下の8つに定めた。
　(1)　収容施設の供与
　(2)　炊き出しその他の食品の供与
　(3)　被服、寝具その他生活必需品の供与又は貸与
　(4)　医療及び助産
　(5)　生業に必要な資金、機具または資料の給与または貸与
　(6)　学用品の給与
　(7)　埋葬
　(8)　前各号に規程するもののほか、命令で定めるもの

　その後、昭和28年の改定により救助対象範囲が拡大し、第23条(1)の収容施設の中、応急仮設住宅が含まれることがカッコ書で追加された。これが正確な意味での仮設住宅制度の始まりである。

　応急仮設住宅は、
　①　住家が全壊、全焼又は流出した者
　②　居住する住家がない者
　③　自らの資力をもってしては、住宅を確保することができない者
に供与することとされている[32]。

　この時の厚生事務次官通達において、応急仮設住宅は自らの資力で住宅が確保できない世帯を対象とし、設置戸数を全壊世帯の三割以内とする基準が示されており、これは現在でも踏襲されている[33]。

---
(32)　「災害救助の実務－平成8年度版」厚生省社会援護局保護課 pp. 86～87
(33)　「生活復興の理論と実践」（中川和之『生活支援の政策展開』）㈶神戸都市問題研究所
　　　pp. 26～31

仮設住宅は、「簡単な住宅」[34]とされている。それは「住宅」ということから第1に避難所とは区別される。避難所は実際には寝泊りは可能であるものの居室はなく、住戸でない建物を利用しているのにすぎないのに比し、仮設住宅にあっては居室（寝室）があり、同一戸内又は長屋建の場合は同一棟内に浴室、洗面所、トイレを具有している。その意味では、関東大震災で被災者に対し、東京府、東京市、警視庁建築課が芝公園、上野公園、靖国神社境内等14カ所にバラックを17万戸[35]建設したが、そのバラックは、居室とトイレから成り「住宅」の範疇に入ることから、大規模組織的な仮設住宅建設の嚆矢といえる[36]。

第2に「住宅」は生活の場であることから、居住環境の程度が一時的、臨時的な簡単なものであっても一般社会通念に照らして必要なものを具備する必要が生じてくる。そしてこの一般社会通念は、社会の発展に伴って変化するものであるから、エアコンの設置、防音工事の施工等と共に屋外の防犯灯、道路の簡易舗装、排水工事等の付帯的なものから、大きな団地についてはふれあいセンターのようなコミュニティー施設等も住環境のなかに含めて考えるようになってきた。そして、仮設住宅生活が長期になるにしたがって、より「被災直後の避難生活から復興後の恒久生活に移行するまでの期間に、被災地内又は至近な場所にとどまり、そこで地域の生活を継続して行うための必要施設がワンセット整えられ、復興までの地域生活が一体的に支えられる市街地」とする仮設市街地[37]の研究が文部科学省の「大都市大震災軽減化特別プロジェクト」として平成14年度から18年度まで進められている。

仮設市街地の問題は今後の検討に委ねるとして従来から実施してきた仮設住宅と大都市大震災の相関関係について述べる。

2　神戸市内の仮設住宅建設の経過

阪神・淡路大震災における神戸市内に建設された応急仮設住宅建設の経過を整理しておくと次のとおりである[38]（表2－3－1参照）。

---

(34)　「災害救助の実務－平成8年度版」厚生省社会援護局保護課 p. 86。立法当初は、「小屋掛け程度のごく簡単な住宅」とされていた。
(35)　住宅以外に診療所、傷病者収容所の建物数を含む。
(36)　『仮設市街地の事例と必要性の研究』（2003. 4）仮設市街地研究会・㈱首都圏総合計画研究所 pp. 6～8
(37)　同上 p. 3
(38)　『阪神・淡路大震災復興誌』総理府　阪神・淡路復興対策本部事務局、『阪神・淡路大震災神戸復興誌』神戸市、『阪神・淡路大震災－神戸市の記録－』平成8年1月神戸市、『阪神・淡路大震災神戸生活再建の記録』神戸市生活再建本部、『阪神・淡路大震災記録誌』神戸市住宅局より作成

第 3 節　仮 設 住 宅

平成7年1月17日	地震発生
	市長　住宅局に市内公園21箇所に仮設住宅を建設することを指示
1月18日	政府の兵庫県南部地震対策本部第2回会合で、重点17方針の一つとして「避難所の設置、応急仮設住宅の建設、既存公営住宅等の空家の活用を進めること」が決定
1月19日	県　災害救助に関する包括事務規則を改正して、市町村長に委任していた仮設住宅の建設事務を知事権限に戻す。これにより、
	県：設計・発注業務 ┐
	市：用地選定、建設調整、入居管理業 ┘ を実施することとされる。
1月19日	第1次発注（1,103戸）
1月20日	同着工
1月25日	第2次発注（5,546戸）
1月29日	市、県に35,000戸の建設要請
	（市内25,000戸、市外10,000戸）
2月1日	第3次発注（3,578戸）
2月9日	第4次発注（4,556戸）
2月25日	第5次発注（2,419戸）
3月3日	第6次発注（2,355戸）
3月10日	避難所実態調査
3月27日	第7次発注（897戸）
5月31日	第8次発注（6,281戸）
6月27日	第10次発表（2,533戸）
8月11日	市内発注分（29,178戸）の全てが完成

　政府としては厖大な被災者の居住回復は民生安定上も極めて重要であることから、そのシナリオを図2－3－1のように描いた。

3　仮設住宅必要数の算定の条件

　阪神・淡路大震災の仮設住宅の建設の経過から特に明らかになった点は、
　1）緊急にかつ大量に建設すべきこと
　2）戸数が必要にして十分であること
　3）迅速な用地の確保が重要であること
　4）高齢者、障害者への配慮、居住条件の確保が必要であること
である。
　震災当日、既に避難者は20万人を超えたことから、市はただちに仮設住宅の建設用地として公園21カ所を決定し、発注作業にとりかかったし、県も事態の重大

第 2 章　スペア都市計画論

表 2 － 3 － 1　応急仮設住宅の建設経緯

年度	発注次数	発注日	1Kタイプ	2Kタイプ	地　域　型	合計発注戸数
平成6年度	1次	H7.1.19	—	1,013戸	—	1,013戸
	2次	H7.1.25	—	5,546戸	—	5,546戸
	3次	H7.2.1	—	3,578戸	—	3,578戸
	4次	H7.2.9	—	4,556戸	—	4,556戸
	5次	H7.2.25	—	1,607戸	812戸	2,419戸
	6次	H7.3.3	—	2,355戸	—	2,355戸
	7次	H7.3.27	—	595戸	302戸	897戸
平成7年度	8次	H7.5.31	5,270戸	625戸	386戸	6,281戸
	9次	—	—	—	—	市内発注分なし
	10次	H7.6.27	1,649戸	380戸	504戸	2,533戸
総　　　計			6,919戸	20,255戸	2,004戸	29,178戸

（出典：『阪神・淡路大震災神戸の生活再建・5年の記録』（2000年3月）神戸市生活再建本部 p.53）

図 2 － 3 － 1　避難住民の居住回復に関するシナリオ

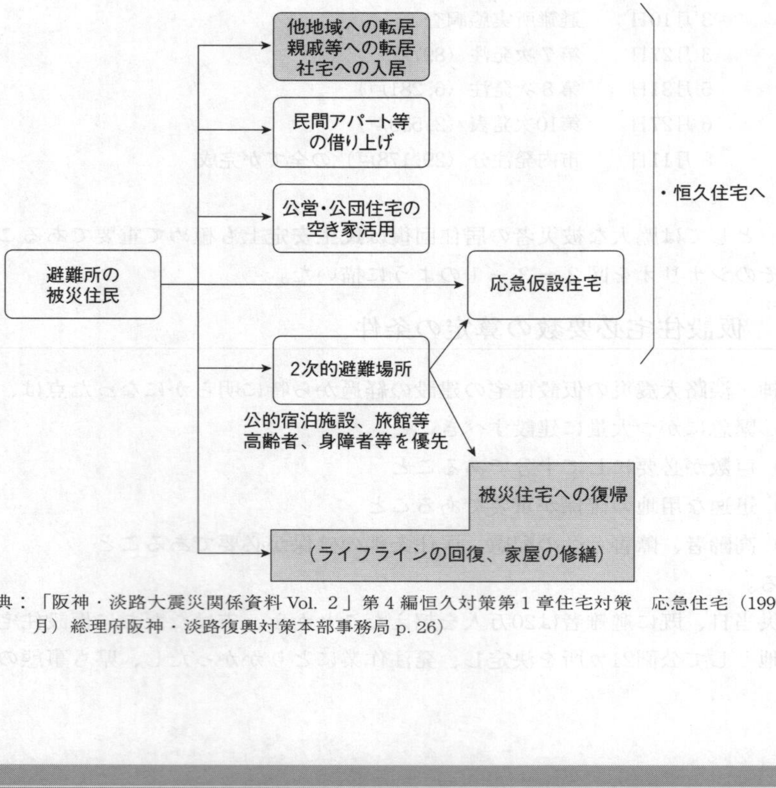

```
                         ┌──────────────┐
                    ┌───→│他地域への転居    │
                    │    │親戚等への転居    │
                    │    │社宅への入居     │
                    │    └──────────────┘
                    │    ┌──────────────┐
                    ├───→│民間アパート等     │
                    │    │の借り上げ       │
                    │    └──────────────┘
                    │    ┌──────────────┐
                    ├───→│公営・公団住宅の   │
┌─────────┐        │    │空き家活用       │           ・恒久住宅へ
│避難所の  │────────┤    └──────────────┘     ┌──────────┐
│被災住民  │        │                          →│応急仮設住宅│
└─────────┘        │                            └──────────┘
                    │    ┌──────────────┐
                    └───→│2次的避難場所    │
                         └──────────────┘
                         公的宿泊施設、旅館等
                         高齢者、身障者等を優先
                                              ┌──────────────┐
                                              │被災住宅への復帰│
                                              └──────────────┘
                                              （ライフラインの回復、家屋の修繕）
```

（出典：「阪神・淡路大震災関係資料 Vol. 2」第 4 編恒久対策第 1 章住宅対策　応急住宅（1999年3月）総理府阪神・淡路復興対策本部事務局 p.26）

第 3 節　仮設住宅

さから従来市町村長に委任していた仮設住宅建設の業務を県で行うべきことを決定、国もこれに機動的に対応したのである。

　被災当初の避難者の数が相当数あったことから推測しても、仮設住宅の戸数は相当数必要であること、避難所での避難生活の長期化が予想され、それを早期に解消するためにも応急仮設住宅の建設は急を要する。このための資材の確保、用地の確保等も緊急に対処する必要に迫られる。資材の確保を含め、大量にかつ早急に仮設住宅の建設を進めていくために、建設省は1月18日建設大臣がプレハブ応急仮設住宅を供給する企業の業界団体である、㈳プレハブ建築協会に対し迅速な供給等の対応を要請し[39]、仮設住宅用部材が大阪から神戸へ輸送するのに1月20日には12時間かかったことから海上自衛隊による輸送の検討もされた[40]。

　このように避難所生活から仮設住宅への入居を早期に実現するための工期の短縮については関係者の努力によって結果的にきわめて効果的に実施された[41]。

　問題は、必要な仮設住宅の建設戸数の確定である。避難所への収容は一次的救助であるのに比し、仮設収容への入居は二次的救助とされる。すなわち、避難所への一次的救助が直接被災者の生存に関するものであり、最も緊急を要し貧富の別なく平等に実施されるのに比し、二次的救助である仮設住宅への設置は、その緊急の度合において自分の資力では住宅を確保することができない者のみを対象とし、この住宅は恒久住宅はもちろん、仮設住宅程度のものも確保することができない者をいうとされる[42]。したがってその算定は避難者と必要避難所の想定より困難を伴う。自力で住宅を回復できる者、親族、知己の力を借りながら住宅を確保しうる者のほか、公的住宅への入居等といった社会的要因によってその数は増減することとなる。

　また、行政当局としても緊急に応急住宅を建設する責務があることから、その確実な数字を把握し確定したいが、被災者としては被災当日からしばらくの間は自らの生活破壊のショックから立ち直り、住宅の再建などに気がまわらない状況が続くことから、現実の動きはまず確定した計画ありきでなく、できるところから進めてくという積み上げ方式が被災後しばらくの期間までの成り行きであったといえる。

---

[39]　「阪神・淡路大震災関係資料 Vol. 2」第 4 編恒久対策第 1 章住宅対策、応急住宅 p. 3 (1999年3月)　総理府　阪神・淡路復興対策本部事務局
[40]　「阪神・淡路大震災関係資料 Vol. 11」第 1 編特命室(1) 1 月分 pp. 32〜33 (1999年3月)　総理府　阪神・淡路復興対策本部事務局
[41]　「阪神・淡路大震災関係資料 Vol. 2」第 4 編恒久対策第 1 章住宅対策、応急住宅 pp. 12〜43、55〜59 (1999年3月)　総理府　阪神・淡路復興対策本部事務局
[42]　「災害救助の実務－平成 8 年版」厚生省社会援護局保護課 p. 86

第2章　スペア都市計画論

したがって、1月17日に既に神戸市は21カ所の公園で仮設住宅を建設するという発注作業にとりかかり、兵庫県も1月18日には県が建設主体となる決定をするなど迅速な行動が開始された。

4　公的住宅の一時使用

応急仮設住宅の建設が震災当日から動き出したとはいえ、完成し入居するまでには相当期間を要することから、公的住宅の空家を一時使用する案が進められた。

建設省は1月19日全国の都道府県に対し、今回の被災者の公営住宅への一時入居について、希望者には最大限の配慮をするよう通達を出した[43]。これにより2月1日迄に全国で約26,000戸の空家を確保する。

その確保戸数の主体別内訳は次のとおりである。

確保戸数の内訳[44]

公営住宅	約17,500戸
改良住宅	約　　700戸
公団住宅	約 5,100戸
公社住宅	約 1,700戸（労働省所管）
計	約26,200戸

このうち兵庫県および大阪府で確保した戸数と兵庫県被災者向けに割り振られた戸数は次表のとおりとされた[45]。

地　域	戸　数
全　国	約26,000
兵　庫　県	約 3,000 (約3,000)
大　阪　府	約 4,400 (約3,000)
計	約 7,400 (約6,000)

注）1. 戸数は、公営住宅、改良住宅、公団住宅、公社住宅、雇用促進住宅の合計である。
　　2. （　）内数は、兵庫県内被災者向けの戸数である。

---

(43) 『阪神・淡路大震災　神戸の生活再建・5年の記録』（2000年3月）神戸市生活再建本部 p. 44
(44) 「阪神・淡路大震災関係資料 Vol. 2」第4編第1章応急住宅　p. 3（1999年3月）総理府　阪神・淡路復興対策本部事務局
(45) 同上 p. 4

第3節　仮設住宅

　これを受け、兵庫県が1月23日都市住宅部住宅管理課内に一時入居対応用の専用電話10台設置して、被災者の問い合わせに応ずるとともに、1月26日には建設省の指導により大阪市内に全国の公営住宅への一時入居を斡旋する「被災者用公営住宅等斡旋支援センター」が設置され、公営住宅の提供に関する情報は全てここへ連絡すると希望する地域や、事業主体の住宅の戸数、問い合わせ先の情報が得られることとなった。
　これにより2月1日までに一時入居開始した戸数は次のとおりである。

入居開始戸数の内訳[46]

公営住宅	3,149戸
改良住宅	65戸
公団住宅	135戸
公社住宅	39戸
雇用促進住宅	208戸
計	3,596戸

注）神戸市ほか4市が募集・選考を行う物件については、
　1.　神戸市においては、現在募集中
　2.　川西、西宮、尼崎及び明石の4市においては、現在入居審査中。
　3.　各市とも弱者優先の選考方法を採用しており、審査のため入居決定に日時を要する。

　神戸市においては仮設住宅の募集に合わせて公営住宅の一時利用募集が行われ、最後の7月1日〜6日の募集も神戸市域外のものが対象とされた。被災者用一時使用住宅は仮設住宅として公営住宅を一時使用するもので、公営住宅の入居とは異なるものであるが、その戸数および募集状況は表2-3-2、表2-3-3のとおり。

表2-3-2　被災者用一時使用住宅の状況

	戸数
公的住宅 （一時使用空家住宅）	2,012
神戸市内	1,172
神戸市外	840

（出典：『阪神・淡路大震災神戸復興誌』（平成12年1月）神戸市 p. 157）

　別の資料でこの問題をあたってみると、全国にある公営・公団住宅等への一時入居状況を示した表2-3-4によると、全国津々浦々の公的住宅へ入居してい

---

[46] 「阪神・淡路大震災関係資料 Vol. 2」第4編恒久対策　第1章住宅対策応急住宅　p. 3（1999年3月）総理府　阪神・淡路復興対策本部事務局

表2－3－3　一時使用空家住宅の募集状況

募集期	市内					市外				合計
	公団	公社	県住	市住	計	公団	府営	市住	計	
1次	219	7	175	279	680	－	－	－	－	680
大阪	－	－	－	－	－	482	150	200	832	832
2次										
3次	－	－	156	239	395					395
4次	－	－	－	51	51					51
5次	46 (40)	－	－	－	46 (40)	8 (234)	－	－	8 (234)	54 (274)
合計	265 (40)	7	331	569	1,172 (40)	490 (234)	150	200	840 (234)	2,012 (274)

（　）内は再募集分で外数
(出典：『阪神・淡路大震災神戸復興誌』（平成12年1月）神戸市 p.157)

ることが分かる。この表では、前の表が仮設住宅として公営住宅を使用しているのと異なり、公営住宅、公団住宅としての入居であることが前提となっている。これによると、被災者は実家、親類等の近くに住居を移したことが読みとれ、このうち県外公営住宅へ被災後2年経過しても入居している世帯も表2－3－5のとおりでほぼ全県にわたっていることが判明している。

いずれにしてもこの公的住宅の一時使用を全国展開で即座に実行に移したリスクマネジメントとしての防災行政作用は効果的であり、今後の良い例を残したと評価し、位置づけることができる。

5　仮設住宅数の確定

必要仮設住宅戸数の算定はなかなか困難な作業である。震災時の混乱した状況下で自力再建が可能な資力の有無を調査することは不可能に近く、さらに資力がなくても公的住居への入居、民営借家への入居可能性等の変数を推定しなければならず、被災者の意向調査なども重要な決定要素となってくるからである。担当部局は試行錯誤を繰り返しながら、最終決定へと作業が進められていく。

1月19日の第1次発注1,013戸は全体計画が立っていたものでなく、とにかく急施を要するという判断に基づいていたし、第2次発注の5,546戸も県からの強い早期着工の要請によってなされたものであるが[47]、市は1月29日に県に対し（これは避難者の総数（神戸市内約20万人、77,000世帯）や倒壊家屋数等（同7万世帯）

---

(47)　当時の担当者の面談による。

第3節　仮設住宅

表2－3－4　公営・公団住宅等への一時入居関連資料

（平成7年4月2日現在）

都道府県等	受入可能戸数	受入戸数	入居決定個数	都道府県等	受入可能戸数	受入戸数	入居決定個数	備　考
大阪府	1,076	1,396	944	島根県	319	65	54	
京都府	322	1,092	320	岡山県	655	636	515	
奈良県	198	592	188	広島県	531	266	224	
滋賀県	207	418	178	山口県	554	139	76	
和歌山県	190	323	149	徳島県	142	207	107	
北海道	1,039	28	21	香川県	220	244	133	
青森県	655	0	0	愛媛県	258	95	95	
岩手県	491	5	5	高知県	150	67	55	
宮城県	457	38	16	福岡県	1,101	217	186	
秋田県	217	2	2	佐賀県	172	38	24	
山形県	151	5	4	長崎県	704	58	52	
福島県	360	26	25	熊本県	215	74	72	
茨城県	788	27	24	大分県	305	196	46	
栃木県	759	11	9	宮崎県	610	92	57	
群馬県	536	18	16	鹿児島県	1,415	163	118	
埼玉県	222	42	41	沖縄県	303	97	60	
千葉県	425	57	54	他都道府県計	※21,055	8,546	5,181	※21,055戸のうち1,069戸は、公社住宅
東京都	1,082	465	436					
神奈川県	614	493	223					
新潟県	453	8	8					
富山県	200	30	27	住都公団	※5,100	4,012	2,345	※5,100戸のうち2,172戸は、兵庫、大阪、京都、奈良に所在
石川県	233	69	39	雇用促進事業団	1,733	1,090	1,090	
福井県	147	30	28					
山梨県	211	13	11	公団等計	6,833	5,102	3,435	
長野県	543	49	28	兵庫県	1,098	3,363	730	
岐阜県	100	35	29	〃 市町営	690	645	638	
静岡県	583	66	60	公社	64	53	53	
愛知県	808	282	250	兵庫県計	1,852	4,061	1,421	
三重県	135	74	52					
鳥取県	199	198	120	合　計	29,740	17,709	10,037	

（出典：『蘇るまち、住まい』（平成9年3月）兵庫県都市住宅部 p.246）

表2−3−5　県外公営住宅への一時入居状況

（平成9年2月3日現在）

都道府県等	入居決定戸数	現在入居戸数	都道府県等	入居決定戸数	現在入居戸数
大　阪　府	1,195	31	島　根　県	81	0
京　都　府	351	1	岡　山　県	592	5
奈　良　県	206	1	広　島　県	266	3
滋　賀　県	181	5	山　口　県	97	0
和 歌 山 県	123	3	徳　島　県	123	0
北　海　道	41	1	香　川　県	174	36
岩　手　県	7	1	愛　媛　県	131	1
宮　城　県	19	0	高　知　県	76	4
秋　田　県	2	0	福　岡　県	243	1
山　形　県	6	0	佐　賀　県	39	1
福　島　県	33	0	長　崎　県	76	1
茨　城　県	31	1	熊　本　県	91	29
栃　木　県	14	0	大　分　県	77	2
群　馬　県	20	0	宮　崎　県	92	12
埼　玉　県	53	1	鹿 児 島 県	187	11
千　葉　県	56	0	沖　縄　県	89	4
東　京　都	394	0			
神 奈 川 県	210	0			
新　潟　県	14	1			
富　山　県	41	1			
石　川　県	57	0			
福　井　県	36	1			
山　梨　県	15	0			
長　野　県	38	0			
岐　阜　県	38	0			
静　岡　県	72	2			
愛　知　県	340	0			
三　重　県	68	0			
鳥　取　県	131	0	合　　　計	6,226	160

（出典：『蘇るまち、住まい』（平成9年3月）兵庫県都市住宅部 p.247）

第3節 仮設住宅

から）市内25,000戸、市外10,000戸、計35,000戸の建設を要請した[48]。

一方、仮設住宅建設権限を市町村から県とした兵庫県は、県全体の仮設住宅必要数を3万戸と推定した[49]。これは、1月22日に県下726ヵ所の避難所について避難所緊急パトロール隊による現地聞き取り調査を実施し、その結果、

(1) 調査対象者の7割が、全壊・半壊であり、そのうち9割が住宅提供を希望している。
(2) 県下全体の避難者総数約30万人、約10万世帯と推定され、その6割（(1)の7割×9割）の約6万戸を住宅必要戸数と想定。
(3) 公営・公社住宅の空き家、民間賃貸住宅への入居等15,000戸
   国、公団等 4,000戸
   他府県の公共・民間賃貸住宅 11,000戸
(4) 当面3万戸必要と推定

として1月31日に国に申請して決定をみた。これを受けて各市町では、順次募集を開始したが、神戸市内において第1次募集の1月27日から2月2日まで59,449世帯の申込みがあり、戸数がこれでいいか混乱は続く[50]。

兵庫県は①家が倒壊し、②居住する所がなく、③仮設住宅を希望する人には全て提供するという方針を打ち出し、兵庫県全体として2月9日現在の避難生活者数22万4千人に対し、ライフライン復旧等により住居へ帰れる者等を見込み、入居希望者数を約6割の14万人程度、必要戸数を約5万戸と推定し、これに対し公営住宅の空き家3万戸と仮設住宅4万戸で対処することとし[51]、仮設住宅1万戸の追加を要望し国も即日了承し、合計4万戸の建設が決定、そのうち神戸市分として県は23,054戸を配分して建設が進められたのである。

その後神戸市において5,600戸不足するという市長の要望を受けて知事は、4月24日に政府に要望したが[52]、その根拠は図2-3-2、表2-3-6のとおりである。

それは基本的には、仮設住宅の申し込み状況に基づくものであった。神戸市は、不足見込みを8,500戸として県に要望していたが、県から国への要望[53]にはその

---

(48) 『阪神・淡路大震災神戸の生活再建・5年の記録』（2000年3月）神戸市生活再建本部 p.47 『阪神・淡路大震災神戸復興誌』（平成12年1月）神戸市 p.141
(49) 『蘇るまち、住まい』（平成9年3月）兵庫県都市住宅部 p.43
(50) 『阪神・淡路大震災神戸の生活再建・5年の記録』（2000年3月）神戸市生活再建本部 p.47
(51) 「阪神・淡路大震災関係資料 Vol.2」第4編恒久対策第1章住宅対策応急住宅 p.86（1999年3月）阪神・淡路復興対策本部事務局
(52) 同上 p.85
(53) 同上 p.88

まま認められたわけではなかった。それは、仮設住宅の入居が決定しても入居しない者、入居後恒久的な住宅が確保できて退去する者等の数を確定することが困難な状況にあったことによるものである。しかもその誤差は、被災者の多かった神戸市が最も深刻であった。避難所生活者で今後新たに希望される者および避難所外の希望者については、5月下旬までに最終的な戸数を確定することを留保していたのである(54)。

そこで神戸市は5月9日から13日にかけて全避難所366箇所の全世帯14,036世

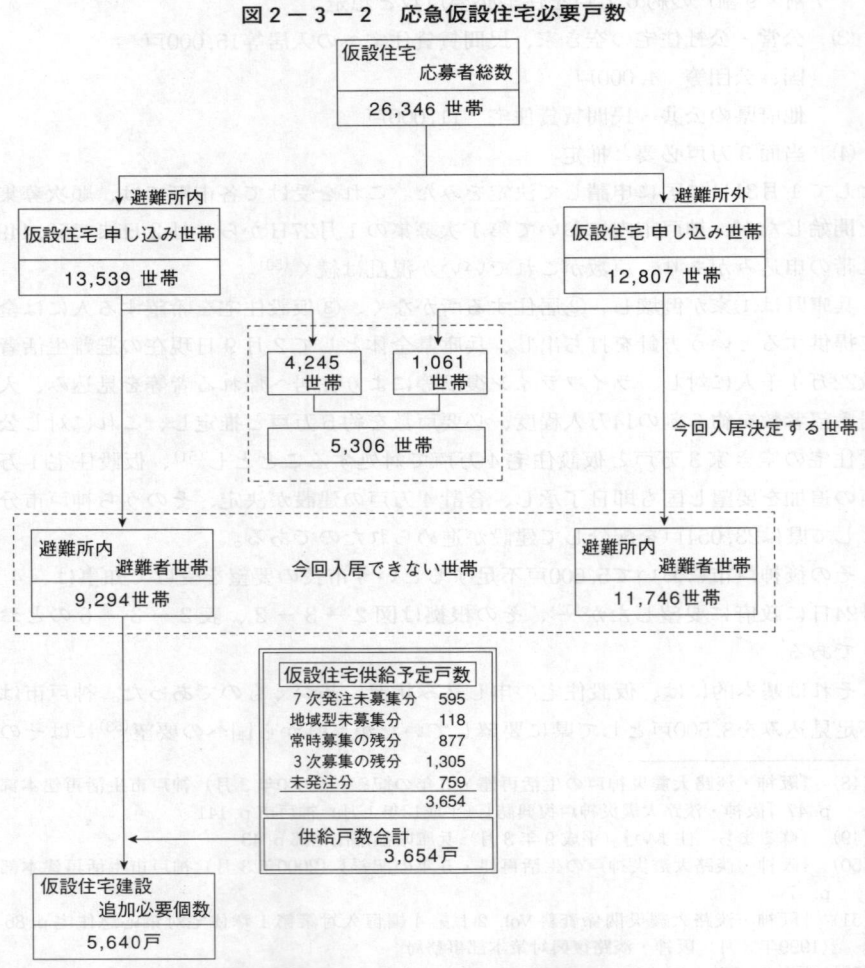

図2−3−2　応急仮設住宅必要戸数

```
                   仮設住宅
                  応募者総数
                  26,346 世帯
                      │
        ┌─────────────┴─────────────┐
       避難所内                    避難所外
   仮設住宅 申し込み世帯         仮設住宅 申し込み世帯
       13,539 世帯                  12,807 世帯
          │                             │
          │      ┌──────┬──────┐       │
          │      │4,245 │1,061 │       │
          │      │世帯  │世帯  │       │
          │      └──┬───┴──┬───┘       │
          │         └──┬───┘           │
          │         5,306 世帯         │
          │                    今回入居決定する世帯
          │                             │
       避難所内    今回入居できない世帯    避難所内
      避難者世帯                       避難者世帯
       9,294世帯                      11,746世帯

              仮設住宅供給予定戸数
          7次発注未募集分    595
          地域型未募集分    118
          常時募集の残分    877
          3次募集の残分   1,305
          未発注分         759
                        3,654
              供給戸数合計
                3,654戸

       仮設住宅建設
       追加必要個数
         5,640戸
```

（出典：「阪神・淡路大震災関係資料 Vol. 2」第4編恒久対策第1章住宅対策応急住宅（1999年3月）総理府阪神・淡路復興対策本部事務局 p. 87）

表2－3－6　仮設住宅必要戸数推計根拠（第3次募集応募より）

```
1．応募総数                                           26,346件
   内訳    避難所                                    13,370件
           避難所外の内、病院等の入院・入所者       169件
       ①  避難所合計                                13,539件 (51.3%)
       ②  避難所外                                  12,807件 (48.6%)
2．今回供給戸数                                        5,306戸
       ③  避難所         2×0.8                      4,245戸
       ④  避難所外       2×0.2                      1,061戸
3．なお、仮設住宅を必要とする世帯数    1－2         19,735世帯
   内訳  ⑤  避難所          ①－③                   9,294世帯
         ⑥  避難所外        ②－④                  11,746世帯
4．今後の供給予定数（避難所のみ）
       ⑦  第7次募集（7次発注分）                    595戸
       ⑧  地域型仮設未募集分（1,114－996）          118戸
       ⑨  常時募集残分                               877戸
       ⑩  3次募集残分                              1,305戸
       ⑪  未発注分                                   759戸
       ⑫  ⑦＋⑧＋⑨＋⑩＋⑪                         3,654戸
5．今後の必要数
      ⑤－⑫  （避難所の世帯のみに対応する）         5,640戸
(注)　4月7日(金)〜4月11日(火)まで募集した第3次募集（神戸市）の結果による。
```

（出典：「阪神・淡路大震災関係資料Vol.2」第4編恒久対策第1章住宅対策応急住宅（1999年3月）総理府阪神・淡路復興対策本部事務局 p.88）

帯の避難所個別面談調査を実施し、詳細かつ確度の高い各種のデータを収集し、仮設住宅の申込者を8,424世帯と最終的に把握して、その数字を5月22日県に要望し[55]、県はこれを受けて国に対し県内での戸数の調整をして、同日付けで国に対し、8,300戸の最終の追加戸数要望を提出し[56]、国も翌日これを了承し、国全体として48,000戸の建設が決定する。その根拠は表2－3－7に示すとおりである。これにより神戸市の仮設住宅建設戸数は市内29,178戸、市外3,168戸、合計32,346戸で確定した[57]。

---

(54)　「阪神・淡路大震災関係資料Vol.2」第4編恒久対策第1章住宅対策応急住宅 p.86（1999年3月）阪神・淡路復興対策本部事務局
(55)　『神戸市災害対策本部市民生部の記録』神戸市民政局　p.245
(56)　「阪神・淡路大震災関係資料Vol.2」第4編恒久対策第1章住宅対策応急住宅 p.120（1999年3月）阪神・淡路復興対策本部事務局
(57)　『阪神・淡路大震災神戸の生活再建・5年の記録』（2000年3月）神戸市生活再建本部 p.47

第2章　スペア都市計画論

表2－3－7　応急仮設住宅の最終計画戸数の考え方

1. 避難所の解消を図るための最終的な必要戸数であるため、避難住民の意向を調査した上で協議されたいことを兵庫県に指示したところ。
2. 阪神間の4市（西宮市、尼崎市、芦屋市、宝塚市）は、避難住民の意向を把握済であり、過不足は4市相互で調整し、追加は必要ないと判断。
3. 神戸市において、避難住民全員を対象として面談調査を実施、その結果から、避難所を解消するための追加建設戸数を決定。

・最終必要戸数…………8,300戸＊

＊【算出内訳】
① 調査対象世帯数
　　神戸市内の避難世帯……14,036世帯（5月15日現在）
② ①のうち住家が確保できず避難所を出る見込みのない者……8,758世帯
③ 避難所外で、仮設住宅を必要とする者……5,102世帯
　　［4次募集の避難所外募集分の数］
④ 現状で供給される戸数
　　(1) 4次募集分（入居未決定）　　　3,362戸
　　(2) 地域型仮設住宅の未決定分　　　476戸
　　(3) 常時募集の入居未決定分　　　　709戸　　5,554戸
　　(4) 4万戸ベースの未発注分　　　　759戸
　　(5) 鍵渡し済分のうち返還見込み分　248戸

・必要戸数（②＋③－④）　　8,306戸≒8,300戸

(注) 1. 5月15日時点の避難住民を対象としているが、各項目で若干の時点の異同がある。
　　 2. 入居の決定にあたっては、避難所の被災者を最優先し、避難所解消の早期実施を図ることとする。

（出典：「阪神・淡路大震災関係資料 Vol. 2」第4編恒久対策第1章住宅対策応急住宅（1999年3月）総理府阪神・淡路復興対策本部事務局 p. 121）

仮設住宅建設戸数決定経過一覧

1月22日	避難所聞き取り調査実施
1月31日	3万戸建設要望決定
2月9日	1万戸追加建設要望決定（計4万戸）
4月24日	県　5,600戸追加要望
4月25日～26日	市、現地調査
5月22日	県　追加要望8,300戸
5月23日	国　8,300戸追加決定（計48,300戸）

結局、建設戸数の決定経過は、避難所生活者も避難所外の者も仮設住宅への申

込希望者を時間を追って徐々に確定していったことが認められる。仮にこれを一歩ずつ徐々に確定していくという意味でステップアップ方式と呼ぶ。しかしこのステップアップ方式では必要となる用地をどれほど用意すべきかについては、最後まで明確にならないという結果になってしまうため、神戸市のように市街地中心部近くに港湾埋立て、新規宅地造成ニュータウンがあって、用地手当てが比較的容易な都市でも用地確保が大変であったので、こうした余裕のない都市では復旧・復興に大きな障害をもたらすことが今回判明したといえる。

6　仮設住宅用地の選定

　阪神・淡路大震災における仮設住宅問題の最大の問題の1つは用地の確保であった。予算措置の問題はすぐれて政治問題でもあり、地元が要望する戸数の予算を確保することは政府の防災行政マネジメントとしても最優先とされたが、被災者がきわめて多数にのぼり、しかも大都市のようにビルトアップされた人口稠密地域において用地を獲得することは困難を極めたことは論を待たなかったといえる。

　市は1月17日に市内の公園21カ所を仮設住宅用地として決定し、19日には1,013戸分を発注した。さらに1月23日頃までに市役所各局の用地担当部署が協力して5,000戸分の用地を確保し、2月5日には5,546戸を発注するに至る。被災当日に既に用地を選定し、2日後には発注、さらに2月5日に第2次の発注までしたことの防災行政作用リスクマネジメントは評価すべきであろう。

　また、国においても1月18日には建設大臣がプレハブ建築協会に仮設住宅の迅速な供給等の対応を要請したほか、1月22日には住宅都市整備公団が保有地72haの提供を兵庫県に申し出た[58]。

　大蔵省財務局も1月25日までに近畿財務局管内の国有地15.9haを含む60.6haの国有地の提供を申し出たほか、1月28日には全国で320haの国有地の提供の申し出がなされた[59]。国としてのリスクマネジメントとしては評価しうるものと思料されるが、用地の実際の担当の市当局のリスクマネジメントは容易ではなかった。

　全体の戸数を早期に把握することはきわめて困難であるなかで、用地確保に当たって克服すべき条件を整理すると次のようになる。

---

(58)　「阪神・淡路大震災関係資料 Vol. 2」第4編第1章応急住宅 p. 3（1999年3月）総理府阪神・淡路復興対策本部事務局
(59)　「阪神・淡路大震災関係資料 Vol. 1」第1編　特命室(1) 1月分 p. 6、Vol. 2第4編第1章応急住宅 p. 5（1999年3月）阪神・淡路復興対策本部事務局

(1) 恒久住宅建設用地と応急住宅用地の選定の振り分け
(2) 団地規模を大きくとるか否か
(3) 被災者の居住地の近くに選定できるか
(4) 民有地の利用の条件
(5) 市有地、県有地、国有地、住宅都市整備公団等の公有地の利用条件

担当部局としては仮設住宅建設後に当然出てくる恒久住宅の建設は、基本的に根幹的命題と認識せねばならず、公園用地、スポーツ施設が最優先として決定されたのは理に合っているというべきである。

表2－3－8　応急仮設住宅建設用地用途別内訳

用　　途	団地数	棟　数	建設戸数
公　　園	110	713	5,930
スポーツ施設	38	575	4,757
宅地その他	140	2,555	18,491
国　有　地	5	43	181
県　有　地	4	21	147
国鉄清算事業団	3	34	330
住宅・都市整備公団	14	428	3,019
民　有　地	12	305	2,546
市　有　地	102	1,724	12,268
市　内　合　計	288	3,843	29,178

（出典：『阪神・淡路大震災神戸復興誌』（平成12年1月）神戸市 p.141）

また、一方において大量かつ迅速に建設をして早期に避難所生活から仮設住宅入居を達成するためには、一カ所あたりの建設戸数が大であることが好ましいと判断され、市や住宅都市整備公団の開発用地で未利用のものが選定されることとなる。その意味では被災地の近くで用地を選定するのはとくに既成市街地では困難であったといえる。

国公有地の利用は、地元である市有地から選んでいくというのが自然であるが、結果的にもそうなり当然の帰結といえる。

県有地は市内では比較的少なかったこと、国有地についていうと敷地規模が小さかったことから提供用地に比し利用は高くなかった結果となっている。

民有地については、被災当初から民間からの提供申出が殺到することとなったが、結果的には利用しがたいものが多かった。要するに供給処理施設が引かれていない物件、境界確定未済物件、開発許可が通常では困難な物件等々の申出が多

かったこともあって、申出件数の割には利用は低かったといえる。

しかし、これらの国公有地、民有地の物件としての適否の判断には膨大な時間と労力がさかれることとなり、担当部局としては大変な事務量をこなさねばならなかったこととなる。

こうした試行錯誤のなかで、仮設住宅の必要建設戸数が模索され、最終的に決定されていくのだが、担当部局としては大勢として用地確保について2万5,000戸の確保に目途を付けていたのであるが、1月31日に3万戸建設の方針が出され、急遽ポートアイランドⅡ期、西神ニュータウン等でこれを充てることにしたが、最後の5,000戸の用地確保はきわめて大変な作業であった[60]。

仮設住宅の用地の確保にあたっては大量かつ迅速な建設のため、公有地のほか大規模民有地を使用したのであるが、一方においては被災者の心理としては従前居住地の近くで居住したいという意向にはなかなか沿うわけにはいかず、被災者の土地を利用して仮設住宅の用地を確保したらどうかという議論が地元からもおこってきた。これに対して、阪神・淡路大震災の場合は、次のように政府としては消極と結論づけた。

(1) 応急仮設住宅の供与は、自力で住居を確保できない多数の被災者のために、公共施策として行われるものであり、特定の個人の居住を前提として計画されるものではない。

(2) 被災者の所有地を仮設住宅用地として活用する場合であっても、公共利用の目的に沿って、被災地の状況に応じた優先度を勘案して、地方公共団体が入居者を決定するもの。所有者を無条件に入居させる保証は与えられない。

土地保有者を、無条件に入居させることの問題点としては、

① 自己の所有地に居住を希望する場合は、自力で住家を確保することが私有財産制度の原則（土地を有している者は、それを担保に融資を受けられる場合も多い）。

② 応急仮設住宅の存在が、自家の再建の支障になり、災害救助の制度の趣旨（恒久的な住家を確保するまでの応急の住宅対策）に反するおそれがある。

③ 土地を保有している者が、結果的に有利な取り扱いを受けるという不公平感が被災者に生じれば、施策の信頼性を損なうおそれがある。

④ 大量の応急仮設住宅の確保に全力をあげている現状において、個々の被災者の個別の要望に沿って供給計画を立てることは、実務的にも困難である。

としたのである[61]。結果として神戸市内で建設された仮設住宅の所有者別、戸

---

(60) 当時の担当者との面談による。
(61) 「阪神・淡路大震災関係資料 Vol. 2」第4編第1章応急住宅 p. 11（1999年3月）阪神・

表2－3－9　応急仮設住宅建設地所有者別一覧（最終確定戸数H8.5.6）

所有者	戸数	割合（％）	敷地面積	割合（％）
国	181	0.6	17,010	0.8
兵庫県	147	0.5	17,696	0.8
清算事業団	330	1.1	18,059	0.9
住都公団	3,019	10.4	280,000	13.2
民間	2,866	9.8	197,427	9.3
神戸市	22,635	77.6	1,589,702	74.9
合計	29,178	100.0	2,119,894	100.0

（神戸市資料より作成）

数、敷地面積は表2－3－9のとおりとなった。

また、このようにして確保された仮設住宅用地の既成市街地とそれ以外の割合は表2－3－10のとおりであり、戸数にして5,088戸、面積にして306,603m^{2}でそれぞれ全体の17.4％、14.3％しか確保できず、大都市既成市街地大震災においては、当該既成市街地において用地の確保がきわめて困難になることが明白になった。

神戸市の場合はポートアイランド、六甲アイランド、西神ニュータウンなどの六甲山以北のニュータウン造成地が残されていたり、住宅都市整備公団等の開発予定地などの未利用地もあったことが幸いしたといえるが、完全にビルトアップされてしまった既成市街地で大震災がおきたことに対する、仮設住宅用地問題は防災行政リスクマネジメントとして今後の喫緊の課題となってくる。

仮設住宅用地をあらかじめ確定し、確保しておけば、今回のような労力を他の対策に使えることになると思料される。もっともこのような準備も、震災発生後はただちにこうした用地リストの作成を実施に移せるよう、境界確認、周辺対策、契約行為等を迅速に実行しうる、たとえば、市長直轄で権限のある専任、統括組織を立ち上げ対処するリスクマネジメントは必要である。

仮設住宅を必要とする者は、建物の倒壊、焼失によって発生する。しかし建築物の構造、経過年数によりその被災率に差があり、また地震の強弱によって数量が変化するため、これらがあるまとまりのある範囲毎にデータがとれれば、それを基にして推計しうるが、あくまで予防的防災行政作用としての予定戸数の推計を考慮して概数把握を容易に可能にする方法として木造率を利用する。

淡路復興対策本部事務局

第3節　仮設住宅

表2－3－10　仮設住宅の旧市街地・新市街地建設比率

区	戸　数（戸）					面　積（㎡）				
	全　体 A	旧市街地 B	新市街地 C	B／A (%)	C／A (%)	全　体 D	旧市街地 E	新市街地 F	E／D (%)	F／D (%)
東灘	3,883	1,793	2,090	46.2	53.8	238,234	103,519	134,715	43.5	56.5
灘	986	986	―	100.0	―	49,387	49,387	―	100.0	―
中央	3,796	623	3,173	16.4	83.6	211,004	37,027	173,977	17.5	82.5
兵庫	654	654	―	100.0	―	59,877	59,877	―	100.0	―
長田	647	647	―	100.0	―	38,028	38,028	―	100.0	―
須磨	2,125	385	1,740	18.1	81.9	158,017	18,765	139,252	11.9	88.1
垂水	2,308	―	2,308	―	100.0	213,740	―	213,740	―	100.0
北	5,838	―	5,838	―	100.0	491,416	―	491,416	―	100.0
西	8,941	―	8,941	―	100.0	686,963	―	686,963	―	100.0
合計	29,178	5,088	24,090	17.4	82.6	2,146,666	306,603	1,840,063	14.3	85.7

注：垂水区は、スプロール地域を新市街地に含めている。
（神戸市資料より作成）

　中心部5区の住宅被害率、木造被害率、および木造率と仮設住宅利用率との相関関係を調べると木造率が最も高いことが分かる。すなわち木造率と全住宅数あたりの仮設住宅利用数（実績値）の回帰分析により仮設住宅必要係数は、

　　　0.0067×木造率×0.2143

と導き出され、必要な仮設住宅総数は以下のようになる。

　　必要な仮設住宅総数＝全住宅数×仮設住宅係数
　　木造率＝木造住宅数／全住宅数
　　仮設住宅係数＝0.0067×木造率×0.2143
　　相関係数　96.4％＝correl（D15：H15、D16：H16）
　　切　片　0.0067＝intercept（D15：H15、D16：H16）
　　傾　き　0.2143＝slope（D15：H15、D16：H16）

　この式により中心部5区における必要仮設住宅総数、その推定値と実績との誤差は、次の表2－3－11のJ'、J"、J"'のとおりとなる。

7　仮設住宅用地論の方向

　仮説住宅の用地の確保についていうと、
① 神戸市は市民1人当たり公園面積が16.3㎡と公園が多く、公園を積極的に利用できたこと
② 海面埋立地および六甲山以北のニュータウン開発等の開発行政を積極的に

表2－3－11　中心五区必要仮設住宅数の推計

記号	計算式		中心部					平均	σ
			東灘	灘	中央	兵庫	長田		
I		人口	191,716	124,538	111,195	117,558	129,978	134,997	32,490
E		全住宅数	59,473	45,610	44,108	45,677	54,991	49,972	6,843
E″		うち木造	26,846	23,850	16,183	26,652	39,910	26,688	8,562
F		住家被害総数	38,071	29,085	21,061	31,846	42,463	32,505	8,265
F′		うち木造	21,404	19,525	11,352	20,951	34,249	21,496	8,212
G(%)	F′/F	被災木造率	56%	82%	77%	84%	94%	79%	14%
H(%)	F/E	住宅被害率	64%	64%	48%	70%	77%	64%	11%
J		仮設住宅利用戸数	5,515	5,888	3,941	5,814	8,957	6,023	1,821
	J/E	全住宅数あたり仮設住宅利用戸数	9.3%	12.9%	8.9%	12.7%	16.3%	12.0%	3.0%
E″	E′/E	木造率	45%	52%	37%	58%	73%	53%	14%
J′		必要仮設住宅総数（推定値）式Xより計算	6,152	5,417	3,764	6,018	8,921	6,054	1,863
J″	J′－J	推定値－実績	637	−471	−177	204	−36	31	417
J‴	J″/J′	誤差	10%	−9%	−5%	3%	0%	0%	7%

（神戸市資料より作成）

実施していたことから、利用可能地が相当数存在していたこと
③　区画整理、再開発、街路事業等の都市計画事業に積極的に取り組んでいたため、事業用代替地を多く抱えていたこと

から、比較的スムースに用地が確保されたと言える。ただし、担当者との面談によると2万戸までは各部局の協力で早めに手当てできたが、2万5千戸から3万戸へ建設戸数が増加していくにつれ、相当きつい状況になったという。

このことからは、比較的利用可能地に余裕のあった神戸市ですら、避難所の確保、がれき仮置場等の処理・処分場の確保、恒久的な復興住宅用地の確保等を考慮していくにつれ、仮設住宅用地の確保には相当苦労をしたことが分かる。

したがって、大都市で起きる大震災において場当たり的な用地確保の考え方では、災害の復興はおろか、災害復旧、とりあえずの生活の場の確保もできないこととなり、防災行政作用としては由々しき事態を招来することとなる。これを防ぐには予め被害想定により必要住宅戸数を推定し、それに戸当たり必要面積を乗ずれば、震災発生時に必要とされる用地面積のトータルが得られる。それに基づいてあらかじめ仮設住宅用地計画を樹て、被災予定地近辺での建設予定地を公園、公共・公益施設用地等に決めておくことにより、震災発生後ただちに建設を可能とすることができる。阪神・淡路大震災の経験は次のことをわれわれに教えてく

① リスクマネジメント論として、災害発生後の事後的に防災行政作用としての仮設住宅の供給をする現在の方式から事前に震災による仮設住宅必要数を予測しておき必要な用地の確保をしておく。その際の予測式は、行政区域（たとえば、大都市では区）毎に、

　　　必要な仮設住宅数＝全住宅数×0.0067×木造率×0.2143（仮設住宅係数）

が１つの参考資料となる。

② 仮設住宅用地の確保は、必要戸数が大きければ大きいほど、迅速な供給をリスクマネジメント上必要とされるので、一団地当たりの規模が大きいところを優先することが必要とされる。神戸の場合は2,000m²以上を目安として実施された[62]。

第４節　が　れ　き

1　がれき問題の意義

阪神・淡路大震災はがれき問題のリスクマネジメントの契機となった。

古くは関東大震災において大量のがれきが発生して、それを横浜市の山下公園の造成に使用したのであるが、防災行政作用としてのがれき処理を考えるという意識を従来は欠けていた。すなわち、

(1) 防災基本計画、防災業務計画に明示的規定がなかった。

(2) 神戸市地域防災計画本編にも災害により発生するゴミ、し尿についての規定はあるものの[63]、がれきについては規定がなく、同震災対策編においても家屋倒壊による道路の閉塞の際の、極力歩行者の道路を確保するために障害物を除去する旨規定しているのにすぎなかった[64]。

しかも、被災直後に災害対策基本法に基づき設置された災害対策本部が、応急対策に万全を期することとして当面重点的に実施する事項として避難所の設置、応急仮設住宅の建設を進めることは本部決定事項に取り上げられたにも拘らず、がれきの処理については１月17日の６項目、１月18日の17項目の本部決定事項[65]の中でも取り入れられなかったことは、いかに認識を欠いていたかを如実

---

(62)　担当者との面談による。
(63)　「平成６年度　神戸市地域防災計画」本編 p. 259　神戸市防災会議
(64)　同上　震災対策編 p. 77
(65)　『阪神・淡路大震災復興誌』（平成12年２月）総理府　阪神・淡路復興対策本部事務局 p. 13

に証明することとなった。その意味で、震災後に改定された防災基本計画においてがれき処理について次のような記述がされることになる。

2 がれきの処理

○地方公共団体は、がれきの処理処分方法を確立するとともに、仮置場、最終処分地を確保し、計画的な収集、運搬及び処分を図ることにより、がれきの円滑かつ適正な処理を行うものとする。
○厚生労働省は、迅速ながれき処理について必要な支援を行う。
○がれき処理に当たっては、適切な分別を行うことにより、可能な限りリサイクルに努めるものとする。
○がれき処理に当たっては、復旧・復興計画を考慮に入れつつ計画的に行うものとする。また、環境汚染の未然防止または住民、作業者の健康管理のため、適切な措置等を講ずるものとする[66]。

さらに、神戸市地域防災計画地震対策編において、かなり詳細に規定されることとなった[67]。

すなわち、損壊家屋、事業所等の解体時に発生する廃材、コンクリート塊、鉄筋等のがれきは、地震発生から長期にわたり大量に排出される傾向があると認識し、損壊家屋の解体工事および災害廃棄物の撤去運搬は、原則建物の所有者が行うこととし、ただし阪神・淡路大震災時には公費負担制度が設けられたので、災害の状況によっては公費負担制度について国と協議することを規定する。そして市はこれらの廃棄物の処理基地の確保や処理処分に関する情報の提供等を行うものと規定する。

市としては、災害廃棄物発生量の推計をして、市域内処理を原則とすること、道路交通を遮断していて緊急を要するものなどは、第一次仮置場を確保して集積し、分別、焼却、破砕等の中間処理基地および積出基地を確保するとして、阪神・淡路大震災時の処理・処分のフローチャートを示し、かなり具体的に明確にかつ分かり易い表現によってこの問題に対するリスクマネジメントの方法論を示した結果となっている[68]。

---

(66) 「防災基本計画」(平成7年7月)第2編震災対策編　第3章災害復旧・復興　第2節迅速な原状復旧の進め方2
(67) 「神戸市地域防災計画」(平成9年6月)震災対策編　応急対応計画　12廃棄物処理計画　12－4災害廃棄物処理システム
(68) 指定都市では、千葉市、川崎市が地域防災計画で、京都市が災害廃棄物処理計画でがれき処理の規定を、阪神・淡路大震災後規定を新設している。

2　がれき問題への直面

1）国の対応

　ビルトアップされた市街地における建築物の倒壊に加え、安全と信じられてきた高架道路、鉄道などの建造物の損壊により市街地に大量のがれきが道路上や建物敷地およびその周辺に発生した現実に直面して、大都市における震災のがれき処理の問題が、従来真剣に検討されてこなかっただけに深刻な緊急対策を迫ることとなった。

　関東大震災の時は、木造市街地であったことと、火災によりほとんど燃え尽くしたこともあって、当然焼け残った廃材はあったものの、大きな問題として認識されていなかったと思われ、たとえば横浜の山下公園は、ちょうど当時埋立をする予定があったこともあって、震災による焼土、灰燼をもって埋め立てられた[69]。

　その後都市の不燃化が進行し、都市の市街地は防火地域、準防火地域が指定されるにつれ、その不燃化は関東大震災の比ではなくなっていたにも拘らず、大都市の大震災がもたらすがれきの問題への明確な問題意識を欠いていたのは、リスクマネジメントとしての予見を欠いていたといわざるを得なかった。

　しかし、予見能力の欠如と到来した重大事態に直面して、事後的リスクマネジメントが急ピッチに進むこととなる。震災直後の1月23日に、廃棄物行政の主管省である厚生省、廃棄物の処分場として利用されることとなる埋立港湾を所管する運輸省、損壊した道路などの公共施設の管理者として、また廃棄物の解体、撤去をする建設業者を監督する建設省の三省が「兵庫県南部地震災害廃棄物対策三省連絡会」[70]を設置し、がれき問題に取り組むことを決定した。この決定は神戸市を含む今回被災地全体に対するものであるが、その位置づけが図2－4－1である。

　三省担当官による会議を重ね、1月26日に三省連絡会として中間検討結果として、災害廃棄物発生量及び現存処分空間を次のように発表する。この災害廃棄物の発生量は推計値であるとはいえ、あまりにも膨大な量であり、事態の深刻さを世間に訴えることとなった（表2－4－1）[71]。

　三省連絡会での議論の過程で、今回のがれき処理はきわめて広範な行政作用に

---

(69)　森篤男編著『ヨコハマ散歩』（増補改訂版）（昭和44年6月）p. 101
(70)　「阪神・淡路大震災関係資料 Vol. 1」第1編特命室関係(1) 1月分 p. 128（1999年3月）総理府　阪神・淡路復興対策本部事務局
(71)　同上　第2編緊急対策ガレキ p. 2

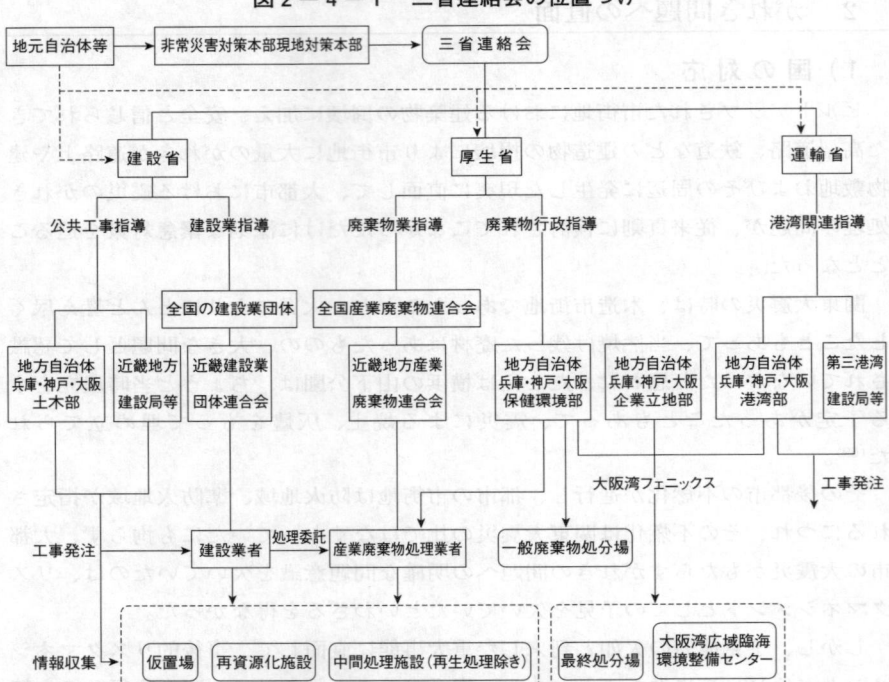

図2−4−1　三省連絡会の位置づけ

(出典：「阪神・淡路大震災関係資料Vol. 1」第1編特命室(1) 1月分1月31日瓦礫処分について (1999年3月) 総理府阪神・淡路復興対策本部事務局 p. 128)

関係していることから、リスクマネジメントとして政府全体で緊急に取り組み、決断することが必要と判断して、特命大臣室[72]がとりまとめることとされる。

（1）　がれき処理の主体

① 　公共・公益施設等のがれき

港湾、鉄道、道路等の公共公益施設で発生したがれきは、従来からその施設管理者が処理する原則が費用負担を含めて確立しており、従来通りの方針で実施する。

② 　倒壊建物による道路上のがれき

主として民有敷地の建築物の倒壊により道路上に崩れ出したがれきは、早急に交通開放をする必要から、道路管理者が除去することとされていた従来の方針で

---

(72)　1月20日兵庫県南部地震担当として任命された小里貞利大臣室の下に設けられた、国土庁・各省職員30名から成る組織

第4節　がれき

表2－4－1

兵庫県南部地震災害廃棄物対策三省連絡会の中間検討結果

平成 7 年 1 月 26 日
兵 庫 県 南 部 地 震
災害廃棄物対策三省連絡会

1．災害廃棄物発生量
　倒壊家屋、建築物、道路、鉄道、港湾等の公共施設の被害等による災害廃棄物発生量は現段階では、以下のとおり推計される。

総　計	1,100万 t 程度	800万㎥程度
住居、建築物系	600万 t 程度	500万㎥程度
道路、鉄道、港湾等公共施設系	500万 t 程度	300万㎥程度

（注1）上記数値は、倒壊家屋数、一般的な原単位、個別区間での推計値等をもととしてかなりの仮定をおいて推計したものである。

2．現存処分空間
　周辺地区の公共大規模処分上の概況は、以下のとおりである。

	残余要領
フェニックスセンター　（尼崎沖埋立処分場）	400万㎥
〃　　　　　　　　　　（泉大津沖埋立処分場）	1,100万㎥
神戸市（布施畑埋立処分場）	800万㎥
〃　　（淡河埋立処分場）	700万㎥
大阪港北港南地区	200万㎥
堺泉北港堺7－3区	40万㎥

　また産業廃棄物処理業者により整備されている最終処分場の残余容量は、岡山、兵庫、大阪の3府県で900万㎥となっている。

（出典：「阪神・淡路大震災関係資料 Vol. 1」第1編特命室(1) 1月分 1月31日瓦礫処分について（1999年3月）総理府阪神・淡路復興対策本部事務局 p. 137）

実施する。
　③　住宅・事業所等の倒壊建築物のがれき
　民有地の建築物の倒壊により発生したがれきは、私人の所有物であるということから、従来は建築物の所有者の責任と費用負担で解体し、解体後は市町村が廃棄物として処理していた。しかし今回の地震災害については、被災規模の大きさ、都市機能や社会全体に与える影響が多大であることなどから、廃棄物として市町村が所有者の承諾を得て解体、処理するという方針をとることとされた。

第2章　スペア都市計画論

(2) 費用負担

① 公共・公益施設のがれき

当該施設管理者の負担であるが、「公共土木施設災害復旧事業費国庫負担法」および「激甚災害に対処するための特別の財政援助等に関する法律」による高率国庫補助率（負担率）が定められ、それ以外の施設についても個別法で災害復旧の補助が定められ、さらに今回の特例措置として2／3以下の補助率の施設については、「阪神・淡路大震災に対処するための特別の財政援助及び助成に関する法律」が2月24日に閣議決定され2月28日に成立して、2／3または8／10の高率補助を受けて復旧ができるようになり、がれきの処理も公共・公益施設については事業主体の負担が軽くて済むようにされた。

主要な公共・公益施設のがれき処理を含む復旧費の補助率又は負担率は表2－4－1のとおりである。

② 道路上のがれき

道路管理者の負担とされるが、公共土木施設災害復旧事業費国庫負担法により2／3以上が国庫補助される。なお、①、②については激甚災害に指定された補

表2－4－2　災害復旧費補助率・負担率表

		通常補助率 （又は負担率）	激甚嵩上げ後 （神戸市）(注1)	今回特例補助率 (注2)
河　川		2／3以上	0.918	－
道　路	都市高速道路	－	－	8／10又は2／3
	一般道路	2／3以上	0.918	－
	街　路	1／2	－	8／10
港　湾		2／3以上	0.918	－
港　湾（埠頭公社岸壁）		なし	－	8／10
鉄　道		1／2	－	（補助対象拡大）
上水道		1／2	－	8／10
下水道		2／3以上	0.918	－
公　園		1／2	－	8／10
公営住宅		2／3以上	0.918	－
公立学校		2／3以上	0.918	－
公立社会福祉施設（老人ホーム等）		1／2	－	2／3
公立病院		1／2	－	2／3

（注1）　激甚災害の指定により、市の負担総額と標準税収入の割合によって算定された負担率
（注2）　「阪神・淡路大震災に対処するための特別の財政援助及び助成に関する法律」による補助率

助率の嵩上げが実施された。（前述）
　③　住宅・事業所等の敷地内のがれき
　民有建築物倒壊に伴うがれき処理の負担は、
　イ．解体については所有者負担
　ロ．解体後のがれきについては、
　　ⅰ）中小企業・個人に係るものについては市役所が処理し、廃棄物の処理および清掃に関する法律第22条第2号および同法施行令第21条第2号の規定により国が1／2を負担
　　ⅱ）大企業に係るものについては、所有者負担
とされていたが、今回の災害によるがれきの量が膨大であり、都市機能を著しく麻痺させることから、これを早期に撤去することが迅速な復旧・復興に欠かせないという緊急かつ公共的要請と考えられ、大企業を除き、市町村が処理することを原則として、国がその費用を1／2負担することによってリスクマネジメントとしての災害応急防災作用を行おうとする国家的意志を鮮明にしたものである。

今回の国の措置は、がれきの処理を迅速に進めることによって災害復旧・復興を促進する効果を狙ったものであるが、次のようにリスクマネジメントとして緊急に決定された。

第1に従来解体は所有者の責任を負担において実施されていたが、市町村の負担で実施することとしたこと、

第2に対象範囲が
　(1)　個人住宅
　(2)　民間マンション
　　①　分譲
　　②　賃貸（中小企業者のものに限る）
　(3)　事業所等（中小企業者のものに限る）
と明示して実施されたこと。

この場合の中小企業者とは、中小企業法に規定する中小企業者とされ[73]
中小企業者等の「等」とは「公益法人等」を指し、中小企業並の公益法人、宗

表2－4－3　中小企業者等の定義

法　律　名	業　　種	従業員規模・資本金規模
中小企業基本法	工業・鉱業等 卸売業 小売業・サービス業	300人以下又は1億円以下 100人以下又は3千万円以下 50人以下又は1千万円以下

教法人等を今回の特例措置の対象としている[74]。

また、大企業については、従来から自らの責任において処理を行うことが一般的であり、特例措置の対象とはされなかったが、大企業といえども被災の程度によっては企業全体としての公的支援を排除しないという意味で、開銀融資の対象とすることとされた。

第3に「廃棄物の処理及び清掃に関する法律」の廃棄物とは倒壊によって発生したものをいうと解されていたが、解体前の半壊の使用不能の建築物を解体することも特例的に同法の廃棄物と解して国庫補助対象としたこと。

第4に国の費用負担を解体費について1／2としたこと。これらはいずれも緊急時のリスクマネジメントとしては評価しうるのである。ただこれを詳細にみてみると、第1および第2についてはいわば法の実務上の解釈論によって従来明確でなかった部分を明確にしたに過ぎなかったものの、第3および第4については新たな補助対象を新設したに等しいことから国会の議決を経る前にその方針が決定され実施に移され、三権分立の原則から疑義の生じうる決定であった。これの特例措置の方針は特命大臣室を中心に各政党の事前の説明がなされ、口頭で了承を受けて進められたものであるが、その過程でその点に関する疑義が皆無ではなかったものの、当時の緊迫した状況からして国会としても緊急時のリスクマネジメントとしての認識を優先させたのであるが、今後のこうした緊急リスクマネジメントに関する国会と行政作用との問題があり得ることを念頭に置いておく必要があると考えられる。

（3） 自衛隊による処理

自衛隊は従来から、台風、集中豪雨後の土砂災害等では、土砂に埋まった住民の救出、土砂の除去等の災害救助活動の経験があり、そのための機材、人員も整っていることから、今回のがれき処理についてもその協力が不可欠であった。しかし、大都市の市街地において自衛隊が活動することは例が少なく、次のような問題点をクリアーしていく必要があった。

第1に、自衛隊が協力するとして、もとの法的根拠を自衛隊法第83条の災害派遣規定によるのか、第100条の土木工事の委託によるものかである。

---

(73) 「阪神・淡路大震災関係資料 Vol. 1」第1編特命室(1) 1月分 p. 91（1999年3月）総理府阪神・淡路復興対策本部事務局
(74) 同上・第2編緊急対策ガレキ pp. 27〜28

自衛隊法第83条
第１項　都道府県知事その他政令で定める者は、天災地変その他の災害に際して、人命又は財産の保護のため必要があると認める場合には、部隊等の派遣を長官又はその指定する者に要請することができる。
第２項　長官又はその指定する者は、前項の要請があり、事態やむを得ないと認める場合には、部隊等を救援のため派遣することができる。（ただし書……略）

自衛隊法第100条
第１項　長官は、自衛隊の訓練の目的に適合する場合には、国、地方公共団体その他政令で定めるものの土木工事、通信工事その他政令で定める事業の施行の委託を受け、及びこれを実施することができる。

第２に、自衛隊が私有地に立ち入りがれきを処理することに対し、公共性、緊急性、非代替性の三要素が必要とされるが、それを充足するのか
第３に　自衛隊の処理能力をどの位みておけばいいのか。
第４に、がれきの解体・処理は一般的な災害では民間業者が請け負って実施するのが通例であり、こうした民間業者と作業分担することについての是非の問題である。

特命大臣室を中心とする政府部内での検討は、兵庫県が従来災害訓練で自衛隊が参加したことがなかったこと、自衛隊としても大都市の既成市街地での大規模な災害派遣を実施した経験がなかったこと等から慎重な検討がなされ、次のような方針が決められた[75]。

(1)　行方不明者の捜索、二次災害防止等の差し迫った危険の除去、救援活動の実施場所の確保等を目的とした例外的な場合に、その範囲に限り現在派遣している部隊等が対応できる限度でがれきの除去とその輸送を災害派遣として実施する。
(2)　(1)の人命救助等の応急救援活動が終了した後は土木工事の委託として、訓練の目的に適合する限りで、期間および範囲を限定して実施する。

期間は災害復興が本格化し民間業者による実施が可能となるまでの間、範囲は自衛隊の保有する装備でがれきの早期除去をしなければ危険があると認められる等の公共性が認められる場合とされ、地方公共団体において家屋等の所有者、地権者等関係者の同意、地元民間業者からの同意、実施地区について地方市町村の同意を兵庫県がとりつけることを前提とする。

総体としてみれば、自衛隊の従来の災害救援活動からはかなり踏み込んだ決定

---

[75]　「阪神・淡路大震災関係資料Vol. 1」第２編緊急対策ガレキp.7（1999年３月）総理府阪神・淡路復興対策本部事務局

表2－4－4

「兵庫県南部地震」におけるがれき等の災害廃棄物処理の取扱方針

1月17日に発生した「兵庫県南部地震」による被害は甚大であり、都市機能がマヒし、社会的、経済的影響がきわめて大きなものとなっている。このような特別の事情に鑑み、損壊した家屋等のがれき等については、被災者の負担軽減を図るため、次のような特別の措置を講ずることとした。

1．内容

	損壊した家屋、事業所等の解体、処理
現　状	・解体は所有者の責任 ・解体後は廃棄物として市町村が処理 ・国は市町村が行う処理に要する費用の1/2を補助
今回の措置	・廃棄物として市町村が解体、処理 ・国はその費用の1/2を補助（解体に要する費用も含む。）

2．今回の措置対象
 (1) 個人住宅
 (2) 民間マンション
  ①分譲
  ②賃貸（中小事業者のものに限る。）
 (3) 事業所等（中小事業者のものに限る。）

3．自衛隊の協力
　自衛隊は、市町の行うがれき等の処理に協力する。

(出典：「阪神・淡路大震災関連資料 Vol.1」第2編緊急対策ガレキ（1999年3月）総理府阪神・淡路復興対策本部事務局 p.6)

ではあり、その意味でのリスクマネジメントは評価しなければならないが、今後同種の災害がおきた時は、この決定より踏み込んだ内容となることも推測される。これは最終案が公表される前に作成された厚生省案では「自衛隊の積極的協力を得る」[76]となっていたものが、「積極的」が削除されていることがこれを裏付けることになろう。3月中旬に小里特命大臣が「被災者と語る会」を設けた際も地元から自衛隊の一層の協力を要請されたことからみて、地元の期待に積極的に協力する必要があったことを実証するものである[77]。

---

(76) 「阪神・淡路大震災関係資料 Vol.1」第2編緊急対策ガレキ p.8（1999年3月）総理府阪神・淡路復興対策本部事務局
(77) 「阪神・淡路大震災関係資料 Vol.1」第1編特命室(7)3月下旬 p.93（1999年3月）総理府　阪神・淡路復興対策本部事務局

第4節　がれき

最終案は次のように1月28日に発表された（表2－4－4）[78]。
そのフローは図2－4－2～2－4－4のとおりである。
なお国のリスクマネジメントとしては、次の復興委員会と復興対策本部の提言

図2－4－2　「兵庫県南部地震」におけるがれき等の災害廃棄物処理の取扱方針

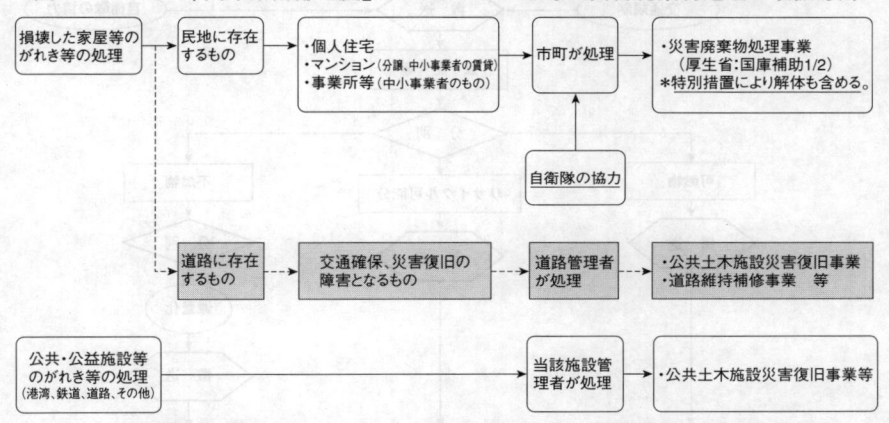

```
損壊した家屋等の → 民地に存在 → ・個人住宅                      → 市町が処理 → ・災害廃棄物処理事業
がれき等の処理     するもの      ・マンション(分譲,中小事業者の賃貸)                  (厚生省:国庫補助1/2)
                              ・事業所等(中小事業者のもの)                        *特別措置により解体も含める。
                                                          ↑
                                                       自衛隊の協力
                ↓
                道路に存在  → 交通確保、災害復旧の → 道路管理者 → ・公共土木施設災害復旧事業
                するもの     障害となるもの        が処理      ・道路維持補修事業　等

公共・公益施設等
のがれき等の処理                                → 当該施設管 → ・公共土木施設災害復旧事業等
(港湾、鉄道、道路、その他)                         理者が処理
```

（出典：「阪神・淡路大震災関係資料 Vol. 1」第1編特命室(1)1月分 1月31日瓦礫処分について
（1999年3月）総理府阪神・淡路復興対策本部事務局 p. 129）

図2－4－3　「兵庫県南部地震」におけるがれき等の災害廃棄物処理の取扱方針

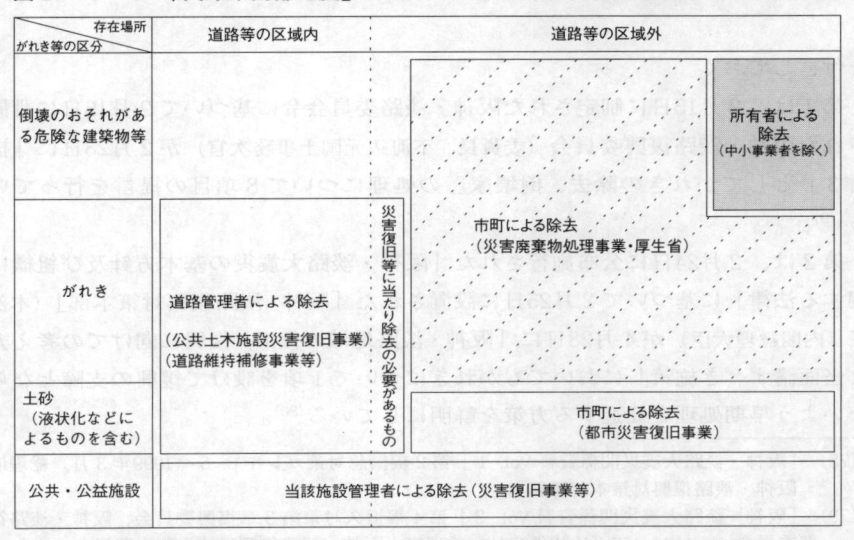

がれき等の区分＼存在場所	道路等の区域内		道路等の区域外
倒壊のおそれがある危険な建築物等		災害復旧等に当たり除去の必要があるもの	所有者による除去（中小事業者を除く）
がれき	道路管理者による除去（公共土木施設災害復旧事業）（道路維持補修事業等）		市町による除去（災害廃棄物処理事業・厚生省）
土砂（液状化などによるものを含む）			市町による除去（都市災害復旧事業）
公共・公益施設	当該施設管理者による除去（災害復旧事業等）		

（出典：「阪神・淡路大震災関係資料 Vol. 1」第1編特命室(1)1月分 1月31日瓦礫処分について
（1999年3月）総理府阪神・淡路復興対策本部事務局 p. 130）

201

図2－4－4　がれき等の処理（フロー図）

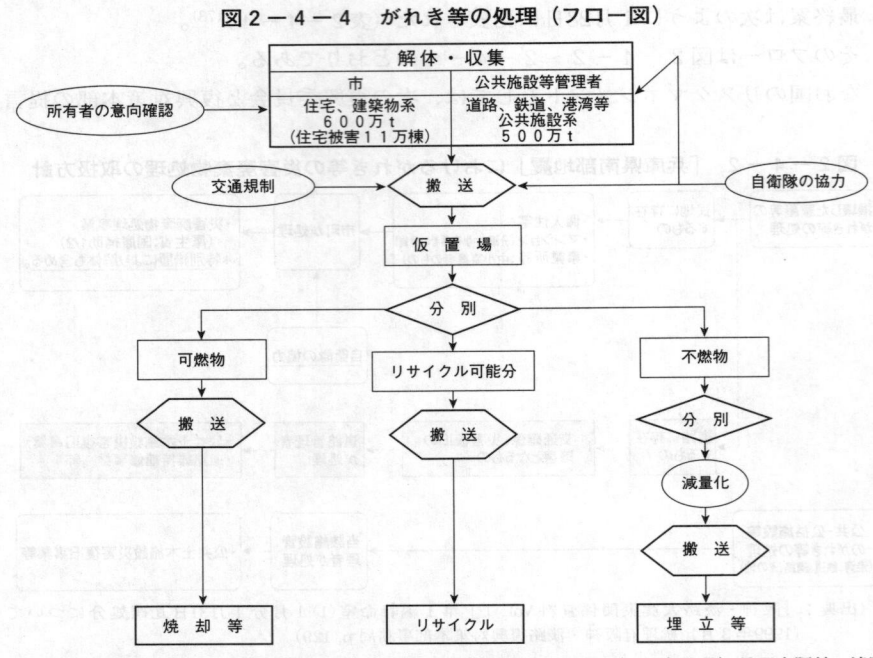

```
                    ┌─────────────────────────────┐
                    │         解体・収集            │
                    ├──────────────┬──────────────┤
  ┌──────────┐      │      市       │ 公共施設等管理者│
  │所有者の意向│─────▶│  住宅、建築物系 │道路、鉄道、港湾等│
  │   確認    │      │    ６００万ｔ   │   公共施設系    │
  └──────────┘      │（住宅被害１１万棟）│    ５００万ｔ    │
                    └──────────────┴──────────────┘
                                    │                    ▲
   ┌──────┐                         ▼                   │
   │交通規制│─────────▶   ◇  搬　送  ◇ ◀────── │自衛隊の協力│
   └──────┘                         │                   └──────┘
                                    ▼
                              ┌─────────┐
                              │ 仮 置 場 │
                              └─────────┘
                                    │
                                 ◇ 分 別 ◇
                    ┌───────────────┼───────────────┐
                    ▼               ▼               ▼
               ┌──────┐      ┌──────────┐      ┌──────┐
               │可燃物│      │リサイクル可能分│      │不燃物│
               └──────┘      └──────────┘      └──────┘
                    │               │               │
                ◇搬 送◇         ◇搬 送◇        ◇ 分 別 ◇
                    │               │               │
                    │               │           ◯減量化◯
                    │               │               │
                    │               │           ◇搬 送◇
                    │               │               │
                ┌──────┐        ┌──────┐      ┌──────┐
                │焼却等 │        │リサイクル│      │埋立等 │
                └──────┘        └──────┘      └──────┘
```

（出典：「阪神・淡路大震災関係資料 Vol. 1」第２編緊急対策ガレキ（1999年３月）総理府阪神・淡路復興対策本部事務局 p. 16)

を付言しておく。

第１は、２月15日に制定された阪神・淡路委員会令に基づいて２月16日に設置された阪神・淡路復興委員会（委員長　下河辺元国土事務次官）が２月28日に「提言３」としてがれきの除去、倒壊家屋の処理について８項目の提言を行っている[79]。

第２は、２月24日に公布施行された「阪神・淡路大震災の基本方針及び組織に関する法律」に基づいて２月25日に設置された「阪神・淡路復興対策本部」（本部長　内閣総理大臣）が４月28日に「阪神・淡路地域の復旧・復興に向けての考え方と当面講ずべき施策」においてもがれきについて１項を設けて復興の支障とならないよう早期処理を促進する方策を鮮明にしている[80]。

---

(78)　「阪神・淡路大震災関係資料 Vol. 1」第２編緊急対策ガレキ p. 6（1999年３月）総理府阪神・淡路復興対策本部事務局
(79)　「阪神・淡路大震災関係資料 Vol. 2」第４編恒久対策第３章復興委員会、阪神・淡路復興委員会 pp. 449、452（1999年３月）総理府　阪神・淡路復興対策本部事務局
(80)　同上・第４編恒久対策第２章復興本部 p. 215

第4節　がれき

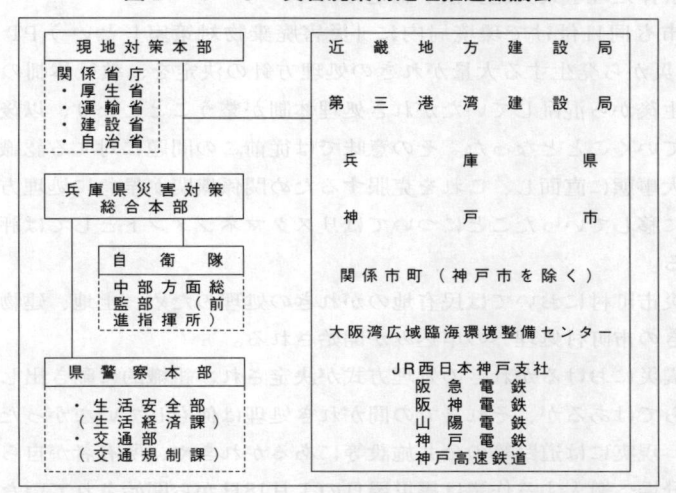

図2−4−5　災害廃棄物処理推進協議会

```
┌─────────────────┐      ┌─────────────────────────┐
│　現地対策本部　　　│      │　近　畿　地　方　建　設　局　│
│　関係省庁　　　　　│      │                         │
│　・厚生省　　　　　│      │　第　三　港　湾　建　設　局　│
│　・運輸省　　　　　│      │                         │
│　・建設省　　　　　│      │　兵　　　庫　　　県　　　　│
│　・自治省　　　　　│      │                         │
└────────┬────────┘      │　神　　　戸　　　市　　　　│
         │               │                         │
┌────────┴────────┐      │　関係市町（神戸市を除く）　│
│　兵庫県災害対策　　│      │                         │
│　　総合本部　　　　│      │　大阪湾広域臨海環境整備センター │
└────────┬────────┘      │                         │
         │               │　JR西日本神戸支社　　　　　│
┌────────┴────────┐      │　阪　急　電　鉄　　　　　　│
│　自　　衛　　隊　　│      │　阪　神　電　鉄　　　　　　│
│　中部方面総　　　　│      │　山　陽　電　鉄　　　　　　│
│　監部（前　　　　　│      │　神　戸　電　鉄　　　　　　│
│　進指揮所）　　　　│      │　神戸高速鉄道　　　　　　　│
└────────┬────────┘      └─────────────────────────┘
         │
┌────────┴────────┐
│　県　警　察　本　部　│
│　・生活安全部　　　│
│　（生活経済課）　　│
│　・交通部　　　　　│
│　（交通規制課）　　│
└─────────────────┘
```

(出典：「阪神・淡路大震災関係資料Vol. 1」第2編緊急対策ガレキ（1999年3月）総理府阪神・淡路復興対策本部事務局p. 14 より作成）

　これらは、がれきの発生量およびそれに基づく必要処理場の手当てについては直接触れてはいないが、従来防災行政作用として予想していなかった都市自体が、がれき化する様相を呈した今回の震災から回復するための、国としてのリスクマネジメントの一環として捉えるべきと考えるので付言しておくことにした。

2）兵庫県、神戸市の対応

　1月28日の政府決定は、震災発生から12日目の決定であり、リスクマネジメントとしてはかなり評価しうると考えられる。この発表の際においてもこの方針については「関係省庁において精力的に協議が行われた」ことをうたい、「このことにより市町において、地域ごとのがれき等の処理に係る所要の措置を講じていただくものができるものと考える。」[81]と宣言している。

　この方針の発表により地方公共団体においても急速にがれき処理の作業体制が整えられていく。

（1）　2月3日には、国、県、関係市町およびその他の関係者が協力してがれきの処理状況を把握し、搬送ルート、仮置場、最終処分場を確保してそれを適切に処分することを目的とする、災害廃棄物推進協議会が発足すると共に、神戸市災

(81)　「阪神・淡路大震災関係資料Vol. 1」第2編緊急対策がれき p. 12(1999年3月)総理府阪神・淡路復興対策本部事務局

害廃棄物解体処理事業実施要領が制定される[82]。

　また、市も同日付けで環境局内に「災害廃棄物対策室」というPTを設置する[83]。震災から発生する大量がれきの処理方針の決定を、執行体制の確立により震災発生後から混乱していたがれき処理体制が整うこととなり、以後解体処理が進行していくこととなった。その意味では従前この問題に対する認識が欠如していて重大事態に直面し、これを克服するため関係機関が早急に処理方針を決定し、実施に移していったことについてはリスクマネジメントとしては評価していいと考える。

　(2)　被災市町村においては民有地のがれきの処理のため、土地、建物所有者から、がれきの市町村処理への申込みが開始される。

　今回の震災におけるがれきの処理方式が決定され、組織的に動き出したのは2月4日からではあるが、それまでの間がれき処理は何もしていなかったというのではなく、現実には道路等の公共施設等にあるがれきや、所有者が自らの負担で解体し処分場へ搬入する作業は震災翌日の1月18日から開始されていた[84]。

　したがって1月28日の民間建築物の解体費用の公的負担を受けずに自己負担で解体した者については、市が費用負担をすることにして清算する措置をとった[85]。

　神戸市は、国の方針の出された翌日の1月29日から受付を開始、2月10日までに23,306件の受け付けを受理し、倒壊住宅86,732件の27％に達する[86]。

3　がれき発生量推計の錯綜

　阪神・淡路大震災の神戸市の既成市街地にもたらした被害、特に建築物、構築物の被害は従来予想していなかっただけに、都市自体が廃棄物と化したといって過言ではない状態となった。したがってこのような事態に対処した経験者もいず、手さぐり状態から出発した。

　廃棄物処理の行政的手続きは前述のように進んでいったが、がれきの発生量の推定は、建設省が従来から「建設副産物実態調査」を5年毎に実施していて、全国の建築物、構造物の解体実例を全国的にサンプリング調査をして発生原単位を公表していたので、これが当初使用されることとなる。

　すなわち、事態の重大さを認識した建設・厚生・運輸の三省庁が国のリスクマ

---

(82)　災害廃棄物処理事業業務報告書（平成10年3月）神戸市環境局 pp.69～70
(83)　同上 p.40
(84)　同上 p.46
(85)　同上 pp.53～54
(86)　注（81）p.24

第4節 がれき

ネジメントとして「兵庫県南部地震災害廃棄物対策三省連絡会」を設置し、1月26日に災害廃棄物発生量を住宅、建築物系で600万t程度、500万m^2程度、道路、鉄道、港湾等公共施設系で500万t程度、300万m^2程度、合計1,100万t程度、800万m^2程度と公表したことは、21)で述べたとおりである。これは膨大ながれきの量の推定により、それを処理する日数、費用、処分場確保に目途をたてるため必要不可欠であるからである。

兵庫県では、2月8日にやはり建設省の「建設副産物実態調査」の原単位木造家屋0.48t／m^2、鉄筋ビル0.76t／m^2を使用して1,280万tと三省連絡会の推計と基本的には同じだが、若干高めの推計を公表する。その後2カ月たって解体必要棟数がかたまりつつある状況を踏まえ、県は被災市町村に対し、解体棟数・発生量等の全体事業の見直しを実施する。その結果は次表のとおりである。

表2－4－5　災害廃棄物の発生量（平成7年11月30日現在）

住宅・建築物系		1,450万t（1,760万㎥）
公　共 公　益 施設系	道路鉄道等	480万t（　300万㎥）
	公団・公社・営住宅等	70万t（　　50万㎥）
合　　　　計		2,000万t（2,110万㎥）

（出典：阪神・淡路大震災における災害廃棄物処理について（平成9年3月）兵庫県環境整備課 p.26）

その見直し計画においては、実測データを基本としたが、実測データがとれない場合の発生原単位を表2－4－6のように定めた。

表2－4－6

解体家屋から発生するがれきの原単位

1．木造家屋
　(1) 容積（かさ・解体後の運搬時）
　　　木質系　0.47㎥／㎡（県土木―兵庫県住宅供給公社等）
　　　不燃物　0.37㎥／㎡（県土木―兵庫県住宅供給公社等）
　　　　　　（0.34＋0.03　基礎地上部加算）

〔参考〕　木質　　　不燃
　　　　　0.47　　　0.34　　県土木ニュータウンのデータ
　　　　　　　　　　　　　　　（使用部材より、空隙率0.5で設定。基礎含まず）
　　　　　0.250　　 0.168　　用対連―空隙率0としてのかさ
　　　　　0.375　　 0.345　　平成解体新書（住解協）
　　　　　0.660　　 0.504　　（社）建築業協会

第 2 章　スペア都市計画論

　　　　　　　　　家具の残留、門、塀等の考慮は？
　　(2)　重量
　　　　木質系　　0.179 t／㎡（近畿地区用地対策連絡協議会）
　　　　不燃物　　0.392 t／㎡（県土木―兵庫県住宅供給公社等）　　用対連－0.356
　　(3)　みかけ比重（解体後の運搬時）
　　　　木質系　　0.38 t／㎥（近畿地区用対連の重量より）　　用対連－0.716*0.5
　　　　不燃物　　1.06 t／㎥（近畿地区用地対策連絡協議会）

２．RC造（マンション等）
　　(1)　容積（かさ）
　　　　木質系　　　　　0.368㎥／㎡（建築業協会）住宅　　0.172　事務所
　　　　コンクリート　　0.832㎥／㎡（建築と設備コスト情報1995上期版）
　　(2)　重量
　　　　木質系　　　　　0.140 t／㎡住宅　　　　　　　　　0.065　事務所
　　　　コンクリート　　1.33 t／㎡
　　　　鋼材量　　　　　0.096 t／㎡（建築と設備コスト情報1995上期版）
　　(3)　みかけ比重（解体後の運搬時）
　　　　木質系　　　　　0.38 t／㎥
　　　　コンクリート　　1.6 t／㎥

３．S造
　　(1)　容積（かさ）
　　　　木質系　　　　　0.368㎥／㎡（建築業協会）住宅　　0.172　事務所
　　　　コンクリート　　0.590㎥／㎡（建築業協会）住宅　　0.328　事務所
　　(2)　重量
　　　　木質系　　　　　0.140 t／㎡住宅　　　　　　　　　0.065　事務所
　　　　コンクリート　　0.944 t／㎡住宅　　　　　　　　　0.525　事務所
　　　　鋼材量　　　　　0.187 t／㎡（建築と設備コスト情報1995上期版）
　　(3)　みかけ比重（解体後の運搬時）
　　　　木質系　　　　　0.38 t／㎥
　　　　コンクリート　　1.6 t／㎥

（出典：「災害廃棄物処理事業業務報告書（資料集）」（平成10年 3 月）神戸市環境局 p.55）

　兵庫県内で最もがれきの量が多かった神戸市においても解体撤去棟数及び平均延床面積推計に基づいて発生原単価を乗じてがれき発生量の算定している。
これを時系列で追ってみると平成 7 年 3 月に第 1 回、11月に第 2 回、同月に厚生省、大蔵省の査定ベースが第 3 回、そして平成10年 3 月に確定値を決定する。表 2 － 4 － 7 に神戸市のがれき発生量推計の経緯を示す。
　ここで発生原単位についていうと平成 7 年 3 月は、市として原単位を有していなかったため県の原単位を使用したが、11月以降は市の解体、処理の実績をベースに市としての原単位を定め推計をしているが、最終的に平成10年 3 月時点の原単位の推計は、木造0.585 t／m^2、鉄骨造（住宅）1.11 t／m^2、RC造（住宅）1.506

第4節　が　れ　き

表2－4－4　神戸市がれき発生量推計の経緯

	要解体棟数(棟)	がれき発生量
平成7年3月	73,817	1,361万㎥
平成7年11月	70,734	1,468万㎥
平成7年11月（査定ベース）	65,503	793万t
平成10年3月	61,392	803万t

（神戸市資料より作成）

t／m² とされた。

　このようにがれきが大量に一時に都市部で発生し、その量的把握が少なからず混乱し、錯綜したことが今回の震災によって明らかにされ、今後に備えるべく教訓を残した。

4　がれき処分地

　被災前の神戸市の一般廃棄物の処分は次のようにされていた。

家庭ごみ	クリーンセンター（CC）で焼却、焼却灰はフェニックスで処分
荒ごみ	布施畑・淡河環境センターで埋立処分
空き缶	リサイクルセンターで選別後リサイクル

　処分の方法および処分地は発生した災害廃棄物の量によって決定されねばならない。1月26日に政府が発表した1,100万t、県の推計1,280万tは従来の廃棄物処理システムでは対応できないことは明白であった。国、県としては広域処理の必要性の認識からこれら発生がれきの処分空間および運搬ルートの検討を急いだことはリスクマネジメントの観点から当然のことであり、2でも述べた。そうした認識の下に神戸市においても、**がれき処理の基本方針**を次のように定める。

1. 市域内処理を原則として、必要に応じて広域的処理を行う。
2. 解体現場における分別を徹底するが、困難な場合は仮置場で分別する。
3. 廃棄物別の処理方針
① 木質系
　・布施畑、淡河環境センターでの分別、破砕、焼却および最終処分
　・ポートアイランド第2期仮置場での分別、破砕、焼却および最終処分
　・既設クリーンセンターでの焼却
　・域外処理（焼却灰のフェニックス処分）
　・良質廃材リサイクル
② コンクリート系　　積出基地へ搬送し、海上輸送で神戸港内の埋立
③ 金系　　リサイクルの推進

第2章　スペア都市計画論

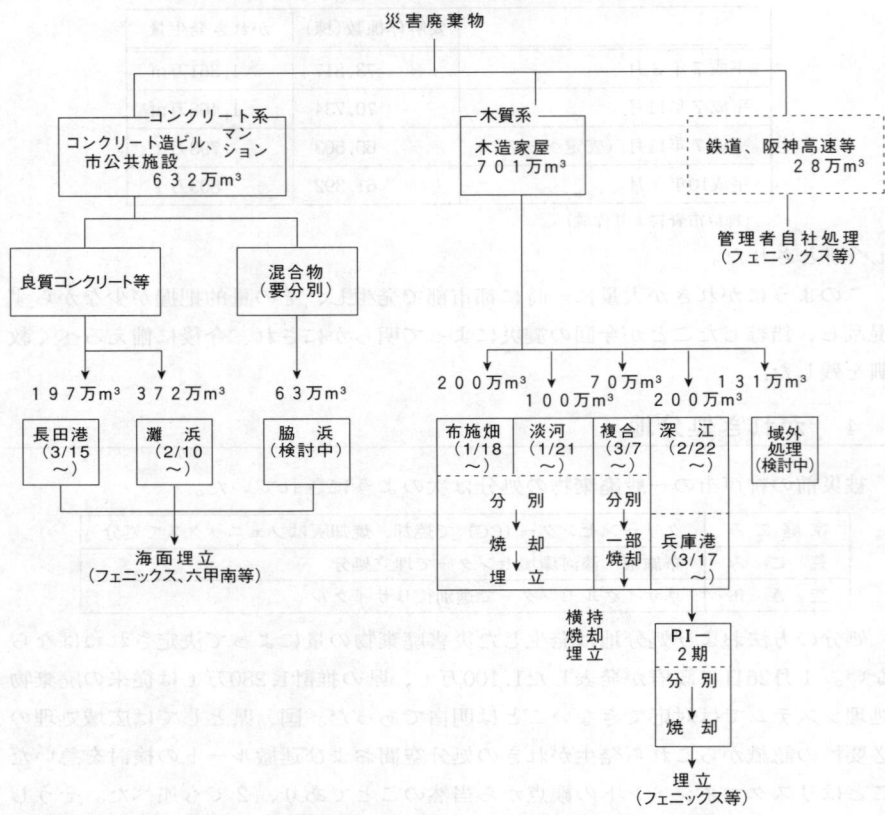

図2－4－6　災害廃棄物の処理フロー（当初計画）

```
                          災害廃棄物
         ┌───────────────────┼───────────────────┐
    コンクリート系              木質系           鉄道、阪神高速等
 コンクリート造ビル、マン       木造家屋              28万m³
  市公共施設      ション        701万m³                │
    632万m³                                         │
       │                                      管理者自社処理
   ┌───┴───┐                                  （フェニックス等）
 良質コンクリート等  混合物
              （要分別）
    │       │
  197万m³  372万m³  63万m³      200万m³   70万m³   131万m³
                                    100万m³   200万m³
 ┌────┐ ┌────┐ ┌────┐   ┌────┐┌────┐┌────┐┌────┐ ┌────┐
 │長田港││灘 浜││脇 浜│   │布施畑││淡河││複合││深江│ │域外│
 │(3/15)││(2/10)││(検討中)│ │(1/18)││(1/21)││(3/7)││(2/22)│ │処理│
 │ ～ ││ ～ ││    │  │ ～ ││ ～ ││ ～ ││ ～ │ │(検討中)│
 └──┬─┘ └─┬──┘ └────┘   └──┬─┘└─┬──┘└─┬──┘└─┬──┘ └────┘
    │     │              分別   分別  │    │
    └──┬──┘              ↓     ↓   一部  兵庫港
       ↓                焼却   焼却  焼却  (3/17)
     海面埋立             ↓     ↓         ～
  （フェニックス、六甲南等）  埋立         │    │
                                      横持   │
                                      焼却   ↓
                                      埋立 ┌────┐
                                           │PI－│
                                           │2期 │
                                           └─┬──┘
                                            分別
                                             ↓
                                            焼却
                                             ↓
                                            埋立
                                         （フェニックス等）
```

（出典：『阪神・淡路大震災神戸復興誌』（平成12年1月）神戸市 p. 184）

　この方針に基づき、図2－4－6の処理フローを平成7年3月に決定し、がれき処理が進行していった。その後発生がれき量の算定を体積（m³）から重量（t）へ、対象建築の棟数の見直しなどで変更されたりしたが、最終的にがれき処理の実績は図2－4－7のフローに示すところによった。

5　がれき発生量の推計

　阪神・淡路大震災はがれき処理に関しては貴重な教訓とデータを提供した。
　第1に、関東大震災、第二次大戦による戦災は、被災地が木造低層建築物が連坦する市街地であったこともあり大半が焼失し大量のがれきが発生しなかったため、がれき処理についての経験が少なくまた予測もしていなかったが、都市化が

第4節　が　れ　き

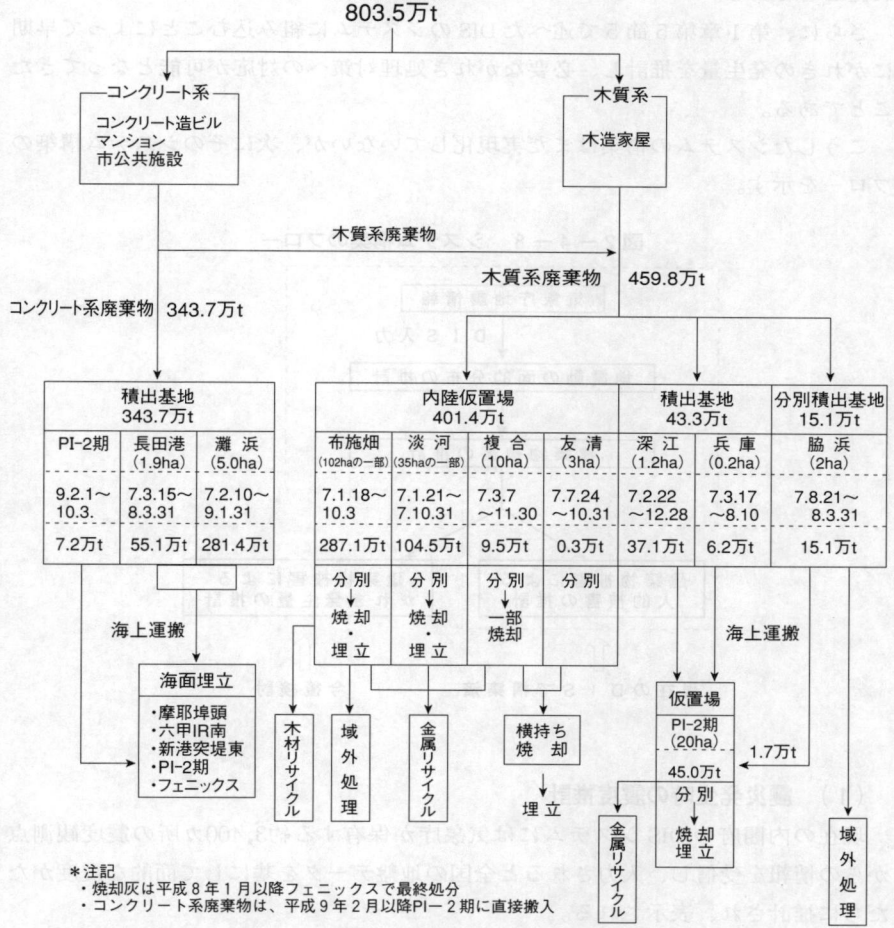

図2－4－7　災害廃棄物の搬入・処理処分実績

```
                    災害廃棄物
                    803.5万t
                   ┌────┴────┐
              コンクリート系        木質系
           コンクリート造ビル      木造家屋
              マンション
              市公共施設
```

コンクリート系廃棄物　343.7万t　　　木質系廃棄物　459.8万t

積出基地 343.7万t			内陸仮置場 401.4万t				積出基地 43.3万t		分別積出基地 15.1万t
PI-2期	長田港 (1.9ha)	灘浜 (5.0ha)	布施畑 (102haの一部)	淡河 (35haの一部)	複合 (10ha)	友清 (3ha)	深江 (1.2ha)	兵庫 (0.2ha)	脇浜 (2ha)
9.2.1～ 10.3.	7.3.15～ 8.3.31	7.2.10～ 9.1.31	7.1.18～ 10.3	7.1.21～ 7.10.31	7.3.7 ～11.30	7.7.24 ～10.31	7.2.22 ～12.28	7.3.17 ～8.10	7.8.21～ 8.3.31
7.2万t	55.1万t	281.4万t	287.1万t	104.5万t	9.5万t	0.3万t	37.1万t	6.2万t	15.1万t

コンクリート系：海上運搬 → 海面埋立（摩耶埠頭／六甲IR南／新港突堤東／PI-2期／フェニックス）

内陸仮置場：分別 焼却・埋立 → 木材リサイクル／域外処理／金属リサイクル／横持ち焼却 → 埋立

積出基地（深江・兵庫）：海上運搬 → 仮置場 PI-2期（20ha）45.0万t 分別 焼却 埋立 → 金属リサイクル　1.7万t

分別積出基地（脇浜）→ 域外処理

＊注記
・焼却灰は平成8年1月以降フェニックスで最終処分
・コンクリート系廃棄物は、平成9年2月以降PI-2期に直接搬入

（出典：『阪神・淡路大震災神戸復興誌』（平成12年1月）神戸市　p. 185）

進行し、かつ不燃化の進行は、倒壊建築物の火災による焼失度が著しく減少し、がれき発生量が極大化し、防災行政作用としての除去作業におびただしい時間と労力と費用を要するばかりでなく、復旧・復興作業の足かせとなったこと。

　第2に、震災後の調査によって構造別、年代別の建築物の被災率のデータが得られ、これに震度分布を重ねることにより、被災市街地トータルとしてのがれきの発生量を推計することができるようになったことである。これにより震災によ

る建物被害から発生するがれきの量を、より正確に推計する手がかりを与えてくれたことである。

さらに、第1章第5節5で述べたDISのシステムに組み込むことによって早期にがれきの発生量を推計し、必要ながれき処理対策への対応が可能となってきたことである。

こうしたシステムの構築はまだ実現化していないが、次にそのシステム構築のフローを示す。

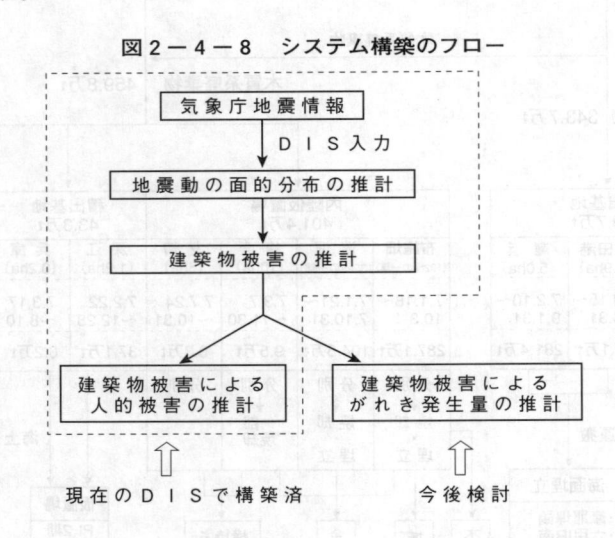

図2－4－8　システム構築のフロー

```
        気象庁地震情報
              ↓
          DIS入力
              ↓
     地震動の面的分布の推計
              ↓
       建築物被害の推計
          ↓        ↓
  建築物被害による    建築物被害による
   人的被害の推計     がれき発生量の推計
        ⇧              ⇧
  現在のDISで構築済      今後検討
```

（1）　震災発生時の震度推計

現在の内閣府のDISシステムには気象庁が保有する約3,400カ所の震度観測点からの情報を受信し、入力されると全国の地盤データを基にして面的な震度がただちに推計され、表示される。

（2）　建物被害の推計

建築物の被災度については、阪神・淡路大震災直後、日本建築学会近畿支部、日本都市計画学会関西支部、兵庫県などの調査が実施されているが、建築時期別被災度については、建設省建築研究所が平成8年3月に発表した「平成7年兵庫県南部地震被害調査最終報告書」のなかで、昭和46年、昭和57年（新耐震設計法に基づく建築基準法改正時）を区分にした被災度の調査結果が出ており[87]、昭和57年の新耐震設計基準に基づく建築物の被災度が極めて低いことがデータとして

証明されている。

そこで、DISの1キロメッシュ毎の区分に従って、固定資産税台帳を基にした建築年代別（非木造については昭和57年以前と以後、木造については昭和35年改正基準法の前後）の区分による建築物の棟数に市町村別床面積を乗じた後、建築着工統計の建物1棟あたり床面積で除して棟数を算定する[88]。

（3）建物被害に伴うがれき発生量の推計

(2)で算定した被害建物床面積にがれき発生原単位を乗じることによって災害発生後ただちにがれき発生量の推計が可能となる。

がれき発生量原単位としては、以下の2つの値を用いる方法が考えられる。

① 阪神・淡路大震災の際に発生したがれき量から推定された発生量原単位を用いる方法
② 平常時の家屋解体時のがれき発生量原単位を用いる方法

阪神・淡路大震災の実績に基づくがれき発生量予測原単位としては、神戸市による前述の原単位と兵庫県生活文化部環境整備課による原単位とがあるが、実際に市街地の大震災による経験値として貴重なデータである。

平常時の家屋解体時のがれき発生原単位としては、京都市環境局による災害廃棄物処理計画の数値と国土交通省が行う建設副産物実態調査結果がある。前者は建物構造別のそれぞれの原単位を設定しており、さらに可燃物と不燃物の割合を設定している。

国土交通省の建設副産物実態調査（建設副産物センサス）は、5年に一度行われる全国調査であり、全国ブロックごとの集計が行われており、地域特性、経年的な原単位の増減傾向を反映した数値となっている点が特徴である。

兵庫県環境整備課においても災害時のがれき発生量の予測原単位としては、建設副産物センサスの値を使用することが提案されている。とくに一般的な家屋を解体する際に発生するがれきはリサイクル率が非常に低迷していることから、リサイクル率の向上に多大な力が注がれており、経年的な変化が見込まれるため、将来に渡って原単位の見直しを行うことを考慮すればもっとも適切な値であると考えられる。留意すべき点は、建設副産物センサスの着目点はリサイクルの促進と廃棄物の縮減であり、廃棄物処理法における廃棄物の定義が事業を行う地域か

---

(87) 「平成7年兵庫県南部地震被害調査報告書（概要版）」（平成8年3月）建設省建築研究所 p.7
(88) 建物の全壊戸数をもとに人的被害の推計を導き出せば、緊急消防活動としての人命救助の実施する警察、消防、自衛隊の現場急行の迅速化も可能となる。

ら地域外へ搬出される場合に生じるため、センサスの調査対象が搬出量であることである。しかしながらセンサスでは全数調査ではないが、抜き取り調査によって発生量と搬出量の換算係数を設定しており、この数値を利用することができる。

京都市の原単位については、建物床面積について直接調査を行わず、固定資産税台帳を用いた推定を行っていることから若干精度が落ちるものと考えられる。

その他に千葉市が地域防災計画において用いている発生量原単位があるが、これは家屋の床面積ではなく、家屋被害1戸当たりの数値となっており、根拠等は不明である。

川崎市は、発生量原単位を定めているが、この値の根拠は明確ではない。ただ、値の大きさから見て副産物センサスの数値を流用しているのではないかと思われる。

いずれにせよこれらの予想値は災害発生直後の時点での推計値であり、概略の推計にしか用いることはできない。上述のいずれのケースで示された原単位についても有効数字を一桁とすると同じ値を示すことから、いずれの方法によっても大きな違いは発生しないものと考えられる。

これらの原単位を表にして比較したものが表2－4－8である。

大震災時の実績からの原単位と平常時の解体作業からの原単位では前者が大き

表2－4－8　がれき発生量原単位比較

主な発生量原単位の比較

原単位 (t/㎡)	兵庫県*1 (A)	神戸市*2 (A')	京都市*3	川崎市*4	センサス(H7)*5 (B)	センサス(H12)*6 (C)
木　造	0.5710	0.5850	0.5070	0.5000	0.4306	0.4166
RC造	1.4700	1.5060	1.5130	1.3720	1.0860	0.9443
鉄骨造	1.0840	1.1110	1.1960	1.3720	1.0860	0.9443

主な発生量原単位の比較（有効数字二桁）

原単位 (t/㎡)	兵庫県 (A)	神戸市 (A')	京都市	川崎市	センサス(H7) (B)	センサス(H12) (C)
木　造	0.6	0.6	0.5	0.5	0.4	0.4
RC造	1.5	1.5	1.5	1.4	1.1	0.9
鉄骨造	1.1	1.1	1.2	1.4	1.1	0.9

＊1：兵庫県生活文化部環境整備課（平成7年6月）
＊2：神戸市環境局（平成10年3月）
＊3：京都市環境局（平成10年6月）
＊4：川崎市防災会議（平成13年）
＊5：建設省建設副産物実態調査（平成7年）
＊6：国土交通省建設副産物実態調査（平成12年）

くなっているが、これは平常時は十分な事前の準備期間があること、解体と新規建設のコストを考慮して、リサイクル率を高められること等によるものと考えられるが、震災時はそうした時間的、経済的余裕を考慮することができないことによるものと考えられるので、各自治体において自ら処分地を十分確保できる場合は大震災時の発生原単位を使用することが好ましいが、現在のように大都市圏においては、都市が過密化して連坦し、大量のがれき処理を自立的処理ができなくなってきていることを考慮するとその処理には広域的な連携が必要となる。こうした広域連携にあたっては、①十分な処理容量の確保、②廃棄物に相当するがれきを広域輸送する場合の取り扱い、等について事前に検討を行い、自治体間で調整をしておく必要がある。特に近年は社会的な意識の高まりに伴い、廃棄物の域間持ち込みを禁止する条例が制定されている例などもあり、災害発生後の混乱の中で調整を行うのは困難であることも予想される。

　こうした調整のためにも、十分な処理容量の確保のためにも各自治体において統一的な発生原単位を採用することが重要である。こうした見地からも、発生原単位としては全国的な調査の結果である副産物センサスの地域ごとの数値を採用することが適当と考えられる。

　そしてその時はセンサスの時間の差を考慮して

$$A 又は A' \times \frac{C}{B}$$

によって得られる値によって広域的調整をすることが妥当であろう。

第5節　スペア都市計画論

　都市計画は、「永久の施設計画」であると第1節の冒頭で述べた。したがって本章で扱っている避難所、仮設住宅、がれき処理・処分地は、がれきの最終処分地を除いては被災時のある一定期間、すなわち復旧・復興事業が完了するまでの間の臨時的施設であり、そのための計画も臨時的なものである。

　阪神・淡路大震災では、被災直後の大きな課題となった避難所、仮設住宅、およびがれき処理の問題は、防災行政作用として深刻な課題を投げかけたといって過言ではない。それは単に従来これほど大きな問題となるという認識が欠如していたにとどまらず、地震国日本が戦後の経済成長により大都市集中が著しく進み、しかも狭小過密な市街地の拡大は地震による被災抵抗力を弱める結果をもたらした。被災抵抗力の弱体化は地震被害の増大をもたらし、多くの建築物の倒壊等により多数の避難者を発生させ、これらの再建迄の期間、居住の場としての仮設住

第2章　スペア都市計画論

宅の建設を必要とし、がれきの大量発生の処理・処分を余儀なくされる。

　こうした問題は過密大都市、特にわが国のような宅地の細分化した土地に木造建築物が密集している市街地において内在していた問題であるにも拘わらず、現実に大地震が発生して顕在化する迄、その被災抵抗力の弱さ、被害の甚大さ、それに伴う避難、仮住居、がれきの問題に対する研究、調査、対策の検討が必ずしも充分でなかったこと、あるいは neglect されてきたことを今回実証してくれたのである。さらに今回のような大震災が起こる頻度が少ないことからこの問題のデータは著しく不足するか、ほとんどデータがない状態に等しかったと言える。したがってこれらの対策は、大数観察又は統計的資料が不足するなかで、今後のこれらの復旧対策が演繹されなければならない。

　一般的に行政作用は種々の行政作用の結果を利用し、あるいは依存しながら実施に移されることが多い。避難所の指定は、教育行政、公園行政によって作られた学校や公園をある一定の基準を定めて指定し利用するものであり、それらの行政作用に依存しているわけである。がれき処理も廃棄物行政として実施される行政作用に依存している。ひとり仮設住宅は災害救助法に基づき、被災地の住居を失った者に対して供給されるという防災行政作用そのものに属する。避難所およびがれき処理・処分場は、避難所として利用されることとなる施設を司る行政が、それぞれの固有の目的に資するよう整備をし、その整備段階においてその位置・規模の決定も被災時の防災緊急活動のことを全て念頭に入れていないのである。したがって、被災時における防災行政作用としての被災者が避難する場所やがれきの処理は、他の行政作用によってもたらされている施設を反射的利益として使用し、享受しているにすぎないということができる。また仮設住宅は避難所・がれき処理と異なり、防災行政作用そのものとして位置付けられているが、被災後からその作用が開始され、それ以前から準備がなされるものとしては位置づけられていないのである。

　予防的リスクマネジメントの点からみると避難所は避難地、避難路と共に地域防災計画において被災時に備えてあらかじめ被災前から定められている。しかし仮設住宅およびがれき処理・処分場は、被災時に仮設住宅の設置戸数及び設置場所を決定することとされ、ゴミ等の廃棄物については、ゴミの集積場所が不足する場合に公園、運動場、埋立地等を一時的集積所にし、処理は終末処理場で行うことを基本にしているのが通例であった。特にがれきについては一般的に大きな課題として認識されていなかったといえる。

　しかし阪神・淡路大震災によって多量の仮設住宅の建設、膨大ながれきの処理が必要となったことにより、その用地の確保の重要性が認識されることとなった。

第5節　スペア都市計画論

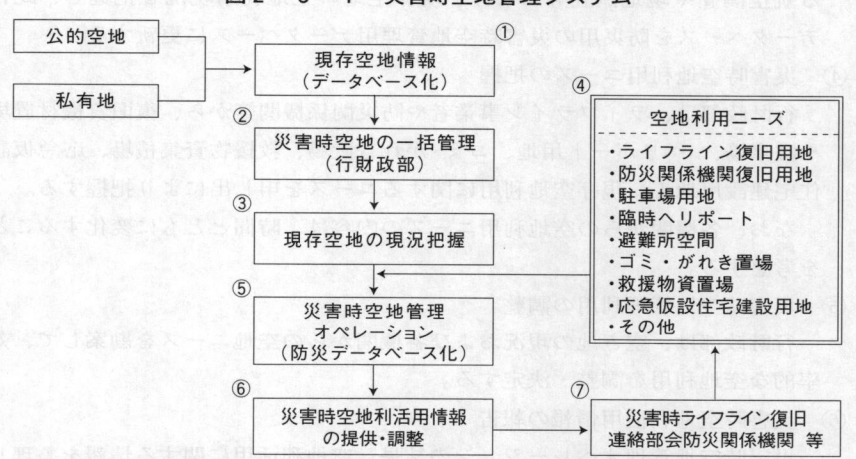

図2－5－1　災害時空地管理システム

```
公的空地 ┐
         ├→ ① 現存空地情報
私有地 ──┘    （データベース化）
                ↓②
             災害時空地の一括管理
             （行財政部）
                ↓③
             現存空地の現況把握 ←──────┐
                ↓⑤                     │
             災害時空地管理              │ ④ 空地利用ニーズ
             オペレーション              │   ・ライフライン復旧用地
             （防災データベース化）       │   ・防災関係機関復旧用地
                ↓⑥                     │   ・駐車場用地
             災害時空地利活用情報 →⑦ 災害時ライフライン復旧
             の提供・調整           連絡部会防災関係機関　等
                                       ・臨時ヘリポート
                                       ・避難所空間
                                       ・ゴミ・がれき置場
                                       ・救援物資置場
                                       ・応急仮設住宅建設用地
                                       ・その他
```

（出典：神戸市地域防災計画総括地震対策編（平成14年6月）神戸市防災会議 p. 87）

すなわち、それまでの予防的リスクマネジメントとしては仮設住宅用地およびがれき処理・処分用地については充分な認識を欠いていたことが明らかになったのである。したがって震災後神戸市地域防災計画においては「災害時空地管理システム」が盛り込まれることとなった[89]。今回の経験により被災後の復旧活動に伴う復旧資材置場、駐車場、避難空間、仮設住宅、がれき等の集積地の必要性を痛感し、現存空地をコントロールし、利用者の需要を調整しながら時系列的に現存空地を合理的に活用して、復旧・復興活動を迅速化しようとするのがその目的である。

その内容は次のとおりである（図2－5－1参照）。

① 災害発生時の現存空地情報の把握
　　災害発生時点の現存する空地に関する情報を把握する。
　　この現存空地情報は、市有地、国有地等の公的空地と私有地の情報（位置、面積、現行土地利用等）を都市計画等の情報を活用し、データベース化する。
② 災害時空地情報の一括管理
　　災害時の現存空地の有効利用を図るため、可能な限り私有地を含め現存空地を行財政部が一括把握し、情報の一元化を行うこととする。
③ 現存空地の現況把握
　　行財政部は現存空地データベースを参考に、地震直後にヘリコプターによ

(89) 「神戸市地域防災計画」地震対策編（平成14年6月）神戸防災会議 pp. 87〜88

る航空調査や現地調査等により、現存空地の土地利用現況を把握し、既存データベースを防災用の災害時空地管理用データベースに更新する。
④ 災害時空地利用ニーズの把握

行財政部は、ライフライン事業者や防災関係機関等から、復旧資機材置場や駐車場、ヘリポート用地、ゴミ・がれき置場、救援物資集積場、応急仮設住宅建設用地等、現存空地利用に関するニーズを申し出により把握する。

なお、各機関からの空地利用ニーズの内容は、時間とともに変化することを考慮する。
⑤ 災害時空地管理利用の調整

行財政部は、空き地の現況および各機関からの空地ニーズを勘案して、効率的な空地利用を調整・決定する。
⑥ 災害時空地利活用情報の報告

災害時空地管理オペレーションの結果、空地利活用に関する情報を整理し、防災関係機関や災害時に開かれるライフライン復旧連絡部会等へ時系列に提供し、相互に調整する。

なお、空地利用した機関は、その利用状況や撤去等の情報を逐一、行財政部へ報告することとする。

これらの問題はわが国の都市がきわめて大都市集中が進み、しかも平地面積の少ない要因も重なって過密化が進行し、緊急時に利用できる空地（極端なこととして言えば平時は未利用地あるいは無駄な土地）が著しく少ないことが緊急防災活動を阻害し、あるいは遅延させる深刻な結果をもたらしているといえる。その意味においては優れて大都市の土地（確保）問題に帰着する。

ところで都市における土地利用計画である都市計画は、これを土地割当て計画であるということができる。その割当計画は公共・公益施設について言えば、強制権をもって土地を利用することを定め、建築行為も決められた用途・容積等の制限を課せられる力を都市計画は有している。要するに都市計画の都市内の用地割当機能を予防的防災行政リスクマネジメントとしての避難所、仮設住宅、がれき処理・処分場に適用できないかという議論を生じてくるのである。

都市計画は「永久の施設計画」であるという伝統的概念を部分的に変更して、永久の施設計画として定める基準に、緊急防災活動として必要となる暫定利用目的をも併せ持たせて都市計画に位置付けるスペア都市計画論である。

避難所についていえば、学校とか公益施設（老人福祉施設、公民館等）をそれぞれ学校、公益施設としての都市計画決定をするが、その説明書のなかで被災時には避難所として暫定的に利用する旨を明記する。

第5節　スペア都市計画論

　仮設住宅についていえば、例えば公園、学校のグラウンド等の都市計画決定をするとともに、被災時の仮設住宅用地として利用することを明示し、その際に必要となる給水・汚水排水処理を可能とする設備を整備しておく。
　また廃棄物の処理場についていえば、通常の廃棄物の将来の予想に加え、被災時の想定処理・処分予定量を必要面積に加えて、都市計画決定をすることとするのである。
　防災行政作用がますます他の多様多種の行政作用との調整・融合が必要となっていくなかで、防災都市計画という都市計画行政作用が、地震国日本、過密大都市を抱える日本において、緊急時の暫定利用を包含したスペア都市計画論を制度化、実践していくことが、今日的課題になってきていることをこの阪神・淡路大震災が要請しているといえる。

第3章　復興計画

第1節　復興計画のリスクマネジメント

　自然災害に見舞われることの多いわが国においては恒常的に災害の被害を受けている。したがってその防災対策－防災行政作用は民生安定上の重要な政策課題である。毎年のようにおこる台風による被害、集中豪雨、豪雪、地震等への予防、被災後の復旧・復興の行政作用は、わが国の宿命的年中行事であり続けてきた。これらの災害による被害の社会的影響度の強弱は被災後の対策に著しく大きな影響を与える。

　災害により最も深刻な影響を受けるのは被災者であり、被災した地域社会であり、それを包摂する基礎的地方公共団体である市町村であり、それを包括する広域的自治体である都道府県である。国は国民の生命・財産が被害を受けることに対しては国家としての責務を果たす必要があるが、直接国民に接する度合は低いことから、地方公共団体を中心として実施される防災行政作用に対し制度的、予算的仕組みを通じて関与することが通常である。

　しかし、一の災害が被災者や被災地域社会の制度的救済に不充分であるとの認識に立つ時には、国が行政的にあるいは立法的解決によって対処する必要に迫られる。

　災害により人的、物的被害が発生した場合、被害の大小にかかわらず、被災地の復興は救助、復旧に続いておこる最後の防災行政作用である。しかし被害の大小によって復興に対する取り組みには異同が出る。比較的規模の小さい災害の場合には地域社会や全国的影響が小さいため、その取り組みも大々的に実施する必要がないが、規模が大きい場合は、地域社会全体を全国的見地からの復興が支援されることとなる。

　とくに阪神・淡路大震災は被災者数、被災建造物数が膨大で、被災総害は10兆円とわが国GDPの２％に相当し、被災地域の産業施設、流通施設等の機能が一時的に停止し、日本経済全体へも大きく波及する事態になり、国として総力を挙げて取り組む必要が生じるに至った。

　復興計画は一般的には被災した市街地または集落のフィジカルなプランを中心

として実施されるが、人口、産業の都市集中が進んだ都市化時代の今日、とくに過密化した大都市に大規模な地震がおきて、その被害の範囲があらゆる分野に及ぶようになっているため、その復興計画は市街地のフィジカルな復興計画にとどまらず、住宅政策、福祉政策、医療政策、産業振興・中小企業政策、教育・文化・スポーツ振興政策等が盛り込まれることとなった。

神戸市においても兵庫県においても、こうしたあらゆる施策が動員されて復興計画[1]を作成し公表するに至る。

このように阪神・淡路大震災における復興計画は広範囲の施策全般を網羅する形で作られ、実施に移されたが、このことは従来から伝統的、一般的に認識されていた都市計画関係の狭義の復興計画の意義・重要性を損なうものではない。むしろ被災された地域、建築物、建造物を新たに防災性の高い地域へ作りかえていくことは広義の復興計画の中心課題であることはいささかも揺るぎないものである。

復興計画に関しては国、地方公共団体、地権者等の関係者によりさまざまな角度から関与がなされるが、それぞれの段階、立場からのリスクマネジメントがなされ、その相互関係について分析しておくことも重要である。したがって、その方法としては主体別にこれを分類し、それぞれの作用をトレースした後、他の主体の作用との相関関係について述べることとする。

第2節　国家としてのリスクマネジメント

1　立法的リスクマネジメント

災害多発国家であるわが国においては、被災後の復興はそれまでの実績の積み重ねによるルールが概略出来上がっており、そのルールにしたがって実施するのが通例である。しかし、そのようなルールでは律しきれない時、特に立法的解決を要するような災害が発生した場合に、立法的リスクマネジメントが必要となってくる。

以下に、これまでの立法的リスクマネジメントで特に重要なものについて概観しておく。

（1）「阪神・淡路大震災復興計画」（兵庫県　平成7年7月）、神戸市復興計画（神戸市　平成7年6月）

第3章　復興計画

1）関東大震災（特別都市計画法……基本的改革手法）

　大正12年9月1日に発生した関東大震災によってもたらされた被害は、当時の東京市のほぼ半分の3,470haが被災し、罹災戸数が37万4,500戸、罹災人口が約6割にあたる148万人、死者約6万人、負傷者約1万6,000人と未曾有の大被害であった。首都を襲った大地震であるがゆえに、まさしく国家の危機ともいうべき事態であった。このような国家の危機にあたっては当然立法をもって対処しなければならないこととなったが、それは以下のとおりである。

(1)　戒厳布告（大正12．9．2勅令398号）

　9月2日まず東京市、荏原郡、豊多摩郡、北豊島郡、南足立郡、及び南葛飾郡に、9月4日までに東京府、神奈川県、埼玉県、千葉県の全域に勅令により戒厳令による戒厳が布告され、社会の混乱に対処するため、関東戒厳司令官が治安の維持にあたる（同年11月5日解除）。

(2)　非常徴発令（大正12．9．2勅令396号）

　内務大臣は、被災者の救済に必要な食糧、建築材料、衛生材料、運搬具等の非常徴発を命じることができる。

(3)　治安維持ノ為ニスル罰則ニ関スル件（大正12．9．7勅令403号）

　犯罪のせん動・治安を害する事項の流布および流言浮説の行為を重罪に処する。

(4)　私法上ノ金銭債務ノ支払延期及手形等ノ権利保存行為ノ期間延長ニ関スル件（大正12．9．7勅令404号）

　9月1日以前に発生し、同月30日迄の間に支払をなさなければならない私法上の金銭債務で債務者が被災地に住所又は営業所を有するものについて、30日間支払を猶予する。

(5)　生活必需品ニ関スル暴利取締ノ件（大正12．9．7勅令405号）

　暴利を得る目的で生活必需品の買占め、売惜みまたは不当な価格での販売を行った者を処罰する。

(6)　臨時物資供給令（大正12．9．22勅令420号）

　政府は、震災地における生活必需品等の円滑な供給を図るため必要があるときは、その買入れ、売渡し等をなし、または、その輸出の禁止等をすることができる。

(7)　市街地建築物法適用区域内ニ於ケル仮設建築物等ニ関スル件（大正12．9．15勅令414号）

被災地において、大正17年8月末日までに除却する仮設建築物等を建築する場合には、市街地建築物法を適用しない。

(8)　帝都復興院官制（大正12．9．27勅令425号）[2]

第2節　国家としてのリスクマネジメント

　帝都復興の責に任ずべき都市はその主力を奪われたため、国において事業執行する必要があること、復興の計画および事業は、各省の所管にわたるので、これを連絡統一して行うため責任ある独立官庁を設けて一般政務の渋滞を来さないようにする必要があること、各省の間における交渉案件が多いのでその統制を保たせる必要のあることから、復興院を内閣総理大臣の管理に属させて、東京および横浜における都市計画、都市計画事業の執行および市街地建築物法の施行その他復興に関する事務を掌ることとする。

　これにより帝都復興のための中央行政機関の相互関係は次のとおりである。

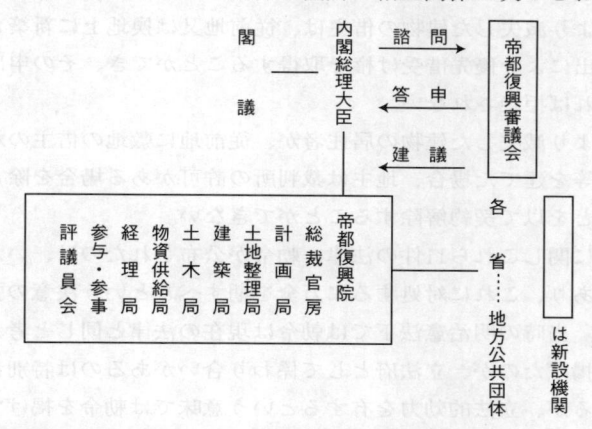

```
                          諮　問
              内　　　  ─────→  帝
     閣     　閣　　　　　           都
     　     　総　　　　　           復
     議     　理　　　 答　申        興
     　     　大　　 ←─────       審
     　     　臣　　　　　           議
     　     　　　　　　 建　議      会
     　     　　　　 ←─────
```

```
┌─帝都復興院─────────────────────┐      各
│評 参 経 物 土 建 計 土 総 総       │      省
│議 与 理 資 木 築 画 地 裁 　       │────  　　　　   □は
│員 ・ 局 供 局 局 局 整 官 　       │      地         新
│会 参        給        理 房       │      方         設
│   事        局        局          │      公         機
│                                   │      共         関
└───────────────────────────────────┘      団
                                          体
```

(9)　特別都市計画法の制定（大正12.12.24法律第53号）
復興計画の中心に土地区画整理を据え、

①　土地区画整理は、行政庁又は公共団体が施行する。土地所有者又は、その組合も施行しうる。
②　建物のある宅地を区域に編入するについて所有者の同意を要しない。
③　換地予定地を指定して、建物等の移転を命じることができる。この場合は損失を補償する。
④　工事完了以前でも換地処分を行い部分的整理を行うことができる。
⑤　減歩が1割を超えるときは、その超える部分に対して補償金を交付する。
⑽　震災善後公債及復興事業の施工に伴ひ支払うべき金額を国債証券を以て交付する等に関する法律（大正12.12.24法律第55条）
復興事業に要する経費が巨額になるため、その財源を公債に求めることおよび

（2）　復興院予算の否決により、大正13年2月23日に廃止される。その後、復興局官制（大正13年2月25日勅令第26号）、復興事務局官制（昭和5年3月27日勅令第40号）に組織は引き継がれる（第2節2　1）(2)ロ)ハ)で詳述する）。

その経費の支弁を一定の制限の下に現金に代えて国債証券を交付することができることとする。

(11) 借地借家臨時處理法（大正13．7．22法律第16号）

震災によって多くの住宅が滅失し、地主、家主、借家人間の法律関係の紛争が頻発、更に復興土地区画整理事業による換地と従前地の権利関係も加わり、その法律的処理を臨時的に行う必要が生じた。このため、

① 地代、家賃等の条件が著しく不当な時は当事者の申立により裁判所は其の条件の変更を命ずることができる。

② 震災により滅失した建物の借主は、従前地又は換地上に新築された建物につき、申出により優先借受け権を取得することができ、その申出は正当な理由がなければ拒絶されない。

③ 震災により滅失した建物の居住者が、従前地に敷地の借主の承諾を得て仮設建築物等を建てた場合、地主は裁判所の許可がある場合を除き、その承諾がないことを以て契約解除することができない。

関東大震災に関しこれら11件の法律、勅令が公布されたのは、いかに国家として緊急事態であり、これに対処するに万全を期すべきという決意の強さを表すものだといえる。当時の明治憲法下では勅令は現在の法律と同じと考えられていたので、ここで掲げたのが、立法府として係わり合いがあるのは特別都市計画法以下の三法であるが、立法的効力を有するという意味では勅令を掲げている。

これを緊急・応急復旧対策と復興対策に二分に分類して整理すると以下のようになる。

緊急・応急復旧対策	復　興　対　策
・戒厳布告 ・非常徴発令 ・治安維持ノ為ニスル罰則ニ関スル件 ・私法上ノ金銭債務ノ支払延期手形等ノ権利保存行為ノ期間延長ニ関スル件 ・生活必需品ニ関スル暴利取締ノ件 ・臨時物資供給令 ・市街地建築物法適用区域ニ於ケル仮設建築物等ニ関スル件	・帝都復興院官制 ・特別都市計画法 ・震災善後公債法及び復興事業の施工に伴い支払うべき金額を国債証券を以て交付する等に関する法律 ・借地借家臨時處理法

緊急・応急復旧対策の勅令は、社会不安の除去という治安立法的な面が色濃く出ているが、復興対策の帝都復興院官制と、特別都市計画法は、首都の半分の市街地が壊滅・焼失するという事態に、国家としてその復興に専属的な組織を新たに作り取り組むことを宣明にし、また災害に強い市街地を建設しようとする意志

を示したこと、その手法に区画整理という耕地整理で使われていた土地の区画を整理し、都市に必要な公共施設を面的に作り上げるわが国独特の都市建設手法を導入したことに大きな意義を有する抜本的な手法の創設であったといえる。

まさに、大きな被害を蒙ったことへの反射的効果としての立法的リスクマネジメントということができる。

近代国家明治以前に作られた城下町的都市計画（それは狭い道路、低層木造建築物が連坦する町）から近代都市計画へ脱皮するために、わが国が歩み始めた東京市区改正条例、旧都市計画法、市街地建築物法といった揺籃期のわが国の都市計画を飛躍させる基礎をなした重要な改革法であったというべきである。

2）天草大災害（集団移転法……基本的改革手法）

（1）経　　緯

昭和47年7月の豪雨は東北地方から九州地方にかけ32府県にわたって、河川の氾濫、山くずれ、崖くずれ、地すべり、土石流の被害をもたらした。災害復旧として国の補助対象となった災害総額は例年の3.2倍の3,349億円にのぼった[3]。

政府は「昭和47年7月豪雨非常災害対策本部」を設置し、災害応急対策を強力に推進したのであるが、近来にない豪雨災害に直面し、災害復旧・災害復興対策が画期的前進を遂げさせるだけの衝撃を与えた。

それは、「改良復旧」の思想が初めて災害対策に取り入れられたことである。すなわち、従来災害復旧は「原形復旧」の原則にのっとって実施されていた。河川が氾濫した場合、被災前の形で復旧することが義務づけられ、これを従前の河道を修正したり、幅員を広げたりすることは、補助率の低い別途の災害関連事業として実施しなければならなかった。同様に道路、農地等が被災しても原形復旧が永らく続き、改良復旧をすべしというのは議論にとどまっていた。

しかし真に災害に強い国土にするために、あるいは原形復旧方式では同様の災害を防止することもできない場合も考えられ、想定される災害に耐え得る施設等にする改良復旧方式をすべき議論が強くおこり、その思想の延長として集団移転方式による村落の再編が取り上げられた。その舞台となったのが熊本県天草郡の天草上島地区である。宇土半島突端の三角町から天草五橋を渡って天草下島の本渡市の手前にあるのが天草上島で、この上島にある五町のうち、姫戸町、倉岳町、龍ヶ岳町[4]で記録的な豪雨により山岳部から大規模な土石流が僅かな平地を一気に押し流し、耕地および村落をほとんど壊滅させたのである。山が崩れ大きな

（3）　西崎増夫「47年発生大規模災害と集団移転」季刊防災44号（1973.5）
（4）　現在本渡市・倉岳町は天草市、姫戸町・竜ヶ岳町は上天草市となっている。

土石が瞬時に住宅を破壊し、多数の人命を奪った恐怖から被災して生き残った人々は従来居住地での住宅の再建を望まず、地区外へ集団で移転することを強く希望し、行政当局としてもこのような災害が今後発生した時に、同じような被害を未然に防ぐ意味からも現地復興でなく、現地外復興を強く訴えた。

被災して2週間後の衆議院災害対策特別委員会の調査団熊本班も、現地での視察および要望を受け、天草上島地区に見られる全町壊滅的な被害を受けた自治体に対して大幅な改良復旧と、地域の実情に応じ集団移転、生活環境の整備、生活手段の確保等をセットとした総合的町づくりを強力に実施しなければ住民の生活を続けることは不可能であると断定し、このため国は特別の財政援助を行うべきで、制度的限界があるならば、特別被災地域の救済に関する措置として立法化を検討すべきだと報告している[5]。参議院においても災害対策特別委員会は8月9日に「災害危険区域から集団で他に移転する者の住宅施設及び生活再建のための特別の助成の措置を早急に確立すること」を決議する[6]。これを受けて11月7日に衆議院災害対策特別委員会において委員長提案として「防災のための集団移転促進事業に係る国の財政上の特別措置等に関する法律案」が提案され、11月13日には参議院本会議で可決成立に至るという大変なスピードで改良復旧的集団移転法が制定されたのである。

(2) 集団移転法

この集団移転法のスキームを簡単に述べると、

(1) 移転促進区域の認定

豪雨、洪水、高潮、その他の異常な自然現象による災害が発生した地域又は建築基準法第39条の災害危険区域のうち、住民の生命、身体および財産を災害から保護するため住居の集団的移転を促進することが適当であると認定された区域。

(2) 集団移転促進事業

地方公共団体が10戸以上の住宅を建設する住宅団地を整備して移転促進区域（大きな被災を受けた土地の区域……筆者注）内にある住居の集団的移転を促進するために行う事業をいう。

(3) 集団移転促進事業計画の内容

① 移転促進区域
② 移転促進区域内にある住居の数及び移転しようとする住居の数ならびにその移転者の数およびその移転者の属する世帯の数

---

(5) 衆議院災害特別委員会議事録（昭和47年7月27日）
(6) 同上（昭和47年8月9日）

③　住宅団地の整備又は住宅団地における住宅の整備に関する事項
④　移転者の住宅団地における住宅の建設若しくは購入又は住宅用地の購入に対する補助に関する事項
⑤　住宅団地に係る道路、飲用水供給施設、集会施設その他の公共施設の整備に関する事項
⑥　移転促進区域内における農地、宅地その他の土地の買取り及び植林その他農地等の利用に関する事項
⑦　移転促進区域内における建築制限その他土地利用の規制に関する事項
⑧　移転者の住居の移転に関連して必要と認められる農林水産業に係る生産基盤の整備およびその近代化のための施設の整備その他移転者の生活確保に関する事項
⑨　移転者の住居の移転に対する補助に関する事項
⑩　集団移転促進事業の実施に必要な経費およびその資金計画

(4)　**集団移転促進事業計画の手続き**

市町村は、集団移転促進事業を実施しようとするときは、「集団移転促進事業計画」を自治大臣の承認(7)を得て定めなければならない。

(5)　**国の補助**

国は、集団移転促進事業を実施する市町村又は都道府県に対し、次に掲げる経費について、それぞれ4分の3を下らない割合によりその一部を補助する。

①　住宅団地の用地の取得および造成に要する経費（当該取得および造成後に譲渡する場合を除く）
②　移転者の住宅団地における住宅の建設若しくは購入又は住宅用地の購入に対する補助に要する経費
③　住宅団地に係る道路、飲用水供給施設、集会施設その他の政令で定める公共施設の整備に要する経費
④　移転促進区域内の農地等の買取りに要する経費
⑤　移転者の住居の移転に関連して必要と認められる農林水産業に係る生産基盤の整備およびその近代化のための施設の整備で政令で定めるものに要する経費
⑥　移転者の住居の移転に対する補助に要する経費

この立法的リスクマネジメントは、都市部でなく地方の集落の集団移転を促すものではあるが、集落を含む被災地域の復興計画に関するものとして、原形復旧

---

(7)　現在は、国土交通大臣に協議して同意を得なければならないと改正されている。

の思想から改良復旧の思想の導入という画期的な制度改革であったといえる。

3）阪神・淡路大震災 （被災市街地復興特別措置法……技術的改革手法）
(1) 立法措置の概要と意義

　阪神・淡路大震災のもたらした社会経済的影響は、はかりしれなく大きかった。狭い国土に世界第2の経済大国となったわが国の人口と産業が集積して効率的な生産活動を支えている大都市を襲った大震災は、日本経済を一時的にマヒ、混乱状態にさせ、多数の被災者が輩出したことは、社会のあらゆる分野において震災対策としての特別対策と立法的措置をとらざるを得ない結果をもたらせた。

　その範囲は、救命・救急といった緊急対策、被災者、企業活動の活動を支えるための税の軽減対策や財政金融対策、雇用対策、民事手続の簡素化対策、復興対策などきわめて広範囲に及んだのである。その意味では関東大震災が社会不安の解消に多くの立法が割かれたのに対し、阪神・淡路大震災においては円熟した高度経済社会に対応して経済活動の早期回復、市民生活の安定といった点に重きが置かれ、社会、時代の変化を反映した結果となった。しかも防災対策を基本的に見直すべきこととされ、震災直後から今日に至るまで不断の検討が続けられ、立法的措置がとられてきている。

　以下に阪神・淡路大震災後の立法を示す。

第一　震災直後の通常国会（第132回国会）における立法
① **地方税法の一部を改正する法律**（平成7年2月20日公布）

　阪神・淡路大震災により住宅や家財等の資産について損失が生じたときは、平成7年度個人住民税において、平成6年中の所得につき、当該損失の金額を雑損控除の適用対象とすることができる特例を実施する。

② **災害被害者に対する租税の減免、徴収猶予等に関する法律の一部を改正する法律**（平成7年2月20日公布）

　阪神・淡路大震災の被害者を含む災害被害者の所得税の負担軽減を図るため、災害減免法の適用対象となる者の所得限度額を現行の600万円から1,000万円に引き上げる等の措置を講ずる。

③ **阪神・淡路大震災の被災者等に係る国税関係法律の臨時特例に関する法律**
　（平成7年2月20日公布）

　阪神・淡路大震災による損害について、平成6年分の所得税に対して、「雑損控除」と「災害減免法による所得税の減免」の選択を前倒しして適用することができる特例措置等を実施し、また、今回被災した関税延納制度利用者の納期源の再

延長等や緊急救援物資等の臨時開庁手数料等の免除等について特別措置を講ずる。

④ **阪神・淡路大震災復興の基本方針及び組織に関する法律**（平成7年2月24日公布）

阪神・淡路大震災による著しい被害を受けた地域（阪神・淡路地域）において、その震災被害が未曾有のものであることから、同地域の復興について基本理念を明らかにするとともに、阪神・淡路復興対策本部の設置等を定めることにより、同地域の復興を迅速に推進する。

⑤ **被災市街地復興特別措置法**（平成7年2月26日公布）

阪神・淡路大震災の被災市街地を緊急に復興し、防災性の高いまちづくりを実現するとともに、今後、大規模な災害が発生した場合にも即時に対応できるよう、都市計画、土地区画整理事業、住宅の供給等に関する特別措置を講ずる。

⑥ **阪神・淡路大震災に対処するための特別の財政援助及び助成に関する法律**（平成7年3月1日公布）

阪神・淡路大震災に対処するため、地方公共団体等に対する特別の財政援助ならびに社会保険の加入者等についての負担の軽減、中小企業者および住宅を失った者等に対する金融上の支援等の特別の助成措置を行う。

⑦ **阪神・淡路大震災に対処するための平成6年度における公債の発行の特例等に関する法律**（平成7年3月1日公布）

阪神・淡路大震災に対処するために必要な財源を確保するため、平成6年度における公債の発行の特例に関する措置を定めるとともに、財政法第4条第1項ただし書の規定により同年度において追加的に発行される公債の発行時期および会計年度所属区分の特例に関する措置を定める。

⑧ **平成6年度分の地方交付税の総額の特例等に関する法律**（平成7年3月1日公布）

地方財政の状況に鑑み、阪神・淡路大震災に伴う特別交付税の特例増額等平成6年度分として交付すべき地方交付税の総額の特例を設ける。

⑨ **阪神・淡路大震災に伴う許可等の有効期間の延長等に関する緊急措置法**（平成7年3月1日公布）

阪神・淡路大震災に伴う対策の一環として、①許可等の有効期間等の延長に関する措置および②法令に基づく届出等の義務の期限内不履行の免責に関する措置を設ける。

⑩ **阪神・淡路大震災を受けた地域における被災失業者の公共事業への就労促進に関する特別措置法**（平成7年3月1日公布）

阪神・淡路大震災を受けた地域における多数の失業者の発生に対処するため、

当該地域において計画実施される公共事業にできるだけ多数の被災失業者を雇い入れ、その生活の安定を図る。

⑪ **阪神・淡路大震災に伴う地方公共団体の議会の議員及び長の選挙期日等の臨時特例に関する法律**（平成7年3月13日公布）

阪神・淡路大震災により被災した地方公共団体で、統一地方選特例法に規定されている選挙期日においては選挙を適正に行うことが困難と認められる市町村又はその市町村を包括する府県の任期満了による選挙の期日を平成7年6月11日とするとともに、選挙の期日を延期された議会の議員又は長の任期の特例を設ける。

⑫ **阪神・淡路大震災に伴う民事調停法による調停の申立ての手数料の特例に関する法律**（平成7年3月17日公布）

平成7年1月17日において、阪神・淡路大震災の被災地区に住所等を有していた者が、同震災に起因する民事に関する紛争につき、同日から平成9年3月31日までの間に、民事調停法による調整の申立てをする場合にはその手数料を免除する。

⑬ **阪神・淡路大震災に伴う法人の破産宣告及び会社の最低資本金の制限の特例に関する法律**（平成7年3月24日公布）

阪神・淡路大震災による被害の状況に鑑み、破産宣告および最低資本金制度に関する経過措置の特例を定める。

⑭ **被災区分所有建物の再建等に関する特別措置法**（平成7年3月24日公布）

阪神・淡路大震災による被害の実情に鑑み、大規模な火災、震災その他の災害で政令で定めるものにより区分所有建物が滅失した場合に、その建物の再建等を容易にし、もって被災地の健全な復興に資するため、建物を再建するための要件を緩和し、また、その再建に関する敷地の共有者等の間の利害の調整のための制度を導入する。

⑮ **阪神・淡路大震災の被災者等に係る国税関係法律の臨時特例に関する法律の一部を改正する法律**（平成7年3月27日公布）

阪神・淡路大震災による被害が、広範な地域にわたり、同時・大量・集中的に発生したこと等を踏まえ、被災者、被災企業の被害に対する早急な対応および被災地における生活・事業活動等の復旧等への対応を図る等のため、所得税、法人税その他国税関係法律の特例を講ずる。

⑯ **地方税法の一部を改正する法律**（平成7年3月27日公布）

阪神・淡路大震災により滅失・損壊した家屋・償却資産に代わるものとして取得等した家屋・償却資産に係る固定資産税等および被災市街地復興推進地域内で行われる土地区画整理事業に係る不動産取得税について特例措置等を講ずる。

⑰ **災害対策基本法の一部を改正する法律**（平成7年6月16日公布）

災害発生時における緊急車両の交通確保をするための広域交通規制や、緊急車両交通確保のために必要な車両の移動措置等を定める。

⑱ **地震防災対策特別措置法**（平成7年6月16日公布）

都道府県知事は、地震により著しい被害が生ずると認められる地区について、地震防災対緊急事業5箇年計画を策定し、これに基づく緊急事業に対する国庫補助率の嵩上げ等を実施するほか、総理府に地震調査研究推進本部を設置し[8]、地震調査研究を推進する。

第二　それ以降の国会における立法

① **建築物の耐震改修の促進に関する法律**（平成7年10月27日公布）

学校、病院等の建築物所有者への耐震診断・耐震改修の努力義務を定め、一定の耐震改修の計画に基づく耐震化工事に対する低利融資等の助成等により耐震改修の促進を図る。

② **消防組織法の一部を改正する法律**（平成7年10月27日公布）

消防職員から勤務条件等に関して出された意見を審議させる等のため消防本部に消防職員委員会を置く。また、緊急を要し、被災地知事の要請を待ついとまのない場合や広域的に応援出動を的確かつ迅速にとる必要がある場合についての消防の応援の特例を定める。

③ **災害対策基本法及び大規模地震対策特別措置法の一部を改正をする法律**（平成7年12月8日公布）

大災害が発生した場合に、災害緊急事態の布告がなくても緊急災害対策本部を設置できるように要件の緩和をし、緊急災害対策本部長の権限を強化して、各省大臣へ指示をすることができることとし、災害派遣を命ぜられた自衛官に現地で一定の条件の下に警戒区域の設定等の権限の付与をし、市町村長による都道府県知事に対する自衛隊の災害派遣の要請要求ができる等を定める。

④ **特定非常災害の被害者の権利利益の保全等を図るための特別措置に関する法律**（平成8年6月14日公布）

大規模な災害の被災者等について、許可等の有効期間を一定期間延長できるようにするとともに、法令上の義務が期限内に履行されなかった場合でも一定期限までに履行されれば、刑事上および行政上免責するほか、災害により債務超過となった法人の破産宣告を一定期間留保する等の特例を定める。

---

(8) 現在は、文部科学省に設置されている。

第3章　復興計画

　⑤　**密集市街地における防災街区の整備の促進に関する法律**（平成9年5月9日公布）

　密集住宅市街地について防災再開発促進地区を定め、そこで定めた防災再開発基本方針に基づく建替計画の認定を受けた老朽住宅等の建て替えに対する補助制度を創設するとともに、延焼危険建築物に対する除却勧告制度、その当該建物に係る居住安定計画の認定制度の創設を図る。また、防災街区整備地区計画を都市計画で定め、地区内で設立される防災街区整備組合による土地区画整理事業および市街地再開発事業の実施による防災街区の整備を促進する。

　⑥　**被災者生活再建支援法**（平成10年5月22日公布）

　自然災害によりその生活基盤に著しい被害を受けた者で、経済的理由等により自立して再建することが困難な被災者に対し、最高100万円の生活再建支援金を支給する。

　⑦　**消防組織法及び消防法の一部を改正する法律**（平成15年6月18日公布）

　市町村消防を支援するため、都道府県に航空消防隊を設けるとともに、大規模広域災害に備え都道府県および市町村消防隊で組織する緊急消防隊に対し、消防庁長官が出動の指示をすることができることとするほか、消防設備等の性能規定の整備を行う。

　⑧　**密集市街地における防災街区の整備に関する法律等の一部を改正する法律**
　　　（平成15年6月20日公布）

　都市再生本部の都市再生プロジェクトとして密集市街地の緊急整備が決定したことを受けて、従来の防災再開発方針を防災街区整備方針に改め、避難路周辺の防災化を図るための防災環境軸と一体となって街区を整備する特定防災街区整備地区計画を都市計画に定めることができることとし、当該地区で防災街区整備事業制度を創設する。

　⑨　**密集市街地における防災街区の整備に関する法律の一部改正する法律**（都市再生特別措置法等の一部を改正する法律の中に含まれている。平成19年3月31日公布）

　密集市街地の整備・改善の取り組みを加速するため、防災街区整備事業の施行地区の要件緩和、建替え計画の認定基準の強化、第二種市街地再開発事業の面積要件の緩和等を行う。

　以上の立法を、緊急・応急復旧対策、復興対策及び予防対策に分類して整理すると次のようになる。

第2節　国家としてのリスクマネジメント

表3−2−1　阪神・淡路大震災立法分類表

緊急・応急復旧対策	復興対策	予防対策
・地方税法の一部を改正する法律（H7.2）	・阪神・淡路大震災復興の基本方針及び組織に関する法律	・地震防災対策特別措置法
・災害被害者に対する租税の減免、徴収猶予等に関する法律の一部を改正する法律	・被災市街地復興特別措置法	・建築物の耐震改修の促進に関する法律
・阪神・淡路大震災の被災者等に係る国税関係法律の臨時特例に関する法律		・密集市街地における防災街区の整備の促進に関する法律
*1阪神・淡路大震災に対処するための特別の財政援助及び助成に関する法律	*1阪神・淡路大震災に対処するための特別の財政援助及び助成に関する法律	・密集市街地における防災街区の整備に関する法律等の一部を改正する法律
*2阪神・淡路大震災に対処するための平成6年度における公債の発行の特例等に関する法律	*2阪神・淡路大震災に対処するための平成6年度における公債の発行の特例等に関する法律	
*3平成6年度分の地方交付税の総額の特例等に関する法律	*3平成6年度分の地方交付税の総額の特例等に関する法律	
・阪神・淡路大震災に伴う許可等の有効期間の延長等に関する緊急措置法	・地方税法の一部を改正する法律（H7.3）	
・阪神・淡路大震災を受けた地域における被災失業者の公共事業への就労促進に関する特別措置法	・特別非常災害の被害者の権利利益の保全等を図るための特別措置に関する法律	
・阪神・淡路大震災に伴う地方公共団体の議会の議員及び長の選挙期日等の臨時特例に関する法律	・被災者生活再建支援法	
・阪神・淡路大震災に伴う民事調停法による調停の申立ての手数料の特例に関する法律		
・阪神・淡路大震災に伴う法人の破産宣告及び会社の最低資本金の制限の特例に関する法律		
・被災区分所有建物の再建等に関する特別措置法		
・阪神・淡路大震災の被災者等に係る国税関係法律の臨時特例に関する法律の一部を改正する法律		
・災害対策基本法の一部を改正する法律（H7.6）		
・消防組織法の一部を改正する法律（H7.10）		
・災害対策基本法及び大規模地震対策特別措置法の一部を改正する法律（H7.12）		
・消防組織法及び消防法の一部を改正する法律（H15.6）		

（注）　法律の内容から2つの分類にまたがるものもある。（*1〜*3）
　　　　また、同一改正法が複数改正されている場合は改正年月を（　）書きしている。

以上は今回の大災害に遭遇し、緊急に復旧・復興作業する手順とそれに必要な法的整備の他、被災した個人、事業者の生活および事業の再建のために必要な支援をするための立法措置であるが、これほどの立法がなされたのは、この災害が人口、産業の極度に集中した大都市の中心部で発生したこと、したがってその被害は地域社会にとどまらず、全国的な社会・経済への影響が深刻であったことの裏返しであるといって過言ではないといえる。

　また関東大震災時に比較して、戒厳令、物価統制といった「社会不安対策」から「高度経済社会として円熟した社会に対応した経済活動の回復、市民生活の混乱の早期解消」といった点にシフトしていることも比較論としては社会の変化を反映しているといってもよい。

　しかもこの大震災のもたらした立法論的影響は、緊急措置として立法府が対応した対症法的措置にとどまらず、抜本的な震災対策の見直しをもたらしたことが大きな特色であったといえる。

　すなわち、震災発生初動期の緊急防災活動の体制を整える災害対策基本法、消防法、消防組織法の改正、建築物の耐震強化と木造市街地の防災化を図る建築物の耐震改修促進に関する法律、密集市街地における防災街区の整備の促進に関する法律の制定、被災者生活再建支援法の制定など全般的なわが国の防災対策を基本的に改革した立法行為であったということができる。

（2） 被災市街地復興特別措置法の意義

　ところで被災市街地復興特別措置法は、阪神・淡路地域の市街地を緊急に復興し、防災性の高いまちづくりを実現するとともに、今後、大規模な災害が発生した場合にも即時に対応できるよう、都市計画、土地区画整理事業、住宅の供給等に関する特別措置を講ずることを目的としている。阪神・淡路大震災の立法的措置は全体として防災対策の基本的改革をもたらしたものであることは前述したが、広義の復興計画の重要な部分を占める狭義のフィジカルプランである復興計画にとって、この法律がどのような意義を有しているかを検証しておくことが必要である。そこで特別措置の概要を概観しておく。被災地復興特別措置法は、大要次のように制度として構築された。

(1) 被災市街地復興推進地域の指定

　大規模な災害により相当数の建築物が滅失し、土地利用の動向等からみて不良な街区の環境が形成されるおそれがある地域を「被災市街地復興推進地域」として指定し、

　　① 土地区画整理事業、市街地再開発事業等の特例を適用

② 土地区画整理事業等の都市計画が定められるまでの間、一定の建築行為等を制限
(2) **被災市街地復興土地区画整理事業の施行**
① 換地の特例による住宅地の集約
② 保留地の特例による公営住宅や防災のための施設等のための用地の確保
③ 換地計画において、土地の一部に代えて施行地区内に住宅を給付
④ 施行地区外に住宅を建設し、換地計画においてその住宅ならびに敷地を給付
(3) **市街地再開発事業の特例**
第2種市街地再開発事業について、「重要な公共施設の緊急整備」等の要件を撤廃
(4) **土地買取りの支援**（都市開発資金制度の拡充）
(5) **住宅供給等の特例**
① 被災者等について、収入条件等にかかわらず被災後3年までは公営住宅等の入居者資格を付与
② 地方住宅供給公社が、被災市町村において委託により公営住宅等を建設・管理
③ 住宅・都市整備公団が、地方公共団体の要請に基づき、被災市街地復興土地区画整理事業等を施行、被災市町村において、道路などの公共施設を管理者に代わって整備、委託により住宅を建設・管理、調査および技術を提供

以上のようにこの法律は、従来から確立された土地区画事業および市街地再開発事業の基本的部分を改革するものではなく、これらの事業により迅速かつ健全な市街地としての復興を容易に実現するための手法の合目的的改変であるというふうに位置づけるべきである。

なお、この法律についての実際の復興土地区画整理事業及び市街地再開発事業の適用状況については後述する。

2　組織論的リスクマネジメント（中央政府）

通常、災害が発生した時は市町村および都道府県に災害対策本部を、国には非常災害対策本部又は緊急非常対策本部を設置して防災行政作用が実施されることは、昭和36年の災害対策基本法が制定されて以来、わが国の防災対策の確立した組織論的リスクマネジメントである。

一般的な災害についてはこれで対応が充分であるといえるが、今回の阪神・淡

第3章　復興計画

路大震災のように死者6千5百人、建物被害約25万棟、避難所利用者最大31万人、経済的被害額約10兆円という大災害の場合は、こうした組織ではとても対応できないことは明白であり、強力な復旧・復興のための組織論的リスクマネジメントが必要となってくる。関東大震災の際の組織論的リスクマネジメントは、今回の震災の際にも想起されたので、当時の経緯を検証しておくこととする。

1）関東大震災[9]

帝都の復興は、いかなる機関により為すべきかの問題と分離して考えることができないことから、震災後帝都復興の基本方針の中で復興の組織論が述べられる。

（1）　帝都復興審議会

震災から6日目の大正12年9月6日後藤新平内務大臣は閣議に「帝都復興の議」を諮り、その中で帝都復興のためその最高政策を審議決定させるための臨時帝都復興調査会を設置し、復興に関する特設官庁を新設することを提唱した。

この提唱を受け、関係当局の手により大正12年9月19日帝都復興審議会官制が勅令第418号として発布される。

その概要は以下のとおりである。

帝国復興審議会
　　　総裁　　内閣総理大臣
　　　委員　　国務大臣、国務大臣経験者、親任官又は学識経験者
　　　　　　　審議会は、帝都其の他の震災地の復興に関する重要の案件を内閣総理大臣の諮詢に応じ審議するものとし、内閣総理大臣は建議することができる。

（2）　帝都復興院、復興局、復興事務局

帝都復興の執行機関は前後3回の変革が行われた。

その1が、帝都復興院、その2が復興局、その3が復興事務局である。しかしこの3つの執行機関は名称、組織、権限等において多少の相違があるが、実態はほぼ同じであるといってよい。

以下にその概略を記す。

イ）帝都復興院

前述の「帝都復興の議」において「帝都復興ノ大方針ヲ決定スルコト即復興ニ關スル特設官廳ノ新設」等とし、その腹案として、

（9）『帝都復興事業誌』緒言・組織及び法制編（昭和6年3月）復興事務局

(一) 帝都復興ノ計畫及執行ノ事務ヲ掌ラシムル爲メ新タニ獨立ノ一機關ヲ設クルコト
其ノ組織大要左ノ如シ
　　イ　復興計畫局
　　　　一　都市ノ復興計畫ニ關スル事務
　　　　二　都市計畫法ノ施行ニ關スル事務
　　ロ　建築事務局
　　　　一　諸官廳舎ノ建築ニ關スル事務
　　ハ　建築監督局
　　　　一　建築物法ノ施行ニ關スル事務
　　ニ　土地整理局
　　　　一　震災地域ノ土地整理ニ關スル事務
　　ホ　救護局
　　　　一　罹災民ニ對スル衣食救護ニ關スル事務
　　　　二　家屋建築並ニ供給ニ關スル事務
　　ヘ　財務局
　　　　一　帝都建設ノ爲メニ要スル經費其ノ他財務ニ關スル事務

　この独立の機関を如何なものにするかについては、帝都復興省案と帝都復興院案が議論された。帝都復興省案は後藤内務大臣の主張したもので、帝都復興に限っては各省主管の事務も自治体の権限の事務もこの特設機関に集中して、その計画と執行を併せて同一機関で実施しようとするものであり、他方帝都復興院案は内閣側の提案によるもので、帝都その他の震災地の復興に関する計画とその執行の考査をこの特設機関に所掌せしめ、その執行については関係各省に任せようとするものであった。この両案について議論の結果、両者の主張を折衷して帝都復興院官制が9月27日に勅令第425号として公布された。

　要すれば、名称は復興省でなく復興院とされたものの、その東京及び横浜における都市計画と都市計画事業を一体的に実施する権限が与えられることとされたのである。

　帝都復興院官制による組織、権限を以下に示す。

帝都復興院官制（大正12年9月27日　勅令第425號）

第1條　帝都復興院ハ内閣總理大臣ノ管理ニ屬シ東京及横濱ニ於ケル都市計畫、都市計畫事業ノ執行及市街地建築物法ノ施行其ノ他復興ニ關スル事務ヲ掌ル
帝都復興院ハ前項ノ外臨時物資供給令ノ施行ニ關スル事務ヲ掌ル
第2條　帝都復興院ニ左ノ職員ヲ置ク
　　總　裁　　　　　　　　親任

第3章 復興計画

副總裁		2人	勅任
技監		1人	勅任
理事		7人	勅任
書記官	專任	15人	奏任
事務官	專任	30人	奏任
技師	專任	105人	奏任　内10人ヲ勅任ト爲スコトヲ得
屬	專任	150人	判任
技手	專任	350人	判任

　前項事務官ノ外内閣總理大臣ノ奏請ニ依リ關係各廳高等官ノ中ヨリ内閣ニ於テ事務官ヲ命スルコトヲ得
第3條　帝都復興院ニ總裁官房及左ノ六局ヲ置ク
　計畫局
　土地整理局
　建築局
　土木局
　物資供給局
　經理局
第4條－第27條　（略）

　しかしこの帝都復興院の組織は、権限の内容に比してあまりに尨大すぎるのではないかとか、都市計画法制、市制などの現行法制に抵触するのではないか等の議論を呼び、第47回帝国議会において帝都復興院に関する予算の全額を削除し、帝都復興事業についてもその内容によって国家が直接執行すべきものと関係公共団体が執行すべきものとを分け、後者の予算を削除することが決定され、その結果、翌大正13年2月23日勅令第25号で廃止されることとなった。

ロ）復興局

　イ）で述べた議論の結果、帝都復興事業の執行機関は内閣総理大臣の管理下の帝都復興院から内務大臣の管理下の復興局とされ、その権限も広く復興に関する事務は、各省の所管に戻される等と縮小されたのである。
　この復興局官制は、帝都復興院官制の廃止の2日後勅令26号として公布された。以下に復興局官制の要点を示す。

復興局官制（大正13年2月25日　勅令第26號）

第1條　復興局ハ内務大臣ノ管理ニ屬シ東京及横濱ニ於ケル都市計畫、都市計畫事業
　　　ノ執行、市街地建築物法ノ施行及都市計畫上建築改善ニ關スル事務ヲ掌ル
第2條　復興局ニ左ノ職員ヲ置ク

第2節　国家としてのリスクマネジメント

長　官			勅任	
技　監		1人	勅任	
部　長		4人	勅任	
書記官	專任	10人	奏任	
事務官	專任	20人	奏任	
技　師	專任	127人	奏任	内7人ヲ勅任ト爲スコトヲ得
屬	專任	225人	判任	
技　手	專任	650人	判任	

　第3條　復興局ニ長官官房及左ノ四部ヲ置ク
　　　整地部
　　　土木部
　　　建築部
　　　經理部
　第4條－第12條　（略）

ハ）復興事務局

　帝都復興事業は、昭和4年度をもってだいたい完了したことをもって復興局は昭和5年3月31日に廃止された。しかし局部的には残余事業も残っていたほか、帝都復興事業以外においても一般の都市計画、市街地建築物法の施行、建築改善、公共団体の復興事業への財政援助等の事務を処理するために、同年4月1日に復興局を縮小して復興事務局を設置して残務整理を担わせた。

　以下は復興事務局官制の抜粋を掲げるが、基本的には復興局官制と仕組みとしては同一のものであった。

復興事務局官制（昭和5年3月27日　勅令第40號）

　第1條　復興事務局ハ内務大臣ノ管理ニ屬シ東京及横濱ニ於ケル都市計畫、都市計畫事業ノ執行市街地建築物法ノ施行及都市計畫上建築改善ニ關スル事務ヲ掌ル
　第2條　復興事務局ニ左ノ職員ヲ置ク

局　長				
書記官	專任	2人	奏任	
事務官	專任	3人	奏任	
技　師	專任	19人	奏任	内1人ヲ勅任ト爲スコトヲ得
屬	專任	77人	奏任	
技　手	專任	77人	奏任	

第3章 復興計画

2）阪神・淡路大震災

　関東大震災と同じ基本的改革手法による災害対策がとられた天草大災害は、被災箇所が地方に拡散したことと、当該地域では大災害ではあったが、広域的に見るとその被害の程度が限定的であったこともあって、国としての組織論的リスクマネジメントの議論はおきず、災害対策基本法による通常の災害対策本部によって防災行政作用が実施された。

　しかし、阪神・淡路大震災はその被害の程度は大きく、特にその復興までを考えると通常の組織論だけではとても対処しえないことからさまざまな議論が繰り拡げられた。

（1）　緊急対策本部、特命室と現地対策本部

　復興計画の組織について述べる前に、すでに第1章第3節で述べてあるが、その後できる復興関係組織における復興計画の行政作用とは連続性を保っていることもあり、簡潔に触れておく。

　政府は被災当日の1月17日に災害対策基本法に基づいて、応急対策を強力に推進するため「兵庫県南部地震非常対策本部」を設置する。しかしこのような大災害に対して閣僚が本部長1人ということへの批判から、緊急に政府として一体的総合的な対策を講ずるため全閣僚で構成される「兵庫県南部地震緊急対策本部」を1月19日に設置する。同時にこの震災対策の専任担当大臣を翌20日に任命し、その下に各省から派遣されて組織した「特命室」を設置、さらに国土政務次官を本部長とする現地対策本部を設置する。緊急災害対策本部、特命室、現地対策本部は、当面緊急に対応を迫られるものの対策を集中して処理することとされ、その主要なものを掲げると以下のようになる。

①　緊急医療体制
②　緊急輸送体制
③　食糧供給対策
④　降雨対策（危険箇所点検、被災者用テント）
⑤　被災者用国有宿泊施設調査
⑥　簡易トイレ等生活環境対策
⑦　避難所
⑧　仮設住宅用国有地等活用調査
⑨　応急仮設住宅
⑩　公営・公団住宅受入れ
⑪　公務員宿舎、公的宿泊施設等

⑫　建築物安全点検対策
⑬　がれき処理
⑭　二次災害対策
⑮　近隣自治体応援体制

（2）　復興の組織をめぐる政府内の議論(10)

　緊急対策本部を中心として必死の応急対策が講じられているなか、政府内部では復興に向けての組織をいかにすべきか検討が開始される。1月27日には官邸の官房長官室で内閣内政審議室と総務庁幹部が協議し、復興対策の組織について関東大震災の帝都復興院や第二次大戦後の戦災復興院といった復興院構想、あるいは復興庁のような案とか復興対策本部などの案が議論されたが、対外的にアピール度のあるものであること、組織作りを遅らせないこと、地元の公共団体との関係を密接にすべきこと等が論点として整理された。そしてこうした組織の下に早急に復興プランの基本方針の検討に着手すべきこととされる。これを受けて内政審議室と国土庁は、復興に向けての枠組みの大綱をまとめて政府部内の意思統一を図ることとなる。以下はその原案である。

阪神・淡路復興法（時限5年）
（大綱案）

H7.2.7

1.　基本理念
　この法律は、兵庫県南部地震による災害が未曾有の被害をもたらしたことにかんがみ、国と地方公共団体とが適切な役割分担の下に地域住民の意向を尊重しつつ協同して、被災地域における生活の再建及び経済の復興を金融に図るとともに、地震等の自然災害に対して将来にわたって安全な地域づくりを緊急に促進し、もって活力ある関西圏の再生を実現することを基本理念とする。

2.　特別措置
　兵庫県南部地震災害に係る阪神・淡路地域の復興については、別途の法律の定めるところにより所要の措置を講ずる。

3.　阪神・淡路復興対策本部の設置
①　法律により、総理府に、総理を本部長、総理が指名する閣僚を副本部長及び本部員とする阪神・淡路復興対策本部を設け、県・市の復興事業の支援を行うとともに、関連する復興施策の総合調整等を行う。

---

(10)　「阪神・淡路大震災関係資料」第3編地震対策体制　地震対策体制 pp. 40～45, 49（1999年3月）総理府　阪神・淡路復興対策本部事務局

② 法律により本部に事務局を置く。

総理府組織令の一部改正（時限1年）
1. 阪神・淡路復興委員会の設置
① 政令により、総理府に、県・市の復興事業の支援及び関連する各省庁の復興施策の総合調整等に関する国の施策について、国家的見地から総理に意見を述べる阪神・淡路復興委員会（8条機関）を置く（委員は7名）。
② 政令により、阪神・淡路復興委員会に、国家的見地から意見を述べる特別顧問を置く。（国会議員が特別顧問に就く場合は両議院一致の議決が必要。（国会法39条））

（3） 復興委員会と復興対策本部
(a) 組　　織

　この大綱に基づいて政府内で迅速に調整が進められ、2月17日には「阪神・淡路大震災復興の基本方針及び組織に関する法律案」を閣議決定し国会へ提出、22日には成立、24日に公布の運びとなる。この法律の要旨は、
① 阪神・淡路地域の復興は、国と地方公共団体とが協同して、生活の再建、経済の復興および安全な地域づくりを緊急に推進すべきことを基本理念として行う。
② 国は、阪神・淡路地域の復興に必要な別に法律で定める措置その他の措置を講ずる。
　この法律と同時に提出された「阪神・淡路大震災の被災者等に係る国税関係法律の臨時特例に関する法律案」、「災害被害者に対する租税の減免、徴収猶予等に関する法律の一部を改正する法律案」および「地方税法の一部を改正する法律案」ならびに「被災市街地復興特別措置法案」のほか、阪神・淡路大震災に対処するための特別の財政援助等を定める法律案等、多くの分野にわたって復興を進めるための措置の法案化を進める。
③ 関係行政機関の復興施策に関する総合調整等を行うため、総理府に阪神・淡路復興対策本部を置くとともに、その長を阪神・淡路復興対策本部長として、内閣総理大臣をもって充てるとともに、副本部長・本部員は国務大臣をもって充て、その事務を処理する事務局を置く。
　他方、大綱にあった阪神・淡路復興委員会は「阪神・淡路大震災復興の基本方針及び組織に関する法律」に先んじて、2月15日に総理府本府組織令の改正によ

第2節　国家としてのリスクマネジメント

り内閣総理大臣の諮問に応じて関係地方公共団体が行う復興事業への国の支援、その他関係行政機関が講ずる復興のための施策に関し、総合調整を要する事項を調査審議するための組織として設置され、同時に制定された「阪神・淡路復興委員会令（平成7年2月15日政令第24号）」により、学識経験のある委員7人、必要があるときは優れた識見を有する特別顧問を置くことができることとする組織が固められた。

　今回の組織論的マネジメントを関東大震災時との比較で検証してみると、帝都復興院のような復興計画の執行を一元化した組織でなく、総合調整的な本部制が採用されたこと、行政機関による本部の事務と同じく復興事業の総合調整に関し、学識経験者又は優れた識見を有する者に関与させる復興委員会を設置して事に当たったことが特色であるといえる。

　関東大震災と比較にならないほど高度経済社会として発展した現代社会において、都市における諸機能・諸活動が相互に密接に関係し合っている状況下にあり、そこで大きな災害が発生することはこれらの諸機能・諸活動が分断され、直接被災していなくても被災地の生産活動や被災地との協同作業をしている地域の復興対策は、ひとり被災地域のフィジカルな復興計画の実施にとどまらず、波及する地域を含めての総合的対策が必要となってくる。

　したがって広義の復興計画は、あらゆる行政部局が総動員して当たらねばならなくなってきたことから考えると、現代における復興事業は全省庁を挙げてかなりこと細かに取り組まなければならない必然にあり、大正時代のようにまだ複雑化していなかった時代とは異なった対処の仕方しかなかったと結論してもよいと考えられ、その考え方は、今後起こり得る大規模都市災害においても採用してしかるべき理論であるといえる。

　その意味では復興院あるいは復興庁のような復興事業の一元的組織構想は、概念論的、心理的なものにとどまり現実論ではないといってもよいといえよう。

　また同様に阪神・淡路復興委員会についても、学識経験者又は識見の優れた者に復興事業に関し、意見を求めたのも複雑化した現代社会における復興事業を行政のみに委ねることなくいろいろな角度から、また社会の変化の動態とその将来への見通しを含めた冷静な観点から復興事業のあり方について意見を集約して貰うことが必要とされる時代となってきたことの反映であるといえる。

　阪神・淡路復興対策本部は5年、阪神・淡路復興委員会は1年という、あらかじめ時限的措置として設置されたものの、結果論的に見てみると、これらの組織は極めて有効に機能したと解していいと思える。その意味では組織論的リスクマネジメントとしては、今後の参考とすることに一助を加えることとなるといえる。

第3章　復興計画

図3－2－1　阪神・淡路地域の復興に関する政府組織

```
┌─────────────────────────────────────┐         ┌─────────────────────────────────────┐
│ 阪神・淡路復興対策本部 〔2月24日設置〕  │         │ 阪神・淡路復興委員会 （総理府本府組織令）│
│ (阪神・淡路大震災復興の基本方針及び組織に関 │         │                    〔2月15日設置〕      │
│  する法律)                            │         │                                     │
│  本 部 長：内閣総理大臣                │  意見   │  委 員 長：下河辺　東京海上研究所理事長  │
│  副本部長：内閣官房長官                │←─────│                                     │
│           復興対策担当大臣            │  提言   │  特別顧問：後藤田　衆議院議員           │
│  本 部 員：全閣僚                     │         │           平岩　経済団体連合会名誉会長   │
│  参　　与：的場　元国土事務次官         │         │                                     │
│                                     │         │                                     │
│ 〔復興のための施策に関する総合調整〕      │         │ 〔内閣総理大臣の諮問に応じ、復興のための施策に関し│
│                                     │         │  総合調整を要する事項を調査審議〕          │
└─────────────────────────────────────┘         └─────────────────────────────────────┘
 (庶　務)                                        (庶　務)
┌─────────────────────────────────────┐         ┌─────────────────────────────────────┐
│ 阪神・淡路復興対策本部事務局            │         │ 阪神・淡路復興対策本部事務局            │
│   事務局長：　国土事務次官              │         │  (協力) 内閣総理大臣官房内政審議室       │
│                                     │         │         国土庁大都市圏整備局            │
└─────────────────────────────────────┘         └─────────────────────────────────────┘

┌─────────────────────────────────────────────────────────────────────────────┐
│                     関　係　省　庁　（　全　省　庁　）                          │
└─────────────────────────────────────────────────────────────────────────────┘
```

　政府組織における阪神・淡路復興対策本部及び阪神・淡路復興委員会と関係各省の関係図を示すと図3－2－1のとおりとなる。

(b)　活　　動
イ．阪神・淡路復興委員会

　阪神・淡路復興委員会は、阪神・淡路地域の被災地の復興に関し意見を内閣総理大臣に具申し、政府としてとるべき総合的復興対策についての指針を示すことが求められ、2月16日に第1回の会合を開き、内閣総理大臣からの諮問を受け、特定課題の選定（復興10カ年計画の策定、住宅の復興、がれき等の処理）について議論し、同月24日の第2回も特定課題（経済復興と雇用確保、神戸港の早期復興、まちづくりの当面の方策）の議論を経て、第3回から第5回にかけて7項目の提言をし、その後復興に向けての政府の取り組むべき当面の施策について意見を述べ、更に特定課題（復興10カ年計画の基本的考え方、都市復興の基本的考え方、総合的な交通・情報通信の体系的整備・調整）を議論して第7回～第9回の委員会でも提言をまとめ、さらに第10回委員会で復興10カ年計画、および復興特別事業についての意見、第12回委員会で長期構想についての意見のとりまとめを行い、第13回委員会で復興特定事業の選定と実施についての意見を具申し、10月30日の第14回委員会で総括報告を行い委員会としての役目を終了する。

　この阪神・淡路復興委員会の果たした役割は、

① 総合的施策という名の下に、ともすれば総花的になりがちな各省庁の復興施策に明確な重点目標を示すことにより、復興対策の大きな指針を示したこと
② 通常の行政感覚では発想されにくい切り口での提言（例えば港湾機能の本格回復までの間の仮設桟橋の緊急整備、復興のシンボルとしての上海長江交易促進プロジェクト、ヘルスケアパークプロジェクト等の復興特定事業の提案）により被災地復興に関係者が協同して努力する目標を示したこと

が大きな成果といえる。

ロ．阪神・淡路復興対策本部

阪神・淡路復興対策本部は、阪神・淡路復興委員会からの基本的な事項についての提言を受け、関係省庁、関係地方公共団体、関係事業者に対して実際の復旧・復興施策を練り実施に移すための組織であり、第1回は2月25日に応急・緊急対策についての実施状況と進め方、第2回の3月7日には震災関係の税制上の対策等について審議が行われた。阪神・淡路復興委員会から前述の提言1～7までの提言および、4月24日の緊急課題に対する政府の取り組みについての意見の提出を受けた後の4月28日に「阪神・淡路地域の復旧・復興に向けての考え方と当面講ずべき施策」を決定する。これは関係各省の復旧・復興に向けての施策をとりまとめたものであり、相当膨大な量にのぼるものであるが、その要旨は次のようなものである。

「阪神・淡路地域の復旧・復興に向けての考え方と当面講ずべき施策」の主な内容
① 被災地における生活の平常化支援
　　被災地ではなお4万数千人の住民が避難所で不自由な生活を送っているという状況に対応するため、応急仮設住宅及び高齢者・障害者向け地域型仮設住宅の適時適切な供給を進めるなどによって、早期に避難所を解消することとし、被災地における生活の平常化を支援する。
② がれきの処理
　　がれきが復興の支障とならないよう、早期にがれき処理を進めることとし、平成7年度中に全てのがれきを市街地から仮置場、処分場等へ搬出し、平成8年度中にその焼却、埋立等の最終処分を完了する。
③ 二次災害防止対策
　　地すべり・がけ崩れの危険個所、土石流危険渓流、被災した河川等における対策事業等を行い、出水期、台風期までに工事の完成を急ぐとともに、必

要な応急措置を実施する。

また、被災した宅地については、住宅金融公庫融資等を活用した所有者による復旧を支援するとともに、公共事業による擁壁等の復旧や地元自治体による出水期に向けた応急措置を実施する。

④ 港湾機能の早期回復等

神戸港はわが国の外国貿易の重要拠点であることから、おおむね2年を目途に港湾機能の回復を図ることとし、特に外国貿易用の施設の早期復旧を図る。このため、平成7年10月までに、仮設桟橋による2バースを含め、コンテナ埠頭10バースの共有を図る。これにあわせ、阪神高速5号湾岸線、六甲ライナー、ポートライナーの復旧を完了させるとともに、港湾の機能の強化を図るため、民間の荷役業務の24時間化に伴い必要な体制整備等を推進する。

⑤ 早期インフラ整備

鉄道については、既に東海道山陽新幹線やJR在来線は全面復旧しているが、地下鉄や阪神電鉄、阪急電鉄等の阪神間の全ての鉄道について平成7年9月頃までに順次運転を再開することを目標とする。道路については、阪神高速5号湾岸線(魚崎浜～六甲アイランド北)を平成7年10月頃までに、また阪神高速3号神戸線を平成8年内に供用を図ることを目標に復旧事業を進める。電力、電話、水道、都市ガスについては仮復旧を完了し、下水道についても平成7年5月1日を目途に仮復旧を完了させる。

⑥ 耐震性の向上対策等

主要な土木構造物については、3月末までに、今回の地震にも耐えられることを目標とした復旧のための仕様等を決定し、被災施設の復旧等を進めており、今後平成7年度の早い時期を目途に、地域の復興に向けての当面必要な検討を行う。

また、公共・公益施設について、耐震点検等を行い、必要な補強を実施するとともに、耐震性貯水槽の増設等により、消防水利等の強化を図る。

⑦ 住宅対策

平成7～9年度の3カ年に、新たに11万戸の住宅を建設することとし、そのうち7万7,000戸を公的供給住宅とするとともに、所得制限をとりはずし申込みの一元的受付け・登録を行う、高齢者・障害者等に対する優先的入居を行う、所得に応じた家賃設定を行う等の措置を実施する。

また、住宅と福祉サービスや福祉施設との適切な連携を図る等、高齢者・障害者等に配慮した住宅設備、ケアハウスの積極的整備を進める。

さらに、大幅に拡充された住宅金融公庫による融資制度の活用によって、

個人の自力による住宅の再建・取得を強力に支援する。

　また、質の高いマンション建替を誘導するため、住宅・都市整備公団等の建替事業への参加を図るとともに、総合設計制度の積極的活用により、容積率割増の弾力的な取り扱いを行い、建替の円滑化を図る。

　さらに、輸入住宅をはじめとする低コストモデル団地の公的事業主体等による建設等を支援する。

⑧　市街地の整備等

　必要な都市基盤の整備を行い、防災性に優れた市街地を整備するとともに、住宅・宅地の供給を推進するため、「被災市街地復興特別措置法」等を活用し、面的整備事業の積極的推進を図る。街並み・まちづくりの総合支援事業等を活用して、専門家派遣等による住民が参加するまちづくり活動を支援し、地区計画等を活用した住民による良好な市街地形成を誘導する。

⑨　雇用の維持・失業の防止等

　雇用調整助成金を活用し、雇用の維持・失業の防止を図るとともに、被災失業者の公共事業への就労促進に関する特別措置法の活用等により雇用の促進を図る。

⑩　保健・医療・福祉の充実

　被災した医療施設の速やかな復旧を図るとともに、応急仮設住宅の入居者はじめ住民の保健医療対策について、精神保健も含め、県・市町の実施する事業を支援する。

　また、社会福祉施設の速やかな復旧を図るとともに、緊急措置で施設に受け入れた高齢者、障害者等の家庭への復帰を図り、復帰できない者の施設での受入体制の整備、ホームヘルプサービスなどの住宅サービスの提供等を推進する。

⑪　文教施設の早期本格復旧等

　被災した学校施設、社会教育・体育・文化施設、重要文化財等についての本格的な復旧等を推進する。

　また、学校施設について、児童生徒等の安全の確保と応急避難所としての役割を踏まえた整備を図る。

⑫　農林水産関係施設の復旧等

　中央・地方卸売市場、被災した農地、ため池等の農業用施設、漁港施設等の速やかな復旧を支援する。

⑬　経済の復興

　被災した中小企業に対し、政府系中小企業金融機関の災害復旧貸付、中小

企業事業団の高度化融資等により、操業の早期再開、共同化に対する支援等を実施する。

また、事業革新円滑化法等の活用も含め、高付加価値化や新分野への進出に対する支援等を講ずるとともに、被災地域で育ちつつある産業の芽を着実に発展させるための起業家支援等を推進する。

さらに、海外企業等の立地を促進するため、海外企業等との国際交流を図るとともに、FAZ（輸入促進地域）制度および総合保税地域制度の活用について、地元の意向を踏まえつつ、積極的に対応する。

⑭　復旧・復興を円滑に進めるための横断的施策

法的紛争等の早期解決、土地取引動向の把握等、阪神・淡路大震災復興基金に係る財政措置、地方公共団体の職員派遣、国際フォーラムの開催等を講じる。

⑮　地域の安全と円滑な交通流の確保

警察施設・機能の早期復旧を図るとともに、復興期にかけての地域の安全と円滑な交通流を確保する。

⑯　防災対策

災害に強い安全な地域づくりを進めるため、都市の骨格を形成する主要な道路、河川等により防災性の高い空間（防災軸）を整備する。

また、災害時において避難、救援等の防災の拠点となる防災安全街区、都市公園等の整備を推進する。

さらに、災害に強い情報通信基盤、ライフライン共同収容施設等の整備を進めることとする。

さらに4月28日の第4回本部会議で「阪神・淡路地域の復興に向けての取組方針」を次のように決定する。

　　　　「阪神・淡路地域の復興に向けての取組方針」

①　政府は16本の特別立法措置や2度の補正予算であわせて2兆4,500億円を措置した。

②　兵庫県が復興（10ヵ年）計画を策定。同復興計画にはすでに実施中のもの、計画中のもの、構想中のもの等種々の事業が盛り込まれており、国・県・市町・民間の各事業主体の連絡調整が必要である。

③　政府としては、復興計画の実現を最大限支援することとし、緊急を要するものから順次、重点的に具体的支援措置を講ずる。

④　特に復興計画の前期5ヵ年に緊急かつ不可欠な施策を復興特別事業とする。

⑤ 「生活の再建」、「経済の復興」、「安全な地域づくり」が復興の基本的課題である。
⑥ 復興特別事業は、具体的に次のような課題に対応するものとする。
　ア．「生活の再建」のため
　　・被災者の居住の安定のための住機能の充実
　　・被災者への就職支援等による雇用の安定の確保
　　・被災要介護高齢者等の支援策の充実
　　・被害時にも対応できる医療供給体制の充実
　　・教育活動の回復のための諸施設の復旧
　　・うるおいとやすらぎのある生活環境をとり戻すための文化活動への支援
　イ．「経済の復興」のため
　　・経済復興を支える交通・情報通信インフラの整備
　　・経済復興に資する産業支援体制の整備
　ウ．「安全な地域づくり」のため
　　・オープンスペースとリダンダンシー確保のための交通インフラとを兼ね備えた安全で快適なまちづくり
　　・防災性を有するライフラインの整備
　　・応急災害対策に資する公共施設の整備

　阪神・淡路復興委員会も阪神・淡路復興対策本部も「復興」という概念には復旧も含め、かつ、フィジカルな計画にとどまらず施策全般にわたっていることが特色であり、第1節の冒頭で述べた如く現代的意義の復興は、狭義の復興計画を含むきわめて広い概念として捉えられるべきことを実証しているものといえ、今後起こり得る大災害においても復興の概念を同様に捉えて対処すべきものといえる。

　したがってこの2つの組織の復興に関する基本的スタンスは、都市計画としての復興計画はその一部にすぎず、「復興計画」という文言も広義のものとして使用されていることに留意することが必要となってくる。そして狭義の復興計画に触れている箇所は、阪神・淡路復興委員会においても県、市が復興10カ年計画を作成すべきことを提言しているが、復興10カ年計画は広義の復興計画であり、阪神・淡路復興対策本部の「阪神・淡路地域の復旧・復興に向けての考えと当面講ずべき施策」においては⑧で市街地の整備を進めるべきことを記しているものの「阪神・淡路地域の復興に向けての取組方針」においては、狭義の復興計画については明示しておらず、これらの2つの組織においては狭義の復興計画については、防災性に優れた市街地を整備するよう計画行政主体に合目的的その遂行を委ねたというべきであろう。

第3章 復興計画

表3-2-2　復興に向けての政府の取組の経緯

平成7年	阪神・淡路復興委員会	阪神・淡路復興対策本部	その他
1月17日	兵庫県南部地震発生		
2月15日	設置		
16日	第1回 内閣総理大臣より諮問		
24日	第2回	設置	
25日		第1回	
28日	第3回 ①復興計画の策定、 ②復興住宅の供給、 ③がれき等の処理、を提言		平成6年度第2次補正予算成立
3月7日		第2回	
10日	第4回 ④まちづくりの当面の方策 ⑤神戸港の早期復興、を提言		
23日	第5回 ⑥経済復興と雇用、 ⑦健康・医療・福祉、を提言		
4月24日	第6回 緊急課題に対する取組について意見を提出		
28日		第3回 「阪神・淡路地域の復旧・復興に向けての考え方と当面講ずべき施策」を決定	
5月19日			平成7年度第1次補正予算成立
22日	第7回 ⑧復興計画の基本的考え方を提言		
6月12日	第8回 ⑨都市復興、を提言		
19日	第9回 ⑩総合交通・情報通信体系を提言		
30日			神戸市が「神戸市復興計画」を発表
7月7日			兵庫県が「阪神・淡路震災復興計画（案）」を発表
18日	第10回 復興計画に対する取組について意見を提出		
28日		第4回 「阪神・淡路地域の復興に向けての取組方針」を決定	
31日			兵庫県が「阪神・淡路震災復興計画」を決定
8月4日			「平成8年度の概算要求について」を閣議了解
8月28日	第11回		
9月5日	第12回 長期ビジョンについて意見を提出		
8日			閣議において「平成8年度概算要求における阪神・淡路地域復興関係主要施策について」を報告
10月3日		第5回 「平成7年度第2次補正予算における阪神・淡路大震災復興関連事業経費について」を報告	
10日	第13回 ⑪復興特定事業の選定と実施、を提言		
18日			平成7年度第2次補正予算成立
30日	第14回 これまでの意見及び提言をまとめて内閣総理大臣に報告、委員長談話を提出		

第3節　計画行政リスクマネジメント

　市街地が壊滅的被害を蒙ったことによって、その市街地のきちんとした復興が必要となってくるのは当然のことである。その際に整理しておくべき論点は以下の5点である。

1　復興計画の手法
2　地区選定の基準
3　計画の目標と内容
4　計画達成の手段
5　合意形成のプロセス

　そして復興計画（以後の「復興計画」は狭義の復興計画として使う。）を進めていく上で重要なモメンタムを持つのが、時間管理の概念である。

1　復興計画の手法

　被災市街地の復興にあたっては、都市計画の手法として、

(1)　土地区画整理事業
(2)　市街地再開発事業
(3)　地区計画

があり、都市計画以外の手法としては、公営住宅、特定優良賃貸住宅、公団住宅、公社住宅等の公的住宅供給、住環境整備事業、住宅市街地総合整備事業などがあるが、以下に都市計画の制度について絞って述べる。
　阪神・淡路大震災においてとられた手法は、主として伝統的な土地区画整理事業、市街地再開発事業であり、それに被災市街地復興特別措置法によるこれらの手法の部分的手直しにより事業が実施され、これに加えて地区計画による建築誘導手法が加えられ実施された。したがって今回の復興にあたっては、関東大震災のような抜本的な改善手法をとることなく、すでに確立されてきた制度を前提にして、技術的改善手法による事業の実施によって達成することをもって足りると考えられた。

2　地区選定の基準

（1）　被害状況の調査

　復興都市計画の地区を選定するにあたって、まず第1に調査をしなければならないのが、被災状況の迅速かつ正確な把握である。神戸市は被災直後の1月18日～19日にかけて都市計画担当職員を動員して被災市街地の約6,000haについて焼失家屋、倒壊家屋等の被災状況調査を実施した。この調査は震災直後でもあり、現場での救助活動等の応急対策が講じられている最中でもあり、かつ、倒壊した家屋のがれきが道路をふさぎ、正確な調査が困難な状況下において実施され、位置図にプロットされていた従前の建物を目視による調査という制約下におけるものであった。しかも、6,000haもの広域にわたっているため、調査担当職員も相当数にのぼり、その職員によってはその被災度の判定が必ずしも統一的基準によっていたとはいえないきらいがあった。

　そして焼失家屋と倒壊家屋を2,500万分の1の地形図にプロットしたのが激震被害状況図である（図3－3－3〈巻末折込(1)頁〉）。

　また国土地理院も被災当日の1月17日と20日に航空写真を撮り、1万分の1の地形図に写真判定により、「家屋・建物の倒壊、大破損」、「火災による焼失範囲」、「道路、鉄道の破損」、「斜面崩壊、地すべり」、「地盤の液状化」、「海岸堤防の破損」を色分けして表示し、1月26日に公表した。

　またより詳細な調査は、2月6日～16日にわたって日本都市計画学会と日本建築学会近畿支部合同の震災復興都市づくり特別委員会が建物被災状況の調査を実施した。この調査は、目視による外観調査である点は市の調査と同様であるが、建物の被災の程度を外観目視により「全壊または大破」、「中程度の損傷」、「軽微な損傷」、「外観上の被害なし」の4段階及び「全焼・半焼」の判定を行ったもので、被災地の現場も多少落ち着いた状態になっていたこともあり、比較的統一のとれた基準で一棟ごとに調査されているが、一方では損壊の程度がひどくなくても滅失している建物等もすでに存在していて、その滅失理由が調査できなかったものが1割を超えているという結果となっている。

　この調査結果の概要は表3－3－1のとおりであるが、これを見ると垂水区の一部ならびに東灘区から須磨区にかけて東西帯状に被害が広範囲に広がっていることが一目される。そのうち全壊は東灘区、長田区が多く、焼失は長田区、須磨区が多いことが見て取れる。これら被災建物の被災度判定別の集計結果を見ると、建物総数は218,347ポリゴン（地図表示における建物形状単位）、このうち全壊もしくは全半壊した建物は17.4％の37,922ポリゴンとなっている。

第3節　計画行政リスクマネジメント

表3－3－1　建物の被災状況（学会調査結果）

	調査地域における被災度判定（ポリゴン数）						
	全　壊	半　壊	一部損壊	全半焼	未調査	被害なし	合　計
東　灘	8,835	4,098	5,159	114	8,050	10,232	36,488
灘	5,695	2,782	5,606	317	6,931	7,365	28,696
中　央	2,335	2,640	6,151	30	5,199	10,032	26,387
兵　庫	4,841	5,777	8,989	519	4,957	8,284	33,367
長　田	7,829	6,621	10,144	2,521	4,140	6,754	38,009
須　磨	3,596	4,553	4,495	1,051	3,287	6,700	23,682
垂　水	239	1,588	9,733	0	8,355	10,454	30,369
北	0	3	148	0	1,167	31	1,349
合　計	33,370	28,062	50,425	4,552	42,086	59,852	218,347

（出典：『阪神・淡路大震災神戸復興誌』（平成12年1月）神戸市 p.14）

図3－3－1　構造別建物滅失状況の分布（東灘区～須磨区）

構造別建物滅失の状況

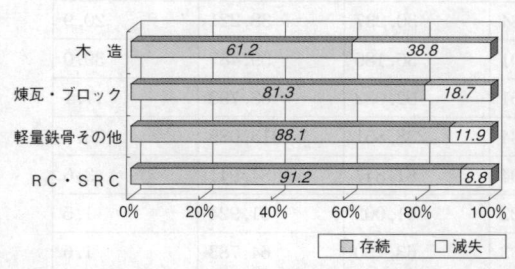

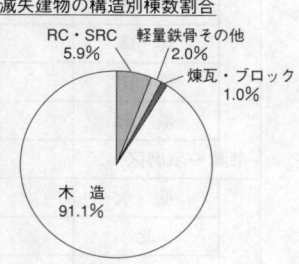

	存続	滅失
木造	61.2	38.8
煉瓦・ブロック	81.3	18.7
軽量鉄骨その他	88.1	11.9
RC・SRC	91.2	8.8

滅失建物の構造別棟数割合
- 木造 91.1%
- RC・SRC 5.9%
- 軽量鉄骨その他 2.0%
- 煉瓦・ブロック 1.0%

（出典：『阪神・淡路大震災神戸復興誌』（平成12年1月）神戸市 p.20）

図3－3－2　建築年次別滅失状況の分布（東灘区～須磨区）

建築年次別滅失状況

	存続	滅失
～1945	45.0	55.0
1946～1955	53.2	46.8
1956～1965	55.4	44.6
1966～1975	77.2	22.8
1976～1985	89.7	10.3
1986～	95.9	4.1

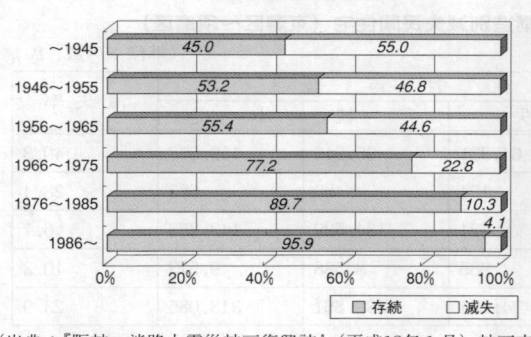

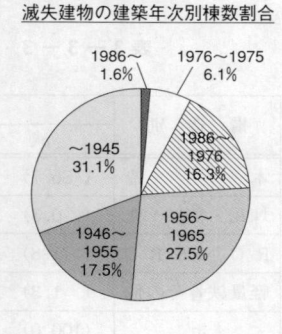

滅失建物の建築年次別棟数割合
- ～1945　31.1%
- 1946～1955　17.5%
- 1956～1965　27.5%
- 1986～1976　16.3%
- 1976～1975　6.1%
- 1986～　1.6%

（出典：『阪神・淡路大震災神戸復興誌』（平成12年1月）神戸市 p.20）

また被害の大きかった東灘区から須磨区の被災状況のうち、建物の滅失状況を構造別、建築年次別に見ると図3－3－1、3－3－2の如くとなり、構造別では木造が、建築年次別では戦前（1945年以前）からその後の10年きざみの年次毎に、いってみれば建築年次が古い程滅失率が高いことが判明している。

住宅の被害状況についての神戸市独自の調査によると、震災前（平成7年1月1日）に存在し、震災後（平成8年1月1日）に滅失した住宅総数は81,767戸とされている。このうち公営住宅の解体戸数2,484戸を除く民間住宅については、区別の滅失戸数についての建築年次別、建て方別、構造別の調査結果が表3－3

表3－3－2　民間住宅の区別滅失戸数

(単位：戸数、％)

民間住宅区別	滅　失	存　続	総　数	滅失率
東　灘	16,174	48,845	65,019	24.9
灘	10,050	33,280	43,330	23.2
中　央	5,964	38,271	44,235	13.5
兵　庫	7,984	30,237	38,221	20.9
長　田	23,301	36,186	59,487	39.0
須　磨	10,761	52,032	62,793	17.1
東灘～須磨区	74,234	238,851	313,085	23.7
垂　水	3,094	81,847	84,941	3.6
北	922	61,002	61,924	1.5
西	1,033	63,750	64,783	1.6
神戸市民間住宅計	79,283	445,450	524,733	15.1

(出典：『阪神・淡路大震災神戸復興誌』（平成12年1月）神戸市 p.19)

表3－3－3　構造別滅失民間住宅（東灘区～須磨区）

(単位：戸数、％)

構　造　別	住　宅　戸　数			滅失率
	滅　失	存　続	小　計	
木　　　造	(86.7) 64,331	95,245	159,576	40.3
煉瓦・ブロック	(0.3) 194	489	683	28.4
Ｒ Ｃ ・ Ｓ Ｒ Ｃ	(11.8) 8,724	134,529	143,253	6.1
軽量鉄骨その他	(1.3) 985	8,588	9,573	10.3
計	(100.0) 74,234	238,851	313,085	23.9

(神戸市資料)

第3節　計画行政リスクマネジメント

表3－3－4　完成年次別滅失民間住宅（東灘区～須磨区）

（単位：戸数、％）

建物 完成年次別	住　宅　戸　数			滅失率
	滅　失	存　続	小　計	
～1945	20,196	14,426	34,622	58.3
1946～1955	9,176	9,652	18,828	48.7
1956～1965	20,416	21,511	41,927	48.7
1966～1975	15,665	52,715	68,380	22.9
1976～1985	4,520	69,570	74,090	6.1
1986～	4,261	70,977	75,238	5.7
計	74,234	238,851	313,085	23.7

（神戸市資料）

表3－3－5　建て方別滅失戸数（東灘区～須磨区）

（単位：戸数、％）

	住　宅　戸　数			
	滅　失		存　続	小　計
独　立　住　宅	(39.4)	27,738	75,006	102,744
併　用　住　宅	(13.9)	10,298	23,254	33,552
長　　　　屋	(23.5)	17,475	13,969	31,444
木造共同住宅	(15.1)	11,223	13,948	25,171
非木造共同住宅	(7.9)	5,873	105,256	111,129
そ　の　他	(2.2)	1,627	7,418	9,045
計	(100.0)	74,234	238,851	313,085

（神戸市資料）

－2～5である。

　これらの建築物の被害状況の調査からいえることは、常識的に想定されることをデータが証明してくれたということである。特に木造の被災率が、図3－3－1で38.8％、表3－3－3で40.3％、建築年代別では表3－3－6に見る如く1965年以前の建築の被災率が高かったのである。

　ところで、神戸市の震災直後の急施の調査と学会の調査結果を比較してみると、学会調査が精度においては、はるかに綿密な基準の下に実施されているが故に高いものであるが、作成された図面上での比較をしてみると事業地区選定という行政上の要請からの早期決定という観点からみると、精粗の差は差程大きなものと

表3－3－6　建築年次別滅失率

	減失率
～1945	58.3%
1946～1955	48.7%
1956～1965	48.7%
1966～1975	22.9%
1976～1985	6.1%
1986～	5.7%

（神戸市資料）

はいえないといえる（図3－3－3〈巻末折込(1)頁〉）。

（2）　関東大震災と阪神・淡路大震災の被害比較

阪神・淡路大震災は、戦後最大、最悪の地震災害であるが、我が国の近代都市計画が成立した大正8年の旧都市計画法の施行後間もなく起きた関東大震災との比較をしてみる。

イ．焼失面積

関東大震災では東京市の京橋區、日本橋區、神田區、麹町區、芝區、麻布區、赤坂區、四谷區、牛込區、小石川區、本郷區、下谷區、浅草區、本所區、深川區の総面積の43.5％に相当する3,470haが焼失した。基本的には木造市街地であったことが大きな原因であった。

ロ．防火地域

関東大震災時に広範囲に市街地が焼失したのを受けて、都市計画の大きな目標の一つに都市の不燃化が挙げられ、防火地域・準防火地域（当時は甲種防火地区、乙種防火地区とされていた）の指定を順次拡大してきた。

ちなみに、関東大震災時の防火地区は図3－3－4〈巻末折込(2)頁〉のとおりである。

しかるに神戸の東灘区、灘区、中央区、兵庫区、長田区および須磨区のうち、六甲山系を除いたビルトアップ地域における防火地域・準防火地域を推計すると表3－3－7の如くとなり、図3－3－5の如く、これらの地域のビルトアップ地域の略全域をカバーしていることとなる。

ハ．道路率・公園率

都市が大災に襲われた時、その延焼防止に効果があるのは道路幅員が広いこと、あるいは公園等の空地が多いことであるが、関東大震災および阪神・淡路大震災

第3節　計画行政リスクマネジメント

表3－3－7　防火地域・準防火地域の区別面積

(単位：ha)

	東灘区	灘　区	中央区	兵庫区	長田区	須磨区	計
防　火　地　域	63	87	408	171	97	61	887
準防火地域	1,279	884	603	756	458	996	4,976
計	1,342	971	1,011	927	555	1,057	5,863

(神戸市資料より作成)

表3－3－8　関東大震災及び阪神・淡路大震災の被災前後道路率・公園率比較

	東京市（現在の23区）		神　戸　市		
	被災前	被災後	被災前		被災後
道路面積（ha）	12,300	14,376	2,625		3,076
道路率（％）	14.5	17.0	対　全　市	4.7	5.6
			対市街化区域	13.2	15.4
公園面積（ha）	1,430,959	3,181,820	2,266		2,488
公園率（％）	1.8	4.0	4.1		4.5

(帝都復興事業大観及び神戸市資料より作成)

における被災前後の道路率・公園率は表3－3－8のとおりである。

二．神戸市都市計画の防災効果

　第二次大戦後の地震災害において、阪神・淡路大震災は未曾有の被害を蒙ったといえるが、関東大震災の被災状況と比較すると格段の被災抵抗力は向上していたといえる。

　すなわち、延焼遮断効果のある街路や公園の適正の配置、市街地の不燃化のための防火地域制度の活用、これらを総合的に実現する広幅員街路、区画街路の拡幅、公園面積の増加とあわせて、建物移転に伴い老朽建築物を耐火性能のある建築物への建替を同時に実現する土地区画整理事業の実施が大きく貢献していると考えてよい。特に神戸市は旧市街地について戦災復興土地区画整理事業を精力的に実施していたことも大きかったと考えられる。

　関東大震災と阪神・淡路大震災の被災度は、地盤条件、地震発生時の時間帯、晴雨、風速等の天候条件等が影響するので単純に比較することはできないが、そういう制約条件があることをおいて比較してみると表3－3－9の如くになる。

　関東大震災の焼失率の高さは、

(1)　当時は、旧都市計画法および市街地建築物法が大正8年4月に制定され、市街地建築物法は大正9年12月に施行された。この都市計画において用途地域に

第3章 復興計画

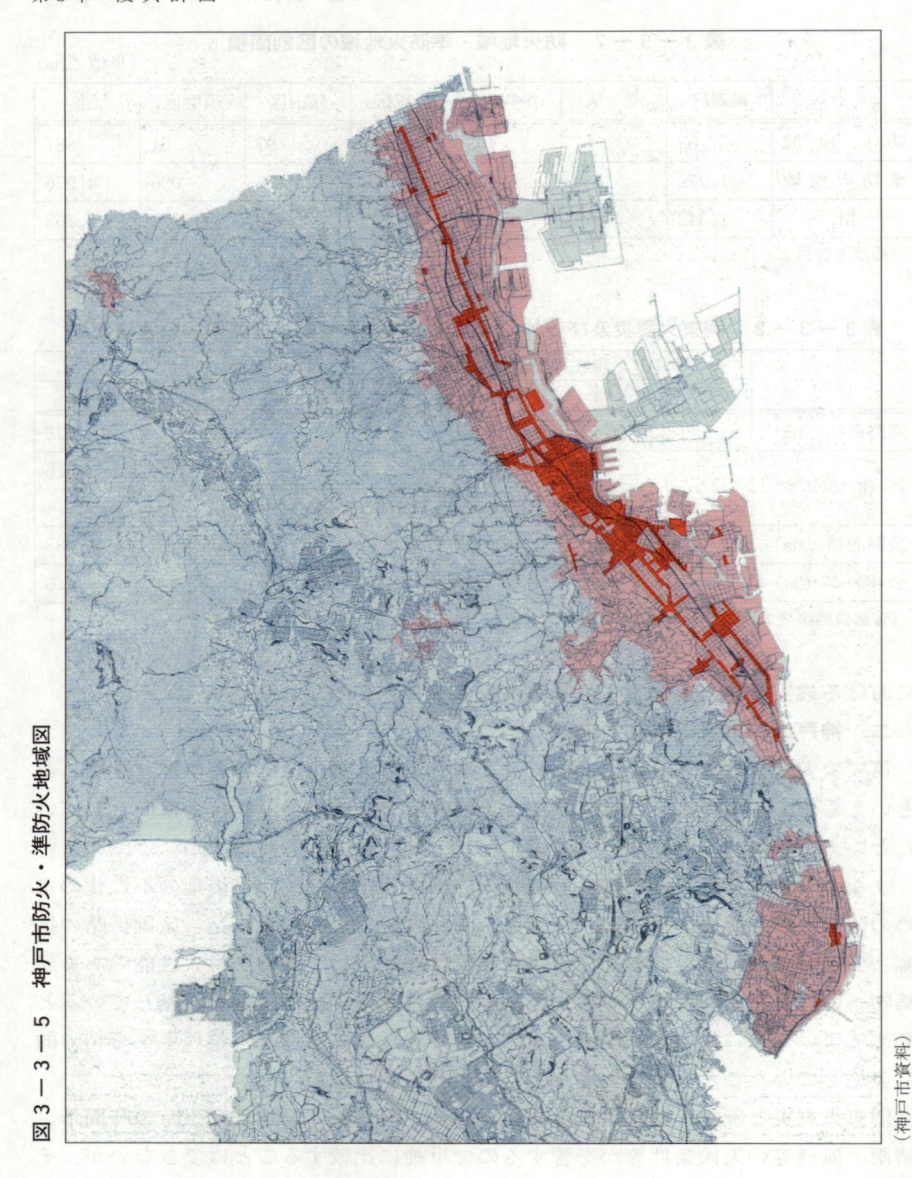

図3-3-5 神戸市防火・準防火地域図

(神戸市資料)

第3節　計画行政リスクマネジメント

表3―3―9　関東大震災及び阪神・淡路大震災被害比較

	関東大震災	阪神・淡路大震災
(1) 罹災状況	（東京市）	（神戸市全域）
人口（A）	226万人	152万人
罹災人口（B）	170万人	約24万人
うち死者、行方不明	69,000人	約4,700人
罹災率（B／A）	75.2%	15.8%
(2) 焼失状況	（東京市）	（中心六区市街地）
面積	約7,980ha	約6,500ha
焼失面積	3,470ha	82ha
焼失率	43.5%	0.13%
(3) 被害棟数		
全壊・半壊	219,000棟	123,000棟
全焼・半焼	5,500棟	7,300棟
計	224,500棟	130,300棟

（注）　罹災人口：（関東大震災）死者、行方不明、重軽傷、全半壊、全半焼罹災者
　　　　　　　　（阪神・淡路大震災）死者、行方不明、避難者総数
（帝都復興事業大観および神戸市資料より作成）

加えて防火地区の制度が創設され、「都市保安上に於ける最大の脅威であって震災、風災其の他非常の際に於いての各種害禍を防ぐため、火災予防上、特に重要な地区を防火地区に指定し、更に其の耐火構造の強制程度によって、甲種防火地区及び乙種防火地区の二種に分けて指定する」こととされた。

　そして東京都市計画においては、大正11年9月に霞ヶ関、日比谷、丸ノ内一帯を集団防火地区に、その他の主要街路の両側は路線式防火地区に指定したのであるが[11]、不幸にしてその1年後に大震災が発生し、防火地区指定の効果はほとんど発揮されなかったのである。その後焼失区域を中心に防火地区を追加指定した。前後の比較表が表3－3－10である。しかるに、阪神・淡路大震災発生当時、神戸市の中心6区の防火地域は図3－3－5の如く既成市街地のほとんどの部分を覆っている状態にあり、格段の被災抵抗力の効果を発揮していたといえる。

　(2)　また焼失率は、延焼防止効果のある街路、公園等の空地の増大が効果的であるが、神戸市の道路率、公園率は表3－3－8のとおりであるが、神戸市は旧東京市と比較すると全市としては広大な地域の六甲山を含み、またこれを除いた市街化区域のうち、今回の甚大な被害を受けた六甲山以南の既成市街地で施行された戦災復興土地区画整理事業施行地区の道路率は表3－3－11の如く、施行前

(11) 『帝都復興事業誌建築編・公園編』（昭和6年3月）復興事業局 pp. 113～114

第3章　復興計画

表 3 －3 －10　東京都市計畫防火地區面積表

市全面積ニ對スル百分比	合計	乙種防火地區			甲種防火地區			種別	
		計	路線式防火地區	集團防火地區	計	路線式防火地區	集團防火地區		
五・四	一二九,〇〇〇	六六,〇〇〇	八,〇〇〇	五八,〇〇〇	一,二三五,〇〇〇	四三四,〇〇〇	七九一,〇〇〇	燒失區域内	現行防火地區
一・九	四七〇,〇〇〇	一〇九,〇〇〇	一〇五,〇〇〇	四,〇〇〇	三六一,〇〇〇	—	三六一,〇〇〇	燒失區域外	
七・三	一,七六一,〇〇〇	一七五,〇〇〇	一一三,〇〇〇	六二,〇〇〇	一,五八六,〇〇〇	四三四,〇〇〇	一,一五二,〇〇〇	計	
二・六	六四六,〇〇〇	三一〇,〇〇〇	二六二,〇〇〇	五八,〇〇〇	三三六,〇〇〇	一五五,〇〇〇	一七一,〇〇〇	燒失區域内	舊防火地區
二・〇	四七五,〇〇〇	一一四,〇〇〇	一一〇,〇〇〇	四,〇〇〇	三六一,〇〇〇	—	三六一,〇〇〇	燒失區域外	
四・六	一,一二一,〇〇〇	四三四,〇〇〇	三七二,〇〇〇	六二,〇〇〇	六八七,〇〇〇	一五五,〇〇〇	五三二,〇〇〇	計	

（単位　坪・％）

（出典：『帝都復興事業誌建築編・公園編』（昭和6年3月）復興事業局 p. 129）

の18.0％から施行後には28.6％に、公園率は表３－３－12の如く1.18％から5.94％に引き上げられており、土地区画整理事業の被災抵抗力は、特に延焼遮断効果が格段に上がっており、これが今回の焼失区域の阻止に効果を挙げている要因の１つに挙げられる。

（３）　被害状況の調査と事業地区の選定

(1)で述べた被害状況の調査は、その後の多角的利用を有効ならしめるために実施されたものである。

国土地理院の航空写真に基づく地形図へのプロットは、その後の復興計画の基礎資料として、被災建築物の分布状態や液状化の状況は、地震の応力と地盤との関係の分析等の際に貴重な震災直後のデータの提供であり、都市計画学会及び建築学会の調査はこれらの他、都市計画的、建築学的な分析を可能にする構造別、建築年代別、用途別の被災状況を明らかにすることにより、地震防災建築基準との関係についてのデータを提供するものである。

神戸市の調査は、従来から積み上げてきた都市計画がこのような大きな地震に

表３－３－11　戦災復興土地区画整理事業道路施行前後対照表

地　区　名	施行面積(ha)	施　工　前		施　工　後		備　　考
		地積(㎡)	割合(％)	地積(㎡)	割合(％)	
灘 （第一工区）	261.3	449,473.53	17.20	663,805.63	25.39	S61. 2.12処分
灘 （第二工区）	6.9	10,768.29	15.64	18,514.93	26.89	S52.11.15処分
灘 （西灘浜手）	116.9	200,759.76	17.18	337,784.25	28.97	S52. 7.26処分
葺　合	313.4	645,106.12	20.60	981,921.30	31.33	H11. 8.31処分
生　田	242.8	490,139.75	20.18	764,184.45	31.46	H 2. 9.26処分
兵庫（兵庫山手） （第一工区）	410.7	632,527.00	15.41	1,126,813.79	27.44	H 5. 9. 2処分
兵庫（神戸駅前） （第三工区）	23.2	67,209.97	28.98	117,979.12	50.86	S57. 6. 1処分
長　田	188.7	373,075.73	19.79	597,022.32	31.65	S56. 6.30処分
須　磨 （第一工区）	199.2	305,554.57	15.34	423,264.58	21.25	S54. 1.31処分
須　磨 （第二工区）	15.3	27,866.78	18.29	52,660.00	34.56	H 8. 4.24処分
計10地区	1,778.4	3,202,481.50	18.00	5,083,950.37	28.60	

（神戸市資料）

第3章　復興計画

表3－3－12　戦災復興土地区画整理事業公園施行前後対照表

地区名	施行面積(ha)	施工前		施工後		備考
		地積(㎡)	割合(%)	地積(㎡)	割合(%)	
灘 (第一工区)	261.3	60,364.00	2.31	294,642.36	11.28	S61. 2.12処分
灘 (第二工区)	6.9	0.00	0.00	2,364.67	3.44	S52.11.15処分
灘 (西灘浜手)	116.9	0.00	0.00	42,689.70	3.65	S52. 7.26処分
葺合	313.4	38,368.28	1.22	135,311.57	4.31	H11. 8.31処分
生田	242.8	65,963.81	2.71	115,768.63	4.77	H 2. 9.26処分
兵庫(兵庫山手) (第一工区)	410.7	8,420.54	0.20	182,078.14	4.43	H 5. 9. 2処分
兵庫(神戸駅前) (第三工区)	23.2	0.00	0.00	0.00	0.00	S57. 6. 1処分
長田	188.7	17,595.43	0.93	62,932.44	3.34	S56. 6.30処分
須磨 (第一工区)	199.2	19,356.51	0.97	220,377.69	11.06	S54. 1.31処分
須磨 (第二工区)	15.3	0.00	0.00	0.00	0.00	H 8. 4.24処分
計10地区	1,778.4	210,068.57	1.18	1,056,165.20	5.94	

(神戸市資料)

対してどのように持ちこたえてきたかを検証するとともに、復興計画としての都市計画をいかにすべきかのデータを早急に把握しておく必要が基本的認識としてあったというべきであろう。

　神戸市における戦災復興事業は、戦災により被害を蒙った中心市街地について全面的に土地区画整理事業の施行によって実施されてきた。その面積は当初計画で中心5区で2,689.9haに及び、現在の中心5区のビルトアップ地域の約半分を占めていたのである。この戦災復興土地区画整理事業は長期にわたったため、途中対象事業地区の反対などで482haが除外され、最終的には2,207.5haが施行された。

　この戦災復興土地区画整理事業の効果は、都市機能の維持増進および都市環境の改善はもとより防災機能の向上ももたらした。すなわち、道路の整理と拡幅、公園面積の増大による延焼防止効果の他、事業によって建物の移転事業が新築によってなされ、老朽建築物が耐火性、防災性の高い建築物へと変わり、それが蓄積されていったことである。

　戦災復興土地区画整理事業は、戦災地でも広幅員街路が周辺に出来上がってい

たり、不十分ながらも区画街路が整っていたりしていた地域は、当初計画から除かれていたが、それが故に建築物の建替えのインセンティブが希薄となっていた地域でもあった。

また、当初から事業の反対論が強く、事業区域に編入できなかった地域もあったのである。そこで今回の地震被害状況図を戦災復興土地区画整理事業の施行区域図を重ね合わせてみたのが図３－３－６〈**巻末折込(3)頁**〉である。これにより明らかになるのは、大きな被害のあった地域が戦災復興土地区画整理事業の施行区域外にあることが判明する。鷹取東地区、新長田駅北地区、松本地区、六甲道駅北地区、森南地区である。

（４） 事業地区の決定

神戸市の復興都市計画の決定は、(1)～(3)の被害状況の調査と戦後の戦災復興土地区画整理事業の実績を踏まえた結果との比較によって、大局的な方針が決められていく。

すなわち、主として戦災復興土地区画整理事業が施行されなかった区域において、被災状況が甚大で、かつ街路整備状況が他の戦災復興土地区画整理事業の整備水準より劣る地区について、

① 土地区画整理事業を施行すること
② 市の副都心として位置づけられている地区（新長田駅周辺及び六甲道駅周辺）については、再開発事業として地域のセンターとしての整備を図る
③ 都心の三の宮地区のように公共施設が整備されているが被害の大きかった地区は、都心地区としての機能再建のため建築行政の誘導による再生を図るため地区計画を指定する。

というものである。

そこで土地区画整理事業については、新長田地区、鷹取地区、御菅地区、六甲道地区、森南地区の６地区を事業地区とすることとして、更に地区の詳細な被害状況が調査される。今回の震災復興区域に、従前の戦災復興区域で除外した区域との関係を示すと表３－３－13のとおりとなる。

被災状況は表３－３－14のとおりである。

さらに、中心５区中心市街地の建築物に対する木賃長屋率と、昭和55年以前の旧建築物の比率を求めると表３－３－15の如くとなり、被災率の高い地区を震災復興の事業地区とすることとなったことが認められる。

第3章　復興計画

表3−3−13　震災復興地区と戦災復興地区との関係

(単位：ha)

震災復興地区名	区域面積	戦災復興区域との重複	
		戦復区域内	戦復除外地
森　南　第　一	6.7	—	—
森　南　第　二	4.6	—	—
森　南　第　三	5.4	—	—
六　甲　道　駅　北	16.1	—	—
六　甲　道　駅　西	3.6	—	—
松　　　　　本	8.9	—	—
御　菅　東	5.6	—	5.6
御　菅　西	4.5	4.5	—
新　長　田　駅　北	59.6 (内JR鷹取工場17.0)	26.3 (内JR鷹取工場17.0)	17.9
鷹　取　東　第　一	8.5	2.1	—
鷹　取　東　第　二	19.7 (内JR鷹取工場1.6)	6.7 (内JR鷹取工場1.6)	5.3
計	143.2	39.6	28.8

(神戸市資料)

表3−3−14　震災復興土地区画整理事業地区被災状況

(単位：棟、％)

	地区	森南	六甲道駅北	六甲道駅西	松本	御菅東	御菅西	新長田駅北	鷹取東第一	鷹取東第二
被災前 建物棟数		902	1,019	314	641	520	334	2,217	550	1,196
被災状況	全壊棟数	523	568	181	429	473	242	1,580	494	1,034
	半壊棟数	69	115	38	88	5	34	200	40	49
	計	592	683	219	517	478	276	1,780	534	1,087
被災率		66％	67％	70％	81％	92％	83％	80％	97％	91％

(神戸市資料より作成)

（5）　震災復興市街地・住宅整備の基本方針

　被災から2週間後の1月31日神戸市は、不幸な被災を乗り越えて復興にあたるため、総合的な復興基本計画を策定し、とりわけ災害に強いまちづくりを行うことを宣言して、「震災復興市街地・住宅整備の基本方針」を発表する。
　市街地にはがれきが充満し、避難所生活をし、あるいは食事の提供を受ける人がピークの236,899人に達し、交通が著しく混乱している最中であったが、復興に向けての力強いメッセージを市民に届ける必要があったからである。

表 3－3－15　旧市街地と復興事業地区の木賃長屋率及び旧基準建物率の比較

全市・震災復興促進区域

	建物全体		うち木賃長屋		うち旧建築基準建物	木賃長屋率		旧基準建物率
	棟数	延床面積（㎡）	棟数	延床面積（㎡）	延床面積（㎡）	棟数	延床面積	延床面積
全　　　　市	511,013	65,404,472	43,435	4,468,511	44,795,249	8%	7%	68%
うち震災復興促進区域	238,279	31,737,066	36,871	3,552,307	24,677,717	15%	11%	78%

震災復興区画整理事業区域

	建物全体		うち木賃長屋		うち旧建築基準建物	木賃長屋率		旧基準建物率
	棟数	延床面積（㎡）	棟数	延床面積（㎡）	延床面積（㎡）	棟数	延床面積	延床面積
森南第一	473	51,044	41	7,653	39,141	9%	15%	77%
森南第二	459	51,809	88	9,860	33,005	19%	19%	64%
森南第三	345	30,633	24	4,250	22,230	7%	14%	73%
六甲道駅北	1,496	136,223	568	43,810	93,943	38%	32%	69%
六甲道駅西	435	37,389	236	19,016	28,883	54%	51%	77%
松本	714	75,345	244	25,615	66,261	34%	34%	88%
御菅東	610	53,634	210	14,919	49,604	34%	28%	92%
御菅西	313	35,797	102	7,787	33,135	33%	22%	93%
新長田駅北	3,453	514,759	843	64,260	416,161	24%	12%	81%
鷹取東第一	853	76,416	329	26,279	63,961	39%	34%	84%
鷹取東第二	1,810	279,698	632	51,455	241,851	35%	18%	86%

震災復興再開発事業区域

	建物全体		うち木賃長屋		うち旧建築基準建物	木賃長屋率		旧基準建物率
	棟数	延床面積（㎡）	棟数	延床面積（㎡）	延床面積（㎡）	棟数	延床面積	延床面積
六甲道駅南地区	674	74,413	143	11,934	62,839	21%	16%	84%
新長田駅南地区	1,998	277,353	444	36,504	246,072	22%	13%	89%

注1：数字はKOBE90のデータによる
注2：事業区域が「〇〇町〇丁目の一部」の場合、その町丁目全体の数字で算出
注3：旧基準建物とは昭和55年以前の建物をいう
（神戸市資料より作成）

この基本方針は、次の4点が盛り込まれた。

イ．建築基準法第84条の区域指定
ロ．震災復興緊急整備条例の制定
ハ．震災復興住宅整備緊急3か年計画の策定と応急仮設住宅の確保と早期に恒久的な住宅に居住できるようなプログラムの作成

第3章　復興計画

　ニ．面的な市街地整備事業および大量の住宅建設のための必要な制度改善・財政支援の国への要請

　このうち、イ．建築基準法第84条の区域指定、ロ．震災復興緊急整備条例の制定について次のように決められた。

イ．建築基準法第84条の区域指定

　震災により倒壊、焼失家屋が集中している区域のうち、都心機能の再生や災害に強い市街地としての整備が特に必要な地域において、面的な都市計画事業等を行うこととし、これらの事業等を円滑に進めるうえで緊急の措置として、建築物の一定の制限が必要な区域については、建築基準法第84条の区域指定を行うというものである。

　指定の概要と区域は次のとおりとされた。

　(1)　**概要**　　市街地整備の事業等を円滑に進めるうえで、緊急の措置として、建築物の建築の一定の制限が必要な区域について、建築基準法第84条の区域指定を行う。

　この区域では、以下に掲げる建築物は建築することができる（その他の建築物は建築することはできない）。

　① 主要構造部が木造、鉄骨造、コンクリートブロック造等で、階数が2以下であり、かつ、地階を有しないもの。
　② 地方公共団体等が震災復興事業の一環として行うもの
　③ 応急仮設建築物、工事用仮設建築物等
　④ その他特定行政庁が震災復興事業に支障がないと認めて許可したもの

　(2)　**区域**　　計　6地区　約233ha

地区名	面積(ha)	位　　置	予定事業等
森　　南	約19	東灘区	森南町1丁目〜3丁目、本山中町1丁目の一部	区画整理
六甲道駅周辺	約28	灘　区	深田町4丁目、5丁目、備後町4丁目、5丁目、桜口町4丁目、5丁目、森後町3丁目、永手町5丁目、六甲町1丁目〜5丁目、稗原町1丁目、2丁目、3丁目の一部、4丁目の一部、琵琶町1丁目、2丁目の一部	区画整理再開発
三　　宮	約75	中央区	琴ノ緒町5丁目の一部、布引町4丁目の一部、雲井通7丁目、8丁目、小野柄通7丁目、8丁目、御幸通7丁目、8丁目、磯上通7丁目、8丁目、八幡通3丁目、4丁目、磯辺通3丁目、4丁目、浜辺通5丁目、6丁目、加納町4丁目の一部、5丁目、6丁目、北長狭通1丁目〜3丁目の各一部、三宮町1丁目〜3	地区計画

			目、東町、伊藤町、江戸町、京町、浪花町、播磨町、明石町、西町、前町、海岸通	
松　　　本	約9	兵庫区	大井通1丁目〜3丁目、松本通2丁目〜7丁目	区画整理
御　　　菅	約10	長田区	御蔵通3丁目、4丁目の一部、5丁目、6丁目、菅原通3丁目の一部、4丁目の一部	区画整理
新長田駅周辺	約92	長田区	戸崎通3丁目の一部、西代通4丁目、大道通4丁目、5丁目、御屋敷通1丁目〜6丁目、川西通4丁目、5丁目、水笠通1丁目〜6丁目、細田町4丁目〜7丁目、神楽町3丁目〜6丁目、松野通1丁目〜4丁目、日吉町1丁目、2丁目、5丁目、6丁目、若松町3丁目〜7丁目、10丁目、11丁目、海運町2丁目、3丁目、大橋町3丁目〜7丁目、10丁目、野田町4丁目	区画整理再開発
		須磨区	戎町1丁目、大田町1丁目、寺田町1丁目、2丁目、大池町1丁目、2丁目、千歳町1丁目〜4丁目、常盤町1丁目〜4丁目	

(3) 制限期間

平成7年2月1日から同年2月17日まで（さらに1か月延長する場合がある）

ロ．震災復興緊急整備条例の制定

神戸市は、国における新法の検討状況も踏まえて、震災復興緊急整備条例の制定を決断する。この条例により被災市街地の大半について震災復興促進区域の指定を行い、同区域での建築行為の届出、指導により、市街地整備の充実を図り、良質な市街地の形成をめざし、あわせて重点復興地域を定め、面的な市街地整備の事業の導入や良好な建築物の誘導等を積極的に進めようとするのである。

この条例は、震災復興事業としての市街地と住宅との緊急整備を円滑に推進することにより、災害に強い活力のある市街地の形成及び良好な住宅の供給を目指すことを目的として、2月16日に制定されることとなるが、その大要は、

(1) 市長の責務として市長は、市街地および住宅の復興に関する計画を速やかに策定し、これを市民および事業者に広く公表するとともに、震災復興事業を推進し、その他必要な施策を講じるべきとする。
(2) 市長は震災復興事業等との整合性を図りつつ、甚大な被害を被った市街地のうち、災害に強い街づくりを進める必要性のある区域を震災復興促進区域として指定することができる。
(3) 市長は、促進区域のうち、建築物の集中的倒壊及び面的焼失その他の甚大な被害を被った地域であり、かつ、災害に強い街づくりの観点から特に緊急的および重点的に都市機能の再生、住宅の供給、都市基盤の整備その他の市

街地整備を促進すべき地域を、整備目標を定めることにより、重点復興地域として指定することができる。

(4) 促進区域内において建築物等の建築をしようとする建築主は、規則で定めるところにより、建築物等の建築の内容を市長に届け出なければならない。ただし、次に掲げる建築物等の建築については、この限りでない。

① 国、地方公共団体等が震災復興事業として行う建築物等の建築
② 非常災害のため必要な応急措置として行う建築物等の建築
③ 主要構造部が木造、鉄骨造、コンクリート造その他これらに類するもので、階数が2以下であり、かつ、地階を有しない建築物等の建築（復興地域内のものを除く。）
④ 前3号に掲げるもののほか、市長が特に震災復興事業の施工に支障がないと認める建築物等の建築

(5) 市長は、前条の届出があった場合においては、当該届出に係る建築主に対し、災害に強い街づくりに関する情報を提供し、および当該届出に係る建築主と当該届出に関する協議を行うことができる。

そしてこの条例の概念図は図3－3－7のとおりとされた。

図3－3－7　重点復興地域、震災復興促進区域の概念図

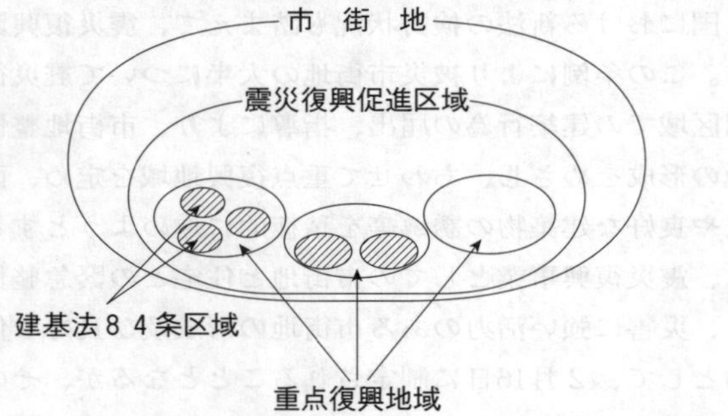

（出典：「阪神・淡路大震災関係資料 Vol. 2」第4編恒久対策第3章復興委員会01阪神・淡路復興委員会（1999年3月）総理府阪神・淡路復興対策本部事務局 p. 154）

3　緊急時の都市計画決定プロセスの特色——時間管理手法の導入

今回の震災における復興計画の決定プロセスで最も大きな注目すべき点は、時間との競争と理想的計画との調和を図る時間管理の考え方と手法の導入であった。過密大都市に発生する大災害においては、安全を前提に構築された諸活動と生活が一瞬にして破壊され、その壊滅的状態から一刻も早い回復を図らなければならず、しかもその回復の方法は、被災地から離れた地域において再建するのではな

く、現地において再生を図らなければならないことから、復興のテンポに時間的余裕が少ないと言わなければならない。例えが適切ではないが、1945年当時の大都会東京の空襲による市街地の焼失は、居住人口が疎開により減少していたこともあり、その復興にはある程度の時間的余裕があったといえるが、都市化の進展により過密化した都市における大災害は時間管理の概念を導入しなければならないといえる。その観点から復興計画のプロセスを検証してみることとする。

1）限時建築制限論……建築基準法第84条の指定と震災復興緊急整備条例の制定

建築基準法第84条は「特定行政庁は、市街地に災害があった場合において都市計画又は土地区画整理事業のため必要があると認めるときは、区域を指定し、災害が発生した日から1月以内の期間を限り、その区域内における<u>建築物の建築を制限し、又は禁止</u>することができる。」（下線筆者）と規定している。これまでも幾多の市街地の火災等の災害時に適用されてきたが、これは災害のあった市街地の復興には一定の期間が必要であり、その間に建築行為が重ねられることは復興のプラン実現のための障害になることから設けられたものであり、特定行政庁である神戸市も当然この条文を適用することとなる。

イ．制限の成立条件

建築基準法第84条の規定の趣旨は、災害により広範囲に市街地が被災した後、都市計画や土地区画整理事業によって災害に強い街づくりをするためには、きちんとしたプランが立てられるまでの間、その支障となる建築行為を制限することが好ましく、また必要であるからによる。

しかし、建築制限による国民の権利制限が容認される条件が必要である。

(1) 都市計画または土地区画整理事業を施行する地域であること
(2) 被災者自身の再建意欲の制限による権利者の法的安定を著しく害さないものであること。このため、都市計画または土地区画整理事業が施行される際に、著しく障害にならない以下の建築行為の制限は行えないとされる。
  ① 主要構造部が木造、鉄骨造、コンクリートブロック造その他これらに類するもので、階数が2以下であり、かつ、地階を有せず、容易に移転し、又は除却することができる建築物
  ② 応急仮設建築物、工事用仮設建築物
  ③ 地方公共団体等が震災復興事業の一環として建築する建築物
  ④ その他市長が震災復興事業の施行に支障がないと認めて許可した建築物

また、制限する期間も災害が発生した日から1カ月間とされ、建設大臣の承

認[12]を得た場合に限り、さらに1月を超えない範囲までしか期間延長が認められない。

(3) (2)の期間限定は、逆の意味で都市計画サイドに、限定された期間内に都市計画、または土地区画整理事業の都市計画の策定を急がせるという効果をも併せ有していることも重要である。

ロ．震災復興緊急整備条例の必要理由

2(5)ロ．で述べた如く、神戸市は2月16日に震災復興緊急整備条例を制定する。この条例は、

(i) 東灘区から須磨区にかけての市街地の大部分、約5,887haを「震災復興促進区域」として、そのうち特に緊急的および重点的にまちづくりを進める必要がある地域を「重点復興地域」として指定し、「重点復興地域」では土地区画整理事業、市街地再開発事業や住宅供給事業を積極的に取り組んでいくことという復興の基本方針を市民に明示し、

(ii) 「震災復興促進区域」では、建築行為は建築確認申請の30日前までに、位置、用途、構造、規模、工事予定期間等の計画の概要を届け出なければならないこととし、ただし、2階建て以下の木造、鉄骨造、コンクリートブロック造などの建築物については届出を要しなくて建築できることとされ、「重点復興地域」では、すべての建築物について建築確認申請の30日前までに届け出を必要とすることとした。

この条例による建築行為の届出制は、今回の神戸市のような大都市の中心市街地が、広範囲に被災した際の土地区画整理事業等による復興事業が、建築基準法の第84条の最大2カ月の時間限定によっては、多数の権利者の権利調整がスムーズに行えるようなプランの作成には、時間がとても足りないという状況が明らかになったからである。すなわち、従来は2カ月の期間があれば復興計画のプランとしての都市計画、又は土地区画整理事業の計画が立てられるような災害にとどまっていたのが、阪神・淡路大震災ではそうした前提を覆す事実が現出したからである。

神戸市は、被災直後この期間延長の要請を法改正をしようとしたが、折衝がうまくいかず、結局条例による届出制の建築制限でこの問題を解決する方策を選んだのである。

元来、建築基準法第84条は最大2カ月という期間限定を包摂していることから、

---

(12) 平成11年の「地方分権の推進を図るための関係法律の整備等に関する法律」により「建設大臣の承認」は不要と改正された。

第3節　計画行政リスクマネジメント

行政作用に合目的的見地からの時間管理概念が導入されている制度ではあったが、戦後最大の大都市中心市街地における地震大災害に対しては、この「2月」という「時間限定」は妥当せず、法的再検討が要求される事態であったというべきであろう。

(iii) **被災市街地復興特別措置法**による建築制限

政府は大規模な火災、震災その他の災害を受けた市街地について、その緊急かつ健全な復興を図るためには特別の措置を講ずることが必要であるとの観点から、2月26日に被災市街地復興特別措置法を制定する。

この法律については後で詳述するが、時間の管理概念という見地からの建築制限に関する規定が取り入れられているので、その点についてここで述べることとする。

すなわち、同法では**第5条**で次に掲げる要件に該当するものについては、都市計画に被災市街地復興推進地域を定めることができる、と規定する。

一　大規模な火災、震災その他の災害により当該区域内において相当数の建築物が滅失したこと。
二　公共の用に供する施設の整備の状況、土地利用の動向等からみて不良な街区の環境が形成されるおそれがあること。
三　当該区域の緊急かつ健全な復興を図るため、土地区画整理事業、市街地再開発事業その他建築物若しくは建築敷地の整備又はこれらと併せて整備されるべき公共の用に供する施設の整備に関する事業を実施する必要があること。

そして**第7条**で次のような規定が置かれた。

（建築行為等の制限等）

第7条　被災市街地復興推進地域内において、第5条第2項の規定により当該被災市街地復興推進地域に関する都市計画に定められた日[13]までに、土地の形質の変更又は建築物の新築、改築若しくは増築をしようとする者は、建設省令[14]で定めるところにより、都道府県知事の許可を受けなければならない。ただし、次に掲げる行為については、この限りでない。（下線筆者）
一　通常の管理行為、軽易な行為その他の行為で政令で定めるもの
二　非常災害（第5条第1項第1号の災害を含む。）のため必要な応急措置として行う行為
三　都市計画事業の施行として行う行為又はこれに準ずる行為として政令で定める行為
2　都道府県知事は、次に掲げる行為について前項の規定による許可の申請があった

---

(13)　建築制限期間満了の日
(14)　現在は国土交通省令

場合においては、その許可をしなければならない。
一 土地の形質の変更で次のいずれかに該当するもの
　イ 被災市街地復興推進地域に関する都市計画に適合する0.5ヘクタール以上の規模の土地の形質の変更で、当該被災市街地復興推進地域の他の部分についての市街地開発事業の施行その他市街地の整備改善のため必要な措置の実施を困難にしないもの
　ロ 次号ロに規定する建築物又は自己の業務の用に供する工作物（建築物を除く。）の新築、改築又は増築の用に供する目的で行う土地の形質の変更で、その規模が政令で定める規模未満のもの
　ハ 次条第4項の規定により買い取らない旨の通知があった土地における同条第3項第2号に該当する土地の形質の変更
二 建築物の新築、改築又は増築で次のいずれかに該当するもの
　イ 前項の許可（前号ハに掲げる行為についての許可を除く。）を受けて土地の形質の変更が行われた土地の区域内において行う建築物の新築、改築又は増築
　ロ <u>自己の居住の用に供する住宅又は自己の業務の用に供する建築物</u>（住宅を除く。）で次に掲げる要件に該当するものの新築、改築又は増築（下線筆者）
　　(1) 階数が二以下で、かつ、地階を有しないこと。
　　(2) 主要構造部（建築基準法（昭和25年法律第201号）第2条第5号に規定する主要構造部をいう。）が木造、鉄骨造、コンクリートブロック造その他これらに類する構造であること。
　　(3) 容易に移転し、又は除却することができること。
　　(4) 敷地の規模が政令で定める規模未満であること。
　ハ 次条第4項の規定により買い取らない旨の通知があった土地における同条第3項第1号に該当する建築物の新築、改築又は増築

　建築制限の期間は、同法第5条第3項の規定により「災害の発生した日から起算して2年以内の日」と定められた。
　この規定新設の有する意義は、現代の高度都市化時代における大規模市街地災害の際の市街地の復興計画を作り上げるためには、都市計画として決定されるまでの間、相当長期の準備とネゴシエーションが必要であるという認識が高まったことによるものである。したがってより規模の小さい市街地については効果を発揮しうる建築基準法第84条の制限期間「2月」では、今回のような大都市の災害の際には効果が発揮できないことから「時間管理の概念」を拡大し、新たに建築制限の期間を「2年」と改めたことに現代的理由がある。

2）二段階都市計画論

　土地区画整理事業や市街地再開発事業等の面的整備事業では、通常まちづくり

第 3 節　計画行政リスクマネジメント

協議会などでの調整を経た上で都市計画の手続きに入るのが通例である。したがって権利調整には充分な時間を費やして、ほぼ全体の合意がとれるまでの間そのプランは公式の都市計画として確定されない。しかし、大災害後の緊急時においては被災市街地の主要な道路などの、復興の骨格となる部分はなるべく早く確定することが望ましく、また、被災の経験を生かした防災性の高いまちづくりの骨格を確定し、それを基にして詳細な部分を決めていくことの方が合目的的である。このことから1日も早く復興計画を示し、まちの再生を進める必要があることから、当初の都市計画決定は、区域および主要な道路、公園といった基本的な枠組みを第一段階の都市計画として定め、第二段階で住民意向を反映させたうえ、細部の身近な道路、公園や建物用途の制限、高さの限度等をルール化する地区計画等の都市計画を定める、二段階方式の都市計画を決めることとされた。これを模式化すると図3－3－8のようになる。

限時的建築制限論と二段階都市計画論は、阪神・淡路大震災における復興都市計画にとって大きな効果をもたらした。

それは、復興都市計画の時間的経緯をまとめてみると表3－3－16になる。

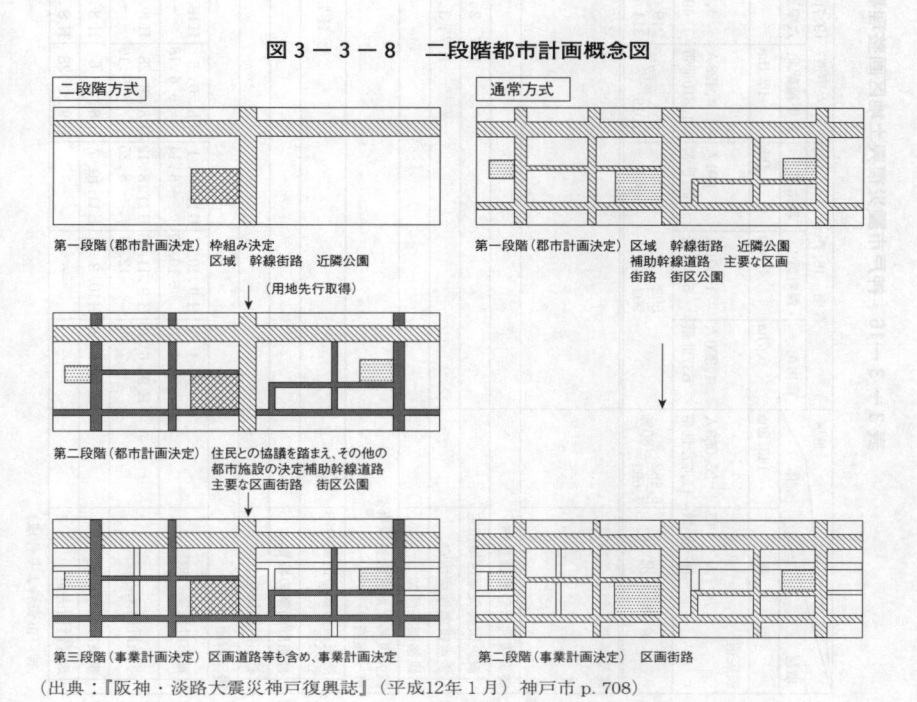

図3－3－8　二段階都市計画概念図

（出典：『阪神・淡路大震災神戸復興誌』（平成12年1月）神戸市 p. 708）

表3-3-16 神戸市震災復興土地区画整理事業経緯表（二段階都市計画手続分）

H15.6月末現在

項目	地区	全体	森南第一	森南第二	森南第三	六甲道北	六甲道駅西	松本	御菅東	御菅西	新長田駅北	鷹取東第一	鷹取東第二
		143.2ha	6.7ha	森南 16.7ha / 4.6ha	5.4ha	16.1ha	19.7ha / 3.6ha	8.9ha	5.6ha	10.1ha / 4.5ha	新長田・鷹取 87.8ha / 59.6ha	8.5ha	19.7ha
震災前	面 積												
	人 口	26,083人	1,390人	1,001人	891人	4,128人	1,098人	2,367人	1,225人	647人	7,587人	2,051人	3,698人
	世帯数	11,772世帯	637世帯	513世帯	351世帯	1,810世帯	494世帯	1,206世帯	554世帯	301世帯	3,267世帯	905世帯	1,734世帯
	被災状況	6,162=80% / 7,693		592=66% / 902		683=67% / 1,019	219=70% / 314	517=81% / 641	478=92% / 520	276=83% / 334	1,780=80% / 2,217	534=97% / 550	1,083=91% / 1,196
建築基準法第84条指定								当初 H7.2.1 (2.17を) 延長 H7.2.17 (3.17迄)					
震災復興緊急整備条例								H7.2.16公布、施行					
震災復興促進区域指定								H7.2.16 (全指定面積約5,887haのうち)					
重点復興地域指定								H7.3.17 (全指定面積約1,225haのうち)					
建築制限開始								H7.3.17					
震災復興土地区画整理事業													
第一段階													
震災復興都市計画の内容公表								H7.2.21 (全体地区として公表)					
都市計画案の縦覧								H7.2.28~3.13					
都市計画決定								H7.3.17					
第二段階													
都市計画案の縦覧		H9.4.9~4.22	H9.6.26~7.9	H9.9.25		H9.10.7~10.20	H9.11.28~12.11	H11.6.1~6.14	H8.6.5~6.18	H8.1.10~1.23	H8.3.5~3.18	H9.1.16~1.29	H8.11.6~11.19
事業計画案の縦覧			H9.6.26~7.9	H10.3.5	H11.8.12~8.25	H9.11.28~12.11	H11.10.7	H8.8.28~9.10	H8.1.24~2.6	H8.9.4~9.17	H8.3.19~4.1	H8.10.25~11.7	H9.1.7~1.20
事業計画決定			H9.9.25	—	H11.10.7	H10.3.5	H9.2.28	H8.3.26	H8.11.6	H9.1.14	H8.7.9	H8.11.6	H9.1.7
地区計画決定			—	—	—	H8.11.6		H8.11.5	H8.11.5	H8.11.6	H8.11.5	H7.11.30	H9.3.5
											H8.11.5	H8.11.5	H9.11.27

（神戸市資料より作成）

第4節　合意形成プロセスの形成

1　行政機関相互

　復興都市計画の実質的計画主体は神戸市である。しかし、神戸市が計画を実施に移すまでには、多方面との合意形成を図ることが必要である。

　通常の都市計画を決定するにあたっても、当然合意形成のシステムが制度として構築されている。土地区画整理事業や市街地再開発事業等の都市計画法上の決定主体は兵庫県であるが（都市計画法第15条第1項第6号）、市が案を作成し実質的に市が合意形成をしていることから、実質的計画主体の神戸市を中心として合意形成プロセスの形成について述べることとする。

　神戸市が復興計画について合意形成を図るべき行政機関として、国と兵庫県がある。このうち国は、通常は中央省庁、特に建設省（現国土交通省）であるが、今回の震災では法律上の合意形成機関ではないが、阪神・淡路復興委員会及び阪神・淡路復興対策本部がある。

1）阪神・淡路復興委員会
（1）　意見の要旨

　阪神・淡路復興委員会は復興の基本的事項について指針を示すことを任務として設置されたことは前述のとおりであるが、被災地方公共団体の復興計画への指針を示し、これを実現するために関係省庁・地方公共団体へ提言・意見をすることによって、被災した阪神・淡路地域の復興を万全ならしめることを被災地ばかりでなく、国民全体に向けて復興の方向を明示することに主たる目的がある。その意味では狭義の復興計画にとらわれず、復興に関し幅広い見地からの意見・提言がまとめられ、復興のための道標を示す機能を充分果たしたといえる。復興委員会の活動の概略については、第3章第2節2 2）(4)イで述べたが、復興委員会は国土計画、経済、都市計画、福祉、国政、地方行政についての識見を有する幅広い各界からの委員によって構成されており、かつ、現在の復興の概念はきわめて広いものとして考慮されるべきことから、委員会の提言も極めて多岐にわたっている。このうち復興計画については次のような提言を行っている。

(i)　広義の復興計画
〔提言1　2月28日〕（関係部分）

第3章　復興計画

1　復興10カ年計画（1996～2005）を早急に策定すること。
　　県・市を中心として、国・県・市・町が協力して策定に当たること。
2　緊急対策・応急対策との関連性を重視して、復興計画を策定すること。
　　計画の策定に当たって学識経験者、住民の意見を尊重すること。
3　復興計画は、国・県・市・町・民間のそれぞれが実施する事業を調整して、復興にとって優先度の高い事業を基本として総合的に計画すること。
4　政府は復興計画を承認し、実施するための措置を講ずること。
5　政府は復興事業予算の透明性及び執行の弾力性を確保するための方策について早急に結論を得ること。

〔提言8　5月22日〕

1　復興10カ年計画は、阪神・淡路被災地域の復興の基本となるものであり、県、市、町がそれぞれに主体的に実現可能性のあるものとして策定することが原則であること。
2　復興10ヵ年計画は、震災の教訓を生かし被災地域の実態と将来ビジョンを基本に、政府が策定中の経済計画等に配慮して策定すること。
3　策定された復興計画は、国、県、市町の間で調整され、国としても承認しうるものであること。なお、10カ年計画は、長期的な国、県、市町の財政事情にも充分考慮したものであること。
4　復興計画の策定にあたって、被災住民の意向を反映し、住民の理解と協力を得られるものであること。
5　復興計画の前期5ヵ年において、被災地域のおかれた状況の下で、復興にとって緊急かつ必要不可欠な施策を復興特別事業として位置づけること。
6　国はこの復興特別事業への取組み方針を明らかにするとともに、その円滑な実施のために特段の措置を講ずること。
7　復興10カ年計画の策定にあたり、長期的視点から10ヵ年を通じて復興のために特に重要と認められる戦略的プロジェクト、あるいは復興のシンボルとして相応しい施策・事業を復興特定事業として選択し、その事業を確定すること。
8　この復興特定事業の選択と確定は、第1次95年7月、第2次96年7月、第3次97年に分け、重要度が高く、実施可能性の高いものから順次明らかにすること。
9　復興特定事業について、国が助成等の支援を行うもの、地元が独自に実施するものを明確に区分し、国としてもその実施にあたり積極的に必要な措置を講ずること。

(ii)　狭義の復興計画

〔提言4　2月28日〕（まちづくり関係部分）

1　地元の人々の理解と協力のもとに、被災市街地復興特別措置法を活用し、土地

第 4 節　合意形成プロセスの形成

　　区画整理事業、市街地再開発事業、住宅市街地総合整備事業、住宅地区改良事業、都市防災不燃化促進事業等の都市計画事業を慎重かつ大胆に実施すること。
2　土地信託方式、建築協定方式、地主共同組合方式、協働まちづくり方式など多様な方式を活用して、地元の人々の協力・話し合いによる地区計画の協定によるまちづくりを進めること。
3　まちづくりにあたって、広報紙・ミニコミ紙・新聞・TV・パソコン通信・インターネット等の多様なメディアを活用して地元の人々にまちづくり情報を積極的に提供すること。
4　地区計画の策定を支援するための専門家集団の非営利活動を助成する措置を講ずること。
5　まちづくりを円滑に進めるためには、土地の先買取得、跡地利用、放出土地の処理など、土地処分の流動性を得るための措置を講ずること。

〔提言9　6月12日〕（直接関係部分のみ抜粋）
1　震災の経験に学び、都市防災のモデル事業として、ライフライン（生命維持装置）のネットワークを整備すること。
　　電気、ガス、水道、下水道、電話・通信、消防用水などの整備は、それぞれ大幹線、中幹線、端末線として体系的ネットワークとして整備されるが、中幹線部分は、共同施設として防災幹線道路（国道、県道、市町村道の中から防災のために指定される幹線道路）に集約され、被災に当たって壊れにくく、直しやすいものとして整備され、ライフラインが短期間に緊急に容易に復旧しうるよう措置すること。
2　さらに、都市防災のモデル事業として、緑の回廊を整備すること。
　　森、川、池、水面、緑地・公園、オープンスペース、街路樹、緑の歩道などを体系的にネットワークとして計画し、市街地の防災性を高めること。
3　ライフラインの共同施設と緑の回廊の整備を都市防災軸として整備することに政府は早急に結論を得て、特段の措置を講ずること。
4　都市防災軸に関連して防災性の高い安全生活街区を設立し、住民を主体として、市民生活の安心と安全の基盤を確立すること。

　復興委員会の意見・提言として集約されるまでに、各委員からの意見メモが提出された。伊藤滋委員は都市計画の専門家として、狭義の復興計画について次のような有益なメモを提出している。
　現時点で必要とする事項として、
①　街づくり専門家の大量動員
自治体が建築制限を行いながら復興事業を進めていけるところは限定されてく

第3章 復興計画

る。

それ以外の数多くの地区で、住民自らが再建方策を考えざるを得ない場合、その相談にのりながら街づくりの具体策をまとめ、市や県に持ち上げていける民間の街づくり専門家が多数この地域に参集させることにより、被災者が前向きに生活再建を考えることができる。

この専門家には、都市計画家協会等専門家職能組織が能力についての保証を行い、専門家に報酬を役所（国も含めて）が準備し、1カ所に2人専門家を派遣する。

② 仮設都市の維持管理

公的な応急住宅が現在建設されているが、その他に被災地にも自力で建設される民間の応急住宅もある。これらの応急住宅群は数多くの場所に散在し、そこに居住する数多くの場所に散在される応急住宅は、短期間にその使命を終え撤去されることにはならないと予想されるので、応急住宅群が必然的に造り上げる仮設都市の維持管理のプログラムを公共側が準備すべき。

復興計画についての事項については、

③ 都市水面の拡大

都市河川に常時水を流しておくことのほかに、市街地内部に細やかに小さな水路や堰を造る。そこには下水道の処理水を流してもよい。運河を市街地に掘り込み、アムステルダムにみられるような運河のネットワークを造り、そこにヨットやボートを係留してもよい。あるいはパリのサンマルタン運河のように、いくつものロックとトンネルによって水面を持ち上げ、六甲山の裏側の河川とつなげてもよい。河川水が不足するのであれば、農業用水の水利権の転換や、他の河川からの分水を考えてもよい。市街地の中に洒落た水路が縦横に張り巡らされ、それに沿って散歩道や樹木が立ち並んでいれば、結構絵になる防災都市づくりも可能であろう。

④ 立体的都市計画

都市施設の種類や規模による安全の技術的検討を前提に、地下空間についての都市計画を検討すべき。それもいろいろの深さの地下利用、例えば地表面直下では地下駐車場や商店街、少し深くなって地下鉄や地下道、そしてかなり深くなるとライフライン系の共同溝整理とか、病院や集会所、学校そして公園の地下に、緊急事態に備えた備蓄倉庫や避難所を考えてもよい。あるいはオープンカット（半地下型）の高速道路の建設は検討に値しないか。

⑤ 下町型国際市街地

長田区などでは、製造業と小売業が共存し、住居もある新しい多国籍な職人の

街である下町型・アジア型国際市街地を独特のアーバンデザイン面における雰囲気を創り出し、造っていくことを考えるべきである。そのためには、経済特区的配慮や、すでに国が過疎地に工場が進出したときに行っている雇用面での支援も必要である。

今後やや長期的視野からの検討事項として、
⑥ 環境、防火両面の性能を向上させる都市の具体像
  1. 環境型の技術開発を都市防災の面に積極的に利用する。
      ex. 蓄熱、太陽光発電、雨水貯留
  2. 安全生活街区の設計、街区内では供給処理系がある程度自立しながら、都市全体としては相互にネットワークしている市街地像を考える。その街の形態は低層（高齢者）・中層（家族）・高層（単身者）の建築物で丘のような姿につくられ、ライフサイクルに応じて住み替えが可能である。
⑦ 阪神湾岸地域の国際イメージ
  1. ボランティア活動の国際的支援基地
      ex. NGO、NPO の日本における中心地、災害救助船の基地
  2. 防災環境両面を重視した都市建設の showcase

（2） 意見の実現度
(i) 広義の復興計画

復興委員会の広義の復興計画に関する意見は、要するに復興10ヵ年計画を策定して実現すべしということにある。そして、学識経験者、住民の意見を尊重すること、国は県・市の復興計画策定に協力し、出来上がった計画の実現のため国として予算を確保すべしというのである。

兵庫県は「阪神・淡路震災復興計画（ひょうごフェニックス計画）の構想」を1月30日に公表する。その要旨は、
  イ．都市部の公共空間（「新市街地整備区域」）において早急に21世紀型都市の整備を実施。
  ロ．損壊を受けた地域（「特別復興整備区域」、神戸市以外を含め約470ha）等において、防災機能を備えた慰霊公園等を10－30年のタイムスケジュールで建設。
  （特別復興整備区域の被災者は基本的に新市街地整備区域その他に移転との考え方）
というものであった。

そして、学識経験者からなる「都市再生戦略懇話会（座長　新野幸次郎　神戸大学元学長）」を2月11日に設置し、「戦略ビジョン」を3月に作成し、「阪神・淡

第3章　復興計画

路震災復興計画策定調査委員会（委員長　三木信一　神戸商科大学学長）」から具体的な復興事業を検討、立案した「阪神・淡路震災復興計画」の提言を受けて7月に県の行政計画として、被災者の自立復興の支援と市町の復興計画の指針・支援のため策定・公表された。

　神戸市も1月31日に、前述した次の復興構想を発表。その要旨は、
　イ．損壊を受けた地域のうち市街地整備等が特に必要な地域について、区画整理等の面的な都市計画事業等を行うため、建築基準法第84条による建築制限を発動（2月1日実施、6地区計233ha）。
　ロ．上記規制地域を含む「重点復興地域」（面的市街地整備等を実施）とより広域的な「震災復興促進地域」（指導ベース等により市街地整備を充実）を指定する制度を導入（条例や新法）して被災地の復興を推進。
というものであった。

　2月7日に学識経験者よりなる「神戸市復興計画委員会（委員長　新野幸次郎　神戸大学名誉教授）」を設置して、3月に「神戸市復興ガイドライン」を発表。その後4月に同じく学識経験者によりなる「神戸市復興計画審議会（会長　堯天義久　神戸大学名誉教授）」を設置して答申を受け、6月に「神戸市復興計画」を発表する。

　兵庫県および神戸市の復興計画は、いずれも目標年次を平成17年と定め、10ヵ年で計画を達成しようとする点、復興委員会の提言に沿っており、復興計画の策定過程においては、被災者、県民、市民、各分野団体からの意見を吸収したことも同提言に沿っており、この復興計画の実現にあたって国が財政支援をはじめとして、被災後相当期間にわたって復興対策本部がかかわったことは、当然のこととはいえ、大震災後のリスクマネジメントとしては一定の成果を果たしたといえる。

(ii)　**狭義の復興計画**

　広義の復興計画は、福祉のまちづくり、豊かな文化の社会づくり、たくましい産業社会づくり、安心な都市づくりなど、極めて総合的な計画としたことに特色があり、狭義の都市計画はそのなかに埋め込まれている結果となっていて、復興委員会での議論も復興のシンボルとしての復興特定事業に傾斜していくこととなる。これを整理したのが表3－4－1である。これは従来から実施されたてきた狭義の復興都市計画が既に確立され、大きな制度的改変をする必要がない程になってきていることと、新しい時代に向けての都市づくりに一般の関心が向いていることを反映するものといえる。しかしだからといって従来からの狭義の復興

第4節 合意形成プロセスの形成

表3－4－1　復興特定事業一覧表

事　業　名（事業主体）	選定時期
〈プロジェクト－1〉 上海長江交易促進プロジェクト	H8.10 日中・上海・長江―神戸・阪神交易促進委員会で概要を決定
〈プロジェクト－2〉 ヘルスケアパークプロジェクト	
〈プロジェクト－3〉 新産業構造形成プロジェクト	
① 神戸東部新都心地区における地域冷暖房事業	（第1回） H9.7に選定
② 神戸灘浜エナジー＆コミュニティー計画 　・卸電力事業 　・余剰エネルギー供給事業 　・地域貢献事業	
③ 神戸ルミナリエ	
④ 新産業の創造、育成及び普及のための研究事業と教育・研修事業	
⑤ ワールドパールセンター事業	（第2回） H10.1に選定
⑥ ポートアイランド第2期を拠点とするデジタル情報通信ネットワーク活用事業	
⑦ 神戸国際通信拠点整備事業	
⑧ 宝塚観光プロムナード各施設整備事業	（第3回） H12.2に選定
⑨ くつのまち・ながた核施設整備事業	
⑩ 神戸国際ビジネスセンター	
⑪ 神戸医療産業都市構想	
〈プロジェクト－4〉 阪神・淡路大震災記念プロジェクト	
① 三木総合防災公園の整備	（第1回） H9.1に選定
② 野島震災復興記念公園の整備	
③ マルチメディア関連連携大学院（神戸大学）の設置等高度情報通信社会の発展を支える人材の育成及び実験	
④ JICA国際センターの建設及び国際交流施設の整備	
⑤ 兵庫留学生会館の設置	
⑥ スーパーコンベンションセンターの整備	
⑦ ㈶ひょうご震災記念21世紀研究機構設立後の連携・支援	
⑧ 阪神・淡路大震災メモリアルセンターの整備	（第2回） H12.2に選定
⑨ （仮称）神戸震災復興記念公園	

（神戸市資料）

第3章　復興計画

表3－4－2　提言4の実施状況

項　目	実　施　状　況（H19.7現在）
1 土地区画整理事業、市街地再開発事業、住宅市街地総合整備事業、住宅地区改良事業、都市防災不燃化促進事業等の都市計画事業	①震災復興土地区画整理事業（13地区145.2ha） 公共団体施行： 森南第一　6.7 森南第二　4.6 森南第三　5.4 六甲道駅北　16.1 六甲道駅西　3.6 松本　8.9 御菅東　5.6 御菅西　4.5 新長田駅北　59.6 鷹取東第一　8.5 鷹取東第二　19.7 組合：湊川町1・2丁目　1.5 施行：神前町2丁目北　0.5 ②市街地再開発事業（14地区、38.7ha） 　○震災復興市街地再開発事業（市施行）（2地区、26.0ha） 　　・六甲道駅南第1地区 　　・六甲道駅南第2地区 　　・六甲道駅南第3地区 　　・六甲道駅南第4地区 　　・新長田駅南第1地区 　　・新長田駅南第2地区 　　・新長田駅南第3地区 　○その他の市街地再開発事業（12地区、12.7ha） ③優良建築物等整備事業、住宅市街地総合整備事業（拠点開発型・密集市街地整備型） ④共同建替、協調建替支援 　事業採択117地区（5,018戸） ⑤分譲マンション再建支援 　事業採択49地区（3,665戸） ⑥東部新都心整備事業
2 地区計画の協定によるまちづくりの推進	三宮地区地区計画（5地区、約70.6ha） 届出数276件（H19.7月末現在）
3 広報紙・ミニコミ紙等の活用による、地元の人々へのまちづくり情報の積極的提供	市広報紙、まちづくりニュースによるPRとともに現地相談所を開設し、地元における説明会、勉強会を積極的に実施
4 地区計画の策定を支援するための専門家集団の非営利活動の助成	コンサルタント派遣 　復興区画整理地区　トータル139件 　それ以外の地区　トータル968件　（いずれもH18年度末現在）
5 土地の先行取得、跡地利用、放出土地の処理を講ずる	土地開発公社等による先行取得 減価補償金買収 大規模工場などの跡地の活用 　例：新長田駅北地区（JR鷹取工場跡地）、鷹取東地区千歳公園（小学校跡地）

（神戸市資料より作成）

第4節　合意形成プロセスの形成

都市計画の重要性が失われたわけではなく、被災した市街地、住民の復興という観点からの意義はいささかもゆるいでいないというべきである。

そこで提言4の実施状況を整理してみると、表3－4－2の如くとなる。

また提言9のうち、都市防災のモデル事業としてのライフラインを共同施設として防災幹線道路に集約して整備すること、およびライフラインの共同施設と緑の回廊の整備を都市防災軸として整備することに政府が早急に結論を得ることという提言については、その提言通りの結果が出ているとは言えないが、緑の回廊の整備、安全生活街区については、復興事業のなかで採り入れられ、東部新都心地区土地区画整理事業地区等において実施に移された。しかし全般的には時間的余裕の欠如もあって既成市街地において実施され難かったといえる。

また、復興委員会の提言には盛り込まれなかったが、都市計画の学識経験者として参加した、伊藤滋委員の意見についての取組状況についても整理すると表3－4－3の如くとなる。

このうち復興計画に関する意見としては、都市水面の拡大、立体的都市計画、下町型国際市街地、環境・防災面の性能を向上させるための太陽光発電等の環境技術利用型の都市形成、安全生活街区等の意見は傾聴に値しているが、こうした長期的観点を含めた提案に対しては、時間的余裕との関係で都市水面の拡大と下町型国際市街地、安全生活街区など復興事業の施行箇所においては採用されているが、全体構想を樹てて実施するところまでは至っていないといえる。

そのなかで立体的都市計画という意見を取り上げてみると、三ノ宮周辺の主要なビル群をデッキ・地下・平面の三層レベルの歩行者空間を整備して、歩行者の日常の利便の向上と災害時の避難機能向上を図る計画が相当部分完成していて、その考え方が実施に移されている。しかし、伊藤委員の意見のなかで「オープンカット（半地下型）の高速道路の建設は検討しないか」と、表現としてはやや婉曲な表現になっているが、倒壊した阪神高速道路の復旧にあたって、米国ボストン市で施行されている高架道路を地下化する"Big Dig プロジェクト"の考え方を被災を契機に採り入れたらどうかということが真の狙いであったのである。

確かに婉曲的表現でも察しられる通り、被災当時としてこのような都市構造の大きな変革を求める提案を実施することは、一刻も早い交通開放という迅速復旧の要請からする時間的余裕の制約により、また財政的、資金的にも仲々困難であることから、実施に困難を伴う意見であったのであるが……。

この考え方は一方で高架道路が被災し、それを撤去するのを機会に望ましい都市構造として高架道路の半地下化、又は地下化ということも価値ある提案であったというべきであるが、そのためには事前の事業方法の綿密な調査、環境アセス、

第3章 復興計画

表3-4-3 伊藤委員意見に対する取組状況

伊藤滋委員の意見		該当すると思われる項目と内容	備 考
現時点で必要とする事項	(1) 街づくりの専門家の大量動員	・建物被害状況調査（第一次・急危険度判定）の実施 ・周辺自治体職員を中心とした建築関係者（延べ1,000人）	H7.1.17～1.23
		・建築相談ボランティアの実施 ・全国1級建築士等のボランティア（延べ活動人数2,540人）	H7.1.24～2.10
		・住宅復旧相談センターの開設 ・兵庫県建築士事務所協会に委託（14,557棟を診断）	H7.2.10～3.31（全国からの支援有り）
		・分譲マンション補修・建替相談登録センターの開設 ・建築・法律の専門家、不動産関係団体等のネットワークと協力して実施	
		・復興まちづくり支援ネットワークの活動 ・阪神まちづくり・まちづくりコンサルタント等の連携による情報発信・交流など	「阪神大震災復興市民まちづくり支援ニュース『きんもくせい』」（H7.2.10～H9.8.27）
	(2) 仮設都市の維持管理	・応急仮設住宅団地における利便施設の誘致・設置	概ね50戸以上の仮設住宅団地
		・仮設店舗の誘致・設置（2ヶ所）	ポーアイ、鹿の子台
		・ジュース類、たばこの自動販売機の設置	
		・診療所（5ヶ所）、歯科（2ヶ所）の誘致	
		・公衆電話、ポストの設置	
		・消火器の設置	仮設住宅2戸に1個の割合
		・応急仮設住宅団地における安全対策	チラシ全戸配布、講習会の実施
		・トラ張りの支援	
		・応急仮設住宅入居者情報管理システムの構築	・各住戸入居者全員の氏名、性、年齢、被災住所などコンピュータで入力・管理	仮設住宅入居者に委嘱
		・地域見守りシステムの構築	・［ふれあい推進員制度］の実施（H7.12で305名） ・［ふれあいセンター（1集会所）］の設置（H7.12で79名）	概ね100戸以上（後に50戸以上）に1ヶ所設置、入居者代表・ボランティア団体等による運営会議会が管理・運営
		・応急仮設住宅管理運営協議会の開催	・共同施設の維持管理、防災安全対策、入居者支援等に行う事務を担当	市関係者による設置
復興計画についての事項	(3) 都市水面の拡大	・水とみどりのネットワーク整備	・阪神疎水構想モデル実験（4地区） ・復興事業の中での整備例（六甲道駅北地区）	神戸市復興計画のシンボルプロジェクトの一つに「水とみどりのまちづくり」が盛り込まれている
	(4) 立体的都市計画	・三層歩行者ネットワークの整備	・三宮駅周辺 ・新長田駅南復興再開発	
	(5) 下町型国際市街地	・「くにのまちながた」構想の推進	・復興区画整理事業と連携したニューオアシラザの開設 ・　　　　　　　　　　アジアンギャザリーの開設	神戸市復興計画の復興プロジェクトの一つに「くにのまちながたの街づくり」構想の推進が盛り込まれている

（神戸市資料より作成）

周辺住民、権利者とのネゴシエーション、膨大な事業費手当等の問題を解決して進まねばならないことから、時間的制約の強いなかで当時としては本格的に検討しにくかったといえる。

これは後述するが、権利者調整を必要とする都市計画においては、従来と異なる新しい事業手法、又は従前権利者への大きな変化を伴う都市構造の変革をする都市計画を実施するためには、ある一定期間の懐妊期間が必要であり、とくに権利の多数錯綜する大都市の被災時にこうした提案を実現するには時間的余裕を有しないことから、被災前からこうした「事前復興計画」（名称をこうするかは別として）として策定し、又は議論を真剣に進めておかなければならないことを示唆しているといえる。

復興委員会の意見・提言は、復興の基本的事項を総合的にまとめ、高度に発展した都市社会の復興についての方針を示し、それを政府が最大限支援することを公表し、被災地の関係者が復興に力強く立ち向かうことを推進した点意義が大きいが、既に確定された復興都市計画については抜本的な改革の提案には至らず、既存事業の積極的推進と技術的手法の改善の提案にとどまった感が否めない。

また、復興委員会の意見としては集約されなかった各委員の意見のなかには、注目すべきものがあったものの、結果的には現実の復興計画の中に大きく取り入れることができなかったことは、時間管理の制約下もあったことを考慮するとやむを得ない面があるが、今後の検討課題として残されているというべきである。

2）阪神・淡路復興対策本部

阪神・淡路復興対策本部は、「阪神・淡路大震災復興の基本方針及び組織に関する法律」に基づいて2月25日に設置されたが、その使命は「阪神・淡路地域についての関係地方団体が行う復興事業への国の支援その他関係行政機関が講ずる復興のための施策に関する総合調整に関すること」を処理することとされ、復興委員会の提言・意見の可能な限りの実行を図ることとして、県、市の復興構想、復興計画とそれに対する各省庁の支援、施策の総合的な調整を図り、迅速かつ効果的な復興を図ることとされている。

本部事務局は本部設置直後、当面緊急を要する次の主要課題について基本的な方針を3月中旬までにまとめることとした。

　① 住宅対策はいかにあるべきか。
　・倒壊マンション対策
　・復興住宅　等
　② 土地対策はいかにあるべきか。

第3章　復興計画

　　　・権利関係調整　等
　③　耐震構造の基本的な方針はいかにあるべきか。
　　　・建築物とインフラ
　④　産業・雇用対策はいかにあるべきか。
　　　・産業復興のための諸施策の検討
　　　　　空洞化防止緊急対策
　⑤　港湾機能と関連基盤整備のあり方はいかにあるべきか。
　⑥　防災地域づくりのあり方はいかにあるべきか。
　　　・区画整理、再開発
　　　・危機管理センター

また、県、市の復興計画のスケジュールにあわせて、国としての取り組みについての調整作業を実施するが、復興計画・復興事業が軌道に乗るまでの経緯を整理すると表3－4－4のようになる。

（i）「阪神・淡路地域の復旧・復興に向けての考え方と当面講ずべき施策」の決定（平成7年4月28日）

平成7年4月12日に兵庫県から「阪神・淡路震災復興計画－基本構想－」が公表され、4月24日に政府は「緊急円高・経済対策」において復旧・復興対策を可能な限り盛り込んだ補正予算を編成することとし、阪神・淡路復興委員会に4月24日に提出された「復興に向けて政府が取り組むべき当面の方策」を受けて、4月28日の本部会議で16項目の「阪神・淡路地域の復旧・復興に向けての考え方と当面講ずべき施策」を決定する。16項目の施策は、

　①　被災地における生活の平常化支援
　②　がれき処理
　③　二次災害防止対策
　④　港湾機能の早期回復等
　⑤　早期インフラ整備
　⑥　耐震性の向上対策等
　⑦　住宅対策
　⑧　市街地の整備等
　⑨　雇用の維持・失業の防止等
　⑩　保健・医療・福祉の充実
　⑪　文教施設の早期本格復旧等
　⑫　農林水産関係施設の復旧等
　⑬　経済の復興

第4節　合意形成プロセスの形成

表3－4－4　復興本部立ち上げ時の事務スケジュール

県・市の計画策定スケジュール	国その他のスケジュール
	①3月　震災関係の税制改正特別措置第2弾（復興支援関係が主）の決定 ②3月　被災区分所有建物の再建に関する特別措置に関する立法措置の決定 ③3月から4～5月にかけて事務局として各省から今後の復興施策、支援策の内容につきヒアリング
①3月末　緊急住宅3ヵ年計画及び復興計画についての基本的考え方（ビジョン、ガイドライン）を取りまとめる。	④左の計画等が国の施策と整合性のとれたものとなるよう、事務局としては県・市及び各省庁との調整を図りつつ、県・市による計画の策定を支援する。
②産業復興のための緊急インフラ整備、港湾整備等個々の整備計画につき、県・市から提案される可能性あり。	⑤左の計画が地方公共団体から提案された場合には、国としていかなる対応をとるべきかにつき各省庁の調整を行い、対応案をとりまとめる。 ⑥7年度予算成立以降、今後の復興事業の規模、テンポにどのような影響を与えるかを精査し、7年度の補正の検討。
③6月末　県・市による復興10ヵ年計画の策定。	⑦左の計画策定に当たり、県・市と調整を行い、支援するとともに、復興計画に対する国の考え方、支援方針等を示すべく政府部内での調整を行う。 ⑧左の計画発表を受け、8年度概算要求に当たり、復興関係予算として折り込むべき事項の検討の調整を行う。
④9月末メド　県・市が長期ビジョンを策定。	⑨左に対し復興委員会の意見も尊重しつつ、長期ビジョンに対する意見をまとめるべく政府部内の意見調整を行う。

（出典：「阪神・淡路大震災関係資料 Vol. 2」第4編恒久対策第2章復興本部01復興本部（1999年3月）総理府阪神・淡路復興対策事務局 pp. 156～157）

⑭　復旧・復興を円滑に進めるための横断的施策
⑮　地域の安全と円滑な交通流の確保
⑯　防災対策

　5月19日にはこの「当面講ずべき施策」を推進するための財政措置として、平成7年度第1次補正予算において、阪神・淡路大震災関係経費として1兆4,000億円超の経費が措置され、平成6年度第2次補正予算約1兆円と合わせて復旧・復興対策が進むこととなる。
　(ii)　「阪神・淡路地域の復興に向けての取組方針」（平成7年7月28日）
　その後、兵庫県及び神戸市の復興計画案が公表されたのを受けて、7月28日に「阪神・淡路地域の復興に向けての取組方針」を決定する。これは本格的復興に

第3章　復興計画

向けての政府としての取組みの基本姿勢を明らかにしたもので要旨は次のようなものである。

① 政府としては、阪神・淡路復興委員会の意見を踏まえ、復興計画の実現を最大限支援することとする。

② 復興計画の実現に当たって、政府は、緊急を要するものから計画の実現を、順次重点的に具体的支援措置を講ずることとする。とくに、復興計画に盛り込まれた復興事業のうち、緊急かつ必要不可欠な施策を復興特別事業として位置づけ、その着実な実施に全力を注ぐこととする。

③ 政府としては、「生活の再建」、「経済の復興」および「安全な地域づくり」を復興の基本的課題として取り組んでいくこととする。

(iii)「平成8年度概算要求における阪神・淡路地域復興関係主要施策について」（平成7年9月8日）

この取組方針を受けて9月8日には「平成8年度概算要求における阪神・淡路地域復興関係主要施策について」を決定し、「生活再建」、「経済の復興」、「安全な地域づくり」、の三本柱ごとに主要施策をまとめる。このなかで「生活の再建」の項目のなかの1つとして、「被災地域の再生等のために緊急に推進する面的整備及び関連する都市施設の整備」が挙げられ、面的整備事業の推進として「被災市街地復興推進地域等の再生及び被災者のための住宅供給に関連する土地区画整理事業、市街地再開発事業を実施する。また、公的住宅の供給に資する住宅市街地総合整備事業、密集住宅市街地整備促進事業等を実施する。」が位置づけられる。

(iv)「平成8年度第2次補正予算における阪神・淡路大震災復興関連事業経費の報告」（平成7年10月3日）

さらに10月3日には、9月20日決定の「経済対策」に基づき編成された平成7年度第2次補正予算で阪神・淡路大震災関連事業経費が、事業費1兆4,100億円、国費7,800億円計上されていることが本部会議に報告される。その経費のうち「被災地域の再生等のための面的整備事業の推進」のため1,032億円が盛り込まれ、復興都市計画事業が動き始めることにあわせて、国としての財政支援を少し早めに手当てをする結果となった。

(v) 阪神・淡路復興対策本部開催状況の総括

阪神・淡路復興対策本部は、5年間の臨時的組織であるが、解散までの開催状況と議題等をまとめてみると表3－4－5になる。

また、面的整備事業に関する予算上の制度改善措置についてまとめたのが次の表3－4－6である。

第4節　合意形成プロセスの形成

表3－4－5　阪神・淡路復興対策本部の開催状況

開催回数（開催日）	議　題　等
第1回（平成7年2月25日）	応急・緊急対策について報告
第2回（平成7年3月7日）	震災関係の税制上の対応策について報告
第3回（平成7年4月28日）	「阪神・淡路地域の復旧・復興に向けての考え方と当面講ずべき施策」を決定
第4回（平成7年7月28日）	「阪神・淡路地域の復興に向けての取組方針」を決定
第5回（平成7年10月3日）	平成7年度第2次補正予算における阪神・淡路大震災復興関連事業経費について報告
第6回（平成8年1月16日）	平成8年度予算における阪神・淡路復興関連施策及び震災被災地経済の復興の現状について報告
第7回（平成8年5月9日）	兵庫県知事及び神戸市長の意見陳述
第8回（平成9年1月16日）	平成8年度補正予算及び平成9年度予算における阪神・淡路復興関連施策について報告 阪神・淡路大震災記念プロジェクト関連の復興特定事業の選定について報告 被災者に対する生活支援対策について報告
第9回（平成10年1月16日）	平成9年度補正予算及び平成10年度予算における阪神・淡路復興関連施策について報告 新産業構造形成プロジェクト関連の復興特定事業の追加選定について報告
第10回（平成11年1月14日）	阪神・淡路地域の復興状況及び復興関連施策について報告
第11回（平成12年2月22日）	新産業構造形成プロジェクト及び阪神・淡路大震災記念プロジェクト関連の復興特定事業の追加選定等について報告 今後の復興支援体制について報告 兵庫県知事及び神戸市長挨拶

（出典：『阪神・淡路大震災復興誌』（平成12年2月）総理府阪神・淡路復興対策本部事務局 pp. 49～50）

　阪神・淡路復興対策本部の基本的スタンスは、地元の復興計画を最大限支援することにあったので、法律、予算、許認可等の行政上の措置等あらゆる分野において、地方公共団体と協働して復興にあたるということであったと言うことができる。
　それが5年間という期間のなかで、効果的な復興を実現するというリスクマネジメントを負わされた組織であり、結果的にはその役目を果たしたといっていいといえよう。

表3－4－6　復興関係面的整備事業の予算制度改正一覧

項　目	平成6年度補正予算	平成7年度予算	平成8年度予算
・被災地域の再生等のための面的整備事業の推進	・土地区画整理事業に係る一般会計からの補助の創設及び道路特会からの補助の拡充（面積要件の緩和：5 ha → 2 ha、補助基本額に算入される道路最低幅員の引下げ：12m → 8 m） ・市街地再開発事業に係る補助の拡充（補助率の引上げ：1/3→2/5、補助対象施設の追加：共通通行部分等） ・都市開発資金制度の拡充（用地の取得に対する低利融資制度の創設：年3.6％（当初4年間は3.0％）） ＊金利は6月2日から適用される予定のもの	・土地区画整理事業の補助の拡大（幅員6m以上の都市計画道路及び仮設住宅） ・市街地再開発事業の補助の拡大（広場）	・復興に係る市街地再開発事業等に対する補助率のかさ上げ（1/3→2/5）の適用期限を延長（平成9年3月31日まで）
・震災復興事業に係る特別の地方財政措置			・「被災市街地復興推進地域」において被災地方公共団体が実施する土地区画整理事業及び市街地再開発事業について、国庫補助事業に係る地方負担額に充当される地方債の充当率を30％から90％に引き上げるとともに、その元利償還金に対し80％の交付税措置を講じ、被災地方公共団体の財政負担の軽減を図る。

3）中央省庁

　未曾有の大災害となった阪神・淡路大震災については、政府は、復興委員会、復興対策本部の設置、全閣僚からなる緊急対策本部の設置、震災対策特命大臣の任命と政府を挙げての取り組みをし、第132通常会だけでも18本の法律の制定および改正、平成6年度第2次補正予算、平成7年度第1次、第2次補正予算の編成等、集中的に震災対策に取り組んだことは前述の通りである。

　復興計画についても、復興対策本部第4回本部会議（平成7年4月28日）で決定された「阪神・淡路地域の復興に向けての取組方針」のなかで、「政府としては、

復興計画の実施を最大限支援することとし、緊急を要するものから順次、重点的に具体的支援措置を講ずる。」として政府としての全面支援を宣明している（246頁参照）。

したがって、狭義の復興計画の担当省庁である建設省も政府方針にしたがって、基本的には所管の都市計画、都市計画事業について神戸市、兵庫県の原案を尊重して手続を迅速化し、必要な予算措置等の支援について支障がなく進めていったといえる。

一方で、被災市街地の復興にあたって従来の土地区画整理法や都市再開発法では、円滑な施行と良好な街づくりに支障があると認められる点についての制度改正を内容として「被災市街地復興特別措置法」を政府提案として立法化して対処するなど、国と地方の間での相剋はほとんどなかったといえる。もっとも被災直後国と市の都市計画担当幹部間では、市が復興計画作成期間に時間を要するという判断から、建築基準法第84条の期間が延長できるような改正又はこれを含む復興のための特別措置を盛り込んだ立法を要望したのに対し、国は昭和51年10月の酒田市の大火の土地区画整理事業による復興計画も建築基準法第84条の区域指定により、2カ月間に計画作成したことから国の認可又は承認手続は一括かつ迅速に行うことを示して、特別法等によらず現行法による2カ月で策定を強く要請するなどの議論もたたかわせているし、後述する二段階都市計画論（根幹的な道路、公園といった施設や土地区画整理事業又は市街地再開発事業を第一段階として都市計画決定し、その余の詳細な施設計画、事業計画に関する都市計画は住民、地権者等との協議によって決定していこうとする考え方）についても国は柔軟にこれを容認するなど基本的には方向は同じであったといえる。いわば今回の災害が極めて大きな災害であったがため、その早期復興が国としての責務として自覚され、復興委員会が平成7年2月8日に提出した提言1において「県・市を中心として復興10ヵ年計画（1996年～2005年）を早急に策定し、政府は復興計画を承認し、実施するための措置を講ずること。」として県・市の自主性を尊重し、それを支援すべきことを明示していることから、復興計画、復興計画に基づく事業の実施に関するさしたる問題は発生しなかったといって過言ではない。

このことは、今後阪神・淡路大震災に類する災害が発生した際にも、同じような経験上の協働関係ができるものと考える妥当性を有しているといってよいと考える。

なお、「被災市街地復興特別措置法」については、その立法理由およびその施行後の適用状況については次項で分析することとする。

4）被災市街地復興特別措置法

復興都市計画に関して新たに立法された「被災市街地復興特別措置法」は、従来手法では実現できなかった新たな制度的措置を盛り込んだ立法措置である。

新たに制度化された措置は以下のとおりであった。

1. 建築行為等制限（第7条）

都市計画として被災市街地復興推進地域に定められた土地の区域での土地の区画形質の変更、建築物の新築、改築又は増築等は、軽易なものを除いて許可を受けなければならないこととす。ただし、階数2階以下で地階を有しない、木造、鉄骨造の建築物、0.5ha以上の土地の区画形質の変更で事業実施を妨げないものなどは許可される。

2. 土地の買取り（第8条）

法第7条により建築物の新築、改築、又は増築及びこれらの行為をするための土地の区画形質の変更が許可されない時に、その土地利用に著しい支障を生ずることを理由として買取申出が土地所有者から出された時は、都道府県知事（指定都市にあっては市長）は、その土地を買い取らなければならない。

3. 復興共同住宅区

被災市街地復興土地区画整理事業の事業計画においては、復興に必要な共同住宅の用に供すべき土地の区域を復興共同住宅区として定めることができることとし（第11条）、

(1) 施行地区内の一定の宅地の所有者が復興共同住宅地への換地を求める申出をすることができる（第12条第1項）。

(2) 施行者が(1)の申出に係る宅地で、次の一又は二に該当すると認めるときは、復興共同住宅地内の宅地として指定する決定をしなければならない（法第12条第2項）。

　一　建築物（住宅を除く。）その他の工作物（容易に移転し、又は除却することがきるものを除く。）が存しないこと。

　二　地上権、永小作権、賃貸権その他の当該宅地を使用し、又は収益することができる権利（共同住宅の所有を目的とする借地権及び地役権を除く。）が存しないこと。

(3) 宅地の共有化

小規模宅地として換地を定めることができない宅地の所有者については、復興共同住宅地区内の土地の共有持分を与えるよう申出をすることができることとし、施行者は(2)の一又は二の条件に該当すると認めるときは、当

該宅地の共有持分を指定する決定をしなければならない（法第13条）。
   (4) 換地
     (2)、(3)の指定をされた宅地又は宅地の共有持分について施行者は、換地計画において復興共同住宅地内に換地又は復興共同住宅地内の土地の共有持分を定めなければならない（法第14条）。
   (5) 清算金に代わる住宅等の給付
     施行者は施行地区内の宅地の所有者が、その宅地の全部について換地を定めないことについての申出又は同意をした場合において、清算金に代えて施行地区外で施行者が建設する住宅（区分所の住宅も含む。）を換地計画に定めて与えることができる（法第15条）。
   (6) 施行地区外の住宅建設
     施行者は(5)の申出をした者のために、施行地区外において住宅の建設又は取得をすることができる（法第16条）。
4. 公営住宅、共同施設、利便施設のための保留地（法第17条）
   施行者は、換地計画において公営住宅、居住者の共同の福祉又は利便のための必要な施設で国、地方公共団体等が設置するものの用に供するため、一定の土地を換地として定めないで、その土地を保留地として定めることができる。
5. 復興再開発事業の要件緩和（第19条）
   被災市街地復興推進地域内においては、当該区域が都市再開発法第3条の2第2号イ又はロに掲げる条件に該当しないものであっても、これを同号に掲げる条件に該当する土地の区域とみなして、同法の規定を適用する。
6. 公営住宅等の入居資格の特例（第21条）
   大規模な災害により相当数の住宅が滅失した市町村で、相当程度以上の住宅の被害があった区域内において、当該災害により滅失した住宅に居住していた者及び被災市町村の区域内において実施される都市計画事業等の実施に伴い移転が必要となった者については、当該災害の発生した日から起算して3年を経過する日までの間は公営住宅及び改良住宅の入居資格要件を満たさなくても入居できることとする。
7. 都市基盤整備公団、地方住宅供給公社の特例（第22条、第23条）
   住宅被害の著しかった市町村において、都市基盤整備公団、地方住宅供給公社は、住宅の建設、賃貸、管理を委託することができる。

このようにかなり画期的な制度的改善が盛り込まれたのであるが、実質的に適

第3章　復興計画

表3－4－7　被災市街地復興特別措置法の適用状況

事　項	適用の有無	適用又は非適用の理由
1. 被災市街地復興推進地域の指定	平成7年3月17日指定	
2. 建築行為等制限（第7条第2項）	適用除外	復興土地区画整理事業の都市計画が同時に決定されたので、同条第3項の規定により適用除外される。
3. 土地の買取り	事例なし	国土交通省の解釈により土地区画整理事業の事業計画決定前においても減価補償金による土地買収が予算上認められ、かつ5,000万円の税の特別控除も使えたため。
4. 復興共同住宅区		
(1) 指　定	事例なし	事業計画において定める必要があるため、事前に権利者の参画意向を確定する事が困難であるため。
(2) 換地申出、宅地の共有化、換地	事例なし	同上
(3) 清算金に代わる住宅等の交付	事例なし	減価補償金買収により実際は対応が可能であった。しかし、清算金交付は事業の終了段階であるため、迅速な対応ができない。また、換地不交付による対応となるため所得税の課税対象となる。
(4) 施行地区外の住宅建設	事例なし	同上
5. 復興再開発事業の要件緩和	事例なし	施行した復興再開発事業は従来要件を満たしているため。
6. 公営住宅、共同施設、利便施設のための保留地	事例なし	被災市街地において公共減歩に加えて、「保留地減歩」をとることは困難であったため。
7. 公営住宅等の入居資格の特例	事例あり	公営住宅法第17条（現在は第23条）により若年単身者、政令で定める月収でオーバーしているものは入居資格がなかったが、本特例により震災による住宅困窮者であれば入居資格を得られることとなった。
8. 都市基盤整備公団、地方住宅供給公社の特例	事例あり	HAT神戸（東部新都心）

（神戸市資料より作成）

用されることなく事業が実施される結果となった。表3－4－7にその適用状況の有無とその理由をまとめる。

　以上要約すると被災地復興特別措置法の評価は、次のようにまとめることができる。
(1) 被災地の復興を緊急かつ健全に図るため特別措置を講ずるという国としてのリスクマネジメントとしてのアナウンスメント効果を発揮したこと。

第4節　合意形成プロセスの形成

(2)　被災当初神戸市は、被災地域が広範に及び余震等が続いていることから、復興土地区画整理事業の事業計画を決定するには相当時間を要し、建築基準法第84条の最大2カ月間の建築制限では不足すると考え、建築制限期間の弾力的運用を含め、市街地の復興のための特別措置の立法措置を国に要望していたが、当初国は立法措置に難色を示したため、市は「神戸市震災復興緊急整備条例」を2月16日に制定し、建築制限を2年間できることとしたため、市が条例で長期の建築制限期間を決定した後の2月17日に、被災市街地復興特別措置法案を国が閣議決定した時には、市はそれを適用しないことを決心していたのである。

被災市街地復興特別措置法による建築制限を利用しないで、市条例による制限を利用した理由は次のように説明される。

①　被災市街地復興特別措置法（以下「被災法」という）は、土地の区画形質の変更を規制対象としているのに対し、建築基準法第84条、市条例は規制対象としていないため、強い規制をするわけにはいかない。

②　被災法による制限とした場合、建築基準法第84条制限後の制限パターンは次のとおりとなる。

〈都市計画決定〉〈事業計画決定〉
建基法84条制限→被災法7条制限→都計法53条制限→都計法65条制限

被災法7条制限は、都計法65条制限並みの内容であり、土地の区画形質の変更等も含めて制限がかかるので、時間的流れで見れば建基法84条で建築のみを制限した後に、被災法7条で都計法65条並みの土地の区画形質の変更も含む厳しい制限がかかり、その後都市計画決定がなされて事業計画決定がなされるまでの間は、一旦都計法53条による建築のみの制限に緩まり、再び事業計画決定後に都計法65条制限に戻るということになって、制限の強弱に一貫性がとれない。

③　被災法7条2項2号ロの規定では、建築物の新築、改築または増築について「自己の居住の用に供する住宅又は自己の業務の用に供する建築物（住宅を除く）で次に掲げる要件に該当するもの……」は許可されなければならないとされるが、この規定から原則として貸家は許可されないことと解釈されるため、運用上困難を生じる。

(3)　神戸市が、動揺し不安の気持ちの消えていない権利者である被災者と復興事業を進めていくために時間管理の概念の一環として、二段階都市計画論の柔軟な手続を採用したため、特別措置法の事業計画で予めきちっと決めなければならない「土地の買取り」、「復興住宅地区」の制度とこれに伴う「換地

申出」、「宅地の共有化」、「換地」、「清算金に代わる住宅等の交付」、「施行地区外の住宅の建設」の規定の適用は空振りに終わったこと。
(4) 公営住宅の入居基準の緩和は有効に効果をもたらし、都市基盤整備公団の事業も参加したことは、特別措置法の適用が少なかったことへの救いではあったが、この特別措置法の直接の適用がなかったものの、被災市街地復興推進地域における事業については、行政上次の特例的取扱いがなされたことが副次的効果としてある。
① 事業計画決定前においても減価補償金による土地買収の予算が使用できたこと。
② 同じく租税特別措置の5,000万円控除を利用できたこと。
③ 「復興住宅地区」、「換地申立」、「宅地の共有化」の考え方は実質上採用されたこと（後述）。
(5) 今後の大震災害が発生した際に、復興の手段として利用できる制度的手段をしたこと。

5）兵 庫 県

わが国の地方制度は都道府県と市町村の二重構造になっているが、指定都市に関しては大幅に権限が付与されていて、通常都道府県の事務を代わって行うことができることが多いが、都市計画の決定に関しては、県の権限は指定都市には委譲されていない。

しかし、今回の狭義の復興都市計画の原案策定から決定に至るまでの過程で特段の問題はなく、県が市の案を推進する立場で兵庫県都市計画地方審議会に諮り、早期に復興事業が進められるように動いたといってよい。復興都市計画に関して兵庫県と神戸市は協働関係に立っていたといえる。もっとも、復興計画の基本となるところの市街地の再建方針についていえば、兵庫県は当初21世紀型都市を整備する新市街地を整備すべき区域に基本的に被災者を移転するという考え方であったのに対し、神戸市は被災地での区画整理事業による市街地整備を図る方針であり、構想上の相違があったものの、現実には東部都心区画整理を除いて市の案で復興が進められていくことになったといってよい。

また、神戸市の提案した二段階都市計画論については当初前例のないことでもあり、県としては内々の協議段階では異論を唱えていたものの、国がこれを容認することにより県も同様に対処することとなり、表立った対立という場面はなかったといえる。

2　地権者等の地元住民

　都市計画の決定に当たって重要なのが、地権者をはじめとする地元住民との意見集約である。都市計画法上は、
- 必要があると認める場合の公聴会の実施（都市計画法16条1項）
- 都市計画の案の事前縦覧（同法第17条第1項）による意見書の提出（同条第2項）
- 地元住民の代表である議会議員及び学識経験者よりなる都市計画地方審議会に都市計画の案、及びその際に前記意見書の要旨を提出してその議を経ること（第18条第1項及び第19条第1項）

が定められている。

　神戸市における主要な都市計画の決定主体は兵庫県であり、その決定に当たって兵庫県都市計画地方審議会の議を経ることとされている。しかし、前述したように指定都市である神戸市の都市計画は神戸市が原案を作成し、神戸市都市計画審議会の議を経たうえで、兵庫県による法的都市計画決定手続にのせられるため、実質的に神戸市の手続によって決まってくるのが通例であり、今回の阪神・淡路大震災による復興都市計画も、神戸市が主体的に決定について関与してきたので、その手続についてみてみることとする。

1）神戸市都市計画審議会

　神戸市のまちづくり復興計画の基本は、"1日も早い復興"にあった。このことは震災直後の神戸市のとった以下のような迅速なリスクマネジメントが如実に示している。
- 2月1日の建築基準法第84条の建築制限の区域の告示
- 「被災市街地復興特別措置法」の成立が担保されていないと、地元において認識されている状況における「神戸市震災復興緊急整備条例」の制定、公布（2月16日）
- 8地区の震災復興都市計画の内容の発表（2月21日）
- 都市計画の案（被災市街地復興推進地域、区画整理、再開発、道路・公園）の事前縦覧（2月28日）

である。したがって当時としては「説明不足」、「住民不在」等の意見も出されていたのは至極当然といえる。しかし、市は結果的には1日早い被災住民の生活再建と、まちの復興につながるとの確信のもとに行った決断としている[15]。したがってこの都市計画の案は、2週間の縦覧終了後（3月13日）、3月14日に神戸

第3章　復興計画

市都市計画審議会、16日に兵庫県都市計画地方審議会に付議され、議論の結果意見書は採択されることなく、17日には正式に決定にされることとなる。すなわち、意見書の内容は多岐にわたっていて、総論的な反対から具体の道路計画、公園計画の合理性についての意見、説明不足による質問から賛成の意見まで様々であったが、これらについて市の考え方が審議会で述べられ、神戸市都市計画審議会及び兵庫県都市計画地方審議会においては、これらの意見書の採択はされることなく都市計画案は原案通り決定されることとなる。ただし、この時点で市は前述の二段階都市計画論を表明し、まちづくり協議会の設置、コンサルタントの派遣、現地相談所の設置などにより、住民と協働の復興を目指すことを宣言していたため、法的手続は短期に決定されたことになった。これらの区画整理に関する意見書の要旨を集約したものを表3－4－8に示す。そして意見書においても審議会での審議自体においても、区域のとり方（例えば区域の一部を除外すべきとか、他の地域を組み入れよ等）についての意見は出されなかったことは、被害の甚大さ

表3－4－8　神戸市都市計画審議会へ復興土地区画整理事業に関して提出された意見書要旨の集約

1．都市計画の決定手続等に関すること
　(1)　復興計画を実現させるためには、地域住民や地権者の理解と協力が不可欠であるため、住民の声が反映されていない都市計画案等を決定することに反対する。
　(2)　この計画案は、地域住民の意見を聞くことなく作られ、都市計画法の趣旨や、阪神・淡路大震災復興の「基本理念」や被災市街地復興特別措置法第4条に反する。
　(3)　説明会は一部の地区に限られており、公聴会は開かれていない。交通不便な状況のもとに縦覧がサンボーホール1ヶ所でしか行われておらず、内容を知りえず意見書を提出することもできない。これでは適正な手続きを踏んでいるとは思えない。
　(4)　相談所等による事業内容に関する資料が少なく、住民が事業について検討する余地が少ない。
　(5)　住民参加の下で行うため、個別事業に関わる都市計画を延期し、被災市街地復興推進地域に関する都市計画のみを決定すべきだ。住民の声は本案に反映されていないと思われるので、住民の声を反映した案を作成しなおすべきである。

2．都市計画の内容等に関すること
　1)　森南地区震災復興土地区画整理事業関連
（都市計画道路　森本山線）
　(1)　東西道路としては、山手幹線と国道2号があるので森本山線は必要ない。今ある道路を活用すれば、緊急自動車の通行、住民の避難も可能である。
　(2)　森本山線は山手幹線などのバイパスにより騒音、排気ガス、違法駐車など環境の悪化をまねく。
　(3)　東西方向より南北方向の道路の確保が必要だ。

---

(15)　「既成市街地における土地区画整理事業に関する調査研究」（平成13年3月）神戸市都市計画局区画整理部区画整理課 p. 29

(4) 道路の新設により固定資産税の増嵩をまねくので反対。
(5) 防災道路を整備するなら、平時はレクリエーション、災害時に緊急道路として利用できる遊歩道として広げればよい。
(6) 隣に森公園があり、防災上であれば南側駅広は不要である。
(土地区画整理事業)
(1) 殆どの道が6m以上ある森南地区で、なぜ区画整理で大きな道路をつけるのか。モデル事業でされては困る。絶対に反対する。
(2) 被災者に10%の土地の無償提供や清算金の支払いを求めるのは納得できない。
(3) 区画整理で得られる利益は通過する他地区の人の方が多い。当地区の住民に多大な負担を強いるやり方は、再考してほしい。
(4) 区画道路の計画、換地計画、施行方法などについての住民の疑問に対し、的確な責任ある回答ができていない。
(5) 借地借家人にはどんな保護や事業進行中の住宅保証、壊れた家の補償はどうなるのか。
(6) 震災を利用して、推し進めることに反対する。
(7) 良い街を作って下さい。私たちも協力します。

2) 六甲道駅西地区震災復興土地区画整理事業関連
(都市計画道路　花園線)
(1) 現状で十分に車両通行・延焼防止の機能を果たしているので、拡幅の必要はない。拡幅すると環境悪化が生じるので賛成できない。
(都市計画公園　六甲道北公園)
(1) 位置、広さの根拠が不明であり、日常生活では大規模な防災公園は不要なので、規模を縮小すべきである。
(2) 六甲町にできる公園は、もう少し南側に作ってほしい。
(3) 不要の公園の新設は、町の過疎化を強いるので反対する。
(土地区画整理事業)
(1) この計画案の根拠、必然性が不明である。区画整理事業に反対する。
(2) 生活道路は緊急車両のすれ違いが可能な幅に限定してほしい。
(3) 大震災のどさくさにまぎれての土地の収奪や目減りに断固反対する。
(4) 整備済の神若線を区画整理の対象とすることは、沿道住民に減歩の負担を強いるもので、是認することができない。
(5) 元通りに住まわせ生計を営むよう求める。
(6) 建築制限期間を再延長し、住民意見を反映し見直すべきである。
(7) 官民一体のまちづくりを提言する。

3) 松本地区震災復興土地区画整理事業関連
(都市計画道路　松本線)
(1) この道路はすぐ南側に山手幹線があり平行しているので必要ない。
(2) 拡幅により山手幹線のバイパスとなり住環境が悪化する。
(土地区画整理事業)
(1) 会下山町には消防車も入れない細い道が多く、空地や焼失した家も多いのに、何故区画整理をしないのか。松本通は、区画整理の対象となる根拠がないため、区画整理には反対である。
(2) 防災公園として位置づけられている会下山公園への通路として、松本通や大井通を拡幅してこそ健全な復興と言える。
(3) 車とバイクの通行量が増えることになる道路拡幅には反対だ。土地の持ち分面積が非常に狭く、10%減少すると住めなくなる。
(4) 区画整理は、災害に強いまちにするために必要と思うが、住民ともっと話し合いをし

て良い案を考える機会が必要だ。
(5) 集合住宅では、減歩すると従前の戸数が確保できなくなるなど、権利調整等の問題解決が困難である。

4) 御菅地区震災復興土地区画整理事業関連
（土地区画整理事業）
(1) 住工を分離すること。
(2) 道路拡幅が多く見られるが、それほど防災を意識する必要は感じられないし、コミュニティ破壊の危険がある。
(3) 小規模宅地の権利を補償すること。
(4) 住民の意見が反映されていないので計画を見送ること。
(5) 官民が一体となって進めるまちづくり案を練り直すこと。
(6) 低家賃で良質の公営公的住宅を建設すること。
(7) 下町の居住区と工場アパートを建設すること。

5) 新長田・鷹取地区震災復興土地区画整理事業関連
（都市計画道路　神楽御屋敷線・神楽西代線・五位池線）
(1) 神楽御屋敷線が、西側拡幅であることに納得できない。
(2) 神楽西代線は、町全体で調和のとれたものとするため、従来の町の機能を阻害することが少ないよう西側に拡幅することが適切である。
(3) 五位池線を再度西側拡幅する必要なし。
（土地区画整理事業）
(1) 立ち退き、土地の1割提供は反対。移転費用の負担、再築できる保証等を要求する。
(2) 区域外への移住者も予想されるのに、一定の減歩を求めるのはおかしい。
(3) 市側が一方的に作成し、避難民の声が反映されていないまちづくり案に反対であり、作成し直すべきである。計画どおりに参加する機会がほしい。
(4) 本案は地場産業と住民との安全な住みわけを目指しており、防災の点からも素案として十分なものと評価する。
(5) 下町風情のある街を画一化された街並みに変えないで、住み続けられるまちづくりにしてほしい。
(6) 生活設計立案のため基本計画の速やかな公開を要望する。
(7) 道路の拡幅だけでは歩車分離を徹底することはできない。

（神戸市資料より作成）

に鑑み平時のように詳細な事業区域外との比較をする時間的、心理的余裕が許されなかったことも理由として挙げられるかもしれない。

2) まちづくり協議会

　二段階都市計画論の中心的命題は早期復興計画の実現と住民参加の結合にある。被災者の生活回復を図るためには早期復興の必要性が要求され、そのため復興の基本的枠組みとしての区画整理をすべき区域、主要な公共施設計画を第一段階として市が示し、それに基づく詳細なプランは充分な住民の参加による協働のまちづくりを目指そうとするものである。この協働のまちづくりの推進は、

① まちづくり協議会
② 現地相談所
③ まちづくり専門家

この三本柱によって神戸市が実施しようとするものであった。

神戸市におけるまちづくり協議会の歴史は昭和56年に「神戸市地区計画及びまちづくり協定に関する条例」が制定されたことにはじまる。この条例により、地区内の居住者、事業者および土地又は家屋の所有者はまちづくり協議会を設置することができ、市長が認定するとまちづくりの構想に係る提案を策定し、市長はその提案に配慮する努力義務を負うとされていた。

震災前にすでに12のまちづくり協議会ができて活動していたという実績があったことが、復興都市計画を決めていくうえで大いに機能したといえる。このまちづくり協議会は地元の住民により組織化され、事業地区に一つである場合、複数である場合の如何を問わず、神戸市の現地相談所、あるいは派遣されたまちづくり専門家との度重なる協議・相談により、まちづくり方針の決定、まちづくりの提案、土地区画整理事業計画、土地区画整理審議会への参画と第二段階の都市計画の決定と実施に主体的に関わっていったのである。

こうして設立された協議会数は全地区で48にのぼり（その後統合等により45になった）、まちづくり学習会、住民のアンケート調査、将来像についての討論を

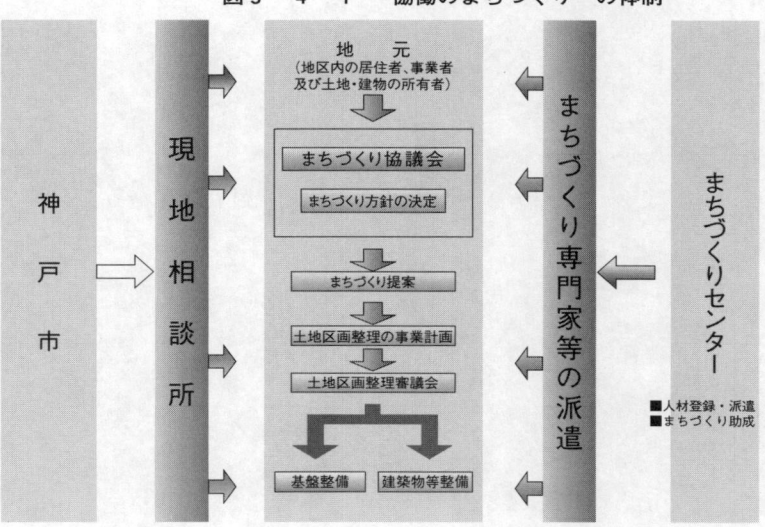

図３－４－１　"協働のまちづくり"の体制

（出典：『阪神・淡路大震災神戸復興誌』（平成12年1月）神戸市 p. 717）

第3章　復興計画

経てまちづくり提案を作成し、神戸市に提出、市はその内容を可能な限り反映した事業計画を作成し、決定していく流れとなっていったのである。このまちづくり協議会活動を支えるために、市は現地相談所を平成7年4月24日全地区に設置して市職員を常駐させ、直接住民からの相談を受けて話し合い、更にまちづくり専門家を派遣し、まちづくり協議会の活動の際にアドバイスを専門家としての立場から行うことにより、円滑な議論の進行に役立ったのである。

このまちづくり協議会、現地相談所、まちづくり専門家の協働まちづくりの関係を表したのが図3－4－1であり、その活動を表したのが表3－4－9である。

このまちづくり協議会の仕組みは、震災復興土地区画整理事業についていえば、11地区143haの事業が表のようにきわめて早期に完成又は進捗していることから、震災復興事業に限らず一般の都市計画についても制度として有効であることが判明し、一般化すべき状況を創り出したことに今回の意義があるといえる。

今回の復興土地区画整理事業がきわめて早期に事業が進捗したのは、被災者の生活再建意欲が強かったことを基盤にしていたことと相俟って、二段階都市計画論の採用、まちづくり協議会の主体的参加と第三者であるまちづくり専門家のアドバイス、市の出先機関である現地相談所の行政への高密着度という協働まちづくりシステムの導入の効果が大きかったといえる。

このことは今後の震災復興に限定されず、都市計画制度へこのシステムを内蔵することを示唆するものと受け止めるべきであろう。

第4節　合意形成プロセスの形成

表3-4-9　神戸市震災復興土地区画整理事業経緯表（合意形成手続分）

H19.6月末現在

地区	全体	森南第一	森南第二	森南第三	六甲道	六甲道駅北	六甲道駅西	松本	御菅	御菅東	御菅西	新長田駅北	新長田	鷹取	鷹取東第一	鷹取東第二
面積	143.2ha	16.7ha / 6.7ha	4.6ha	5.4ha	19.7ha / 16.1ha		3.6ha	8.9ha	10.1ha / 5.6ha		4.5ha	59.6ha		87.8ha / 8.5ha		19.7ha
震災前 人口／世帯数	26,083人 11,772世帯	1,390人 637世帯	1,001人 513世帯	891人 351世帯	4,128人 1,810世帯		1,098人 494世帯	2,367人 1,206世帯	1,225人 554世帯		647人 301世帯	7,587人 3,267世帯		2,051人 905世帯		3,698人 1,734世帯
権利者数		H15.2	H15.2	H17.3	H18.3		H13.7	H16.12	H15.4		H17.3	H12.8		H13.2		H19.5
土地所有者	6,070人	517人	392人	313人	1,498人		301人	320人	309人		138人	1,051人		517人		714人
借地権者	453人	3人	13人	1人	63人		70人	58人	6人		11人	91人		50人		87人
計	6,523人	520人	405人	314人	1,561人		371人	378人	315人		149人	1,142人		567人		801人
仮換地指定	96%	H10.3.12 100%	H10.11.25 100%	H12.5.31 100%	H9.2.28 100%		H8.11.29 100%	H8.11.30 100%	H9.10.16 100%		H10.1.8 100%	H9.1.20 91%		H8.8.28 100%		H9.9.6 100%
換地処分		H15.2.14	H15.2.14	H17.3.14	H18.3.29		H13.7.24	H16.12.24	H15.4.11		H17.3.24			H13.2.21		
まち協団体数	44	1	1	1	8		1	1	1		1	18		1		10
まち協提案		H9.3、H9.5、H9.9、H11.3			H8.4		H7.11	H17.12、H8.7	H8.4		H8.9	H7.10～H8.10		H7.12、H8.9		～10
現地相談所	延べ 14,874名 15,351件	721名 801件			3,787名 3,805件			1,491名 1,693件	4,242名 3,534件			2,022名 2,639件		2,611名 2,879件		
地元説明会	3,854回	452回			503回		228回	284回	297回		151回	1,675回		97回		167回

（「阪神・淡路大震災関係資料Vol.2」第4編災害復興委員会01阪神・淡路復興委員会（1999年3月）総理府阪神・淡路復興対策本部事務局 pp.
193～196及び神戸市資料より作成）
（出典：「阪神・淡路大震災関係資料Vol.2」第4編恒久対策第1章住宅対策　応急住宅（1999年3月）総理府阪神・淡路復興対策本部事務局 p.26）

第5節　事前復興計画論
──予防的リスクマネジメント

1　帝都震災復興計画

　関東大震災後の帝都復興事業は、約6カ年という短時日の間に約3,600haという広大な地域で土地区画整理事業を実施し、昭和通りなどの幹線街路をはじめとした整然とした道路計画や公園の配置の他、20万戸棟を超える家屋の移転を完成させたことは現在の常識からすると気宇壮大な復興計画であり、帝都復興に驚異的な結果をもたらしたと言わざるを得ない。

　しかし、この復興計画はよく知られているように、関東大震災の発生する約3年前の大正9年12月に、当時東京市長だった**後藤新平**が、江戸をほとんどそのままに引き継いだ東京の街を近代的都市にするために、**東京近代化のための8億円計画**を公表したことに布石は打たれていたのである。当時の国家予算が15億円程度であったことを考慮し、あるいは当時の交通量から考えると、広幅員の街路を作ることを盛り込んだ都市計画は「後藤の大風呂敷」といわれても仕方がなかったかも知れないが、大震災の時内務大臣だった後藤新平は、大震災で壊滅的打撃を受けた帝都の復興にあたって、平時では受け容れられなかった東京の近代化のため改造計画に意欲を燃やすこととなる。

　当時の山本権兵衛首相が復興計画を立てるにあたっては、規模はなるべく大きくしてもらいたいとの注文を出したとされているが、後藤内相はそれを待つまでもなく理想的な雄大な復興計画を作成するよう事務当局に命じていたのであるが、最終的に政府案として帝都復興院参与会で討議された議案は、大略次のようなものであった。

　　第1に、復興事業の重点を街路網の整備に置き、主要幹線の規格は、15間以上24間（27m〜44m）、電気軌道網を構成する路線の規格は、11間以上（20m）とし、地域の情況及び交通の系統により各街路の規格を定める。

　　第2に、土地利用の適正化を図る目的から、中央官庁、学校、市場、屠場等の配置の適正化を図るほか、兵舎、学校、寺院墓地等、移転が適当と認められるものを郊外に移転する。

　　第3に、建築行為は復興計画に従うもののみ許容し、区画整理方式により市街地の復興を図る。

第４に、事業費の財源を起債に求め、必要な国庫補助を行うことなどの財政措置を定める。
　しかし、参与会では賛成論が多く、逆に復興計画をさらに拡大して規模を大きくすべしとの意見であったにも拘らず、その後議員を含めた帝都復興審議会では政略的判断が強く働いたため反対論が強く、幹線街路を原案の40路線から２路線のみ採択する等の大幅な見直しをすべしとの決議が出され、政府はこれを尊重することを約束したが、帝国議会では復興予算の大幅削除と復興院予算の否決という結果となり、事業が執行されたのであった。
　このように、実際の帝都復興計画と事業は気宇壮大な理想計画からは大幅に後退した内容で実施されたのではあるが、それでも当初の計画が大きかったが故に、縮小された後もその結果はその後の都市計画の規模としての役割を十分果たしたのである。
　これを予防的リスクマネジメントという観点からみてみると、近代国家としての日本の帝都の壮大な改造計画が、予想をあまりしていなかった大震災に対する事前復興計画としての意義を有していたことに注目しなければならない。若し大震災前に東京改造計画のような計画が存在し、あるいは調査、検討、議論がなされていなかったとすれば、帝都震災復興計画は今日残されているものより劣ったものであったとも言えるのである。事前復興計画論の嚆矢がここにあると言える。

2　事前復興計画論とその系譜

1）理論的根拠
（1）　防災都市計画の立ち遅れ

　都市計画の目的は都市機能の維持増進と都市環境の改善にあるとされているが、当然そのなかには災害に対して安全であることが含まれていることはいうまでもない。そのため延焼遮断効果や避難地としての機能を持つ街路網、公園等の施設計画、市街地大災を防ぐための防火・準防火地域制度や建築基準、防災街区を作る各種事業などが制度化され実施に移されてきた。
　しかしながら、今回のような阪神・淡路大震災のように大都市を直撃する大地震に対して都市の防災対策としての都市計画は万全となっていないことを示す結果となった。防災都市計画の必要性は、常日頃から言われ続けてきたにも拘らず、いざ大災害が起きてみるとその立ち遅れを常に反省するという繰り返しとなるのである。
　都市計画の目的である都市機能の維持増進、都市環境の改善はきわめて広範囲の目的を有するものであり、とくに日本が高度経済成長を遂げ、最近のようにあ

らゆることがグローバル化している社会において、都市計画もその時代の要請にあわせ、よりよい都市計画を作ることは決して容易ではないため、都市計画自体も後手にもなっていることも否めない。

　急激な交通量の増加に伴う渋滞や、増大する交通事故を解消し、都市の諸活動が円滑に実施されるための街路計画、高速道路計画、鉄道、空港、港湾などの交通網のネットワーク計画、産業・商業の発展を図るための都心、副都心、駅前周辺、郊外商業地の開発整備、住宅団地の開発整備などを実施してきたが、まだ世の中の進展の動きに追いついていないというのが現実である。

　すなわち、地震や火災に弱い木造密集市街地などの存在を解消したり、狭い曲がりくねった道路を整序することができないでいる地域など、防災的観点からすると早期に改造修復すべきであるにも拘わらず、手つかずのまま置かれているからである。

　これには事業手法が必ずしも制度的に充分でないこと、権利関係も複雑で権利者も多く、経済的にも事業化のポテンシャルが弱いこともあり、これらが桎梏となって防災都市造りを阻んできているのである。しかしこれを一面から考えると、行政側にも住民側にも防災に対する緊急性、必要性の認識の欠如という国民的意識の立ち遅れにも遠因があるといえる。

（2）　被災後の復興計画の相剋

　被災後の復興計画は、目的的には防災性を保ち、しかも長期的に理想的な都市計画が実現可能なプランであることが望まれているが、現実に被災した直後、日常の生活が破壊された従前の居住者、権利者にとっては理想論より現実的早急な居住回復と従前の生活環境・機能の回復であり、長期、理想の防災都市づくりへの意欲は意識の中にあっても顕在化しにくいものであり、さらに時間の経過により震災の恐怖感に基づく堅固な防災都市づくりも自己の権利を犠牲にしたり、財政的負担が大きいことに直面すると、そうした意欲自体も後退していくのが通例である。

　また都市計画に関する計画行政主体にとっても、限られた時間で短期にプランを作成し、合意形成を迅速にやらなければならないとすると、長期的、総合的な充分な検討をする余裕を見つけるのが困難な状況下で復興計画を策定し、しかも平常時ではない心理状態にある権利者との合意を図らねばならないことはきわめて大変であるといえる。

2）防災基本計画

通常災害が発生すると施設の災害に対しては災害復旧が行われ、被災地全体の復元を図るという意味での復興計画が実施に移される。都市地域などが面的に広範囲、大規模に被災した時はなおさら復興計画が策定されることは、従来の経験から常識となってきている。

大都市の震災について昭和46年5月に中央防災会議が決定した大都市震災対策要綱において、大項目として「震災復興」を設け、そのなかで「耐災環境の整備された健康で文化的な都市を再建するために、すみやかに長期視野にたった合理的な土地利用計画に基づく震災復興計画を策定する。」と記述しているのも、従来の経験則を確認したものということができる。

また平成7年7月に改訂された防災基本計画においても、「第2編 震災対策編」「第3章 災害復旧・復興」「第3節 計画的復興の進め方」の中で「大規模な災害により地域が壊滅し、社会経済活動に甚大な障害が生じた災害においては、被災地の再建は、都市構造の改変、産業基盤の改革を要するような多数の機関が関係する高度かつ複雑な大規模事業となり、これを可及的すみやかに実施するため、復興計画を作成し、関係機関の諸事業を調整しつつ計画的復興を進めるものとする。」と定めている。

さらに「第6編 防災業務計画及び地域防災業務計画において重点をおくべき事項」「第3章 災害復旧・復興に関する事項」「1. 害復旧・復興の実施の基本方針に関する事項」として「民生の安定、社会経済活動の早期回復、再度災害の防止、防災まちづくり等のため、迅速かつ適切な災害復旧・復興、復旧・復興とあわせて施行することを必要とする施設の新設又は改良、復旧・復興資材の円滑な供給等に関する計画」に重点を置いて定めるべきこととしている。

「共通編」「第1章 災害予防」「第2節 迅速かつ円滑な災害応急対策、災害復旧・復興への備え」「14. 災害復旧・復興への備え」「(2)復興対策の研究」の中で「国土庁は、被災公共団体が復興計画を作成するための指針となる災害復興マニュアルの整備について研究を行うものとする。」と定めている。

3）**事前復興計画策定調査**（国土庁）

これを受けて国土庁が平成7年度～9年度にかけて「東海地震等からの事前復興計画策定調査」を平成10年3月にまとめて公表している。

大規模な災害が発生し甚大な被害が発生した場合には、早期に復興計画を作成し、計画的に復興を進めていく必要があるが、発災後の被害が大規模となるおそれがある東海地震や南関東直下の地震等に対しては、あらかじめ復興対策の体制、

第3章 復興計画

手順、手法等の被災後のまちづくりの方向等をまとめた事前復興計画を策定しておくことも重要であるという認識の下に、地方公共団体が事前復興計画を策定する際の指針をまとめ、被災後はこの事前復興計画を基に、実際の被災状況に応じ具体的な復興計画を作成し、震災復興の推進が図られることを目的とするものである。
そして「地域防災計画」にもこれを位置づけ、地方防災会議に諮って決定しておくべきとしている。この報告書においては復興を、

① 被災地域の物理的再建・復興といったまちづくり的視点および、
② 被災者の生活再建
③ 被災地域の経済復興 }といった社会・経済的視点

と幅広く検討した結果をまとめて公表している。本書ではまちづくり的視点からの「被災市街地、集落の復興」の部分についてその要旨を示す。

(1) **地震被害の前提**

発災可能性のある地震の被害結果を想定し、それを前提として事前復興計画を策定する。

(2) **復興対象地区の設定**

被害想定結果や都市基盤の整備状況等の地域の特性を踏まえ、対象地区を設定し、復興対策地区を「重点的に復興を行う地区」と「復興を促進・誘導する地区」に2区分する。各地区の定義は下表の如くとされる。

復興対象地区区分	定　　　義
重点的に復興を行う地区	比較的広い範囲で面的に被災し、かつ都市基盤を整備することが必要な地区で、重点的かつ緊急にまちづくりを行うことが適切と考えられる地区。
復興を促進・誘導する地区	基本的には被害が散在しているが、ある程度の面的被害が混在し、かつ都市基盤の整備は必ずしも十分ではない地区で、計画的なまちづくりにより復興を進めることが適切と考えられる地区。または、被災が散在的にみられるが、基盤整備は行われており、自力再建による復興を誘導することが考えられる地区。

そしてこの地区区分の基準となる指標と基準を表3－5－1、3－5－2のとおりと整理している。

第 5 節　事前復興計画論

表3－5－1　復興対象地区の地区区分とその設定する際の指標

現在の状況＼被害想定結果	面的被害	点的被害 一部面的被害	点的被害	ほとんど無被害
基盤未整備 計画 有	重点的に復興 を行う地区	重点的に復興 を行う地区	復興を促進・誘導 する地区	復興対象地区外
基盤未整備 計画 無	重点的に復興 を行う地区	復興を促進・誘導 する地区	復興を促進・誘導 する地区	
基盤整備済	復興を促進・誘導 する地区	復興を促進・誘導 する地区	復興を促進・誘導 する地区	

（出典：「平成9年度東海地震等からの事前復興計画策定調査報告書」（平成10年3月）国土庁防災局 p. 11）

表3－5－2　基盤施設の整備状況に関する基準

	基盤施設の整備状況に関する基準
基盤未整理	道路・公園等の都市施設の整備状況、宅地形状等が当該地方公共団体が現在目標とする整備水準に比べ低い地区。具体的には幅員4m未満の細街路が存在する地区、区画形状が不正形である地区、延焼危険度や避難危険度が高い地区等があげられる。 なお、この基盤未整備地区には、過去に耕地整理等により基盤整備が行われたが、当該地方公共団体が現在目標としている水準からすると基盤整備のレベルが低い地区を含むものとする。
基盤整備済	過去に、土地区画整理事業等の面的整備事業が行われるなど、当該地方公共団体が現在目標とする水準に、基盤整備状況が達している地区。

＊延焼危険度、避難危険度とは建設省都市局の「災害危険度判定手法」に基づき市街地の危険度を評価する際に用いる指標である。町丁目単位で評価する場合、延焼危険度は不燃領域率、木道建坪率、消防活動困難区域率を基に、避難危険度は道路閉塞確率、一時避難困難区域率を基に決定される。
（出典：「平成9年度東海地震等からの事前復興計画策定調査報告書」（平成10年3月）国土庁防災局 p. 11）

(3)　地区ごとの事前復興計画の作成
(i)　地区ごとの復興方針の作成
　　各復興対象地区ごとに次の3項目についての明確な復興方針を作成する。
　　・土地利用方針
　　・都市施設整備方針
　　・建築物整備方針
(ii)　地区ごとの建築制限
　　・建築基準法第84条
　　・被災市街地復興特別措置法
　　・地方公共団体の震災復興条例（例：神戸市震災復興緊急整備条例）
　　についての適用検討をして決定する。

第3章　復興計画

(iii) 地区ごとの整備手法の決定

・土地区画整理事業
・市街地再開発事業
・地区計画

等の手法を決定する。

以上のことをまとめて整理し、本報告書が1つの案として提示しているのが表3－5－3である。

表3－5－3　復興対象地区の地区区分と建築制限方法、整備手法の関係

地区区分	復興方針	建築制限　等		整備手法
重点復興地区	重点的かつ緊急的にまちづくりを行う	都市計画区域内	○建築基準法第84条による建築制限 ○建築基準法第84条による建築制限を行い、引き続き復興法による被災市街地復興推進地域の都市計画決定を行うことによって、同法による建築制限へと移行する。	○法定事業 ・土地区画整理事業 ・市街地再開発事業 ○地区計画　等
		都市計画区域外	○条例により建築行為の届出を義務づける	○補助事業 ・漁業集落整備事業 　　　　　　　　等
復興促進・誘導地区	計画的なまちづくりによる復興を進める		○条例により建築行為の届出を義務づける ○建築制限を行わない 　住民の間で法定事業に対する気運が高まった場合には、被災市街地復興特別措置法による地区指定（建築制限）を行い法定事業による復興を実施する場合もある	○自力再建 ○任意事業 ○地区計画 （○法定事業）

（出典：平成9年度東海地震等からの事前復興計画策定調査報告書（平成10年3月）国土庁防災局 p.15）

4）東京都の震災復興グランドデザインと防災都市づくり推進計画

阪神・淡路大震災の経験から、諸機能の集積する過密大都市において発生する大震災からの復興がいかに時間との競争、資金確保、被災者、権利者の合意形成等大変なことであるかを知らされたことから、事前復興計画の必要性が指摘されるようになる。首都東京は中枢管理機能、国際経済機能が集積し、都の区域を超えた首都圏、さらには全国への影響が大であることから、一朝ことが起こった場合のその迅速かつ的確な復興が緊急の課題となってくる認識が高まってきたことにより、平成13年5月東京都は「震災復興グランドデザイン」を策定し、公表する。

「震災復興グランドデザイン」は、被災後の復興都市づくりの基本的な指針として、復興の目標や復興都市像を示すものであり、実際に被災した場合、被災後

2ヶ月以内を目途に策定する①復興の目標、②土地利用方針、③都市施設の整備方針、④市街地復興の基本方針等の骨格的な考え方を内容としている。

あわせて、震災後6カ月以内に取り組むべきこととして、既に都市計画決定されていた都市施設の事業方針、新たな都市施設の都市計画決定の考え方、さらに、市街地復興のための具体的な制度や事業手法等を示している。さらにその実現のために今から整備しておくべき法制度のほか、財源、執行体制などの実現方策も提案している。震災復興のおおまかなスケジュールと主な取り組みを次のように提示する。

表3－5－4　震災復興のおおまかなスケジュールと主な取り組み

地震発生		【主な取り組み内容】
・発生直後	（災害対策本部の設置）	被災状況の把握等
・1週間後	（震災復興本部の設置）	まち・住宅・くらし・産業の復興にどう取り組んで行くのかの検討を始める。
・2週間後	（都市復興基本方針の策定）	応急仮設住宅の建設やまちの復興の基本的な考え方を明らかにする。
・1カ月以内		被害程度に応じて復興のためのまちづくりの進め方を決定する。
・2カ月以内	（都市復興基本計画（骨子案）の策定）	地域の復興の目標など復興計画案の概要を決定するほか、復興のために必要な都市計画の決定を順次行う。
・6カ月以内	（都市復興基本計画の策定）	都市計画決定などを進め、復興計画に要する全体の事業量などを内容とする復興計画をつくる。
・それ以降	（復興事業計画の作成・事業の推進）	復興事業の計画をつくり、計画に基づき事業を実施していく。

（出典：「震災復興グランドデザイン」第1章総論1．震災復興グランドデザイン(2)震災復興グランドデザインの内容（平成13年5月）東京都都市計画局ホームページ）

震災直後から復興事業着手までの手順と流れを時系列で示す。

○**市街地復興の手順**
1）**被災直後〜1カ月**
　ア　被害状況の把握
　　ヘリコプターによる空からの情報や行政職員、防災ボランティアの実地調査などにより被害状況を把握する。
　イ　建築基準法による建築制限の実施
　　大・中被災地域において、土地区画整理事業等都市計画事業に必要な区域を建築基準法第84条に基づく建築制限を行う区域に指定する。（期間は発災日から最大2カ月間）

ウ　時限的市街地づくり
　　時限的市街地づくりを開始する。
エ　都市復興基本方針の策定・公表
　　被災の程度に応じた市街地の復興方針を東京都が策定、公表する。

2）被災後1〜2カ月
ア　都市復興基本計画（骨子案）の作成・公表
　　復興の目標、土地利用方針、広域的都市施設の整備方針、市街地復興の基本方針を内容とする都市復興基本計画（骨子案）を作成・公表する。
イ　被災市街地復興特別措置法（以下「特措法」という。）による建築制限の実施
　　復興事業の支障となる無秩序な建築を防止するため、建築基準法に基づく建築制限に継続して、「特措法」による建築制限を実施する。（制限期間は発災日から最大2年間）

3）被災後2〜6カ月（大被災、中被災地域）
ア　まちづくり協議会の組織化
　　まちづく協議会を組織し、復興まちづくり計画を住民により策定する。被災前からまちづくり協議会が組織されていた地区では、その組織を拡充する。
イ　都市計画の変更（建築敷地面積の最低限度を定める。）
　　住宅再建時における敷地の細分化を防止するため、地域地区について敷地規模の最低限度を定める。
ウ　復興都市計画の決定（都市施設、市街地開発事業）
　　広域インフラ、土地区画整理事業、市街地再開発事業等の都市計画決定を行う。
エ　復興都市計画事業の開始
　　復興都市計画事業を開始する。
オ　震災復興地区計画の決定
　　震災復興地区計画等の地区計画、地区整備計画を策定する。

4）被災後6カ月以降
ア　住宅再建を開始
　　復興手法に応じて、適切な時期に建築制限を解除し、住宅の再建を開始する。

　この時系列は阪神・淡路大震災の震災復興のたどったスケジュールと概ね同一であり、阪神・淡路大震災の経験は、被害規模が大きい震災の場合のモデルとして汎用されるものと理解してよいものといえる。「震災復興グランドデザイン」は、地震の発生後、すなわち非常時の都市づくりのあり方を示すものである。
　非常時は、焼失や倒壊など生活の基本的な場が失われている状態から、災害を受けた市街地の再建を進めなければならず、被害程度によっては再び被災を繰り返さないために抜本的な市街地改造が必要となるほか、被災者の生活安定を早期

第5節　事前復興計画論

図3−5−1　震災復興グランドデザインの位置付け

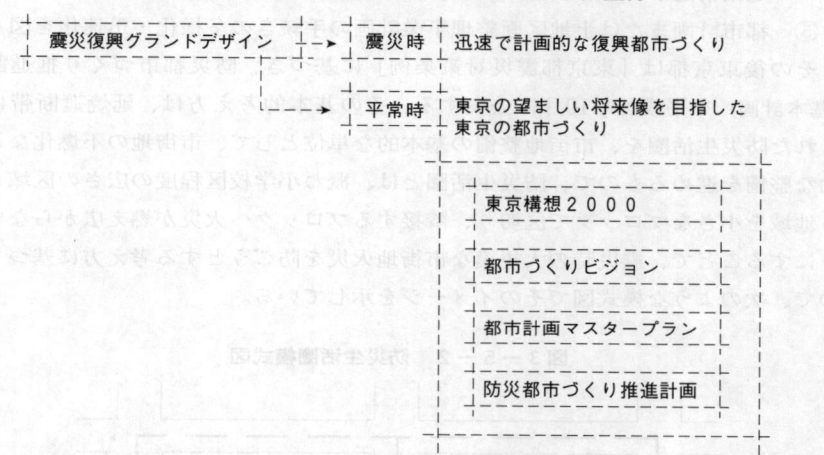

```
┌─────────────────┐    ┌─────┐
│震災復興グランドデザイン│ →  │震災時│ 迅速で計画的な復興都市づくり
└─────────────────┘    └─────┘
                    →   ┌─────┐
                        │平常時│ 東京の望ましい将来像を目指した
                        └─────┘ 東京の都市づくり

                        ┌──────────────┐
                        │東京構想2000        │
                        ├──────────────┤
                        │都市づくりビジョン   │
                        ├──────────────┤
                        │都市計画マスタープラン│
                        ├──────────────┤
                        │防災都市づくり推進計画│
                        └──────────────┘
```

(出典：「震災復興グランドデザイン」第1章総論1．震災復興グランドデザイン(2)震災復興グランドデザインの内容（平成13年5月）東京都都市計画局ホームページ)

に図る必要があり、膨大な事業となる被災地の復興をできるだけ短期間で成し遂げなくてはならないなど、平常時と異なる対応が必要となる。

しかし、「震災復興グランドデザイン」は、復興の理念や考え方は平常時の都市づくりに活かすとともに、平常時の都市計画にも具体的に反映していくことが重要であるとする。平常時の都市計画と非常時を想定した「震災復興グランドデザイン」は都市づくりの目指す目標は同じであり、相互に密接な関連を有しているとし、その関係の模式図を図3−5−1のとおりとしている。

さらに「震災復興グランドデザイン」は、これを実施に移すためには法的制度改正等の課題を提示する。法的制度改正についての対応策として以下のものを掲げている。

① 新しい土地区画整理事業制度を創設する。
　　イ　全面買収型……土地を収用して譲り受け申出者に土地を譲与する。
　　ロ　街路、区画整理型……都市計画道路用地は買収、その他の道路用地は区画整理方式により減歩で確保するという合併事業
② 震災復興地区計画の創設
　　復興まちづくりを行う地区は原則として全て指定して、最低敷地規模、壁面積などの指定を地区の状況に応じ柔軟に適用できるようにする。
③ 最低敷地規模制の導入
④ 新しい防火地域制度の創設

建築構造について、防火・準防火地域の中間的規制を行う。
⑤　都市計画または土地区画整理事業計画の手続きの多様化・迅速化を図る。

その後東京都は「東京都震災対策条例」に基づき、防災都市づくり推進計画（基本計画）を平成15年10月に公表する。その基本的考え方は、延焼遮断帯に囲まれた防災生活圏を、市街地整備の基本的な単位として、市街地の不燃化など面的な整備を進めるもので、防災生活圏とは、概ね小学校区程度の広さの区域とする地域を小さなブロックで区切り、隣接するブロックへ火災が燃え広がらないようにすることで、震災時の大規模な市街地火災を防ごうとする考え方に基づくもので、次のような模式図でそのイメージを示している。

図3－5－2　防災生活圏模式図

(出典：「防災都市づくり推進計画（基本計画）の概要」東京都都市計画局ホームページ（2003年10月掲載））

防災生活圏の外周を幹線道路としての都市計画道路という、延焼遮断帯の整備によって防災機能を強化するというものである。

そして特に被災危険度の高い木造密集市街地を中心に、重点整備地域11地区2,400haを選定し、重点的な事業を実施することを定めている。この防災都市づくり推進計画は平時の計画であるが、前述したように非常時の震災復興デザインと目標を1つにした計画であるといえる。

5）阪神・淡路大震災復興計画に関する学会提言

阪神・淡路大震災は高度成長を遂げたわが国の過密大都市における初めての経験であっただけに、震災復興に関して関係学会からは各種の提言がなされた。

ここでは復興計画に関する提言のうち都市計画学会、土木学会、建築学会、都市住宅学会、地域安全学会の発表したもので、特に本書に直接関係すると思われるものを取り上げる。

第5節　事前復興計画論

1. **都市計画学会**（平成7年3月）
(1) 復興都市計画の前提
① 災害の発生から避難、救済、復旧、復興が速やかに振興し得るような都市構造を、ハードシステムとしてもソフトシステムとしても常備したものとする。
② 復興事業が単なる「復旧、復興計画」「耐震性、防火性の強化の計画」に終わることなく、真の「復興都市計画」となるよう、市民の再起への大きな勇気と希望をもたらすものであることが重要である。
(2) ハード面での対応
① 特定の交通路については、耐震設計上、数段ランクの上のものとすると同時に、沿線の建物等についても同様な配慮をするなどして避難・復旧に耐えられる交通路を確保する（防災軸の構築）。
② 交通路網全体として、緊急の迂回路の対応が可能なような冗長性（リダンダンシー）を確保する。
③ 公園や学校、老人ホーム等に防災機能を高めるため、貯水槽・食糧備蓄機能、情報機能を付与すると同時に公園やオープンスペースを体系的に確保する（防災拠点の強化）。
④ 電気、水道、ガスといったライフラインについては幹線の一部を耐震性の高い共同溝に収容し、被災時にはそこから容易に取り出し、供給可能となるバックアップシステムを構築する。
⑤ 復旧事業として行われる区画整理事業、再開発事業等に当たっては、平時に人の集まる、住みやすい、優れた環境の地区を創造するとともに、緊急時には防災上優れた拠点となるよう各種の公的施設を配置するようにする（防災拠点街区の構築）。これらの防災構造を実現するため、このような施設の配置に際し、都市計画行政が先導的、指導的機能を果たすことが望まれる。

2. **土木学会**（平成7年3月）
(1) 平面としての社会基盤空間ストックの充実
街路、広場、公園等の空間が被害の軽減・救済活動等に大きく寄与したことから、社会的基盤空間ストックとしての平面スペースの十分な確保を推進すべきである。
(2) 都市構造の変革
① 都心への諸機能の過度集中を避けるため副都心の育成により、緊急時の避難・救援・復興活動等の中心としての都心機能を代替できるようにする。

② 市街地を東西、南北方向の幹線街路で区分して、沿線建設物の耐震・耐火性を向上させ、都市の防災性能を向上させる。

③ 第一次避難拠点としての学校・公園・公益施設と広域避難拠点とのネットワーク化を図る。

④ 防災遮断帯を計画し、その整備に長期的に取り組む。

(3) 防災拠点の強化

① 病院、福祉施設、学校、地方自治体の庁舎又は出張所、公園等適正に集中配置した防災安全街区を強力に調整して整備する。

② 非常時に救援物資配送などのための緊急物流拠点として活用する施設をあらかじめ指定し、貯蔵スペースや交通アクセス向上のための周辺道路等の整備を行う。

③ 救急用ヘリコプター基地として、公共ヘリポートに加えて公共病院、一定規模以上の私立病院にヘリポートを設置し、また各地区にヘリコプターの離着陸が可能なスペースを計画的に設置する。

3. 建築学会（平成10年1月　第三次提言……建築学会は平成7年7月と9年1月の提言もある）

(1) 都市構造の防災化

① 自然地形・地盤などを考慮し、建築用途・密度の適切な規制・誘導を都市マスタープランへ明記するなどにより、市街地と都市骨格を整備すべきである。

② 都市空間を分節して延焼の遮断や安全な避難行動を可能にし、広域避難施設を確保することが必要である。

③ 緊急対応拠点施設（市役所・学校・警察署・消防署・病院・ライフライン事業施設、郵便局、放送機関など）

④ 水とみどりを基軸とした防災基盤施設を体系的に整備すべきである。

(2) 木造住宅市街地の防災まちづくり

① 地域特性に応じた木造密集市街地総合改善プログラムを策定すべきであるし、住民・地権者、行政、民間が協力する体制を整え、「共同建替」の推進など、「事前復興」ともいうべき防災まちづくりに取り組むべきである。

② 多様な建築規制を柔軟に運用し、建替を促進する仕組みが必要である。

③ 木造建物の改善には街区レベルでの総合支援制度を創設する必要がある。

④ 木造建物の密集した防災生活圏内部でのまちづくりには、不燃領域率の設定などの目標の明確化が必要である。

⑤ 地区計画制度による最小限敷地の規制を徹底し、木造密集市街地の再生産を防止すべきである。
(3) 都市復興のシステム

大規模地震に襲われ大きな被害が予想される地域においては、地震被害想定の結果等を踏まえ、都市計画マスタープランや防災まちづくりとも整合がとれた都市復興に関するビジョンとシナリオを事前に準備し、それを積極的に公開し、市民と共有しておく。

4. 都市住宅学会（平成7年2月および3月）

(1) すべての都市機能のネットワークが一元的に管理される集中型の都市構造から、自立的に居住機能を支援できるような分節型の都市構造への転換
(2) 住宅、工場、商店、公共施設等の融合した新しい住宅市街地のモデルを作り上げる。
(3) 復興整備の実現手法として、
① 長期的土地利用計画が策定されるまで、仮設住宅等の居住、営業の継続を公的負担で提供しつつ、建築行為を厳格に禁止、制限し、十分な優遇措置によるインセンティブを与える。
② 復興事業推進のためのモデル地区を先行的に整備することとし、そこを復興拠点とすることとする。この拠点づくりには公共による全面買収方式を基本とすべき。
③ 建替促進のため、地方公共団体、公団が建替に参画しない者の権利を収用権を背景に買い取る。
(4) 被災地の居住地再生は、小学校区を基本単位として、高規格街路で囲まれ、公園や緑道、防火水槽が適切に配置されるなど、一定の防災基準を充足する自立性ある住区の構成を目指す。そこでは地域防災管理システムを校区単位に創出する。また住宅の再建はばらばらに建てるのではなく、街区単位の復興方針によりできる限り共同建替や協調建替を中心に進めていく。
(5) 都市基盤を目的とする土地区画整理事業や市街地再開発事業は、被災住民の復興や住宅復興に目的を置く居住地再生にはなじまず、「総合住環境整備事業」がいちばん向いている。

5. 地域安全学会（平成7年2月）

(1) 単に規定計画をそのまま継承するのでなく、明確な防災都市づくりを提示し、市民に公開する。また、復興計画は100年先の都市の基本構造を描いて、

空間的ゆとりをもった都市構造、自然の空間と水を採り込んだ市街地、親しみのある界隈や、買い物空間など、22世紀にも通用する理念と内容を盛り込む。
(2) 狭小宅地での木造戸建て住宅の個別再建は火災に弱い都市の再生になるので、非木造・共用化により再建するため、宅地規模に応じた私権の制限を共同化・不燃化のための復興助成等の諸制度の整備を図る。

これらの提言はいずれも従来からの都市計画を、防災的観点等から見直しの上に立っての含蓄ある提案であるが、大別すると、

目標として、　① 耐震性、防火性の強化といった単なる復旧・復興にとどまらないこと
　　　　　　② 避難、救助、復旧・復興が速やかに進行し得るような都市構造を、ハードシステムとしてもソフトシステムとしても常備してものにすること
　　　　　　③ 超長期にわたる都市構造を現実化する

具体的には、　① 自立的防災生活圏の設定を整備
　　　　　　② 防災拠点（街区）、支援拠点の構築
　　　　　　③ 避難・復旧に耐えられる特定交通路とリダンダンシーのある交通ネットワークの確保
　　　　　　④ 延焼遮断効果、避難、救助、搬送効果としての空間の確保
　　　　　　⑤ 木造密集市街地改善プログラムを策定する
　　　　　　⑥ 水と緑を軸とした防災基盤施設の整備

手法としては、① 最少敷地規模規制の徹底、個別建替から共同化への助成強化
　　　　　　② 将来像をマスタープラン化して建築を誘導する
　　　　　　③ 復興拠点づくりには全面買収方式を基本とする

復興計画の実際を検証する時は、その提言、意見が緊急時に実施されるべきと中期あるいは長期の実施されるものとが明確に区別されないで記述されているが、仮にこれらを全て緊急に実施すべきものとして考えると、4 復興計画の類型で後述する如く現実化したもの、部分的には現実化したもの、理論的又は理想的には肯定できても、時間的、資金的等の理由で現実かできないものとに分かれてくる。

神戸市復興計画における防災生活圏構想は、阪神・淡路大震災復興委員会の提言9の4「防災性の高い安全街区を設立すること」、復興計画に関する学会提言にある「単なる復旧・復興にとどまらないこと」「避難、救助、復旧・復興が速や

第5節　事前復興計画論

かに進行し得るような都市構造をハード、ソフトシステムとして常備すること」「自立的防災生活圏の設定と整備」「防災拠点、支援拠点の整備」「延焼遮断効果、避難、救助、搬送効果としての空間の確保」が採り入れられている。

3　復興計画の目標

　被災後の復興計画の目標は迅速な機能回復と被災抵抗力の強化にある。それは、特に道路、鉄道、河川等の公共施設、庁舎、学校、福祉施設等の公共建築物といった線的、点的施設の復興については当然として、住宅地、商業地、工業地といった面的な復興についてもあてはまる目標であり、かつ、原則である。
　多くの居住者の住む住宅地、商業地が被災した阪神・淡路大震災の復興都市計画は、早期の居住回復という迅速性の原則と被災抵抗力の原則との相剋の場であった。

1）迅速性の原則

　阪神・淡路大震災において、神戸市のピーク時の避難者数236,899人、仮設住宅入居者数57,224人（平成7年12月）と市内人口の2割強が避難所生活をし、6％弱の人口が仮設住宅で暮らすという状況の中で、市民としては一刻も早い居住回復を望むのは当然の心理である。

（1）　被災地の調査の実施

　神戸市の都市計画部局は、消火活動が未だ完了していず、救助活動も続けられている中、職員による被災状況調査を1月18日と19日に実施している。のちに発表される国土地理院による航空写真（1月17日撮影、1月26日公表）による被災状況読み取り調査、日本建築学会近畿支部、都市計画学会関西支部による合同調査（2月初旬実施、3月中旬公表）の結果と比較すると、粗ではあるが大局判断をする資料としては充分有効な調査である（図3－5－3〈巻末折込(4)頁〉）。
　大規模被災地の復興を図る有効な手法は、土地区画整理事業と市街地再開発事業であるから、その区域を決定するに足るデータの収集は迅速でなければならない。より詳細かつ正確な調査が実施されたとしても、時間的に合わなければリスクマネジメントとしては批判の対象となる。消火活動、人命救助活動が一段落つくとすぐ「居住回復」をいかなる方法でいかなる時期から始めるかに関心と議論が集中することとなる。したがって国土地理院の調査、両学会の調査結果を待って区域決定していく手順では、被災地の心理状態を考慮すると遅きに失すると言わざるを得ないことから、被災直後の市独自の調査は迅速性の原則に沿ったもの

といえる。

　この調査により判明したことは、阪神・淡路大震災による被害が甚大であったこと、なかでも神戸市が戦後鋭々と進めてきた戦災復興土地区画整理事業を施行していなかった地区の被害が大きかったことである（図3－3－6、3－5－5〈巻末折込(3)(5)(6)頁〉）。

　これにより市はフィジカルな復興計画の区域の選定として、
① 多くの建物が焼失・倒壊している地区（A）
② 都市計画道路等の都市基盤施設や区画道路、公園等の身近な生活基盤施設の整備が遅れており、居住環境、消防面からみて早期に整備改善を図るべき地区（B）
③ 東部、西部の副都心をはじめ、神戸市のマスタープランにおいて都市整備上の位置づけがなされるなど、都市機能の更新を図るべき地区（C）

という方針を内部的に決定する。

（2）「震災復興市街地・住宅整備の基本方針」の公表

　神戸市は前記の基本方針を決定した後、具体的プランについて地区の区域の画定と事業計画の基本的方針の素案を検討する。被災直後の消火・救助活動から復旧活動へ移行するにつれ全体の復興についての動きが始まり、国においても「阪神・淡路大震災復興の基本方針及び組織に関する法律」を始めとする復旧・復興に関する法案、復興委員会、復興対策本部についての具体化が進むに合わせて神戸市、兵庫県も復興構想を発表し、被災者、被災地の復興に向けての議論が白熱化してくる。神戸市は、被災直後から検討していた復興計画のスケルトンを「震災復興市街地・住宅整備の基本方針」として1月31日に公表する。このなかで、「不幸な被災を乗り越えて復興にあたる」ことを宣言し、あわせて「このため総合的な復興基本計画を策定し、とりわけ災害に強いまちづくりを行う。」と市民に向けて表明する。市として復興に取り組む姿勢を示すにはこれしかないという選択であった。

　その具体策として、
① 震災により倒壊・焼失した家屋が集中している区域のうち、都心機能の再生や災害に強い市街地としての整備が特に必要な地域において、面的な都市計画事業等を行うこととし、事業の円滑な実施のため建築基準法第84条の区域指定を行う。
② 震災復興緊急整備条例を制定し、被災市街地の大半について震災復興促進区域の指定を行い、同地区での建築行為の届出制により良好な市街地の形成

第5節　事前復興計画論

を目指す他、重点復興地域を定め、面的な市街地整備事業や建築行為の誘導を行う。

ことを明らかにする（第3章第3節2(5)参照）。

この復興の基本方針の概念図は第3章第3節2(5)図3－3－7に示してあるが、この基本方針発表時は同時にその区域および事業・誘導手法（区画整理再開発又は地区計画）が明示されており、神戸市としてはこの時点までに復興のフィジカルプランについて素案を固めていたのである。

（3）　建築基準法第84条の区域指定

「震災復興市街地・住宅整備の基本方針」が公表された翌日の2月1日に特定行政庁である神戸市長は、建築基準法第84条の区域指定を6地区約233ｈａについて指定する（第3章第3節2(5)参照）。この6地区はのちに正式に都市計画として決定される地区を大きくまとめた地区であるが、前記(1)被災地の調査の実施Ａ、Ｂに該当する地区は都市計画事業土地区画整理事業、Ｃにも該当する地区は都市計画事業市街地再開発事業、およびＡ、Ｃに該当する地区は地区計画という整理が内部的には内定されていたが、公表されたものとしては、六甲道駅周辺と新長田駅周辺の2地区が区画整理及び再開発を実施する地区、三宮が地区計画の地区とされ、その他の地区は区画整理によって事業を実施する地区とされた。

また六甲道駅周辺と新長田駅周辺の地区については、区画整理と再開発の事業区域は対外的には明らかにされてはいないが、内部的には決められていた。土地区画整理事業、市街地再開発事業及び地区計画の区分の考え方は概ね次のとおりとされた。

手法区分 選定基準	土地区画整理事業	市街地再開発事業	地　区　計　画
区域内建物	2/3以上 全・半壊	2/3以上 全・半壊	2/3以上 全・半壊
面的基盤整備	必要	必要	──
第3次神戸市 総合基本計画 （マスタープラン） （昭61.2）	──	副都心整備の位置づけ （六甲道駅周辺及び 新長田駅周辺）	──

ところで、この建築基準法第84条の規定は、第1項で「特定行政庁は、市街地に災害があった場合において都市計画又は土地区画整理法による土地区画整理事業のため必要があると認めるときは、区域を指定し、災害が発生した日から1月

第3章　復興計画

以内の期間を限り、その区域内における建築物の建築を制限し、又は禁止することができる。」と定めている。

　ここにおいて注目しなければならないことは「都市計画又は土地区画整理事業のため必要があると認めるとき」、「区域を指定し」、「災害が発生した日から1月以内」という文言である。すなわち、被災地とはいえ建築制限を課すことは国民への権利規制であることから、その権利制限をなすべき明確な根拠として「都市計画又は土地区画整理事業の施行のため」に求め、その手段として「災害発生した日から1月以内」としていることである。ここに被災地の復興計画を立てるにあたっての時間管理の必要性－迅速性の原則の拠って立つ原理がある。市としては円滑な復興計画の実施にあたって建築制限は絶対不可欠の条件であり、そのためにはどの区域でどのような都市計画、土地区画整理事業を定めておくかが緊急の課題であるわけである。これは後述するが、より理想的なあるいは危機管理を可能とする復興計画を構想し、考慮し、案を作成してもそれが地権者、住民に説明し早期に了解が得られるものでなければ、この指定にあたっては原状回復的ないしは市民も含めて従来から経験してきた手法に傾斜せざるを得ない論理的な帰結へとつながってくるものとなってくるのである。

（4）　震災復興緊急整備条例の制定

　阪神・淡路大震災のような過密都市の大規模震災の復興にあたって、建築基準法第84条の建築制限期間が災害発生後1カ月、延長してもさらに1カ月と限定された期間内では、極めて広い地域で地権者数も極めて多い地域での復興都市計画を決定するのは極めて困難と判断し、神戸市は独自の条例を制定し建築制限期間を被害のあった日から2年としたのがこの条例である。

　当初神戸市としては、この件を含めて機動的に復興事業が実施できるような特別法を要望をしていたが、国の方針が固まるまで時間を要したため迅速性の原則から国の方針決定を待たず、独自の条例を制定してこれに対処したのである。

　国は前述した如く酒田火災復興の例にならい、建築基準法第84条の定める発災から2カ月以内に復興計画を作成して都市計画決定すべきという意見が当初の考え方であったため、市としては被害の甚大さ、被害地域の広さ等から、2カ月以内に策定することは困難と考え、建築制限期間を2年とする条例を制定したのであるが、結果的には二段階都市計画論の採用により、復興都市計画の骨格となる部分について、発災後2カ月を経過することとなる3月17日に都市計画決定がされたのであった。

第5節　事前復興計画論

（5）　被災市街地復興特別措置法の制定

　発災直後は被災市街地の復興についての法改正または特別法の制定には逡巡していた国も、政府として地方公共団体の行う復興事業を強力に支援する方針により、「被災市街地復興特別措置法案」を国会に提案し成立させたのであるが、これにより国はリスクマネジメントとしての機能を果たし、被災地域に対して国の復興に向けての強い姿勢を示したのである。大規模災害における被災地の復興に関する時間管理概念——迅速性の原則という観点からみると、建築制限については神戸市の迅速性には追随できなかったといえる。しかし「被災市街地復興特別措置法」は、神戸市の条例制定を経ず建築等の制限を2年間にわたって可能とした点、今後の大震災に対する迅速な復興計画へ資するものと評価せねばならない。

2）　被災抵抗力の原則

　震災により甚大な被害を受けた地域にはそれなりの原因が存在する。震災を不可抗力として放念するのではなく、その原因を除去し将来における同様の震災への抵抗力のある市街地として作り直すという、被災抵抗力の原則が復興計画の目標でなければならない。従来から確立された理論として言われてきたことは、公共的空間を創出する道路・公園という都市施設の造出と耐火・耐震建築の促進である。

　阪神・淡路大震災においても広幅員道路や公園、学校用地などの空地が延焼遮断効果を発揮し、さらに防火地域制による鉄筋コンクリート造などの耐火・耐震堅牢建築物が被災抵抗力を示し、かつ、延焼遮断効果をも果たした。今回の被災状況からみて老朽木造建築物の多い地区、また狭小道路および敷地条件により被災抵抗力のある建築物の建築が進みにくい地区での被害が大きかったことから考えると、耐震、耐火建築物の建設と公共空地の増加が最低限の被災抵抗力の原則から導き出される。震災復興土地区画整理事業は概ねこの考え方に基づいて実施された。被災抵抗力はこの堅牢建築物の建築と道路、公園の施設増強はミニマムなものであり、これはあくまでもフィジカルな抵抗力を増大させるにとどまる。被災抵抗力の増大は、こうした物理的抵抗力を増大させるだけでは万全ではないというリスクマネジメントの思考により、震災により被災がありうるべしと観念し、復興計画の対象外として残存される近隣の地区の被災者も含めて利用できる自己完結的な被災時の緊急防災活動に役立てる抵抗力のある計画をたて実施に移すことである。すなわち復興計画を実施する事業地区を防災遮断効果設計による建築計画を建て、遮断された街区内の空間に避難広場、建築物内（地下を含めて）に備蓄倉庫、防水槽等を設置するというものである。この考え方は、東京都が江

東地区で、昭和44年来防災拠点構想に基づき大規模工場跡地等を利用して白髭地区、亀戸・大島・小松島地区、猿江地区などで実施されてきた考え方であり、被災地についてもこの考え方は有効であることはいうまでもない。

さらに阪神・淡路大震災での経験からみて、被災直後の緊急防災行政活動である救命救助活動に資する避難施設設置増大、ヘリの離着陸用地の確保等の全市的広域的防災機能強化を図るという、被災抵抗力の強化も復興計画として組み入れられなければならないことが求められていると知見できる。

3）土地利用の合理化・純化

被災抵抗力の原則からすると、基本的には従前のような被災抵抗力が弱かった公共施設および建築物に抵抗力が付与されればかまわないわけであるから、従前の土地利用が混在化していたとしても、原形が復旧されることをもって足りるといえる。また従前居住者の多くは、従前の居住回復を願うのが常であることから、迅速性の原理からもそれが支持されることとなる。

しかし、復興計画という概念には既存の土地利用で混在しているものの、純化、不整形宅地の整理統合、街区景観の形成、将来に向けての望ましい土地利用への転換も期待され、論理的、概念的にも理想的土地利用の実現が内包されている。したがって広義の復興計画においても、とくに被災地、被災者にとって力強い将来の積極的な明るいヴィジョンが示されることが真の復興へとつながる道標となってくることも忘れてはならない。

広義の復興計画は、震災で受けた打撃を跳ね返して将来の発展を約束するようなものとして認識され、被災地において示すことが必要になる所以である。復興委員会が復興10カ年計画を策定するよう提言したのは、復旧的復興計画に限らずあらゆる分野における復興施策を盛り込んだ計画という意味であり、そのなかでも復興のシンボルとなるような事業を復興特別事業として選定し、国もオーソライズすることによって経済的、物理的、心理的にダメージを受けた被災地が力強くリバウンドできるような事業を中心に据えて復興を図ろうとしたものであり、その効果はきわめて大である。

また混合的土地利用の多いわが国の都市においては、震災をとらえてたとえば住居地域に存在していた工場などの土地利用を排除し、土地利用の純化を図ることもしばしば試みられる。復興計画をより良い都市計画を創出するという意味で捉えるとこれも言葉が適切ではないかも知れないが、不幸な出来事を利用しての目的実現という効果を有するものといえる。こうした土地利用純化・合理化論から見た復興計画論は、社会的にはきわめて高く評価されるべきであり、それに対

して議論を呼ぶ余地はない。しかしこれを防災対策、防災計画の観点に焦点を絞って見ると議論の余地が残ると言わなければならない。復興対策委員会の提言・意見も、復興対策本部の復興の基本的方針の取りまとめにおいても、文言としての安全な都市づくりのための復興計画を唱え、土地区画整理事業、市街地再開発事業等の復興事業の推進を定性的に述べるにとどまり、わが国が近代都市計画を採り入れてから鋭々と築いてきた都市計画において、今回のような大震災による被害を防止し得なかったことへの対処に対する考え方については、専門的、技術的、制度的部門の扱うべき問題としているようにも受け取れるといえる。

　被災地の復興計画は、防災計画としての都市計画が被災抵抗力を充分有していなかったと考えれば、土地利用の合理化、純化に特化した復興計画よりも防災性の向上を新たに付加した復興計画を論ずることが、真の復興計画論となっていくと考えるべきである。

4　復興計画の類型

　復興計画には広義と狭義があることについては前述したところである。ここでは防災都市計画の観点からの復興計画には原状回復・公共施設追加型とコミュニティ防災型と広域危機管理型の三類型がある。

1）原状回復・公共施設追加型

　過密大都市における大震災による家屋の倒壊・焼失後の復興は、必然的に原状回復的居住回復とならざるを得ない。その理由は、

① 　居住者は震災が起こったことを原因として通常職場は変更しないと考えられるため従前地での居住を希望すること、

② 　従前地でのコミュニティ、交友関係を断ち切って新たにそういう関係を震災を契機に築くインセンティブは働かないこと、

③ 　遠隔地の土地の選定、購入手続きには時間と労力を有し、被災後の物理的後始末、心理的後遺症の残るなかで他所への移転に積極的になる理由が見当たらないこと。さらに、従前地が借地・借家の場合は尚更であること、

④ 　以上とも関係し、早期居住安定と都市機能回復という迅速性の原則を重視しなければならないこと、

である。したがって行政サイド（または為政者サイド）としても、被災者の心理負担を軽くし早期居住回復を実現する見地からも、原状を是認した復興を図ることは復興計画の根源的パターンであるといえる。

　しかし被害が甚大であったことの理由として、道路による整然とした区画によ

る街区ができていなかったり、避難空間、防火遮断空間としての公園等の公共施設が不足していることが原因と認められる地区については、防災性の向上という観点から道路、公園といった公共施設を、拡幅や新たな設置によって被災抵抗力を高めることとするのがこのパターンによる復興計画である。

　阪神・淡路大震災における土地区画整理事業は基本的にこの類型である。以下に森南地区、六甲道地区、松本地区、御菅地区、新長田、鷹取地区の区域図（被災前地図上で）と基本設計図（図3−5−6〜3−5−10〈巻末折込(6)〜(12)頁〉）を示す。今回の震災復興土地区画整理事業地区には、既に耕地整理によりあるいは戦災復興土地区画整理により土地区画が一応整った地区も含まれているが、道路幅員が現在の基準から見て不足している地区については拡幅という措置をとったところもあり、その一例として御菅西地区の図を示す（図3−5−11）。

2）コミュニティ防災型

　都市計画は都市における諸活動が機能的に行えること、および都市生活の環境の維持・保全・改善を目的として定められるものであると同時に、これらの諸活動・生活が安全であることも目的とされている。しかしながら現実にはこれらの目的は常に充分に充足されているとはいい難い。防災についても同様である。特に過密大都市における大規模地震については、その危険が従来より警鐘が鳴らされてきたところである。地震動そのものによる建築物の倒壊の危険、および地震時に発生する火災による焼失・延焼の危険を少なくすること、およびこうした危険が顕在化した場合の避難、救命・救助、消火といった緊急防災活動に資するための備えがなければ真の防災都市計画とはいえない。それは単に土地区画整理事業等により、道路や公園等公共施設を防災的な観点からの被災抵抗力を増大し、街区を整備して消防活動が円滑に行え、防火・準防火地域制度の活用により、または市街地再開発事業等の共同耐火建築物の建築により建築物も耐火、耐震性を有するものにするにとどまらず、被災時には居住地のある街区に安全な避難広場や貯水槽、備蓄倉庫などを備えたコミュニティ自体が防災活動の場となるような都市計画を随所に作るという考え方が有効であることはかなり以前から提言されてきたことである。その最も代表的な例が東京都の江東防災拠点構想である。この江東防災拠点構想は、拠点自体がその規模は白髭西地区約48haと、亀戸、小松川、大島地区約98ha等とかなり大規模なものが構想され、拠点自体は大きな街区を構成し、その街区の外周に高層共同住宅を防火壁の機能をもたせるように配置して周辺からの延焼を拠点内には届かないようにし、その共同住宅の建築物内に備蓄倉庫、貯水槽、広場を設けるというものであった。ただこの江東防災拠

第5節　事前復興計画論

図3－5－11　神戸国際港都建設事業御菅西地区震災復興土地区画整理事業

S=1:1000

（神戸市資料）

325

第3章 復興計画

点構想は敷地規模を大きくとらえていたため、大規模な工場跡地を利用できるところで事業の実施がスムースに進捗したものの、既存建築物の多い地区では必ずしも所期の目的を実現するに至ってはいない。しかし被災後の復興計画においては甚大な被害を受けた地区については、建物自体が倒壊、滅失、焼失している度合が高い場合には、コミュニティ防災を可能とする復興計画を樹てて、実施する可能性が高い場合を想定することは論理的には必然性を有する。したがって今回の被災地においてもこのコミュニティ防災都市計画の現実化を試みる場となり得たのである。

この件に関しては、新長田地区、六甲道地区、東部新都心地区について囲い込み住宅と避難空間としての広場、防災センター、防災用の貯水槽および倉庫を組み込んだモデル図などの提案[16]が外部からなされているのは、コミュニティ防災計画が大都市震災の際の被災抵抗力に有効であるからにほかならない。その時の提案である「新長田地区・市街地構造ダイアグラム」「「新長田」を想定したモデル図」、「六甲地区・市街地構造ダイアグラム」「「六甲」を想定したモデル図」、「東部新都心周辺地区・市街地構造ダイアグラム」「「東部新都心周辺」を想定したモデル図」を参考として以下に示す（図3－5－12～3－5－17）。

この提案は、街区ごとに街区の外周を中高層住宅により延焼遮断効果をもたせて建設し、住棟の内側に広場を設ける「囲い込み住宅」街区を作り、住棟には備蓄倉庫、貯水槽を設けた防災性能をもたせたものとしている。

今回の復興都市計画事業のうち土地区画整理事業については「原状回復・公共施設拡充型」であることは前述したとおりであるが、「コミュニティ防災型」および「広域危機管理型」は単に道路幅員を拡げ、公園面積を増やして沿線建築物の耐火化と相まって延焼遮断効果を増大させ、あるいは避難空間を増大させるにとどまらず、防災基本計画、地域防災計画において定められている救援、救助、復旧、復興といった、都市計画分野以外の防災行政作用との関係をより強化した形で、復興計画を立てようとするものである。

神戸市が平成7年6月に作成した「神戸市復興計画」では、「神戸市地域防災計画」における「応急対応計画」（情報収集・伝達・広報計画、避難計画、救援・救護計画等）の防災行政作用と、都市計画の行政作用を結合した防災生活圏づくりによる安全都市づくりをその復興計画の中心に据えている。防災生活圏を概ね、小学校区を中心とした「近隣生活圏」、区に数カ所設置して区役所を補完する防災支援拠点を中心とする「生活文化圏」、区役所を中心とする区の全域の「区生

---

(16)　「阪神・淡路大震災関係資料 Vol.3」第4編恒久対策　第5章復興計画 p.11～25（1999年3月）

第5節　事前復興計画論

図3－5－12　新長田地区・市街地構造ダイアグラム

新長田地区・市街地構造ダイアグラム

防災・アメニティ・バリアフリーの視点としてまちの性格を備える大街区囲み型住宅

防災まちづくりセンター
西代駅
新長田駅
デイケアセンター
防災集会施設
ホール等集会施設
阪神高速道路
行政のバックアップ・オフィス
病院

凡例：
個別建替
個別共同化
文教施設
公園等

1/10000
0　100　200　300　400　500 m

（出典：『阪神・淡路大地震関係資料 Vol. 3』第4編恒久対策第5章復興計画01復興計画資料（1999年3月）総理府阪神・淡路復興対策本部事務局 p. 21）

第3章　復興計画

図3－5－13　「新長田」を想定したモデル図

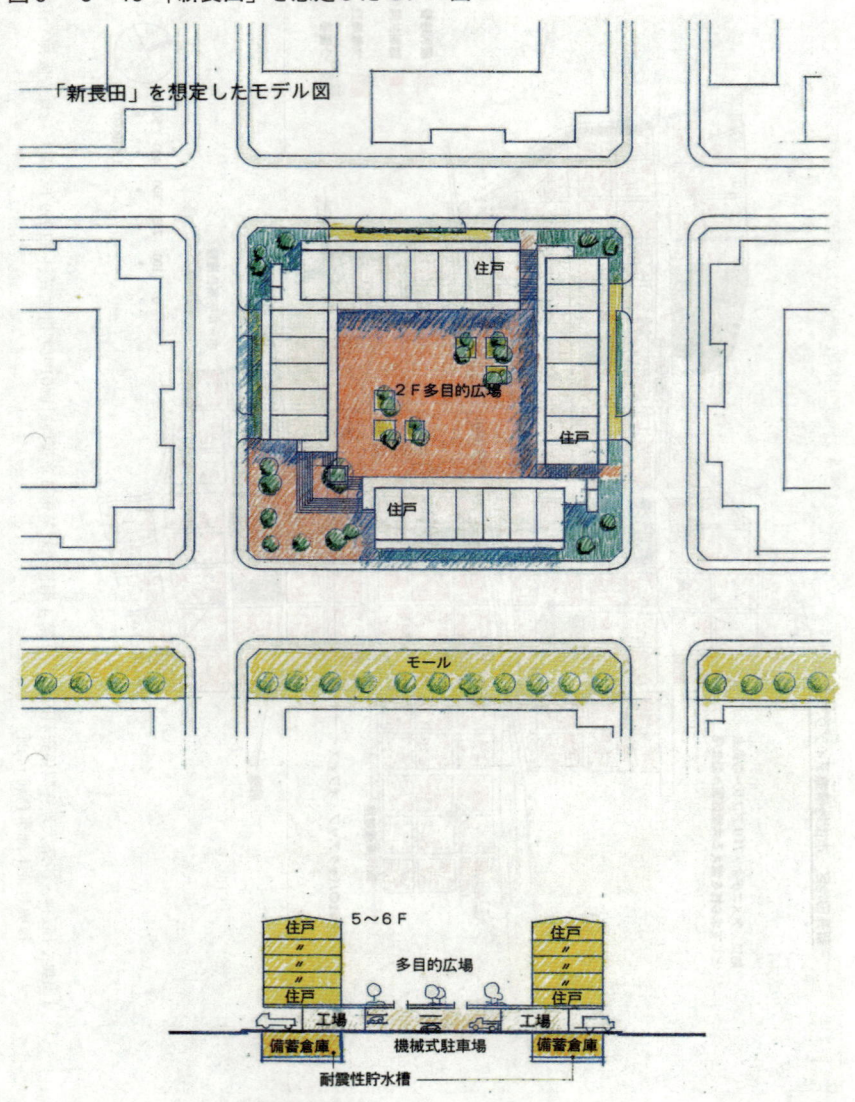

「新長田」を想定したモデル図

住戸
2F多目的広場
住戸
住戸
モール

5～6F
住戸
多目的広場
住戸
工場　　　　　　　　　工場
備蓄倉庫　機械式駐車場　備蓄倉庫
耐震性貯水槽

（出典：「阪神・淡路大地震関係資料 Vol. 3」第4編恒久対策第5章復興計画01復興計画資料（1999年3月）総理府阪神・淡路復興対策本部事務局 p. 24）

第 5 節　事前復興計画論

図 3 − 5 − 14　六甲地区・市街地構造ダイアグラム

六甲地区・市街地構造ダイアグラム

凡例
- 個別建替
- 個別共同化
- 文教施設
- 公園等

防災・アメニティ・バリアフリーの拠点
として求心性を備える市街区画み型住宅
防災センター
デイ・ケアセンター
ホール等集会施設
デイ・ケアセンター

アメニティ六甲
防災センター
一般住宅
地域サービシングセンター
行政のバックアップ・オフィス
中央幹線（西道2号）
阪神高速道路

(出典：「阪神・淡路大地震関係資料 Vol. 3」第 4 編恒久対策第 5 章復興計画 01 復興計画資料（1999年 3 月）総理府阪神・淡路復興対策本部事務局 p. 20)

第 3 章　復 興 計 画

図 3 － 5 －15　「六甲」を想定したモデル図

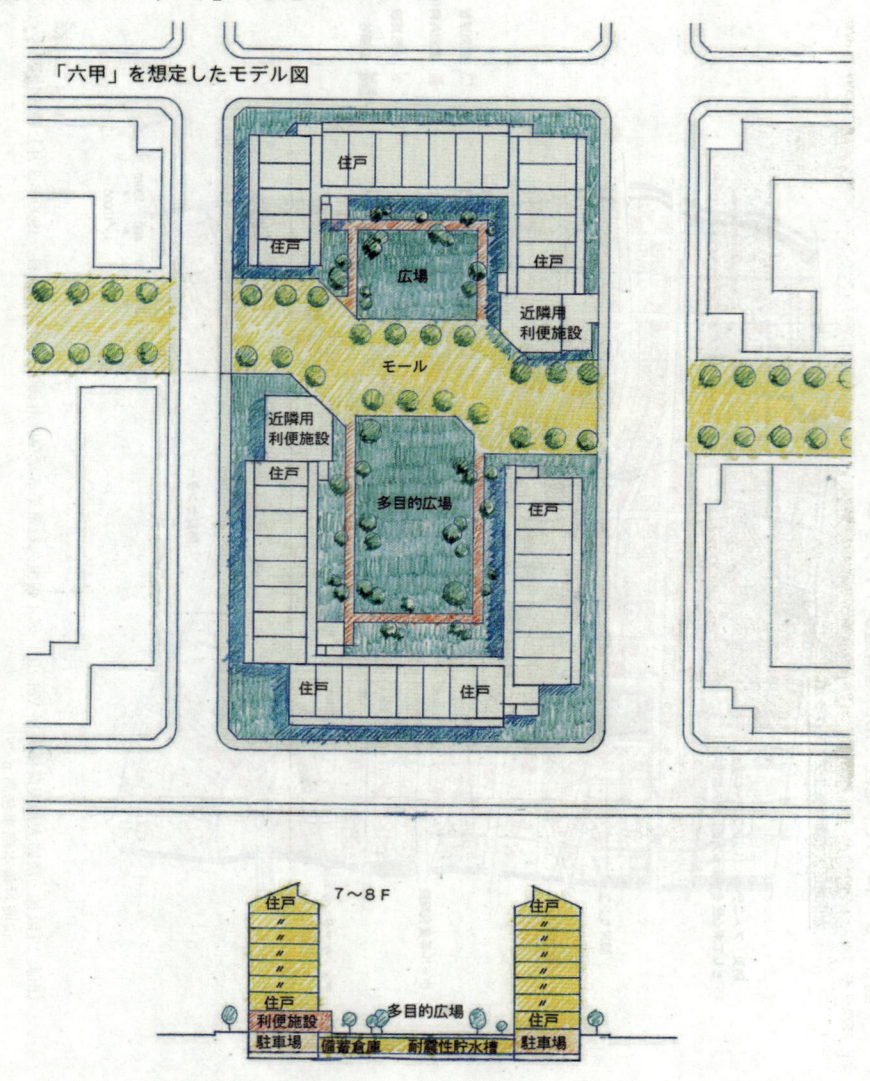

（出典：「阪神・淡路大地震関係資料 Vol. 3」第 4 編恒久対策第 5 章復興計画01復興計画資料（1999年 3 月）総理府阪神・淡路復興対策本部事務局 p. 23）

第 5 節　事前復興計画論

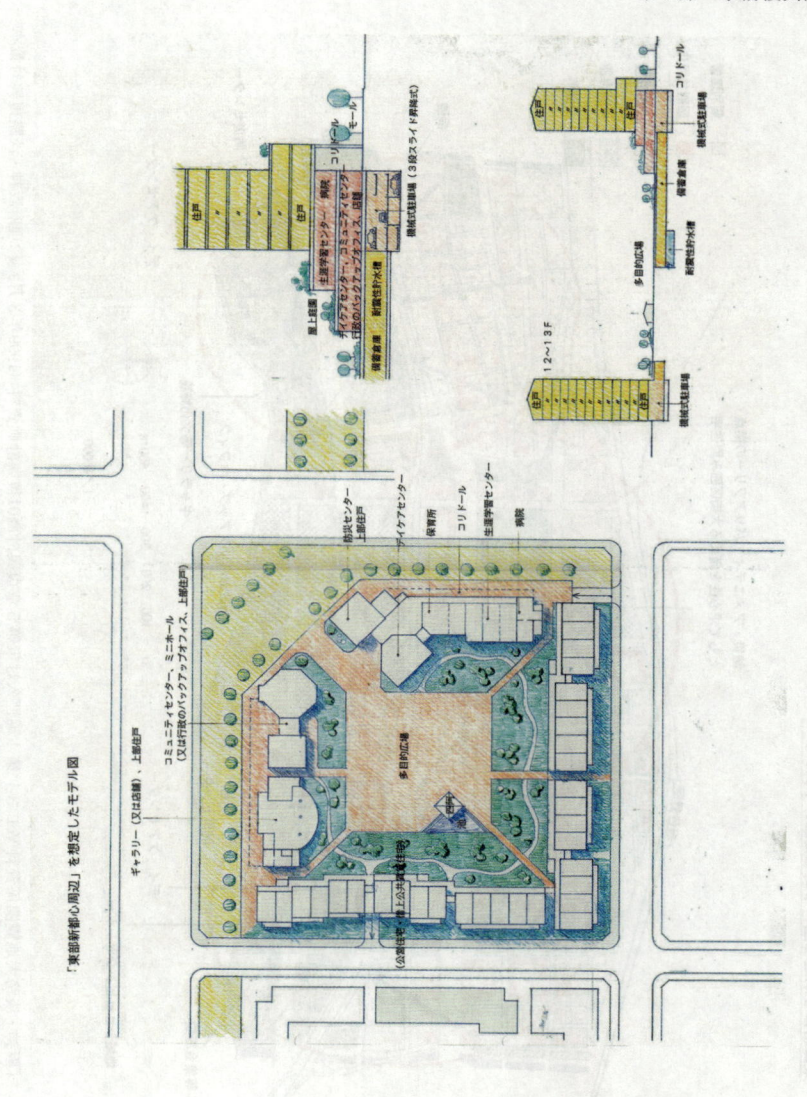

図 3－5－16　「東部新都心周辺」を想定したモデル図

（出典：『阪神・淡路大地震関係資料 Vol.3』第 4 編恒久対策第 5 章復興計画01復興計画資料（1999年 3 月）総理府阪神・淡路復興対策本部事務局 p. 22)

第3章 復興計画

図3-5-17 東部新都心周辺地区・市街地構造ダイアグラム

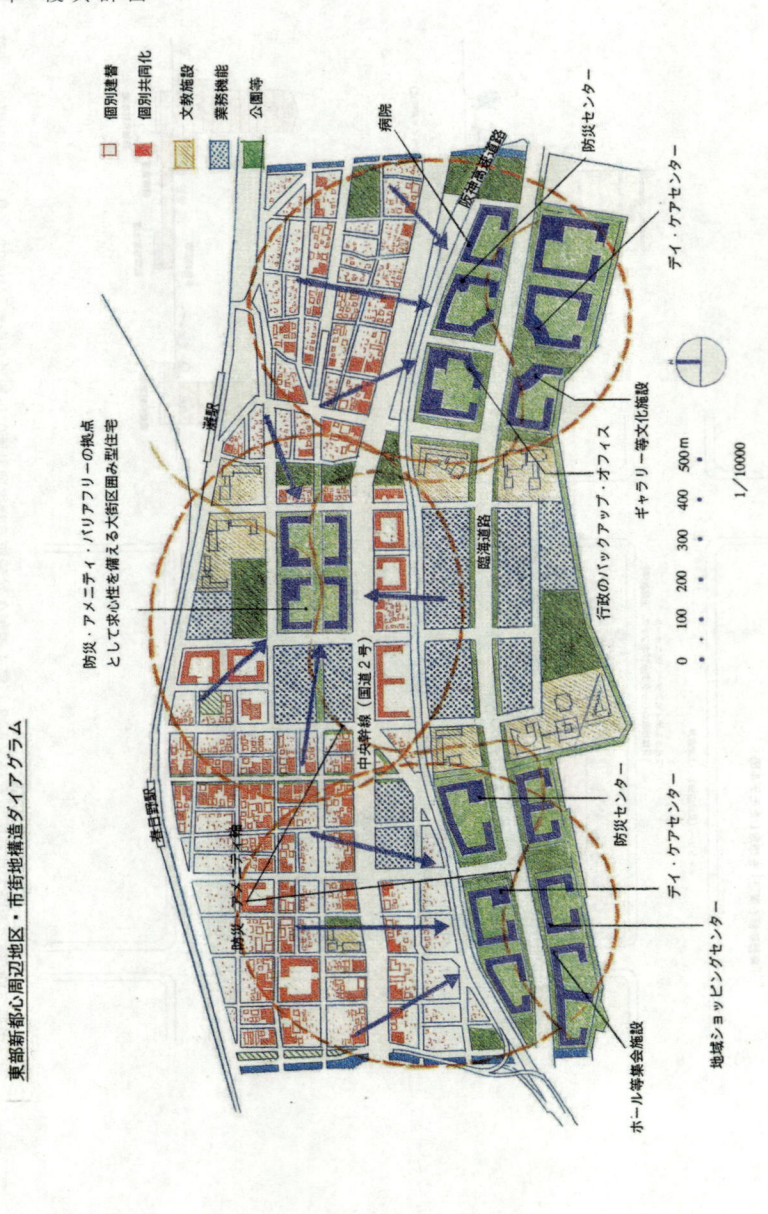

東部新都心周辺地区・市街地構造ダイアグラム

(出典：「阪神・淡路大地震関係資料 Vol.3」第4編恒久対策第5章復興計画の1復興計画資料（1999年3月）総理府阪神・淡路復興対策本部事務局 p.19)

第5節　事前復興計画論

活圏」に設定し、これらの生活圏ごとに必要な施設の整備、ネットワークの形成に災害時の防災行政作用がより効果的に実施できるような都市づくりをしようとするものである。

これらの防災生活圏では、それぞれの生活圏の核となる防災拠点を「近隣生活圏」は「地域防災拠点」、「生活文化圏」は「防災支援拠点」、「区生活圏」は「防災総合拠点」としてそれぞれ災害時に果たすべき役割をイメージとして定め、地域防災計画をより分かりやすく市民に提示している。防災生活圏のイメージは次のとおりである（表3－5－5、図3－5－18）。

またこの防災生活圏相互の情報ネットワークは図3－5－19である。

表3－5－5　防災生活圏のイメージ

	近隣生活圏	生活文化圏	区生活圏
区域のイメージ	自主防災組織等の住民や事業主が主体となり、居住地域での自立的な生活を行う圏域	行政と市民・事業者が連携し、人・物・情報の面から近隣生活圏を支援する圏域	市役所や関連機関と連携しつつ、各区役所が独自に災害対応を行う圏域
圏域の核となる防災拠点	「地域防災拠点」小中学校、近隣公園、地域福祉センター（要救護者への救援活動）等	「防災支援拠点」公園・学校等の公共施設が複合的に利用できる場所を区に数ヵ所設置	「防災総合拠点」区役所・消防署・福祉事務所等
情報	拠点内避難者、在宅避難者への広報・広聴近隣生活圏の被害状況・避難状況の把握	区の広報活動や情報収集活動の支援近隣生活圏での必要物資等の需給バランスの調整	区内の被害状況、避難状況、物資・人材等の救援情報等のデータベース化
物資	食料・飲料水の備蓄による被災直後での自立生活の維持防災支援拠点等から物資供給を受け避難者に配布自立型ライフスポットライフライン寸断時の自立型供給システム	区を補完し、救援物資を圏域外から受け入れ、各地域防災拠点に分配支援型ライフスポット　自立型ライフスポットの支援	救援物資を圏域外から受け入れ、各地域防災拠点に分配
保健・医療・福祉	医療救護班による救急保健・医療活動の拠点地域福祉センターを核とした要救護者への支援	関係機関と連絡調整しつつ地域防災拠点を支援（区と情報の共有化）	病院・保健所・福祉事務所等の連携による保健・医療・福祉活動拠点
人の動き・役割	地域や地域活動に精通している人々を中心としたコミュニティ活動の展開	地区を担当する職員と地域活動のリーダーやボランティアリーダー等との連携による協働体制の推進	行政機関を中心に、区行政、消防、福祉、保健・医療等の専門性の高い活動を区レベルで自主的に展開

（出典：「神戸市復興計画」（平成7年6月）神戸市 p. 87）

第3章 復興計画

凡例	例
⭕(破線)	防災支援拠点（生活文化圏レベルの拠点）
●	地域防災拠点（近隣生活圏レベルの拠点）
↑(点線)	避難、物資受取・情報収集
↑	物資・ボランティア等の受入れ
Y	物資の配送
↔(破線)	情報、連絡
〜〜	河川緑地軸
‖	街路緑地軸
〜〜	防災緑道（モール）
■	街区公園
▪▪▪	近隣生活圏域

図3－5－18　防災生活圏のイメージ

防災生活圏のイメージ

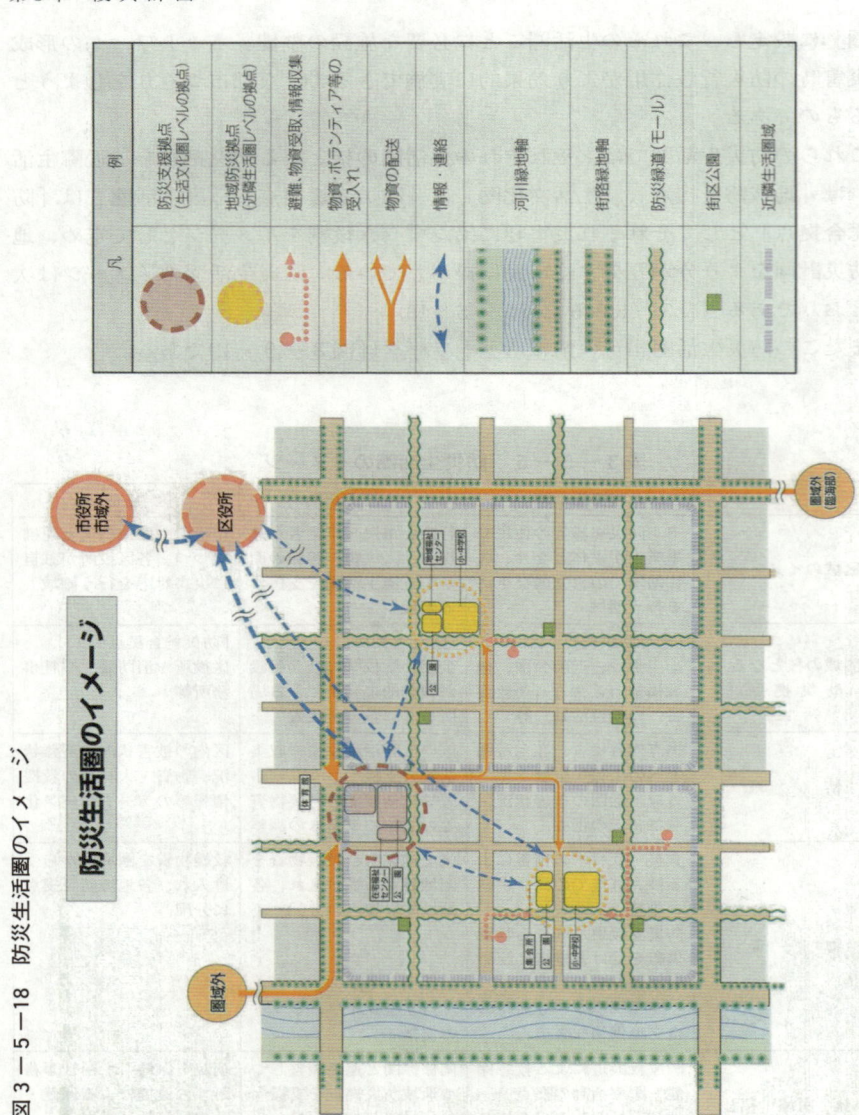

(出典：「神戸市復興計画」(平成7年6月) 神戸市 p. 86)

334

第5節　事前復興計画論

図3−5−19　防災生活圏情報ネットワーク

```
中央省庁                           地方自治体
      \                           /
       防災中枢拠点
        (市役所)

  消防署                            警察署
  土木事務所                         関係事業者
  福祉事務所                         医療機関

        防災総合拠点
         (区役所)

  防災支援拠点
                  地域防災拠点
                 [小中学校・集会所
                  地域福祉センター等]

  郵便局     コンビニエンス        地域病院
            ストア等

              各家庭・事務所
```

（出典：「神戸市復興計画」（平成7年6月）神戸市 p. 88）

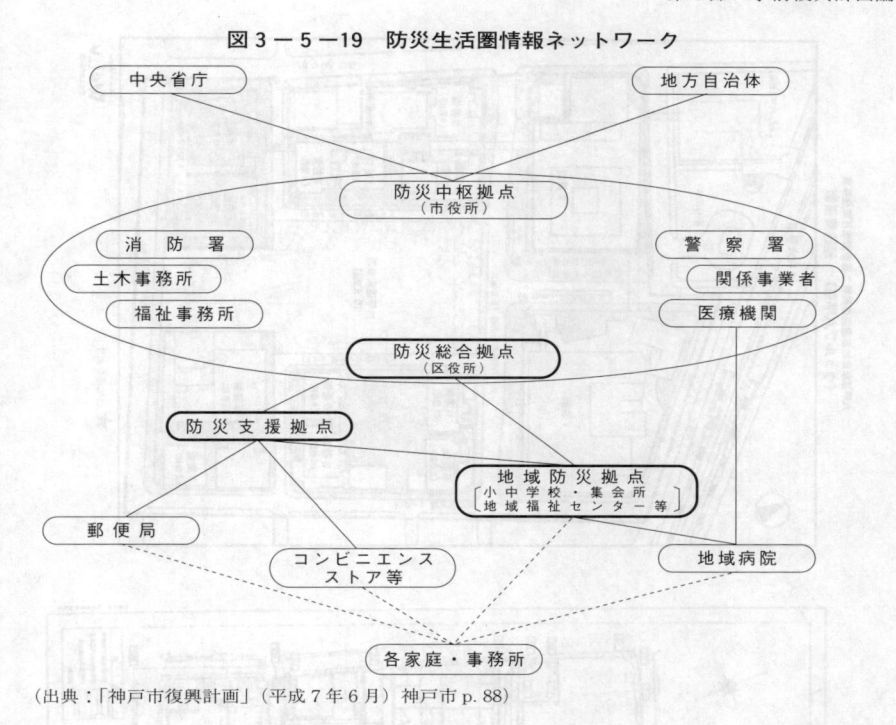

　そこで神戸市の復興計画においてコミュニティ防災型のものを以下に示す。

①　六甲道駅南市街地再開発事業

　震災復興土地区画整理事業が多数の権利者の居住、都市活動の回復を迫られるなかで、道路、公園といった公共施設を追加あるいは拡充することだけに追われてしまうのと比較して、土地利用の立体化を前提とする市街地再開発事業の場合は、コミュニティ防災型の復興計画を創出しやすい条件を具備しているといえる。この六甲道駅南震災復興第二種市街地再開発事業においては、JR六甲駅南口の駅前広場から南へ歩行者専用道路、六甲道南公園という空地を配置し、その両側に高層建築群を建築しその中に灘区の総合庁舎を配置しようとする計画である。

　その目的とするところは、交通の結節点として人々が集まる駅の周辺において災害時の一時避難地としての機能をもたせ、防災総合拠点として神戸市地域防災計画で位置づけられている総合庁舎を配置することにより、情報の収集及び発進、緊急防災活動、支援活動の拠点化を図るものであり、コミュニティ防災にとどまらず、より広域的防災行政行為との有機的連関を考慮した計画といえる。その計画図は図3−5−20のとおりである。

第3章　復興計画

図3−5−20　六甲道駅南地区再開発区域

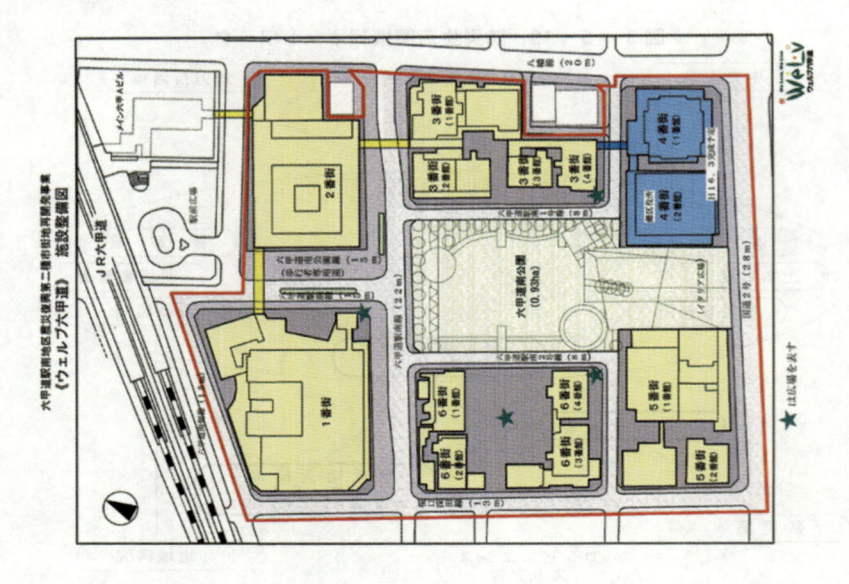

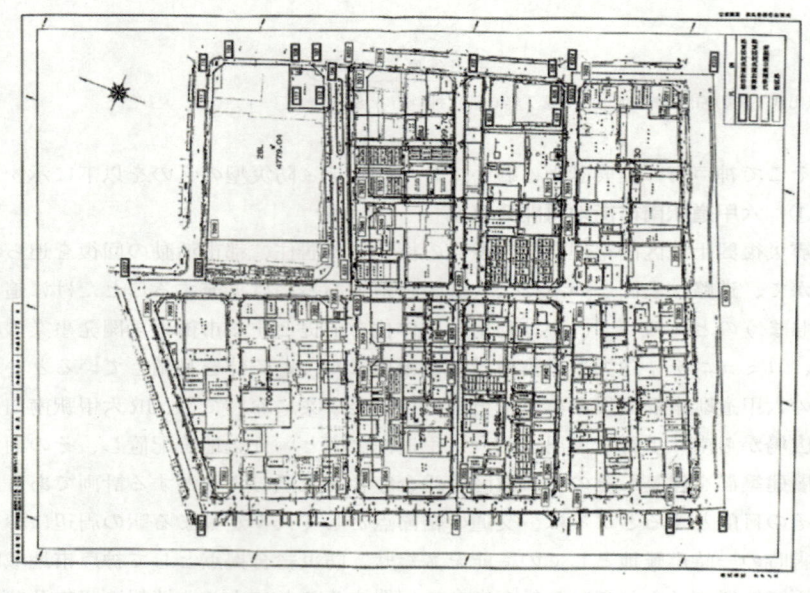

(神戸市資料)

② 震災復興土地区画整理事業地区内共同建替事業

　第3章第5節25)阪神・淡路大震災復興計画に関する学会提言でも述べたように、「街区単位の復興方針により、できる限り共同建替や協調建替を中心に進めていく」ことが提言されている如く、狭小な宅地に木造住宅が密集していたことが震災被害を大きくしている原因の1つであることから、共同建替は防災都市づくりにとってきわめて重要である。

　しかし、今次災害を機にして制定された「被災市街地復興特別措置法」により、隣接地同士でなくても共同住宅を建てる意志を有する権利者の合意により、集約換地の方式を導入して共同建替を容易にし得る条件が整備された。もっともこの「被災市街地復興特別措置法」により創設された共同住宅区の制度は、事業計画の段階で決定しておかなければならない仕組みとされていて、現実には使用しにくいことは前述したが、土地利用の純化、高度利用にとっては複数の小規模土地の所有者、借地権者間で敷地を共同して住宅を建設することが合意できれば、事業計画決定後でも仮換地指定時迄の間であればこれを推進することは好ましい。

　市はこれを「共同建替」と称して各地区の説明会でも説明をし、それぞれのまちづくり協議会において協議が重ねられ、「まちづくり提案」のなかに共同化を行う区域を設定し、これを受けて市が集約換地の手法を進め、表3－5－6に示すように、26地区2.8haにおいて1,086戸の「共同建替」が実施された。所有者361人、借地権利者76人、合計447人の権利者が協力し合って共同建替を実施できたことは、狭小過密市街地の改善を阻んできた要因の解決への道標となるインセンティブを与えるものと考えてよいと言える。

　もっとも表3－5－7に示す如く、震災復興土地区画整理事業地区全体では施行地区の全体宅地面積に対し、共同建替の敷地面積の割合は3.0%にとどまっており、過大評価は早計という意見もあり得る。しかし、この共同建替は防災コミュニティ作りとしては完結したものとはいえないものの、「換地照応」の原則の適用を実質上はずしたことに、今後の防災都市計画をより強力に実施していくためには大きな前進となった意義を認めるべきである。

③ 東部新都心土地区画整理事業

　神戸製鋼を中心とする大規模工場の遊休地の土地利用転換を図るため、神戸市の調査した平成5年9月の「神戸市臨海部土地利用計画策定委員会報告」において、すでに「新都心の整備」として位置付けられていた中央区東部および灘区西部の臨海部一帯は、阪神・淡路大震災時一躍脚光を浴びることとなる。

　すなわち、この広大な土地空間を利用して復興のシンボルとなる21世紀向けの都市を形成する新都心計画が立案される。すなわち、WHO神戸センターなどの

第3章 復興計画

表3－5－6　震災復興地区共同建替事業の状況

地区名	住宅名	敷地面積	参加権利者 地主	参加権利者 借地人	住戸数	竣工年月
森南（優建）	森南町3丁目東 （マルカール森南）	882㎡	2人	11人	31戸	平成12年4月
	森南町3丁目西 （セレッソコート甲南森南町）	1,056㎡	6人	7人	29戸	平成12年12月
六甲道駅北	稗原町2丁目 （メゾン神戸六甲）	1,235㎡	4人	13人	40戸	平成11年3月
	稗原町1丁目 （シャリエ六甲道）	1,520㎡	8人	20人	67戸	平成12年3月
	稗原町2丁目東 （エスリード六甲第2）	1,052㎡	4人	3人	35戸	平成12年9月
	森後町3丁目 （セフレ六甲）	2,148㎡	11人	10人	88戸	平成15年3月
松　本	松本通6丁目 （さざなみマンション）	272㎡	3人	0人	8戸	平成11年3月
御菅東	御蔵通4丁目 （みすがコーポ）	810㎡	15人	0人	22戸	平成12年3月
御菅西	御蔵通5丁目 （みくら5）	495㎡	10人	0人	11戸	平成12年1月
新長田駅北	御屋敷通1丁目 （東急ドエル・アルス御屋敷通）	2,072㎡	41人	1人	99戸	平成11年9月
	水笠通3丁目 （エクセルシティ水笠公園）	1,639㎡	25人	0人	93戸	平成12年7月
	神楽町4丁目 （パルティーレ神楽の杜）	1,033㎡	18人	1人	35戸	平成12年3月
	水笠通4丁目 （ルータス水笠）	1,669㎡	44人	1人	88戸	平成12年10月
	御屋敷通5丁目 （ワコーレシャロウ御屋敷通）	1,226㎡	19人	1人	73戸	平成12年11月
	水笠通6丁目 （ヴェルデコート水笠）	651㎡	19人	0人	18戸	平成11年12月
	大道通5丁目 （グランドーレ大道）	728㎡	17人	0人	34戸	平成12年11月
	松野通1丁目 （シーガルパレス松野通）	195㎡	4人	1人	11戸	平成13年3月
鷹取東第一	若松町10丁目 （シャレード若松）	287㎡	7人	0人	8戸	平成10年6月
	若松町11丁目北 （グレイス若松）	2,135㎡	34人	0人	68戸	平成12年3月
	若松町11丁目南 （ボシュケ鷹取・イレブン若松）	1,424㎡	1人	7人	47戸	平成12年2月
	海運町2丁目 （エヴァ・タウン海運）	1,169㎡	3人	0人	40戸	平成11年3月
	日吉町6丁目 （パル鷹取）	661㎡	14人	0人	26戸	平成10年11月
鷹取東第二	千歳町4丁目 （グリーンレジデンス須磨）	1,131㎡	6人	0人	35戸	平成11年6月
	大田町1丁目北 （ラヴィール須磨）	516㎡	13人	0人	24戸	平成11年10月
	大田町1丁目南 （ドリーム須磨）	351㎡	11人	0人	15戸	平成11年6月
湊川（密集）	湊川1・2丁目A1・A2 （ピースコートⅠ・Ⅱ）	1,553㎡	22人	0人	41戸	平成11年4月
震災復興地区　計26住宅		27,910㎡	361人	76人	1,086戸	完成済26住宅、 1,086戸

（神戸市資料）

第5節　事前復興計画論

表3−5−7　神戸市震災復興土地区画整理事業区域内の共同住宅敷地面積率

H 15.2

地区名	共同住宅名	敷地面積 (㎡)(A)	整理後の宅地面積 (㎡)(B)	敷地面積率 (%)(C)=(A)／(B)
森　　　南	マルカール森南	882		
	セレッソコート甲南森南町	1,056		
	計	1,938	119,563	1.6%
六甲道駅北	メゾン神戸六甲	1,235		
	シャリエ六甲道	1,520		
	エスリード六甲第2	1,052		
	セフレ六甲	2,148		
	計	5,955	94,652	6.3%
六甲道駅西	──	0	23,484	0.0%
松　　　本	さざなみマンション	272		
	計	272	52,689	0.5%
御 菅 東	みすがコーポ	810		
	計	810	29,764	2.7%
御 菅 西	みくら5	495		
	計	495	25,971	1.9%
新長田駅北	東急ドエル・アルス御屋敷通	2,072		
	エクセルシティ水笠公園	1,639		
	パルティーレ神楽の杜	1,033		
	ルータス水笠	1,669		
	ワコーレシャロウ御屋敷通	1,226		
	ヴェルデコート水笠	651		
	グランドーレ大道	728		
	シーガルパレス松野通	195		
	計	9,213	355,878	2.6%
鷹取東第一	シャレード若松	287		
	グレイス若松	2,135		
	ボシュケ鷹取・イレブン若松	1,424		
	エヴァ・タウン海運	1,169		
	パル鷹取	661		
	計	5,676	51,258	11.1%
鷹取東第二	グリーンレジデンス須磨	1,131		
	ラヴィール須磨	516		
	ドリーム須磨	351		
	計	1,998	112,364	1.8%
合　　　計		26,357	865,623	3.0%

（神戸市資料）

国際貢献に寄与する業務・研究拠点として、医療・福祉の先進企業、研究機関の拠点として、また県立美術館等の文化活動の拠点として、さらに災害関係の拠点としての機能を持たせる新都心として、神戸市復興計画のシンボルプロジェクトの1つとされ、国も復興特定事業として東部新都心の「ヘルスケアパーク」を指定して支援することとされたのである。

この東部新都心の都市整備の中核的事業が事業区域120haの「東部新都心土地区画整理事業」である。既存の権利者の調整に手間取ることのないため、従前地権者、居住者の居住回復に迫られるという迅速性の原則にも拘束されず、計画作成の自由度が高いため図3－5－21、22〈巻末折込(13)(14)頁〉に見られるように、コミュニティ防災計画、広域危機管理型の復興計画の例となったといえる。

なお、ここで注目しておかなければならないことは、図3－5－22に見られるように、地域防災拠点であり避難所として指定されている渚中学校の敷地内には、避難所の仮設トイレ設置予定位置にあらかじめ公共下水道接続汚水管が設置され、被災時に多数の避難者が不便をきたさないようにしていることである。阪神・淡路大震災の教訓をいかしたものとして他の指定避難所における範例となるものといえる。

④　囲い込み住宅（灘北第二住宅）

囲い込み型住宅が防災コミュニティ型復興計画として有効であることから、企業用地を市が買収して公営住宅を建設する際に、この囲い込み型住宅を建設したのが灘区のJR灘駅前に建設された灘北第二住宅である。5～14階建の住棟を1つにつなげて290戸の都市型集合住宅を平成7年12月に着工して平成9年3月に完成したのであるが、敷地1ha弱ではあるがその街区で自己完結的に外部からの火災遮断効果を有し、被災時の安全な避難場所として周辺の被災者にも利用可能となる設計は、震災危険度の地域の再開発をする際に1つのモデルとして参考としてしかるべきと考えられる。図3－5－23はその街区の住棟の配置図である。

3）広域危機管理型

従来の防災基本計画および地域防災計画は、被災時の緊急対策として避難路、避難地が確保されていて、安全に火災等から避難できることが主要な力点の1つとして位置付けられ、これらの整備が進められてきた。しかしこの避難路、避難地の整備は防災行政作用としては当然重要であるが、被災時の利用者は基本的には健常者のためといえる。地震による建物の倒壊等により負傷し、あるいは重傷を負った者の救急・救助活動にはこの整備だけでは充分ではない。すなわち自ら避難地へ避難できない負傷者、特に重傷者への迅速な救助・救急活動が円滑に行

第5節　事前復興計画論

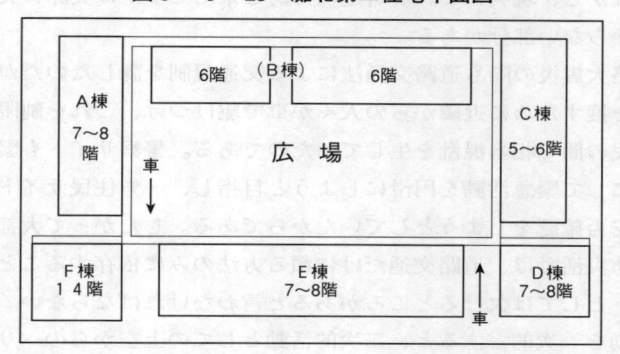

図3－5－23　灘北第二住宅平面図

```
            ┌─────────────────────────┐
    ┌───┐   │  6階   （B棟）   6階    │   ┌───┐
    │ A │   │                         │   │ C │
    │ 棟 │   └─────────────────────────┘   │ 棟 │
    │7~8│                                   │5~6│
    │ 階 │          広　場                  │ 階 │
    │   │ ↓車                              │   │
    └───┘                                   └───┘
            ┌─────────────────────┐
    ┌───┐   │       E棟           │   ┌───┐
    │F棟│   │      7~8階          │   │D棟│
    │14階│   │                     │   │7~8階│
    └───┘   └─────────────────────┘ ↑車└───┘
```

えるための交通ネットワークの構築が重視されなければならない。

　阪神・淡路大震災において建築物の倒壊により多数の死傷者が出、これに対する救助活動は困難を極めた。建物倒壊により道路が事実上倒壊建築物によって閉鎖されていたり、被災者の安否を気遣い捜索する家族、知己が車で遠方・近方からかけつけて交通が混雑し、迅速な救助活動が妨げられ被災現場へ救助する人員が到達することができなかったことも大きな要因の1つである。

　さらに、市内の医療機関も倒壊や停電、断水等による医療機能を十分果たし得ない事態も多く発生し、救急患者の搬送にも機能不全の状況を現出した。

　他方、被災地から離れて被害のなかった地域、たとえば大阪府内の国立病院からは救急処置をするため医療団が待機しており、搬送を待っているとの連絡がありながら結局被災患者はそこへは運び込まれなかったという事例も生じていたのである。

　神戸市消防局の記録によると、1月17日から26日までの10日間の救急搬送者は、市内搬送3,129件、市外搬送495件[17]としているが、これらの救急活動は交通不通や渋滞により困難を極めた[18]。

　救急・救助活動等の災害応急対策を的確かつ円滑に行われるため緊急の必要があると認める場合について、平成7年に災害対策基本法を一部改正して都道府県公安委員会は、道路の区間を指定して緊急車両以外の車両の通行を禁止することができることとなった。この改正によって主要幹線道路で緊急時に救急活動または物質輸送活動に必要な災害対策用緊急自動車の通行が円滑に行える法的仕組み

---

(17)　「阪神・淡路大震災における消防活動の記録」p.20（平成9年3月）神戸市消防局
(18)　『阪神・淡路大震災－神戸市の記録1995年－』p.203（平成8年1月）阪神・淡路大震災神戸市災害対策本部

は整った。しかし、現実にこれが所定の目的を果たせるかは実際に災害が起きてみないと分からない部分がある。

　阪神・淡路大震災の際も道路交通法による交通規制を課したのだが、現実は被災者の行方を捜すために近隣からの人々が車で駆けつけ、これを制限しようとした警察と住民の間で相当混乱を生じていたのである。警察サイドも緊急自動車の通行を容易にして緊急活動を円滑にしようと目指し、一方住民サイドも自力で救出・救助・安否確認をしようとしていたからである。したがって大都市の大震災の際の緊急防災活動は、道路交通だけに頼る方法のみに依存することは、リスクマネジメントとしては欠けるところがあると言わなければならない。陸上からの緊急防災活動を一次的とすると、二次的活動としての上空からのヘリコプターによる緊急防災活動の体制を造り上げておくことが必要となってくる。陸上交通が非常に錯綜して時間的余裕がない場合に、ヘリコプターによる緊急医療、救助活動を円滑に行えるようにすることである。すなわち、重傷患者を近隣の救急病院が建物倒壊、停電、断水、医師・看護婦の不足等の理由により機能不全をおこして医療行為ができない場合に、遠隔地の救急病院に搬送するとか、それ程重傷でない患者を被災現場近くの消防署、学校、公民館、病院等の公的施設で手当をすることができるよう、被災地外の病院の医師・看護婦をヘリで輸送して、一種の野戦病院のような役目を果たせることを可能とすることが必要と考えられる。しかしこのためには、防災対策等全般のリスクマネジメントでの位置づけがなされている必要がある。

　すなわち大都市の場合、その市の地域防災計画において防災対策の中心拠点（一般的には市役所）が定められ、その下にある一定範囲を受け持つ下部拠点が設けられ、その下にコミュニティ単位の防災リスクマネジメント体制が整えられているが、この中心拠点はより広域的な防災緊急活動を可能とするための県庁、隣接・近接都市、国等との広域的防災リスクマネジメント体制を整え、広域救急活動としての上空救助システムを整えておく必要があるのである。

　こうした広域的リスクマネジメントの体制を整える一方で、都市計画においてもそれを支えるための体制が作られなければならないことを意味する。ヘリの離着陸用地の確保を情報通信の連絡拠点（たとえば区役所、出張所など）、救急病院、消防署等の防災緊急活動の拠点となる施設との関連において、都市計画として定め作り上げておくことである。一般的には大都市の市街地においてヘリの着陸できる地点は多くはなく、大規模公園、野球場、競技場などに限られているが、これを救急病院、消防署の敷地としてまたはその隣接地に確保することが検討されなければならない。こうした全市的危機管理型防災都市計画の模式図を示すと図

図3−5−24 情報通信拠点模式図

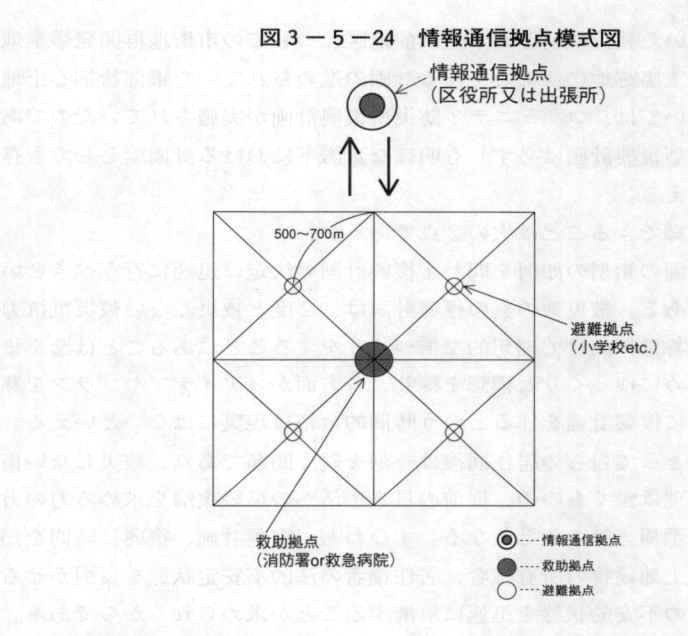

情報通信拠点
（区役所又は出張所）

500〜700m

避難拠点
（小学校etc.）

救助拠点
（消防署or救急病院）

◉ ----情報通信拠点
● ----救助拠点
○ ----避難拠点

3−5−24のようになる。

5　事前復興計画論

1）事前復興計画論の必要条件

　多数の居住者が被災する過密大都市における大震災の復興計画は、必然的に早期居住回復に的確に対応しなければならない迅速性の原則が最優先課題となる。神戸市においては震災発生の翌日と翌々日に被害状況の調査をして復興計画の方針と区域を検討し始めており、それにより建築制限（建築基準法84条等）の区域が早急に決定されていくこととなる。

　一方、復興計画をいかに効果的に迅速に実施していくかは地権者、住民の熱意と理解と合意がなければならない。神戸市における復興計画の実施にあたって、まちづくり協議会が大きな役割を果たしたが、区域決定と主要な公共施設計画は市があらかじめ決め、それを基本にまちづくり協議会によって自主的な提案による詳細な復興計画を作成し、事業をしていくという二段階都市計画論が採用され大きく関与していたことも前述のとおりである。

　また、本節4において復興計画の3類型を述べたが、今回の復興計画では、区域面積が広くて権利者が多い地域での土地区画整理事業においては、原状回復・公共施設拡充型復興計画が実施され、市のマスタープランで副都心整備地区と以

第3章　復興計画

前から決定されていた長田駅前と六甲道駅前地区についての市街地再開発事業地区、および大規模工場跡地に新都心を作る計画の進められていた東部新都心土地区画整理事業においては、コミュニティ防災型復興計画が実施されていたのであり、全市危機管理型復興計画は必ずしも明確な意識下における計画論としても存在しなかったといえる。

このことから演繹できることは次の2点である。

第1に、復興計画の類型の如何を問わず復興計画の決定は迅速に行うべきという**迅速性の原則**である。被災地の真の復興計画は、2度と被災しない被災抵抗力を充分備え、かつ将来に向けて理想的な街づくりをすることにあることは論をまたないが、そのためにゆっくりと構想を練り、各方面からアイデアやプランを募り、綿密かつ詳細に復興計画を作るという時間的余裕は現実にはないといえる。多数の被災者達にとって自らの居住回復は一刻を競う問題であり、被災しない街づくりという心理は働くものの、従前の日常生活への早い復帰を求める力の方が強くなることは至極当然のこととなる。すなわち、復興計画、復興に時間をかけることは従前の土地建物の所有権者、居住権者の法的不安定状態を長引かせることを意味し、この不安的状態を迅速に解消することが求められるからである。

第2に、この迅速性の原則は建築制限の区域指定が、**復興計画の存在を前提**としていることによって法的にも裏付けられている。すなわち、建築基準法第84条は「特定行政庁は都市計画又は土地区画整理事業のため必要があると認めるとき、建築制限をすることのできる区域を指定することができる。」と定め、被災市街地復興特別措置法第5条は、建築等制限をすることのできる被災市街地復興推進地域の指定要件の1つに「当該区域の緊急かつ健全な復興を図るため、土地区画整理事業、市街地再開発事業その他建築物若しくは建築敷地の整備、又はこれらと併せて整備されるべき公共の用に供する施設の整備に関する事業を実施する必要があること。」と定めている。この建築制限は、発災の日から適用されるのであり（またそうでなければその制限の意味をなさないのであるが）、その指定は急を要する。しかもその指定の際に、土地区画整理事業などの事業や都市計画によって復興を進めていく区域を指定するのであるから、詳細なものはともかくとして、復興計画の基本的事項は決められていなければ区域指定が出来ないのである。このことは理論的には区域指定の時には復興計画の概略プランを前提としていると解すべきである。これは建築基準法第84条の建築制限が発災後2カ月以内とされている期間を、被災市街地復興特別措置法が2年以内と長くしたことによっていささかも揺らぐものではない。都市計画手続として最終的に確定する復興計画の期間が伸びているだけで、とくに二段階都市計画論の採用によって一次的な復興

計画は示されており、また今後同様の災害の際も、復興計画の素案または腹案というものがないまま、区域の指定することは論理的にも生じ得ないといえるのである。

神戸市の復興計画について、この論点から整理してみると、次のようなことが明確になったと言える。神戸市は従来より六甲山の砂防関連の災害には悩まされてきたが、地震については比較的安全であるという認識が定着していたため、防災対策としての都市計画は砂防事業等の河川事業に主眼を置き、六甲山以南の既成市街地では戦災復興事業としての大規模な土地区画整理事業による整然とした街並みを作る都市計画を実施してきた。したがって関東大震災による大被害を受けた経験のある東京のような、大地震を前提とした防火拠点構想などのような計画は有していなかった。しかし今回の被災による被害調査によると、戦災復興土地区画整理事業において事業が取り残された地域または戦災復興土地区画整理事業地区ではなくても、市の都市計画として面的な整備または幹線道路計画等の計画の実施から取り残された地域の被害が大きかったことから、こうした地域については戦災復興の延長というべき考え方で、土地区画整理事業の実施を、副都心計画が既に定めてあった長田駅、東六甲道駅周辺では市街地再開発事業を復興計画の柱と決定したのであるが、これを裏返していうと、これらの復興計画はすでに震災前から練られ、ある一部は地元にも説明されていたものが基本になっているということである。このことは結果的にいえば、神戸市も潜在的な事前復興計画を有しており、この災害を契機にそれを顕在化させ実現したものと位置づけることができるのである。

阪神・淡路大震災復興事業において、六甲道駅南市街地再開発事業における一時避難広場としての六甲道南公園、防災総合拠点としての灘区総合庁舎の設置、また東部新都心におけるコミュニティ防災型の復興計画は、防災行政作用としての防災都市計画に力点を置いたものと位置づけできる。また震災復興土地区画整理事業において、集約換地方式による共同立替方式、東部新都心地区における囲い込み住宅等、防災都市計画としての一定の前進が迅速性の原則の制約下においてもなされたが、これらは今後の大都市震災対策としての復興計画の一里塚をあらわすものとして利用されなければならないことを示唆しているというべきである。

2）事前復興計画の十分条件

被災後の復興計画が時代の変化に対応した復興計画になるか否かは、被災抵抗力が大で、緊急防災活動に合致したものであることが望ましいことはこれまでに

述べてきたところである。しかしこれを実現するための条件は現在充分に整えられているとは言いがたい。特に都市計画制度に限って見てみると、用途地域制度と防火地域制度等の建築規制、道路・公園の配置計画、土地区画整理事業、市街地再開発事業等の都市計画事業によって被災抵抗力の強化を図り、それなりの効果をあげてきていることも事実である。

しかし阪神・淡路大震災の経験に鑑みると、従来の都市計画制度またはその運用の考え方だけでは充分でないことも明らかになったと言わなければならない。一般的には防災対策の欠如と一括りにされてしまっている観があるが、都市計画制度において、次のような手直しまたは新たな取り組みが必要であるという認識に到達しなければならない。

（1） 防災目的の明示化

都市計画の大きな目的は、安全で快適な都市生活を都市住民が享受することにあることは言うまでもないことである。被災抵抗力のある広幅員の都市計画街路や公園は防災上防火遮断帯であり避難路、避難地であるが、名目上は道路交通上の理由で位置と幅員が決められ、公園も都市環境の向上と市民の憩いの場としての位置づけで説明されて決定され[19]、その副次的な効果として防災対策上それが利用されているといっても過言ではない。防災上の効果のある土地区画整理事業も、その目的は「公共施設の整備改善と宅地の利用増進」であり、市街地再開発事業も「土地の合理的かつ健全な高度利用と都市機能の更新」である。

唯一防災目的を明示しているのが防火地域・準防火地域制度であるに過ぎない。被災抵抗力の観点からみても都市計画上の位置づけはこの程度であるため、危機管理的観点からする緊急防災活動として利用される道路、公園がすべてが都市計画の位置づけがなされているわけではなく、避難所として利用される学校等の公共・公益施設、緊急防災活動の拠点となる消防署、警察署、行政官署、救急病院等は都市計画として位置づけられることはほとんどなく、防災行政としての範囲にとどまっているのが現状である。したがってこれらの施設は、緊急防災活動に適した規模の用地の充分確保されていないことが多く、緊急時のヘリを利用することなどは考慮されているとは言いがたい。したがってとくに大都市大震災のことを考慮して緊急防災活動を念頭に置いた都市計画制度の構築を進めていくためには、都市計画の黙示的目的である防災を明示的目的とする必要がある。

---

(19) 近時防災公園として位置づけられて整備されるものも増えてきた。

第5節　事前復興計画論

（2）　緊急防災活動用都市施設の都市計画

　発災時の緊急防災活動の拠点となるのは、警察署であり、消防署であり、救急病院等の医療機関であり、行政の拠点である市役所である。緊急時の都市住民の拠点は避難地、避難所といった避難拠点で、これは各都市が都市住民にかなり周知に努めているが、行方不明者の救助、負傷者を搬送して医療行為を行う場所についてはそれ程具体的な周知が行き届いているとは言いがたい。現在の既成市街地に立地しているこれらの施設は、周辺の事業所、住宅等が現在のように発展していない時に立地したままになっているため、人口、産業が増加した現在は建物の立体化等によって対応しているものの、敷地規模が充分といえないと言える。とくに、過密大都市災害の救助活動にヘリを使用しなければならない時代では、その効果的緊急防災活動を遂行するに必要なスペースを確保する必要があり、そのためには都市計画としてもこれを積極的に位置付け、次のような土地の交換分合の手法を利用して緊急時に備える必要がある。

（3）　土地の交換分合手法の改善…照応原則はずし

　既成市街地における緊急防災活動拠点にヘリ離着陸用地を設けるのは困難な場合が多い。必要に迫られて設置される離着陸地はビルの屋上を利用することが多いが、負傷者等の搬送を屋上のみに頼ることは必ずしも好ましいことではない。しかし、平地でこれを確保するには相当規模の面積が必要であり、周辺がビルトアップされている地域においては困難とされ、実際にはこうした考え方が実行されていない。したがって、当該拠点の隣接地の土地権利者との交換分合手法が利用できる仕組みが必要とされる。一般的に土地区画整理事業が換地処分という土地の交換分合手法を有しているが、この換地処分は「照応の原則」により「換地及び従前の宅地の位置、地積、土質、水利、利用状況、環境等が照応するように定めなければならない。」したがって基本的には現地換地という従前地に近い土地の区域に換地が定められることが多いが、被災市街地復興特別措置法では「復興共同住宅区」という制度により集約換地という換地照応の基本原則である現地換地でなく、それぞれ離れた従前地の所有者で共同して防災効果を有し、既成市街地の土地利用として適している共同住宅を建設することに合意している複数の土地権者の土地を「復興共同住宅区」として事業計画に定めることにより、「飛換地」により集約する制度が創設された。被災市街地の復興という目的に沿っていれば、土地の位置についての照応原則をはずしたことに、都市計画制度としてのより望ましい土地利用にとって前進となる制度となったのである。

　都市計画の目的として防災を明示化し、そのため合理的な理由のある土地利用

第3章 復興計画

であることの根拠を明らかにすることによって、緊急防災活動の拠点を都市計画としても位置づけ、必要な敷地の確保を図ることが必要である。

(4) マスタープラン化

わが国においては図面で表示するマスタープランは制度的には存在していない。都市計画法第7条の市街化区域および市街化調整区域の「整備開発保全の方針」が法制上はマスタープランと称されているが、これは文言表示によるもので、その文言は各種都市計画を定めるにあたって拘束力を有するものとされているが、具体的拘束力は何かという議論は明確にはされてはいない。しかし都市計画が真に防災を目的とするならば、この法制上の「開発整備保全の方針」というマスタープランに工夫を加えて防災都市計画としての面を強調して、事前復興計画をマスタープランの形として組み入れることは可能である。

広義の防災計画のうち、都市計画に関する部分を「整備開発保全の方針」において定めること、すなわち防災遮断帯または避難地、避難路としての広幅員街路、公園に加え、緊急防災活動の拠点となる施設の配置と規模を定め、第1章で述べた木造密集市街地のような被災危険度の高い地域の市街地改造に関する計画を定めるのである。その際詳細な図面ではないが概略図面による表示も必要である。

そしてこれらの「開発整備方針」については、神戸市の例に見られる「まちづくり協議会」のような地元の地権者、住民、緊急防災活動に従事する関係者の協議を重ねることが重要である。関係者の協議が全くまとまらないことも充分予想されるが、その場合は「整備開発保全の方針」として決定されることを必須の要件と考える必要は必ずしもない。都市計画担当部局、学識経験者、地元住民からの提案という形で、公式に都市計画の議論の俎上に載せることが最低限重要である。そこで闘わされた議論はいつ起こりくるかは不明としても、発災した際にそれが活かされるからである。このことは松本地区震災復興土地区画整理が、以前土地区画整理事業の提案が地元の反対で実施されず、その結果今回の震災による被害が甚大であったことから、地元がその経験と反省から土地区画整理事業の事業計画が最も早く賛成して決定されたことが雄弁に立証している。

第1章第6節で述べた密集木造賃貸住宅地区は居住環境の条件が著しく劣る地区であるとともに、防災上の観点からもきわめて問題のある地区でもある。これらの地区は元来は良質な住宅市街地に再生することを主たる目的としていることもあって、リスクマネジメントの観点から要請される、緊急に事業を実施して完成していくというハードな方式ではなくソフトな方式として構成されている。したがって現在これらの地区は、内閣都市再生本部の都市再生プロジェクト（第三

第5節　事前復興計画論

次決定）の、密集市街地を10年間で緊急整備することとされている6,000haのなかに含まれている分として注目しなければならない。これらの地区は狭小過密な土地に権利者、居住者が複雑に存在しているため、仮に大震災が起こり被災したとしても、原状回復・公共施設拡充型の復興計画しか成立し得ないであろうことは疑問の余地がない。しかし現在迄に住民サイドは当然としても、行政サイドとしての地区全体のマスタープランが地元で示されたことはないといってよい。

権利者、住民サイドからの意見は、地元を無視していると批判が起きるのは常にあることであるが、誰かが地域の改造のプランを示さなければ議論が先に進まないのであり、これを回避していることは防災リスクマネジメントからは支持されないビヘービアと言わざるを得ない。したがって事前復興計画を地元の協議会とでもいうべき組織、または地元からの提案が希望されていたり、希望がなくても長期間地元案が出てこない場合には、行政サイドとして復興計画としての側面をも有することとなる地域改造プランを地元の議論の場に載せる必要がある。

この事前復興計画の案は、
① 地元で多数の意見により否定されるケース
② 地元で多数の意見が基本的構想には賛成され、構想図を含めて「整備・開発・保全の方針」に位置付けて都市計画手続きをとるケース
③ 地元で多数の意見により基本構想が合意された後、土地区画整理事業、市街地再開発事業等の都市計画事業都市計画が決定されるケース

が考えられる。

これまでの木造密集市街地の再生への取り組みからの経験に即すると、③のケースに至るまでには相当の困難を伴わなければならないが、これらの地域が大地震に対しての被災抵抗力が著しく劣ることから、行政サイドとしても従前以上に当該地区の地権者、住民との対話を進めていくことが要請されている。また、阪神・淡路大震災の復興土地区画整理事業、市街地再開発事業で実証されたまちづくり協議会のような、地元組織の積極的な意見交換・提案等の積み重ねは最終的な合意が得られなくても、仮に将来に大きな震災を受けた際の復興計画の基本となると考えてよい。

第4章 まとめと今後の課題

　前章までに阪神・淡路大震災において明らかになった緊急防災活動、復旧および復興の防災行政作用についてのカテゴリー毎について、制度とその運用の問題点とその改善された点について分析、検証をしてきた。緊急防災活動、復旧および復興といった時系列の分類とは別の観点からのまとめと今後の課題は以下のようになる。

1　国と地方公共団体との関係

　災害対策基本法の基本的仕組みは地方公共団体主義であるが、いかなる災害においても国が係わり合いを持たないことはない。降雨による洪水、土砂崩れ、堤防決壊、地震災害等の災害復旧には必ず国の財政支援を伴うものであり、大規模土砂崩れなどの災害の状況によっては、都道府県知事の要請による自衛隊が人命救助等の活動に出動することも稀ではない。

　しかし阪神・淡路大震災はきわめて甚大な被害をもたらしたことにより、通常の災害に対する国の関与をもってしては対処しえなかった。防災行政リスクマネジメントについて、通常の範囲を超えた災害は国が積極的に関与することになる。

　国としての積極的な関与が必要とされるのは、次のような理由がある場合である。

> ①　従来からの法律制度をもってしては対処し得ないこと（**立法論的対処**）
> ②　国としての防災行政作用の実行にあたって、既存の組織に加えて特別の体制をもって対処する必要があること（**組織論的対処**）
> ③　被害額が甚大であるため、国としての特別の財政援助を図る必要があること（**財政論的対処**）

（1）　立法論的対処

　被害が広域かつ甚大であり、防災行政作用の実施にあたって現行法の下では対処できない場合に立法によってこれに対処することとなるが、第3章第2節で緊急・応急復旧対策、復興対策、予防対策に分けて図表化したが（表3－2－1、231頁参照）、これを別の観点、すなわち被災者、地方公共団体と国との観点から

再整理すると次のようになる。
 (イ) 国民の権利義務の変更をもたらすもの（被災者救済）
 ① 被災者の生活、事業の損失を救済するための税の減免、徴収猶予等が必要となったため、租税法定主義の原則から税法改正を要するものとして、
　・地方税法の一部を改正する法律
　・災害被害者に対する租税の減免、徴収猶予等に関する法律の一部改正する法律
　・阪神・淡路大震災の被災者等に係る国税関係法律の臨時特例に関する法律
 ② 法定期間の延長をするものとして
　・阪神・淡路大震災に伴う許可等の有効期間の延長等に関する緊急措置法
 ③ 会社法に定められた制限の特例を設けるものとして
　・阪神・淡路大震災に伴う法人の破産宣告及び会社の最低資本金の制限の特例に関する法律
　・阪神・淡路大震災に伴う民事調停法による調停の申立ての手数料の特例に関する法律
　・特定非常災害の被害者の権利利益の保全等を図るための特別措置に関する法律
 ④ 被災者の生活再建を支援するものとして
　・阪神・淡路大震災を受けた地域における被災失業者の公共事業への就労促進に関する特別措置法
　・被災者生活再建支援法

 (ロ) 国の復旧・復興の取組みへの姿勢を示すものとして
　・阪神・淡路大震災復興の基本方針及び組織に関する法律（阪神・淡路復興対策本部の設置等）
　・災害対策基本法及び大規模地震対策措置法の一部を改正する法律（緊急災害対策本部長（内閣総理大臣）の各省大臣への指示権の創設、自衛隊の出動要件の緩和等）

 (ハ) 緊急防災活動、復旧、復興の実施に関し
 ① 緊急防災活動を迅速かつ効果的ならしめるものとして
　・災害対策基本法の一部を改正する法律（緊急車両の通行を容易にする広域交通規制及びそのため必要な一般車の強制移動措置を可能とする）
　・消防組織法の一部を改正する法律

第4章　まとめと今後の課題

- ・消防組織法及び消防法の一部を改正する法律（地方公共団体の緊急消防隊に対する消防庁長官の出動指示権の創設等）
② 復旧・復興を容易ならしめるものとして（仕組みに関して）
- ・被災市街地復興特別措置法
- ・被災区分所有建物の再建等に関する特別措置法（地方公共団体の財政支援に関して）
- ・阪神・淡路大震災に対処するための特別の財政援助及び助成に関する法律
- ・阪神・淡路大震災に対処するための平成6年度における公債の発行の特例等に関する法律
- ・平成6年度分の地方交付税の総額の特例等に関する法律
- ・地方税法の一部を改正する法律
㈡　防災都市づくりを国の積極的関与の下に進めていくものとして
- ・地震防災対策特別措置法
- ・建築物の耐震改修の促進に関する法律
- ・密集市街地における防災街区の整備の促進に関する法律等
- ・密集市街地における防災街区の整備の促進に関する法律等の一部を改正する法律

（2）　組織論的対処

　6,000人を超す死者を出し、建物倒壊10万棟、道路、鉄道、港湾等の公共施設の破壊、GDPの5％にあたる10兆円の経済的被害を出した阪神・淡路大震災は国の利害に重大な関係があることは論を俟たない。したがってこの災害を克服するためには国として以下のような特別の執行体制をとることとされた。
① 特命大臣の任命（正式には兵庫県南部地震担当大臣）
② 特命大臣直属の特命室の設置
③ 兵庫県南部地震緊急対策本部の設置
④ 現地対策本部の設置
⑤ 阪神・淡路復興対策本部の設置
⑥ 阪神・淡路復興委員会の設置

　通常、災害が発生した場合、地方公共団体において災害対策本部が必ず設置される。その災害の規模が大きい場合には国も非常災害対策本部を設置するのであるが、阪神・淡路大震災においては非常災害対策本部の設置に加えて、全閣僚からなる兵庫県南部地震緊急対策本部が設置され、特命大臣室と共に国として緊急

第4章　まとめと今後の課題

防災活動、復旧対策を中心に強力かつ迅速な執行体制を整えたのである。

これに関しては被災地に閣僚級の政府幹部を常駐させて国と地方と一体となってこの難局を切り抜けるべきという議論があり、これを考慮して国土政務次官を本部長、各省庁幹部職員を本部員とする現地対策本部を兵庫県庁（県公館）のなかに設置して、急施を要する問題の国と地方公共団体の円滑な連絡調整を図ることとしたのである。現地対策本部には各省の幹部級職員が派遣され、兵庫県公館の執務室で県、市町村との災害対策を進めていくうえでの連絡調整役を果たし、地方公共団体関係者が上京して協議する必要をなくしたこと、および国の災害対策が現地に置かれることに対する心理的安心感という効果をもたらしたのであるが、決定権の委任がなされていないことから、予算配分あるいは法令の解釈運用については、結局本省での決定を待たねばならなかったことについては不満を残す結果となったといえよう。

復興対策については国として強力に取り組まなければならないという認識から、いかなる組織をもって対処するかは被災直後から検討され、関東大震災の際の帝都復興院、第二次大戦後の戦災復興院あるいは復興庁のようなものを作るか否かの検討がなされた。関東大震災後設置された「帝都復興院」は主に内務省の権限とされていた都市計画事業、土地区画整理事業等を東京・横浜に限って内務省から権限を移して実施したのであり、また終戦後の「戦災復興院」は3年後に設置された建設省の事務を実施するため設置されたのであるが、復興対策はまちづくりが中心となると考えられ、まちづくりの基本は都市計画であり、都市計画は地方公共団体が作るものであるから、国としての取り組みはその支援や関連する事業の調整等が中心なると考えられた。

したがって「復興庁」あるいは「復興院」を新たに創設するとしてもそこにどのような権限を持たせるかについて、仮に地域や時期を限って各省庁の権限をここに集中させるものとしても、その職員は各省庁の専門家の派遣に頼らざるをえず、迅速、円滑な対策が実施できるか疑問であり、「復興庁」等の新設にあたっては、各省庁設置法等の改正が必要になるほか、予算修正の問題が生じたためこのような「復興庁」あるいは「復興院」が立ち上がって活動するまでには相当な時間を要するものと考えられ、兵庫県南部地震による災害の甚大性に鑑みれば1日も早い復興対策が必要であるという判断が下され、こうした観点から迅速かつ有効な復興対策のためには各省庁の権限、人員を最大限活用することとし、政府一体としての復興対策の調整、推進のため「阪神・淡路復興対策本部」を設置することが決定される[1]。

また今回の復興対策において特筆されるべきものの1つとして阪神・淡路復興

委員会の設置がある。この委員会では地方公共団体が行う復興事業に対する国の支援、その他各省の復興施策に関し総合調整を要する事項を調査審議することとされた。そして委員会には兵庫県知事と神戸市長が委員として、国としての復興計画に対する復興委員会の意見取りまとめに地方公共団体を代表して調査審議に参加したことは、復興計画の基本方針に関し、国と地方公共団体が協働することとされたことに大きな意義を認めるべきであろう。実際に両委員はこの委員会の場において意見を十分述べ、また県および市がそれぞれ取りまとめた復興計画を委員会の場で提出して復興委員会の意見が地方公共団体の意見を十分取り入れて、復興計画の推進を進めるべきという取りまとめにあたって効果を発揮したと評価できる。

(3) 財政論的対処

災害が発生した際被災地が国に対して要望するものは、その復旧・復興に対する国の財政支援である。災害が激甚であればあるほどその要望は強いものになる。阪神・淡路大震災はその最大のものであったということができる。

① 激甚際災害の指定

激甚災害については災害査定の結果、その指定基準に合致する被害の出た災害について、政令で激甚災害の指定をすることができることとされている。したがって通常その指定は被災後数カ月後に指定されるが、阪神・淡路大震災の場合は災害査定を待たずに1週間後には指定された。あまりにも甚大な被害のため地方の財政負担が過重になり、適正な復旧・復興ができなくなることを恐れ、地方団体も早期指定を強く要請したことによる。

② 財務援助一括法（阪神・淡路大震災に対処するための特別の財政援助及び助成に関する法律）

阪神・淡路大震災の復興にあたって復旧・復興事業の地方財政負担が過大なものになることは国としても危惧を有し、復旧・復興に万全を期すには財政支援が不可欠と認識していた。被災2週間後に国土庁は激甚法（激甚災害に対処するための特別の財政援助等に関する法律）を改正して、激甚法の対象となっていない港湾、鉄道、上水道、病院等を対象にしたり、対象となっている施設についても補助率を引き上げたりすることを検討して各省と協議を開始する。最終的にはあらゆる激甚災害に適用するのではなく、阪神・淡路大震災についての特別措置として法案化を図ることに決着したのであるが、復旧・復興に伴う地方公共団体の財

（1）「阪神・淡路大震災関係資料 Vol. 3」第3編地震対策体制01地震対策体制 pp. 42～44
　　（1999年3月）総理府　阪神・淡路復興対策本部事務局

政的困難の予想に対し、地方の意見を反映した結果ということができる。
③ 仮設住宅及びがれき処理
　復旧活動のなかで復旧方法のルールの確立している公共・公益施設と異なり、仮設住宅およびがれき処理については必要仮設住宅数の決定、がれき処理量の算定が大きな問題とされたが、地元からの要望戸数を全て国として財政負担することとし、がれき処理についても市町村事業として国の補助事業とするとしたことにより、生活再建、広義の復興計画へ円滑に移行する土台を築いたといえ、今後起こり得る大震災において仮設住宅、がれき対策を重視しなければならないことを明らかにしたといえる。

(4) 復興計画をめぐって
　復興に関する立法論的、組織論的、財政論的にみた国と地方の関係は以上に述べてきたところであるが、その結果に至るまでの過程で議論されてきたものを触れておくこととする。
① 阪神・淡路震災復興特別措置法案（兵庫県案）
　兵庫県は阪神・淡路復興委員会の検討項目として提出した幾つかの項目の1つに、阪神・淡路震災復興特別措置法（仮称）の制定がある。その内容は知事が内閣総理大臣の承認を得て震災復興計画を作成し、それに基づく事業の国の負担または補助の特例、規制緩和の特例等を盛り込もうとするものであり、沖縄振興特別措置法等にみられる地域特別法の性格の強いものとして構成しようとするものであった。すでに国としては「阪神・淡路大震災復興の基本方針及び組織に関する法律(案)」、「阪神・淡路大震災に対処するための特別の財政援助及び助成に関する法律(案)」を国会に上程し、可決され、阪神・淡路復興委員会においても復興計画は地方公共団体が作成しそれを国が支援するという方針を打ち出しており、とくにこの法案を推進すべき理由は乏しかったため議論は拡がりをみせなかったが、地方公共団体として積極的な提案がなされたことは評価すべきである。
　ただ、国における議論のなかでも沖縄などの地域特別立法は、国土の整備が立ち遅れている地域に対するものであり、阪神・淡路地域のような経済的力のある地域に対し、大災害があったがゆえにこれらの経済的劣位にある地域に同列に考えるべきではないという意見があり、またこの法案に関しては直接意見の相違があったわけではないが、神戸市と兵庫県の間で復興計画の進め方に関し、意見が完全に一致しているとはいえない状態にあって地元としての大きな推進力は欠いていたといえる。
② 被災市街地復興特別措置法

第4章　まとめと今後の課題

　被災直後神戸市都市計画部局は中心市街地の被災度の大きさと拡がりに衝撃を受け、時を経ずに国（建設省）に復旧・復興に関する支援を要請する。その際復興計画のプランを都市計画決定の手続をするまでの期間が建築基準法第84条の被災後1月間（延長してもさらに1月）では完了しないと考え、法改正を要望するが、当初建設省は酒田市の火災復興の例からこの期限延長を含む法改正にはやや消極的であった。このため神戸市は前述のように神戸市震災復興緊急整備条例を制定し2年間建築制限を可能にする。

　その後国は被災市街地復興特別措置法を制定したことおよび施行状況については第3章第4節1　4）で検証したとおりであるが、被災市街地の復興をめぐり制度的変革をたどり、国と地方の間での相互の緊張・協働関係が存在し、結果的には復興都市計画事業の実施にあたっては地方公共団体主導の下に行われたということができる。

　③　復興特定事業

　狭義の復興計画は、土地区画整理事業、市街地再開発事業の都市計画の手法により実施されたが、広義の復興計画は被災地の復興のために特に重要と認められる戦略的プロジェクト、あるいは復興のシンボルとして相応しい施策・事業を復興特定事業として選択して国が支援すべきことを阪神・淡路復興委員会が提言し、阪神・淡路復興対策本部で選定され実施に移された。

　このうち都市型発電所、医療産業都市、くつのまち・ながた核施設整備事業、ルミナリエ等が復興のシンボルとして効果を挙げており、広義の復興計画は被災地のトータルな復興に寄与するといってよい。そのなかで復興特定事業としては選定されていない神戸空港が開港したとしているが、復興特定事業に位置付けするか否かについては議論が分れるところといえる。

2　都市計画（都市づくり）と防災対策

　都市計画の目的の大きな1つに防災目的があることは論を俟たない。いかなる都市計画においても安全都市造りを目指していないものはない。具体的には広幅員の街路や公園を適正に配置し、整然とした街区を形成し、都市の不燃化、建築物の耐震化を図っているのである。

　しかし、阪神・淡路大震災のように過密大都市に極めて大きな地震が襲うと、こうした都市の安全性には限界があったことを思い知らされる。その意味で今回の震災は従来までの防災対策に対し多大の反省と教訓を与えたということができる。このことは都市計画においてもどこに是正すべき問題点があったかを突きつけているといえる。それは単に施設や建築物を安全にするということにとどまら

第 4 章　まとめと今後の課題

ず、消火活動、救助活動といった緊急防災活動との関係で都市計画はどうあるべきか、また復旧時点でおこる避難所、仮設住宅、がれきの処理処分に対しても都市計画としてどう係わるべきか、街区単位の面的拡がりをもって、被災抵抗力のない地域をいかに解消して安全な都市づくりをしていくかの方策についての課題についての問題を鋭く突いた結果を招来したのである。防災行政作用と都市計画との関係はこれまであまり明確に意識されて議論されてこなかったといえるが、まとめて整理すると次のようなことがいえる。

（1）　緊急防災活動（初動）との関係

　第1章において緊急防災活動について述べたが、阪神・淡路大震災では初動の遅れが批判された。その一番は被害情報の伝達の遅れであり不正確さであった。このため即時多角的情報の収集と集中が図られるようになった。しかし行政技術的手法による改善では自衛隊、消防、警察等の広域応援隊の規模を早期に決定し、効率的な応援隊の緊急防災活動を行う地域への早期到達が可能とはいえない。

　そこで科学的予測による地震被害早期評価システム（DIS）の導入が図られた。このDISは地震災害による人的、物的被害を定量的に予測できることから被災抵抗力の弱い地域を容易に明示することができるため、都市計画サイドとしてもこうしたDISのシステムの利活用によって木造密集市街地の事業優先度を決定しうることとなる。

　大都市においては従来から木造密集市街地の改造に取り組んできているのだが、その進捗は容易にはかどっていない。その理由としては、権利関係が細分化して複雑であること、狭小過密の住宅地であるとともにそれであるが故に経済的弱者も多く事業インセンティブが働きにくいこと、公共サイドとしても民有地、民有建築物に莫大な公的資金を投入することにはためらいがあること等が挙げられる。ただこの木造密集市街地対策は、本来防災行政としても災害予防の観点から重視すべき課題ではあるものの、従来から取り上げられてきた住宅建築行政あるいは都市計画行政に委ねてきたといえる。その意味では木造住宅密集市街地対策も、災害の危険という意味では定性的な説明に終始してきたのであり、これを定量的にも説明して、地域住民の理解と協力あるいは自発的、自力的改造計画の提案という方向へ変化していくように進めるべきである。とくに阪神・淡路大震災における建築年代別木造建築物の倒壊率、人的被害率等の資料を十分検討してそれぞれの地域毎の被災抵抗力や救助方法の困難さ等の分析をはじめこれらの地域の再生を図るためのプランの費用対効果等定量的、実証的、科学的方法論について都市毎につめていくことが必要である。

第4章 まとめと今後の課題

（2） 復旧活動との関係

阪神・淡路大震災で大きな問題として取り上げられた避難所、仮設住宅、がれき処理の問題は、震災発生後全体の復興が完了するまでの間、緊急に一時的、臨時的に利用される施設に関するものである。平常時は学校、公民館として利用されているものが被災時には避難所となり、住宅を失った被災者が自力で一時的な住宅さえ見つけられない場合に仮設住宅が必要となり、平時のごみ発生量を想定して作ったごみ処理施設が被災によるがれきという当初想定外のごみ処理をすることとなる。すなわち、平常時では予測されていない緊急に対処すべき問題の発生に関する課題である。

したがって、このための用地として通常は確保されているとは言いがたく、またその計画、構想もないといって等しい。ただ避難所については、従来の震災の経験から地域防災計画においてかなり詳細に規定され、それに基づいて避難所が多数指定されてきたところである。

阪神・淡路大震災は、この問題について新たな問題とそれに対する対策の必要性を提起したといっていい。すなわち、過密化した大都市を直撃する大震災においては、この問題は避けて通れない正面から取り組まなければならないことを要請していると考えるべきだからである。

第1に、避難所についていえば、その設置についてその数的基準・配置の基準がなかったこと、過密大都市において大震災が発生した場合、避難所が絶対数が不足することが明らかになった。しかも避難所は居住家屋が倒壊していない場合は余震の止むまでの一時的避難場所であるとともに、倒壊した場合でもいずれ仮設住宅とか他へ転居する場合には倒壊家屋の家財道具の片付け等からいって、居住地に近いことがきわめて重要であることを考えると、大都市においてはその指定基準をきちんと定めておく方が被災時の混乱を少なくするといえる。その際の妥当避難距離は500－700mといえる。

第2に、仮設住宅については、阪神・淡路大震災は住宅の被災が甚大であったため必要数の算定と用地確保に多大の苦労を伴った。したがって過密大都市における大震災が起きた際の必要数の算定は、その用地確保をどうするかという点に直結しているためきわめて重要である。神戸市のケースでは必要な仮設住宅数は、全住宅数×0.0067×木造率×0.2143であった。また仮設住宅の立地は新市街地8に対し旧市街地2と、従前居住地での仮設住宅の建設が困難であった。

第3に、がれき処理については、市街地に大量のがれきが発生して処理しなければならない場合の発生量原単位として、木造0.6（$t／m^2$）、RC造1.5（$t／m^2$）、鉄筋造1.1（$t／m^2$）が得られ、今後の大都市における大震災の際必要とな

るがれき処理量の予測がしやすくなった。

　緊急暫定利用目的利用地の問題に関しては阪神・淡路大震災後新たな試み、提案が地方公共団体レベルで進められている。

　第1に、今回の被災地で実際にこの問題に直面した神戸市では、地域防災計画において、空地管理システムという仕組みを定めた。これについては本章第5節で述べたとおりである。

　第2に、東京都においては必要となる仮設用地については、予め民間の土地所有者と震災時には仮設用地として使用することを約束しておくという借地方式の議論がなされている。これは、たとえば東京23区などでの大震災による仮設住宅の必要戸数をまかなう用地を、公有地で確保するのは困難であるという認識に立っている。この借地方式については、現実に東京都の地域防災計画に位置づけられているものではないが、阪神・淡路大震災時に地元から要望がありながら実施しなかった自宅仮設制度（被災した住宅の所有者がその敷地内で自ら仮設住宅を建て、それに公的助成を交付するという提案）と共に今後の検討対象となる課題である。

　第3に、がれき処理については、第2章第4節1で述べたように神戸市地域防災計画において、詳細な規定をおいて一時処分地及び最終処分地を確保することを規定しているほか、他の大都市においても規定を新設し、自治体相互間の広域処理について言及するものが見られるようになってきた。

（3）　復興計画との関係

　復興計画を進めていく過程においては迅速性の原則と被災抵抗力の原則があり、このため施行者は早期居住回復を求める居住者のため迅速に被害状況を把握して復興の計画を樹て、そのための建築制限をする必要があるとともに、被害に強く、かつ、防災活動にも効果的な防災都市としての計画も樹てなければならない。

　復興計画の類型は原状回復、公共施設追加型、コミュニティ防災型、および広域危機管理型に分類できるが、防災都市づくりの観点からはこの順番に被災抵抗力が増大し好ましいといえる。

　復興計画に関しては、過密大都市における大震災後の復興計画においては、ともすると神戸市の例で分かるように原状回復・公共施設追加型のものになってしまう虞れが大きいことが明らかになった。さらに防災上問題のある木造密集市街地の再生が遅々として進捗していないことを前提に、こうした木造密集市街地を多く抱える過密大都市で大震災が発生した際の復興計画を考えると、復興都土地区画整理を含めてある程度の区画街路が整っていたため、復興土地区画整理事業

が種々議論はありながらも、着実に進められていった神戸市と同様に考えることができない他の大都市での困難性が予想できる。

　過密大都市で必要とされるコミュニティ防災型、あるいは広域危機管理型の都市計画を実現していくためには、必要な都市計画を決定しておくか、それが間に合わない場合には事前復興計画として都市計画部局が準備しておくことが必要であることを強く示唆しているというべきである。

3　今後の検討課題

　戦後のわが国の高度経済成長によってもたらされた都市化現象、とくにそのなかで過密化した大都市において起こる大震災に関して、防災行政と都市づくりの関係を分析、研究してきたが、阪神・淡路大震災を教訓として種々の改善策が講じられたのであるが、従来にもまして防災緊急活動などの防災行政作用と都市づくりの関係で検討を重ねていく課題はきわめて多いと考えられる。

　主要な今後検討すべき課題は以下のとおりである。

（1）　DISによる木造密集市街地の事業化優先順位の決定とその実施システムの構築

　大都市地域の地盤条件、建物条件に阪神・淡路大震災における建物被害、構造別・年代別のデータを入力して得られる被害予測から当該都市の事業の優先順位を定め、人命にかかわることでもあり着実に事業が実施できるよう強制力を付与した法制度、個人財産に対する補助の拡充等をパッケージしたシステムを構築する。

（2）　避　難　所

　避難所については従来から避難者数の予測に基づく避難所数及び避難距離が妥当である基準がなかったが、明確な基準の下に指定を行うことについての検討が必要である。

　今回の震災から得られたデータは一例ときわめて少ないため基準としての強い妥当性を主張することは異論があると思われるが、従来の慣習的な小中学校用地をもって足りるとしないことは好ましいといえる。したがってDISを使用して、

$$\frac{人口当たり避難者数の推計}{平均１カ所当たりの避難者収容者数} と \frac{（住宅倒壊率又は木造倒壊率）\times １世帯平均人数}{平均１カ所当たりの避難者収容者数}$$

を参考値とするとか、さらには被災者の実数を見ながら臨機応変に対応する方法を検討していく必要があろう。

第4章　まとめと今後の課題

（3）　仮設住宅

仮設住宅についていえば過密大都市における防災行政作用としての仮設住宅の最大の課題はその用地確保である。したがって各都市において次の事項について政策的検討対象としていくことが必要である。

a．民有地の借地方式を予め地主と取り決めしておく方式
b．民有地主に仮設住宅を建設させる方式
c．民間住宅所有者と予め賃貸契約を取り決めておく方式
d．住宅の応急修理方式
e．近隣住宅等への寄居方式

（4）　がれき処理

がれき処理については、1で述べたように神戸市地域防災計画において、詳細な規定をおいて一時処分地及び最終処分地を確保することを規定しているほか、他の大都市においても規定を新設し、自治体相互間の広域処理について言及するものが見られるようになってきたが、とくに大都市圏地域においては、広域処理のシステムを早期に構築することが必要となり、その検討を急がなければならない。

（5）　避難所、仮設住宅、がれき処理・処分場の都市計画決定（スペア都市計画）

都市計画はこれを法律的側面から見る時、都市における公的土地配分計画であるといえる。すなわち、都市計画において定められた道路、公園等の事業執行によって実現される公的施設であれ、利用制限を受ける用途地域であれ、ひとたび都市計画として定められるとその定めた目的の範囲でしかその土地は利用できず、それ以外の目的への利用は制限されるという意味において、公に定められた土地の配分計画である。したがって市民の合意の得られる理由と公正な手続きが必要とされるため、従来から暫定利用目的のための都市計画の制度は成立しないものとされてきた。

しかし阪神・淡路大震災を契機にして防災行政作用としての、こうした一連の対策が今後進められていくなかで、都市計画制度も緊急暫定利用目的としての用地を内包すべき時期、少なくともそれを議論すべき時期に来ていると考えられる。都市の土地の配分計画という都市計画制度の持つ重要な側面が過密化した大都市、しかも都市的利用の可能な土地が少ないわが国において、大震災時に抱える予め予見できる事態に対する備えを都市計画サイドとしても真剣な検討がなされるこ

とが期待されているといえる[2]。

　都市における土地利用計画である都市計画は、これを土地割当て計画であるとすると、その割当計画は公共・公益施設について言えば、強制権をもって土地を利用することを定め、建築行為も決められた用途・容積等の制限を課せられる力を都市計画は有している。要するに都市計画の都市内の用地割当機能を予防的防災行政リスクマネジメントとしての避難所、仮設住宅、がれき処理・処分場に適用できないかという議論を生じてくるのである。

　都市計画は「永久の施設計画」であるという伝統的概念を部分的に変更して、永久の施設計画として定める基準に、緊急防災活動として必要となる暫定利用目的をも併せ持たせて都市計画に位置付けるスペア都市計画論である。

　避難所についていえば、学校とか公益施設（老人福祉施設、公民館等）をそれぞれ学校、公益施設としての都市計画決定をするが、その説明書のなかで被災時には避難所として暫定的に利用する旨を明記する。

　仮設住宅についていえば、たとえば公園、学校のグラウンド等の都市計画決定をするとともに、被災時の仮設住宅用地として利用することを明示し、その際に必要となる給水・汚水排水処理を可能とする設備を整備しておく。

　また廃棄物の処理場についていえば、通常の廃棄物の将来の予想に加え、被災時の想定処理・処分予定量を必要面積に加えて、都市計画決定をすることとするのである。

　防災行政作用がますます他の多様多種の行政作用との調整・融合が必要となっていくなかで、防災都市計画という都市計画行政作用が、地震国日本、過密大都市を抱える日本において、緊急時の暫定利用を包含したスペア都市計画論を制度化、実践していくことを今日的課題として検討をする必要がある。

（6）　事前復興計画

　被災後の復興計画が時代の変化に対応した復興計画になるか否かは、被災前に被災抵抗力が大で、緊急防災活動に合致したものであることが望ましいことはこれまでに述べてきたところで明らかにしてきたところであり、そのためにはコミュニティ防災型あるいは広域危機管理型の事業を通常の都市計画として決定していくことを進めていく一方で、事前復興計画についても検討を重ねていくことが必要であろう。事前復興計画論の必要性についての議論は種々なされてきているが[3]、実際には明確な意識をもって実施段階には至っていない。しかしとく

（2）　1つの方法としては、公園、学校用地の都市計画の決定の際に通常の施設配置図に加え、一定規模の余裕地などを組み込んでおくことなどが考えられよう。

に木造密集住宅市街地では、事前復興計画という名を冠するか否かは別にしても、被災有り得べしという前提に立ったマスタープランを地元と協議して決めておくこととすべきである。そのために以下のことを早期に実現すべきである。

① **都市計画法上防災目的の明示化**

都市計画の大きな目的は、安全で快適な都市生活を都市住民が享受することにある。しかし被災抵抗力のある広幅員の都市計画街路や公園は防災上防火遮断帯であり避難路、避難地が名目上は道路交通上の理由で位置と幅員が決められ、公園も都市環境の向上と市民の憩いの場としての位置づけで説明されて決定されるなど防災目的を明示して決められているのは比較的少ない。しかもリスクマネジメントの観点からする緊急防災活動として避難所として利用される学校等の公共・公益施設、緊急防災活動の拠点となる消防署、警察署、行政官署、救急病院等は都市計画として位置づけられることはほとんどなく、防災行政としての範囲にとどまっている防災都市計画制度の構築を進めていくためには、都市計画の黙示的目的である防災を明示的目的とすべきである。

② **緊急防災活動用都市施設の都市計画**

発災時の緊急防災活動の拠点となる警察署、消防署、救急病院等の医療機関、避難拠点は、人口、産業が増加した現在は緊急防災活動するには手狭になっている。過密大都市災害の救助活動にヘリを使用しなければならない時代における、その効果的緊急防災活動を遂行するに必要なスペースを確保する必要があり、そのためには都市計画としてもこれを積極的に位置付け、土地の交換分合の手法を利用して緊急時に備えることの検討が必要である。

③ **土地の交換分合手法の改善……照応原則はずし**

既成市街地における緊急防災活動拠点にヘリ離着陸用地を設けるのは困難な場合、被災市街地復興特別措置法で制度化された集約換地の考え方を利用して、新たな仕組みを作り、都市計画の目的として防災を明示化したうえで、そのため合理的な理由のある土地利用であることの根拠を明らかにすることによって、被災前であっても被災後の緊急防災活動の拠点を都市計画としても位置づけ、必要な

（3） ・台健「「震災復興」の都市計画」レファレンス456号（1989年1月）p. 34「復興計画の樹立も……それが短時日で可能であったのは……かねてから東京市改造計画としての豊富な資料の蓄積があったからである。都市計画に関しても、震災復興は示唆に富んだ危機管理の貴重な前例である。」

・中林一樹「事前の防災都市計画と事後の復興都市計画の関係論」（2003年10月31日　日本建築学会地震防災総合研究特別調査委員会都市防災・復興対策検討小委員会提出資料）における仮説「従前の防災都市計画は、災害後の復興都市計画に継続されるべきである。逆に、復興まちづくりとして描かれる都市像は、従前の都市づくり構想に反映されるべきである。」は基本的には同旨。

第4章　まとめと今後の課題

敷地の確保を図ることを至急実施に移すことが必要である。

④　マスタープラン化

わが国の都市計画制度であるマスタープランである都市計画法第7条の市街化区域および市街化調整区域の「整備開発保全の方針」のなかに、事前復興計画をマスタープランの形として組み入れることとし、防災遮断帯または避難地、避難路としての広幅員街路、公園に加え、緊急防災活動の拠点となる施設の配置と規模を定め、木造密集市街地のような被災危険度の高い地域の市街地改造に関する計画を定め、復興計画の三類型を組み込んだ防災都市計画を示し、その際詳細な図面ではないが概略図面による表示をすることの検討がなされる必要がある。

(7)　住宅の耐震改修

第1章第3節1(3)で述べたように、阪神・淡路大震災における神戸市内の死亡者の8割が建物倒壊による即死であったことから、建築物の耐震改修の必要性が叫ばれ、震災のあった平成7年の10月に政府は建築物の耐震改修の促進に関する法律を制定し（第3章第2節13)2)①)、多数の者の利用する建築物の所有者に耐震診断、改修の努力義務を課したのであるが、必ずしもはかばかしい進捗をみなかったことから、平成17年に同法を改正して、国土交通大臣による基本方針の策定および地方公共団体による耐震改修促進計画の策定、住宅の耐震化率を75％から平成27年度までに90％にすることを目標として、耐震診断の費用や耐震改修の費用を国と地方公共団体で補助する制度や減税制度を導入したのであるが、この実績は以下のとおりで、はかばかしいとはいえない現状である。

耐震改修等の実績
(地方公共団体が自ら実施、または補助等を行って把握している数)

	住宅 （共同住宅含む）
全数 （うち耐震性が不足するもの）	約4,700万戸 (1,150万戸)
耐震診断実績累計	約54万2千戸
うち国庫補助	約50万4千戸
耐震改修実績累計	約3万2千戸
うち国庫補助	18,261戸 (戸建：14,085戸) (共同住宅：4,176戸)

(H21.3.31現在)

第 4 章　まとめと今後の課題

　この耐震改修は平成16年の中越地震、平成19年 7 月16日の中越沖地震においてもその必要性と緊急性があらためて痛感されているが、これを乗り越えていくためには、

　第 1 に住宅の所有者、居住者の意識を強く持ってもらうことが大切である。内閣が平成17年 9 月に行った世論調査によると、大地震が起こると思う人と起こる可能性が高いと思う人が64.4％、大地震に対する住宅の危険度を危ないと思うと答えた人が59％いるのに、耐震診断や改修をしたと答えた人はわずか11.3％にすぎない。

　第 2 にこうした世論形成を図るうえでも、耐震診断や改修に対する支援策も、人命尊重といったん地震が起きてからの人命の損失といった人的被害や物的被害の回復に要する膨大な費用を対比すると、私的財産に対する通常の補助制度との比較における考え方をかえて高率な助成制度を構築すべきであろう。

　現在の耐震改修の補助率は国7.6％、地方公共団体7.6％、計15％にとどまっており、しかも地方公共団体においてはこの補助制度を作っていないところもあり、こういう状態が、耐震改修がなかなか進まない要因となっているともいえる。

　第 3 に、大地震の際倒壊する建築物は、昭和57年の新耐震基準以前の基準によって建てられた物が多いと考えられるが、こうした建築物を、建築基準法上既存不適格として取り扱ってきた考え方も、防災上問題のある木造密集市街地などにおいては、一定期限を限って改修、改築を義務づけ、それに対する高率の補助制度を作るといった措置もとっていくべきであろう。

参考文献

序章

【総論】

1. 村上處直『都市防災計画論―時・空概念からみた都市論―』（昭和61年12月）
2. 笠原慶一『防災工学の地震学』鹿島出版会（昭和63年3月）
3. 「地震対策講演集」静岡県地震対策課（昭和57年2月）
4. 木村政昭『『無防備都市』を巨大地震が襲う!!』（平成元年）
5. 高見澤邦郎、中林一樹監修『都市の計画と防災～防災まちづくりのための事前対策と事後対策～』地域科学研究会（平成8年2月）
6. 西山康雄『「危機管理」の都市計画』彰国社（平成14年12月）
7. 「自治体におけるリスクマネジメント」都市問題第94巻第5号／2003年5月号　東京市政調査会
8. 「三菱総合研究所　自主研究　社会リスク研究会報告2【阪神大震災に関する緊急提言】」㈱三菱総合研究所　社会公共政策研究センター・人間環境研究センター社会リスク研究会（平成7年2月）
9. 「防災白書」
10. 荏本孝久、望月利男「阪神・淡路大震災の教訓と今後の地震防災課題」総合都市研究第57号　東京都立大学都市研究所（平成7年）
11. 中林一樹「阪神・淡路大震災の全体像と防災対策の方向」総合都市研究第61号　東京都立大学都市研究所（平成8年）

第1章

【第1節　災害対策基本法関連】

1. 野田卯一『災害対策基本法沿革と解説』㈳全国防災協会（昭和38年9月）
2. 『逐条解説　災害対策基本法［第二次改訂版］』防災行政研究会（平成14年10月）
3. 「防災基本計画」中央防災会議（平成7年7月）
4. 「防災基本計画」中央防災会議（平成14年4月）
5. 「国土庁防災業務計画」国土庁（昭和61年2月）
6. 「国土庁防災業務計画」国土庁（平成8年4月）
7. 「内閣府防災業務計画」内閣府防災会議（平成13年6月）
8. 「国家公安委員会・警察庁防災業務計画」国家公安委員会・警察庁（昭和55年2月）
9. 「国家公安委員会・警察庁防災業務計画」国家公安委員会・警察庁（平成7年9月）
10. 「自治省・消防庁防災業務計画」自治省・消防庁（昭和55年10月）

参 考 文 献

11. 「自治省・消防庁防災業務計画」自治省・消防庁（平成8年5月）
12. 「防衛庁防衛業務計画」防衛庁（昭和55年6月）
13. 「防衛庁防衛業務計画」防衛庁（平成7年7月）
14. 「兵庫県地域防災計画（震災対策計画編）」兵庫県防災会議（平成5年）
15. 「兵庫県地域防災計画（地震災害対策計画)」兵庫県防災会議（平成8年）
16. 「神戸市地域防災計画」神戸市防災会議（平成6年度）
17. 「神戸市地域防災計画　地震対策編」神戸市防災会議（平成6年度）
18. 「神戸市水防計画書（案）」神戸市（平成6年度）
19. 「神戸市地域防災計画防災対応マニュアル（概要版）」神戸市防災会議（平成14年6月）
20. 「神戸市地域防災計画　総括　地震対策編」神戸市防災会議（平成14年6月）
21. 「神戸市地域防災計画　総括　地震対策編　南海地震津波対策」神戸市防災会議（平成14年6月）
22. 「神戸市地域防災計画　総括　風水害等対策編　神戸市水防計画」神戸市防災会議・神戸市（平成14年6月）
23. 熊谷良雄「地震被害想定と地域防災計画」総合都市研究第68号　東京都立大学都市研究所（平成11年3月）
24. 加藤孝明、ヤルコンユスフ、小出治「地域防災計画策定支援システムの必要性とその例示」総合都市研究第72号　東京都立大学都市研究所（平成12年9月）
25. 戸松誠、岡田成幸「都市直下地震を考慮した被害想定・地域防災計画のあり方～札幌市を例にして」地域安全学会論文報告集（平成8年6月）

【第2節～第4節　阪神・淡路大震災関連】
（記録誌）
1. 『阪神・淡路大震災復興誌』総理府阪神・淡路復興対策本部事務局（平成12年2月）
2. 「阪神・淡路大震災関係資料（CD)」総理府阪神・淡路復興対策本部事務局（平成5年3月）
3. 『蘇るまち・住まい　阪神・淡路大震災からの震災復旧・復興のあゆみ』兵庫県都市住宅部（平成9年3月）
4. 『阪神・淡路大震災神戸復興誌』神戸市震災復興本部総括局復興推進部企画課（平成12年1月）
5. 『阪神・淡路大震災―神戸市の記録1995年―』神戸市阪神・淡路大震災神戸市災害対策本部（平成8年1月）
6. 『平成7年　兵庫県南部地震　神戸市災害対策本部民生部の記録』神戸市民政局（平成8年2月）
7. 『阪神・淡路大震災　神戸の生活再建・5年の記録』神戸市生活再建本部（平成15年3月）
8. 『阪神・淡路大震災　記録誌』神戸市住宅局（平成9年4月）
9. 「神戸市震災復興総括・検証報告書（概要版、安全都市分野、すまいとまちの復興、経済・港湾・文化分野、生活再建分野意見集、生活再建分野取組集)」震災復興総括・検証研究会（平成12年3月）

10. 「建築基準法50周年記念　大震災をのりこえて」神戸市住宅局建築指導部建築調整課指導係（平成15年3月）
11. 「『阪神・淡路大震災と住宅局営繕部』活動記録「大震災を体験した営繕部の対応とその教訓」」神戸市住宅局営繕部（平成8年3月）
12. 「阪神・淡路大震災　神戸の生活再建　報道記録—神戸新聞記事データーベースより抜粋—」神戸市生活再建本部（平成12年3月）
13. 『阪神・淡路大震災復興誌［第1巻］』兵庫県㈶21世紀ひょうご創造協会（平成9年3月）
14. 『阪神・淡路大震災復興誌［第2巻］1996年度版』兵庫県㈶21世紀ひょうご創造協会（平成10年3月）
15. 『阪神・淡路大震災復興誌［第3巻］1997年度版』㈶阪神・淡路大震災記念協会（平成11年3月）
16. 『阪神・淡路大震災復興誌［第4巻］1998年度版』㈶阪神・淡路大震災記念協会（平成12年3月）
17. 『阪神・淡路大震災復興誌［第5巻］1999年度版』㈶阪神・淡路大震災記念協会（平成13年3月）
18. 『阪神・淡路大震災復興誌［第6巻］2000年度版』㈶阪神・淡路大震災記念協会（平成14年3月）
19. 「阪神・淡路大震災　検証提言総括」震災対策国際総合検証会議事務局（平成12年4月）
20. 「阪神・淡路大震災調査報告　建築編—6　火災　情報システム」阪神・淡路大震災調査報告編集委員会（平成10年10月）
21. 「阪神・淡路大震災調査報告　建築編—8　建築計画　建築歴史・意匠」阪神・淡路大震災調査報告編集委員会（平成11年3月）
22. 「阪神・淡路大震災調査報告　建築編—10　都市計画　農漁村計画」阪神・淡路大震災調査報告編集委員会（平成11年10月）
23. 「阪神・淡路大震災調査報告　復興計画」阪神・淡路大震災調査報告編集委員会（平成12年2月）
24. 「阪神・淡路大震災報告（その1）」総合都市研究第57号　東京都立大学都市研究所（平成7年12月）
25. 「阪神・淡路大震災報告（その2）」総合都市研究第61号　東京都立大学都市研究所（平成8年12月）
26. 『阪神・淡路大震災誌』朝日新聞社編（平成8年2月）

【第5節　第5款　被害想定】
1. 河角広「関東南部地震69年周期の証明とその発生の緊迫度ならびに対策の緊急性と問題点」地學雑誌 Vol. 79, No. 3 (777)　㈳東京地学協会（昭和45年）
2. 「衆議院会議録」第46回国会　災害対策特別委員会第13号（昭和39年）
3. 「大地震時における総合的被害予測モデルに関する研究」建築研究報告No.78（昭和52年3月）

参 考 文 献

4．岡田光正、吉田勝行、柏原士郎、辻正矩「大震火災による人的被害の推定と都市の安全化に関する研究」日本建築学会論文報告集第275号（昭和54年1月）
5．「震災対策に関する行政監察結果報告書」行政管理庁行政監察局（昭和57年12月）
6．「地震に関する地域危険度測定調査（概要）」東京都総務局（昭和47年～48年）
7．「多摩地域の地震に関する地域危険度測定調査（概要）」東京都都市計画局（昭和52～53年）
8．「地震に関する地域危険度測定調査報告（区部第2回）」東京都都市計画局（昭和59年）
9．「地震に関する地域危険度測定調査報告（多摩第2回）」東京都都市計画局（昭和62年）
10．「地震に関する地域危険度測定調査報告（第3回）」東京都都市計画局（平成5年）
11．「地震に関する地域危険度測定調査報告書（第4回）」東京都都市計画局（平成10年）
12．「地震に関する地域危険度測定調査報告書（第5回）」東京都都市計画局（平成14年）
13．「東京都震災対策条例」東京都（平成12年12月）
14．「神奈川県地震被害想定調査報告書（総合）」神奈川県（昭和61年3月）
15．「昭和58年度千葉県大規模地震被害想定調査（第4次調査）報告書」千葉県総務部消防防災課（昭和59年3月）
16．「埼玉県地震被害想定策定調査報告書（昭和55年度概要書）」埼玉県（昭和56年3月）
17．「東海大地震を想定した愛知県における被害の予測調査報告書（その2）」愛知県防災会議地震部会（昭和53年5月）
18．「東海地方における大地震の被害予測に関する研究」村松郁栄『自然災害特別研究研究成果№.A-56-3』自然災害科学総合研究班（昭和56年5月）
19．「地震発生時における情報収集伝達のあり方についての調査研究」京都市防災会議（昭和61年6月）
20．ヤルコン・ユスフ、加藤孝明、小出治「自治体のための計画策定支援型地震被害想定システムの構築」地域安全学会論文集№.1（平成11年11月）
21．荏本孝久、蓮池大悟、天国邦博、望月利男「阪神・淡路大震災における被害の時系列追跡調査」総合都市研究第72号東京都立大学都市研究所（平成12年7月）

（復興計画）
1．「阪神・淡路震災復興計画」兵庫県阪神・淡路大震災復興本部総括部計画課（平成7年7月）
2．「阪神・淡路大震災復興計画最終3か年推進プログラム～成熟社会につなぐ創造的復興～」兵庫県（平成14年12月）
3．「生活復興調査調査結果報告書」兵庫県（平成13年度）
4．「神戸市復興計画」神戸市（平成7年6月）
5．「市街地整備のための環境カルテ」神戸市（昭和53年）
6．「これからのまちづくりのためにコミュニティ施設地図」神戸市都市計画局（平成4年3月）
7．「街の復興カルテ　1998年度版」㈶阪神・淡路大震災記念協会（平成11年3月）

参考文献

8. 「都市再生のための防災まちづくり」密集市街地再生戦略防災都市づくり研究会（平成12年2月）
9. 「安全と再生の都市づくり―阪神・淡路大震災を超えて―」㈳日本都市計画学会　防災・復興問題研究特別委員会（平成11年2月）
10. 「既成市街地における土地区画整理事業に関する調査・研究」神戸市都市計画局区画整理部区画整理課（平成13年3月）
11. 「防災都市づくりに向けた提言」㈳日本プロジェクト産業協議会（JAPIC）（平成8年4月）
12. 「災害に強いまちづくりと災害救助のあり方　みどりと福祉の防災都市をめざして」全日本自治団体労働組合（平成7年8月）
13. 台　健「明治期の都市計画法制」レファレンス442号（昭和62年11月）
    台　健「震災復興の都市計画」レファレンス456号（平成元年1月）
14. 中井浩司、小出治、加藤孝明「神戸・区画整理事業地区の復興まちづくりの実態―「まちづくり提案」に着目した協議会活動資料の分析を通して―」日本建築学会計画系論文集（平成15年7月）
15. 加藤孝明、石黒哲郎他「速やかな復旧・復興可能にする都市計画・都市のあり方を考える　事前復興都市計画の長期的視点の評価と復旧復興推進策の評価」第2回直下型地震災害総合シンポジウム（平成9年11月）
16. 「阪神・淡路大震災の復興をめぐる集中討議と提案―まちづくりとすまいづくりの連携をめざして―」住宅総合研究財団研究年報（平成9年）
17. 「事前・事後の防災・復興都市計画（第6回公開研究会）」日本建築学会（地震防災総合研究特別調査委員会、都市防災・復興方策検討小委員会）（平成15年10月）
18. 小林郁雄「事前・事後の防災・復興都市計画（第6回公開研究会）参考資料」日本建築学会（平成15年10月）
19. 中林一樹「都市の地震災害に対する事前復興計画の考察―東京都の震災復興戦略と事前準備の考え方を事例に―」総合都市研究第68号　東京都立大学都市研究所（平成11年3月）
20. 「都市復興マニュアル」東京都都市計画局（平成9年5月）
21. 「生活復興マニュアル」東京都総務局（平成10年1月）
22. 「震災復興マニュアル」東京都（平成15年3月）
23. 中林一樹他「都市研究所共同研究Ⅲ　シンポジウム（第2回）記録：震災復興計画の策定プロセスと復興まちづくりの初動対応」総合都市研究第68号　東京都立大学都市研究所（平成11年3月）

（その他）
1. 「平成7年兵庫県南部地震被害調査中間報告書」建設省建築研究所（平成7年8月）
2. 「平成7年兵庫県南部地震被害調査最終報告書　第1編　中間報告書以降の調査分析結果」建設省建築研究所（平成8年3月）
3. 「平成7年兵庫県南部地震被害調査報告書（概要版）」建設省建築研究所（平成8年3月）

参考文献

4．「総合都市研究 No.77」東京都立大学（平成14年3月）
5．「阪神・淡路大震災における同時多発火災に対する消防活動について　災害の研究第28巻」災害科学研究会編　損害保険料率算定会（平成9年）
6．「（火災予防審議会答申）地震時における災害情報に関する課題と対策」東京消防庁火災予防審議会（平成元年3月）
7．「東京消防庁の震災対策」東京消防庁防災部防災課（平成14年3月）
8．「兵庫県南部地震における神戸市内の市街地火災調査報告（速報）」自治省消防庁消防研究所（平成7年3月）
9．「阪神・淡路大震災と神戸の地盤―「神戸　JIBANKUN」の構築ならびに地盤と被害の分析―」神戸市　㈶建設工学研究所（平成11年3月）
10．「都市災害の情報問題―その1―」東京大学新聞研究所「災害と情報」研究班（昭和62年3月）
11．「大都市大震災の国民生活へのインパクト分析に関する基礎的調査―地震災害の量的分析へのアプローチと地震災害・防災活動の項目―」資料第103号　科学技術庁資源調査所（昭和58年1月）

第2章

【第2節　避難所】

1．柏原士郎＝上野敦＝森田孝夫編著『阪神・淡路大震災における避難所の研究』大阪大学出版会（平成10年1月）
2．「都市防災施設基本計画―防災生活圏の形成―」東京都防災会議（昭和56年）
3．「東京都地域防災計画　震災編（平成15年修正）」
4．「大震火災時における避難場所等の指定及び避難道路一部指定変更」東京都都市計画局都市防災部防災都市づくり推進課（平成14年12月）
5．「大震火災時における避難システムの総合研究」東京都総務局災害対策部企画課（昭和59年7月）
6．浜田稔「東京大震大災への対応　―主として現状および将来の避難計画―」㈳日本損害保険協会（昭和49年3月）
7．「東京都大震火災時避難に関する研究（その3）」東京都防災会議（昭和42年12月）
8．「東京都大震火災時避難に関する研究（その4）」東京都防災会議（昭和44年3月）
9．「都市直下型地震を踏まえた安全まちづくりの推進方策検討調査報告書」建設省都市局㈶都市防災研究所（平成9年3月）

【第3節　仮設住宅】

1．「災害救助の実務（平成8年版）」厚生省社会・援護局保護課
2．「阪神・淡路大震災　応急仮設住宅管理の記録」神戸市住宅供給公社（平成12年3月）
3．「神戸市　応急仮設住宅資料」（平成9年12月）

参考文献

【第4節　がれき】
1．「災害廃棄物処理事業業務報告書」神戸市環境局（平成10年3月）
2．「災害廃棄物処理事業業務報告書（資料集）」神戸市環境局（平成10年3月）
3．『土木学会　阪神・淡路大震災調査報告』「第4章　廃棄物処理　4.3　被害・機能障害と波及／4.6　災害廃棄物の発生とその対策／4.7　災害に強い廃棄物処理システムをめざして」（平成9年9月）
4．春風敏之、小堀豊　阿多修、英保次郎「兵庫県における災害廃棄物について」廃棄物学会講演論文集（災害廃棄物フォーラム）兵庫県生活文化部環境局環境整備課（平成8年4月）
5．笠原敏男「神戸市における災害廃棄物の空間確保について」廃棄物学会講演論文集（災害廃棄物フォーラム）神戸市（平成8年4月）
6．藤原輝夫「神戸市の災害廃棄物対策」廃棄物学会誌第6巻第5号（平成7年）

第3章

【第2節】
（集団移転法関係）
1．「衆議院災害対策特別委員会議事録」（昭和47年7月）
2．「参議院災害対策特別委員会議事録」（昭和47年8月）
3．友田　昇「防災のための集団移転促進事業に係る国の財政上の特別措置等に関する法律について」季刊防災第43号　全国防災協会（昭和48年3月）
4．西崎増夫「47年発生大規模災害と集団移転」『季刊防災第44号』全国防災協会（昭和48年5月）

（関東大震災関係）
1．『帝都復興事業誌　緒言・組織及法制編』復興事務局（昭和6年3月）
2．『帝都復興事業誌　土木編（上・下）』復興事務局（昭和6年3月）
3．『帝都復興事業誌　建築編・公園編』復興事務局（昭和6年3月）
4．『帝都復興事業誌　土地区画整理編』復興事務局（昭和6年3月）
5．『東京・横浜復興建築図集』丸善（昭和6年2月）
6．『帝都復興事業図集』東京都（昭和5年3月）
7．『帝都復興事業大観（上・下）』東京市政調査会監修・日本統計普及会（昭和5年3月）
8．福岡俊治『東京の復興計画』日本評論社（平成3年7月）

【第3節～第5節】
1．「阪神・淡路大震災都市の再生」日本都市計画学会（平成7年5月）
2．「阪神・淡路大震災と今後の復興に向けての提言」都市計画第193号　日本都市計画学会（平成7年3月）
3．「阪神・淡路大震災復興に向けての緊急提言」土木学会・土木計画学研究委員会（平成7

参考文献

年3月)
4. 「阪神・淡路大震災からの都市復興のための緊急提言」日本建築学会近畿支部・復興まちづくり計画系合同研究会(平成7年3月)
5. 「建築および都市の防災性向上に関する提言—阪神・淡路大震災に鑑みて—(第三次提言)」日本建築学会(平成10年1月)
6. 「都市居住の復興—阪神大震災・都市住宅復興に対する緊急提言—」都市住宅学9号 都市住宅学会(平成7年1月)
7. 「阪神大震災住宅復興への提言」都市住宅学10号 都市住宅学会(平成7年夏)
8. 「阪神・淡路大震災からの復興計画の策定に対する提言」地域安全学会ニュースレター第18号 地域安全学会(平成7年2月)
9. 「地震防災総合研究特別調査委員会報告書」日本建築学会(平成16年3月)
10. 日本建築学会地震防災総合研究特別調査委員会都市防災・復興方策検討小委員会第6回公開研究会発表 小林郁雄(まちづくり株式会社コー・プラン)「阪神・淡路大震災における『復興計画』の8年—過程・教訓・展望—」/持丸 洋(東京都総務局総合防災部)「『東京都震災復興マニュアル』における東京の復興まちづくりの考え方—地域復興協議会・協働復興区・時限的市街地づくり—」/中林一樹(東京都立大学)「事前の防災都市計画と事後の復興都市計画の関係論—東京の震災復興グランドデザインと防災都市づくり推進計画から—」(平成15年10月)
11. 「既成市街地における土地区画整理事業に関する調査・研究」神戸市都市計画局区画整理部区画整理課(平成13年3月)
12. 「協働のまちづくりすまいづくり 1995→2000」神戸市都市計画局(平成12年3月)
13. 「震災復興グランドデザイン」東京都都市計画局(平成13年5月)
14. 「防災都市づくり推進計画(基本計画)」東京都都市計画局(平成15年10月)
15. 「防災都市づくり推進計画(整備プログラム)」東京都都市計画局(平成16年3月)
16. 「阪神・淡路大震災における消防活動の記録(神戸市域)」神戸市消防局(平成7年5月)
17. 江平昭夫「東京都における防災都市づくりの痕跡と系譜—江東防災拠点を中心にして」月刊「建築防災」No.258(平成11年8月号)
18. 「平成8年度 東海地震等からの事前復興計画策定調査報告書」国土庁防災局(平成9年3月)
19. 「平成9年度 東海地震等からの事前復興計画策定調査報告書」国土庁防災局(平成10年3月)

Disaster Prevention Administration and City Planning

Abstract

Disaster reduction is a major goal of modern urban planning. This is particularly for Japanese cities that throughout history have accumulated districts of crowded wooden buildings vulnerable to disasters such as fires, earthquakes and floods. Protecting the lives and assets of our citizens from these disasters has been of great importance to successive governments. The formulation and implementation of urban planning policies and measures have been based on the lessons learned in the aftermath of major disasters, including the Great Kanto Earthquake of 1923, war, and major fires.

The Great Hanshin-Awaji Earthquake, however, struck the city of Kobe and its surrounding areas, resulting in thousands of causalities. Both the national and local governments undertook emergency life-saving, first aid, rehabilitation and reconstruction activities. Later reviews of the effectiveness of these actions prompted the governments to drastically change their disaster-related laws, systems and operations, to enable the full recovery of the affected areas. Yet, problems and challenges remain to be addressed.

The purpose of this thesis is to structurally examine and analyze the relationship between urban planning for disaster reduction and three disaster-reduction measures: a) initial emergency disaster relief activities (life-saving, first aid and fire-fighting activities), b) rehabilitation measures, and c) reconstruction measures. The author hopes that this study will help increase the effectiveness of disaster reduction programs in Japan.

Chapter 1 focuses on emergency measures during the initial stage of a disaster (initial response systems) and city planning. Administrative measures for disaster reduction are divided into three categories: planning theory, organization theory, and information & communication systems. The measures and systems taken before the Great Hanshin-Awaji Earthquake are examined from a historical perspective. The author then examines how the government acted after the Great Hanshin-Awaji Earthquake, what problems it faced in exercising emergency measures effectively, and how it can improve those measures.

Improvements have been be made in the following areas. Firstly, the cabinet functions should be strengthened and in particular, the prime minister should be given more power. If a major civil disaster befalls a city, the central government should lead the emergency responses and establish a "top-down" system even if the basic responsibility for the disaster reduction measures is attributed to the local administrations. Measures taken include:

1) The establishment of the Headquarter for the Emergency Task Force of all the cabinet ministers, chaired by the prime minister;

2) The empowerment of the prime minister, as the chairman of the Headquarter for the Emergency Task Force, to order ministries and agencies to take emergency measures;

3) The establishment of the Emergency Gathering System to enable high-ranking officers in the ministries responsible for emergency activities to immediately gather at the prime minister's office in the event of an emergency, to plan and draft an emergency plan and give instructions on the measures to be carried out;

4) The establishment of the Risk Management Team in the Prime Minister's Office; and

5) The establishment of a system to gather and supply disaster information to the Prime Minister's Office.

Secondly, the cabinet office should gather information promptly and comprehensively. Systems for reporting information and systems essential for the government to make immediate and proper decisions did not function adequately because the systems of the local governments themselves were damaged. Following a review, improvements to these systems of reporting and gathering information in the ministries and agencies responsible were made. These included: 1) constructing multiplex information systems, 2) gathering disaster information by airplanes and helicopters, 3) acquiring information on the devastated areas by airplanes or helicopters, 4) utilizing television images, and 5) utilizing satellite communication systems.

In addition, systems of sharing disaster information between ministries and agencies responsible for gathering information were improved by: 1) adding new institutions to the traditional Disaster Prevention Radio Communications System, to improve the effectiveness of reporting, 2) connecting the Disaster Prevention Radio Communication System to the Municipal Disaster Administration Communication System; 3) opening access for secondary emergency ministries and agencies to the Communication System, and 4) gathering primary information from public institutions and reporting it to the Prime Minister's Office.

Thirdly, the government should be able to swiftly take crucial emergency measures in the immediate aftermath of an earthquake in an urban area. Improvements to facilitate a more rapid initial response include: 1) speeding up the acquisition of useful information through information systems, 2) enabling the supply of residences to the public officers responsible for disaster reduction near their offices, 3) enabling not only the governor of the prefecture but also the mayors of the cities, towns and villages to request the dispatch of Self Defense Forces, and 4) clarifying the conditions for the dispatch of the Self Defense Forces to the devastated areas.

Fourthly, inter-governmental support systems should be established to gather wide support from other emergency institutions. The Hanshin-Awaji Earthquake paralyzed the functions Kobe, both as a city and as the prefectural capital of Hyogo. Extensive support from other emergency institutions, police and fire departments was required in the devastated area. The following improvements have been made to prepare for disasters of similar scale: 1) the establishment of wide-range rescue teams from the police department; 2) the establishment of wide-range rescue teams from the fire-fighting department; 3) clarification of the rules for dispatching Self Defense Forces to the devastated areas; and 4) gathering and reporting of disaster information by plane or helicopter to the headquarters of the central government.

In addition to these conventional improvements, the central government introduced a new system named DIS (Disaster Information System). DIS predicts and indicates the scale of the damage in the devastated areas within 30 minutes after an earthquake occurs. By utilizing DIS, emergency authorities can promptly dispatch rescue teams to the devastated areas.

The Act for Densely Inhabited Areas Improvement for Disaster Mitigation was enacted in 1997, based on lessons learned from the Hanshin-Awaji Earthquake. DIS should be utilized in deciding the priority of each district. By using DIS and inputting data on population, age, type and vulnerability level of buildings, a more accurate estimate of damage can be obtained, and projects can be initiated in the most vulnerable districts.

In Chapter 2 the author analyzes rehabilitation activities. Urban planning is seen by many to be a permanent land use plan which is only concerned with the planning of permanent public facilities; it does not plan for temporary shelters and other similar facilities for temporary use. After the Great Hanshin-Awaji Earthquake however, local governments faced enormous demands for shelters, temporary houses, debris removal and other temporary use of land. The author thus examines the issue and proposes that the government should establish a new scheme to secure enough temporary houses, shelters, and sites for the temporary storage or dumping of cleared debris.

(1) Shelters

A survey of evacuees in shelters in the central 5 wards of Kobe City showed that local government had to assign additional new shelters as demand greatly outstripped supply. The average shortfall was as high as 70% in terms of the number of shelters (the number of shelters designated before the earthquake/all shelters), and 40% in terms of the number of evacuees (the number of evacuees to the initially-designated shelters / all evacuees).

Most shelters designated before the earthquake were public schools, each of which could accommodate about 1,100 persons (on average). The additional shelters were community centers, welfare institutes and other public or private facilities, which could accommodate only about 240 persons on average.

The survey revealed that there was a strong correlation between a) the ratio of lost or damaged buildings and the ratio of wooden houses to all buildings, and b) the ratio of lost or damaged wooden houses and the ratio of wooden houses to all houses. Access to the shelters was also a crucial factor. Most earthquake victims preferred shelters within the elementary or junior high school districts or within 500 to 700 meters from where they had lived. Shelters built in remote areas were not favored.

(2) Temporary housing

A study of the process of temporary housing construction after the earthquake revealed several important findings: 1) local governments had to open many new temporary housing urgently; 2) temporary housing construction lagged and there was a shortage of shelters; 3) it was critical to swiftly obtain land to build temporary housing on; and 4) local governments responsible for the construction had to consider the special needs of the elderly and the disabled who were forced to live there. In the case of the Great Hanshin-Awaji Earthquake, it was an extremely difficult risk management task for the government to secure enough sites for the temporary houses because so many houses had been destroyed and so many people required temporary housing.

The correlation between the number of temporary housing users and the three ratios of; 1) the ratio of damaged houses to all houses, 2) the ratio of the lost or damaged wooden houses to all wooden houses, and 3) the ratio of wooden houses to all houses in the central five wards has been calculated. The correlation coefficient was the highest for 3) and thus a temporary housing coefficient of (0.0067 × the ratio of the wooden houses to all the houses × 0.2143) was yielded. Over 80% of both the number of temporary houses and their sites were located in the new built-up areas of the suburbs. Only less than 20% of temporary houses were located in the built-up areas where the victims used to live and wanted to continue to live.

(3) Debris removal

The Great Hanshin-Awaji Earthquake highlighted a new and important issue: neither the central nor local governments had any plans or measures covering earthquake debris removal in their disaster reduction programs. There was no basic unit for measuring the amount of debris generated by a disaster in any Japanese city before the Great Hanshin-Awaji Earthquake. As a result, the local governments were at great pains to estimate the volume of debris to be handled, and several times they had to recalculate the volume of debris to be removed. As a result, the basic factors of 0.6 for wooden buildings, 1.5 for RC buildings and 1.1 for steel-framed buildings were obtained. These figures are higher than those measured in ordinary waste management census, which are 0.4, 0.9, and 0.9, respectively. Now that governments have data about the ratio of destroyed buildings to all buildings, which includes data concerning both structure and building age, they can use the DIS system to estimate the volume of rubble that would be formed in the aftermath of a large earthquake in a built-up urban area.

Chapter 3 covers urban reconstruction plans. Firstly, the author focuses on how the central government took legislative and institutional risk management measures to cope with catastrophic disasters.
Secondly, the author examines the activities of the city of Kobe, including what kind of urban planning methods were introduced, how the reconstruction areas were chosen, what were the purpose of the plans, how those plans would achieve their final goals, and how those plans could reach consensus with landowners and other interested parties.

There are two contradictory principles for carrying out the reconstruction plans. One is the principle of "speed," to enable the early recovery of urban functions and day-to-day life. The other is the city's "disaster-resistance," which is a measure of the city's level of preparedness.

The author classifies urban reconstruction plans into the following three types:

1) recovery to the pre-earthquake status quo and expansion of public roads and parks, 2) community-level disaster-reduction plans, and 3) regional or wide-area risk management (e.g. transporting emergency patients by helicopter to hospitals in the region that have spare capacity). Of these three, "disaster-resistance" would be the lowest in Type 1 plans, but the highest in Type 3 plans.

Most of the reconstruction plans in Kobe were Type 1 plans, largely due to the fact that the reconstruction project areas were built-up areas. Displaced citizens wished to reconstruct their houses on their original sites, leading to a shortage of land for other purposes — especially for disaster reduction. Kobe City wanted to promote Type 2 community disaster-reduction programs but failed in most cases, except for two projects (the Shin Nagata Project and the Rokkohmichi Project).

The author believes that Type 3 projects are the most crucial for Kobe to make the city truly disaster-resistant. The city however, managed to build only one heliport not in a built-up area but in the waterfront. This plan and other regional emergency preparedness plans are urgent tasks facing Tokyo and other large cities. Such tasks need to be completed before the next major earthquake strikes high-density urban areas with devastating effect.

Chapter 4 gives a conclusion and outlook. First, the author summarizes the relationship between the central government and local governments in disaster administration. The role of the central government is divided into three fields: legislative, institutional and financial. Because of the magnitude of the Great Hanshin-Awaji Earthquake, the central government was heavily involved in all three aspects.

The author then makes several proposals for relationships between disaster-reduction measures and urban planning. First, to prevent catastrophic damage in built-up urban areas, it is important to adopt the DIS system and promote the redevelopment of the parts of the city where small, old wooden houses are crowded into areas where insufficient space is devoted to roads and parks. Second, further studies should be conducted to find ways to introduce "spare" urban planning to insert shelters, temporary housing and debris removal into the scope of urban planning. Finally, further studies should be conducted into rehabilitation and reconstruction plans to be put in place prior to a civil disaster.

事項索引

(( )付数字は巻末折図の頁)

あ行

天草大災害 ……………………………223
一次避難地 ……………………………157
運輸省 ……………………………193, 204
FEMA（連邦危機管理庁、連邦緊急事態管理庁）……………90, 107, 108, 112, 120
延焼遮断効果 ……………………255, 259
応急仮設住宅…………83, 159, 171, 172, 174
応急対策支援システム（EMS）……122, 126
大蔵省 ……………………………………206

か行

海上自衛隊 ……………………………175
海上保安庁 ………………………………99
改良住宅 ……………………………176, 177
囲い込み住宅 …………………………340
仮設住宅 ……………7, 149, 171, 173, 181, 184, 189, 213, 355, 361
過密大都市 ………………………………51
がれき ………191, 204, 207, 208, 243, 355
がれき処理 …………………83, 213, 361
簡易型地震被害予測システム …………128
官邸 ………9, 54, 58, 68, 72, 87〜90, 93, 97
関東大震災………1, 53, 147, 156, 172, 191, 193, 208, 220, 234, 241, 254, 302
関東大震災及び阪神・淡路大震災被害比較
……………………………………257
危機管理チーム …………………………57
気象庁 ……………73, 87, 89, 95〜97, 99, 210
旧都市計画法 …………………147, 254, 255
共同建替事業 …………………………337
緊急災害対策本部……10, 11, 18, 20, 32, 46, 47, 49, 57, 58, 68, 83, 94, 106, 145, 238
緊急参集チーム ……………………57, 87
緊急消防援助隊 ……………………61, 101
緊急輸送 ………………………………121
国 ………………37, 38, 73, 87, 116, 356
警察庁………………18, 20, 37, 38, 54, 56, 69, 89, 90, 99, 100
警察庁防災業務計画 ……………………20, 69
激甚災害に処処するための特別の財政援助等に関する法律 ……………………196
激震被害状況図 ………………………250, (1)
限時的建築制限論 ……………………267, 271
原状回復・公共施設拡充型 …………323, 326
建設省 ……………………………175, 193, 204
建築基準法第84条 ……………263, 266, 318, 319, 320, 344, 356
建築物の耐震改修の促進に関する法律 …229, 231, 364
現地対策本部 ……………………49, 84, 238
広域危機管理型 ………………323, 326, 340
広域緊急援助隊 ………………………61, 70, 100
広域集中体制 ……………………………54, 61
広域避難地 ……………………155, 156, 162
公営住宅 …………………………176〜180
公園率 ……………………………255, 259
公社住宅 ………………………………176, 180
厚生労働省（厚生省）………192〜194, 204, 206
公団住宅 …………………………176〜179
神戸市……………1, 29, 42, 54, 56, 78, 149, 150, 159, 172, 175, 189, 203
（神戸市）震災復興緊急整備条例……263〜265, 293, 318
神戸市地域防災計画 …………151, 158, 191
国土交通省 ………………………………54, 211
国土庁 ……18, 34, 37, 38, 54, 56, 64, 66, 67, 71,

事項索引

　　　　　86, 88～90, 93, 96, 97, 99, 121, 128, 305
国土庁長官 ………………………………45, 48
国土庁防災業務計画……………………19, 64, 86
国土地理院 ……………………………250, 259
国家公安委員会 …………………………20, 69
コミュニティ防災型 ………323, 324, 326, 335
雇用促進住宅 ………………………………177

さ 行

災害救助法 …………………………………171
災害時空地管理システム …………………215
災害対策基本法………………2, 3, 10, 11, 15, 18, 32,
　　　　　46, 47, 58～60, 74, 84,
　　　　　148, 150, 191, 229, 341
災害対策本部 ……………10, 11, 23, 26, 29, 33,
　　　　　75～82, 145, 191
災害廃棄物………………………205, 207～209
災害廃棄物推進協議会 ……………………203
災害派遣……………18, 24～26, 38, 63, 73, 74, 99
GIS（地理情報システム）……………9, 63, 107,
　　　　　109～111, 133, 146
自衛隊……………………18, 24, 38, 42, 54, 55, 59,
　　　　　61, 63, 74, 85, 99, 106, 198
自衛隊法 …………………………………24, 38
市街地再開発事業 ……133, 232, 249, 273, 275,
　　　　　280, 288, 289, 344, 346, 349
市街地住宅密集地区再生事業 …133～135, 137
自主派遣 ………………………………55, 59
地震被害早期評価システム（EES）
　　　　　………………………122, 126, 131
自然災害……………………2, 5, 12, 109, 111, 218
事前復興計画 ………302, 305, 306, 345, 349, 362
事前復興計画論 ………………302, 303, 343
自治省 ……………………………………22, 71
市町村防災会議 …………………………11, 15
死亡推定時刻 ………………………………52
集団移転法 ……………………………223, 224
重点復興地域 …………………266, 268, 278

瞬時判断型被害予測システム …120, 126, 127
準防火地域 …………………………254, 255
消防研（消防研究所）……………128, 129, 143
情報収集連絡システム ………35, 95, 105, 145
消防庁 ………………………18, 22, 37, 38, 54, 56,
　　　　　71, 89, 90, 101, 102
消防庁防災業務計画 ……………………22, 71
初　動 ………37, 38, 44, 105, 107, 144, 357
初動体制 ……………………………9, 20, 56, 91
震災復興促進区域 …………265, 266, 268, 278
震災復興グランドデザイン …308, 310, 311
震災復興市街地・住宅整備の基本方針
　　　　　………………………262, 318, 319
震災復興土地区画整理事業 ……262, 263, 272,
　　　　　280, 296～298, 301, 321,
　　　　　324, 337, 339, 345
迅速性の原則 …………317, 320, 321, 340, 344
新長田地区 …………………………………261
スペア都市計画論 ………………147, 213, 216
須磨区 ………………………………………250
戦災復興土地区画整理事業 …1, 147, 162, 255,
　　　　　257, 259～261, 318, 345
総務省 ………………………………………71
総理府（内閣府）……………………18, 239, 240
即時・多角的情報収集と情報集中 ……54, 58

た 行

大規模地震対策特別措置法 …………119, 155,
　　　　　229, 231
耐震改修 …………………………………364, 365
耐震基準 …………………………………49, 144
耐震診断 …………………………………161, 364
大都市震災対策推進要綱 ……………117, 132
鷹取地区 …………………………………261
立川広域防災基地 ………………………68, 94
地域防災計画……………14, 16, 17, 28, 56, 62, 76,
　　　　　78, 105, 145, 149, 152, 155
地区計画 …………………………………249, 280

地方公共団体……… 54, 114, 141, 143, 203, 350
地方防災会議…………………… 10, 14, 31, 145
中央防災会議 …………… 10, 11, 14, 18, 31, 47,
                              61, 117, 145, 155
中央防災無線………………… 54, 65, 96, 105
重畳的判断必要型被害予測手法
    ………………………………… 117, 126, 127
地理情報システム(GIS) …………… 9, 63, 107,
                              109〜111, 133, 146
地理防災情報システム(DIS) …… 9, 120〜126
                              129〜132, 144, 146, 357, 360
DIS ……………………………………… 9, 120〜126,
                              129〜132, 144, 146, 357, 360
帝都震災復興計画 ………………………… 302, 303
帝都復興院(官制)……………… 220〜222, 234,
                              235, 236, 239, 241
帝都復興審議会 ………………… 221, 234, 303
東海地震対策 ……………………………………… 156
東部新都心区画整理事業 ……………………… 340
道路率 ……………………………………………… 255
特別都市計画法 ………………… 147, 221, 222
特命(大臣)室 ………………………… 49, 50, 238
都市基盤整備公団(住宅・都市基盤公団)
    ………………… 140, 143, 233, 291, 294, (14)
都市計画 ………… 3, 6, 7, 136, 142, 147, 148,
                              213, 216, 232, 237, 255, 264,
                              266, 295, 346, 348, 356, 363
都市計画法(都計法) …… 2, 148, 273, 293, 363
都市再生本部 ………………… 140, 141, 142
土地区画整理 ……………………………………… 221
土地区画整理事業… 12, 133, 232, 233, 249, 255,
                              260, 261, 267, 268, 270, 273, 274,
                              280, 288, 289, 302, 344, 346, 349
都道府県防災会議………………………… 10, 15, 32

な 行

内　閣……………………………………… 48, 57, 58
内閣官房危機管理チーム ………………… 58, 91

事 項 索 引

内閣機能 ……………………………… 53, 56, 57, 83
　──の強化……………………………… 53, 57, 83
内閣総理大臣……………… 45〜48, 53, 57, 58, 75,
                              83〜86, 90, 93, 94, 99, 106,
                              145, 155, 202, 221, 248, 351
内閣府 ……………………………………… 64, 88, 210
長田区 ……………………………………………… 250
灘北第二住宅 ……………………………… 340, 341
二段階都市計画論 ………………… 270, 271, 289,
                              294, 296, 298, 344

は 行

派遣要請………………………………………… 55, 59, 74
阪神・淡路震災復興計画(ひょうご
　フェニックス計画)……………………………… 277
阪神・淡路大震災 ………………… 1, 45, 51, 56, 62,
                              84, 95, 99, 136, 142, 147,
                              149, 159, 172, 187, 190, 226, 254
阪神・淡路大震災復興の基本方針及び
　組織に関する法律 …………… 202, 227, 231,
                              240, 242, 283
阪神・淡路地域の復旧・復興に向けて
　の考え方と当面講ずべき施策
    …………………………………… 243, 248, 284
阪神・淡路地域の復興に向けての取組方針
    …………………………………… 246, 248, 285, 288
阪神・淡路復興委員会 ……………………… 202,
                              240〜243, 248, 273
阪神・淡路復興対策本部 ………………… 202,
                              239, 240, 243, 283, 287
東灘区 ……………………………………………… 250
被災市街地復興特別措置法 …… 226, 227, 232,
                              245, 269, 289, 290, 292, 321
被災抵抗力 … 255, 257, 259, 321, 346, 357, 363
　──の原則 ……………………………… 317, 321, 322
非常災害対策本部……… 10, 11, 14, 18〜20, 32,
                              37, 45, 47〜49, 75
非常参集 …………………… 19, 37, 86, 95, 106

事 項 索 引

非常参集システム ………10, 33, 54, 57, 145
非常参集要員………………………37, 86, 87
非常対策要員(の参集) ………9, 83, 86, 87, 95
避難圏………………………………168, 169
避難者(対策)………………………………157
避難所 ………7, 148〜150, 152, 159, 161〜163,
　　　172, 181, 184, 190, 213, 243, 347, 360
避難地………………………154〜159, 162, 214
避難率………………………………163, 166, 168
兵庫県………………28, 42, 56, 176, 203, 205, 294
兵庫県警察本部(兵庫県警) ………42〜44, 54
兵庫県地域防災計画 ………………………28, 76
兵庫県南部地震 ……………49, 50, 200, 201, 239
兵庫県南部地震緊急対策本部 ……………48, 49
兵庫県南部地震災害廃棄物対策三省連絡会
　　　………………………………193〜195, 205
復興委員会 …………………………………240, 273
復興院構想 …………………………………………239
復興局 ………………………………………………234
復興計画………6〜8, 124, 218, 241, 273, 277,
　　　288, 294, 302, 315, 344, 355, 359
復興事務局 …………………………………………234
復興10カ年計画 ……………………242, 247, 274
復興特定事業 ………………………274, 279, 287, 356
復興特別事業 ………………………………………274
防衛庁(防衛省)……………18, 23, 38, 56, 72,
　　　73, 75, 84, 93, 100
防衛庁(防衛省)防災業務計画 …23, 59, 61, 72
防火地域 ……………………………………254, 255
防火地區 ……………………………………………258
防災街区 ……………………………136, 140, 141
防災街区整備地区計画 ……………………………140
防災基本計画 ……5, 11, 14〜16, 56, 61, 62, 96,
　　　105, 145, 151, 152, 155, 191, 305
防災行政作用……5〜7, 15, 31, 35, 56, 193, 218
防災行政無線………………………………………54
防災業務計画 ………11, 14〜18, 56, 62, 64, 69,
　　　71, 105, 145, 152, 155, 191
防災再開発促進地区 ………………………………136
防災生活圏 …………………………………………335
防災対策 …………………………3, 4, 9, 10, 56, 356
防災都市計画 …………………………………2〜4
防災都市づくり推進計画 …………………308, 311
防災問題懇談会………………………83, 111, 120
ボランティア…………………………………64, 124

ま 行

まちづくり協議会 …………………296, 298, 343
松本地区 ……………………………………………297
御菅地区 ……………………………………………261
密集市街地 …………………………133, 143, 349
密集市街地における防災街区の整備の
　促進に関する法律(密集市街地法) ……10,
　　　136, 141, 142, 230, 231
密集住宅市街地整備促進事業 …134, 137, 138
木造密集市街地……………132, 133, 140〜142,
　　　144, 146, 359, 365
木造率 ………………………………………………168
森南地区 ……………………………………………261

ら 行

ライフライン……………………………38, 124
リスクマネジメント…3, 57, 162, 185, 191, 197,
　　　204, 219, 223, 233, 234, 241, 302
六甲道地区 …………………………………………261

図3-3-3 市調査と学会調査比較図

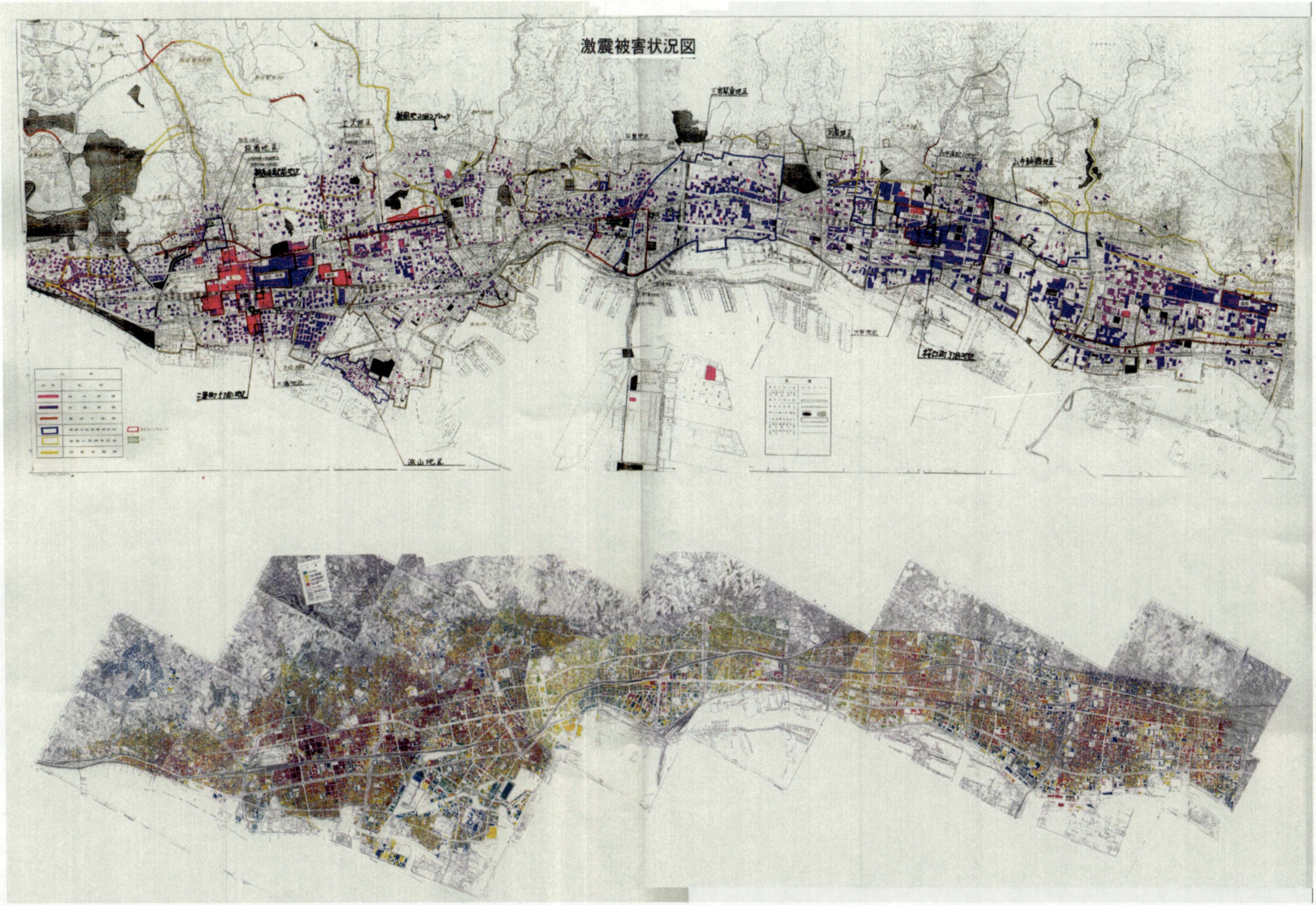

激震被害状況図

(上段:神戸市資料/下段:建築学会資料 注) 3-3-3の上段凡例は3-3-6、下段は3-5-5の凡例と同様

図3-3-4 関東大震災時の防火地区

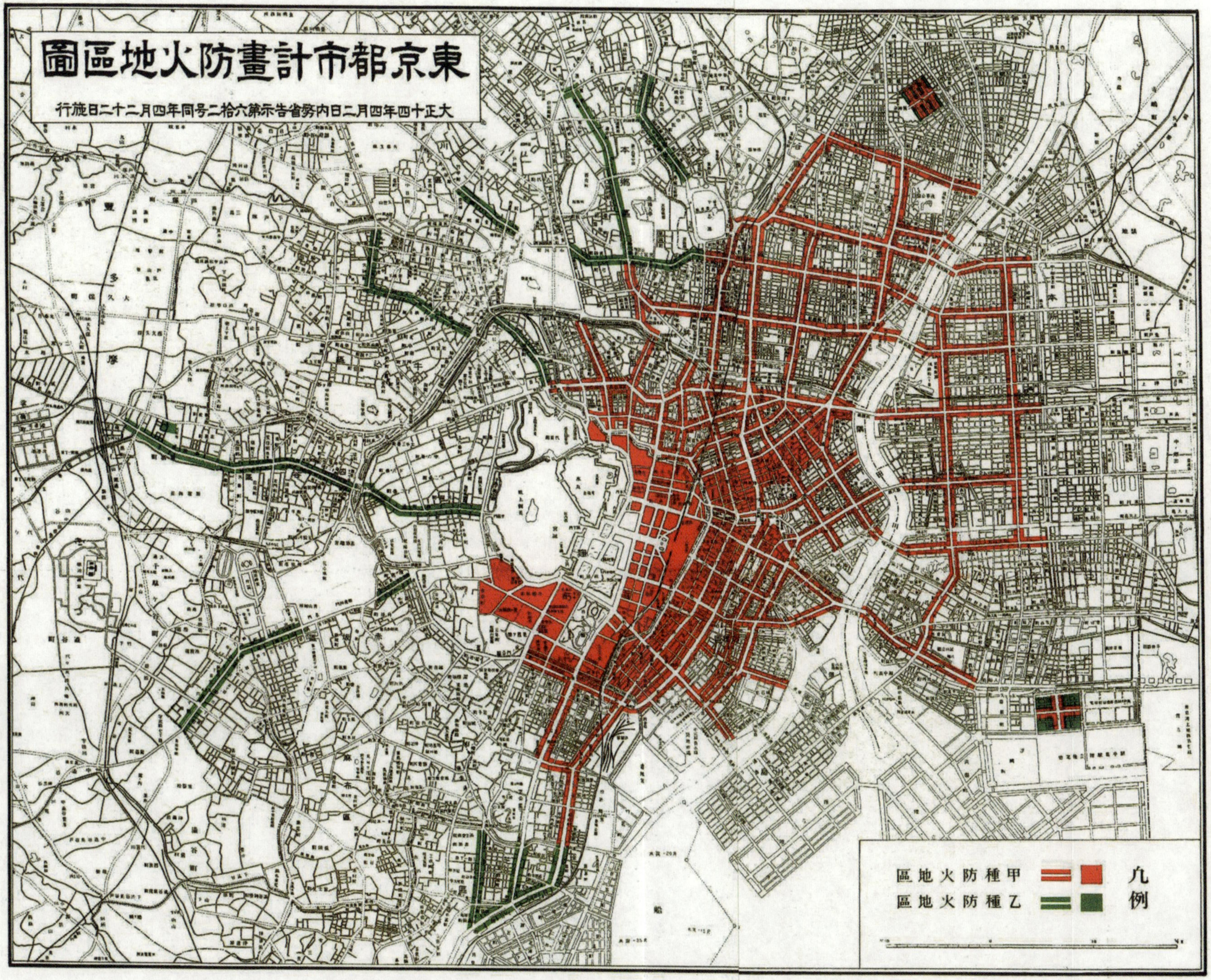

(出典：帝都復興事業誌建築編・公園編（昭和6年3月）復興事業局 pp.129～130)

図3-3-6　戦災復興区域と地震被害図

激震被害状況図

記号	名称
	焼失家屋
	倒壊家屋
	事業中路線
	事業中区画整理区域
	事業中再開発区域
	未着手路線

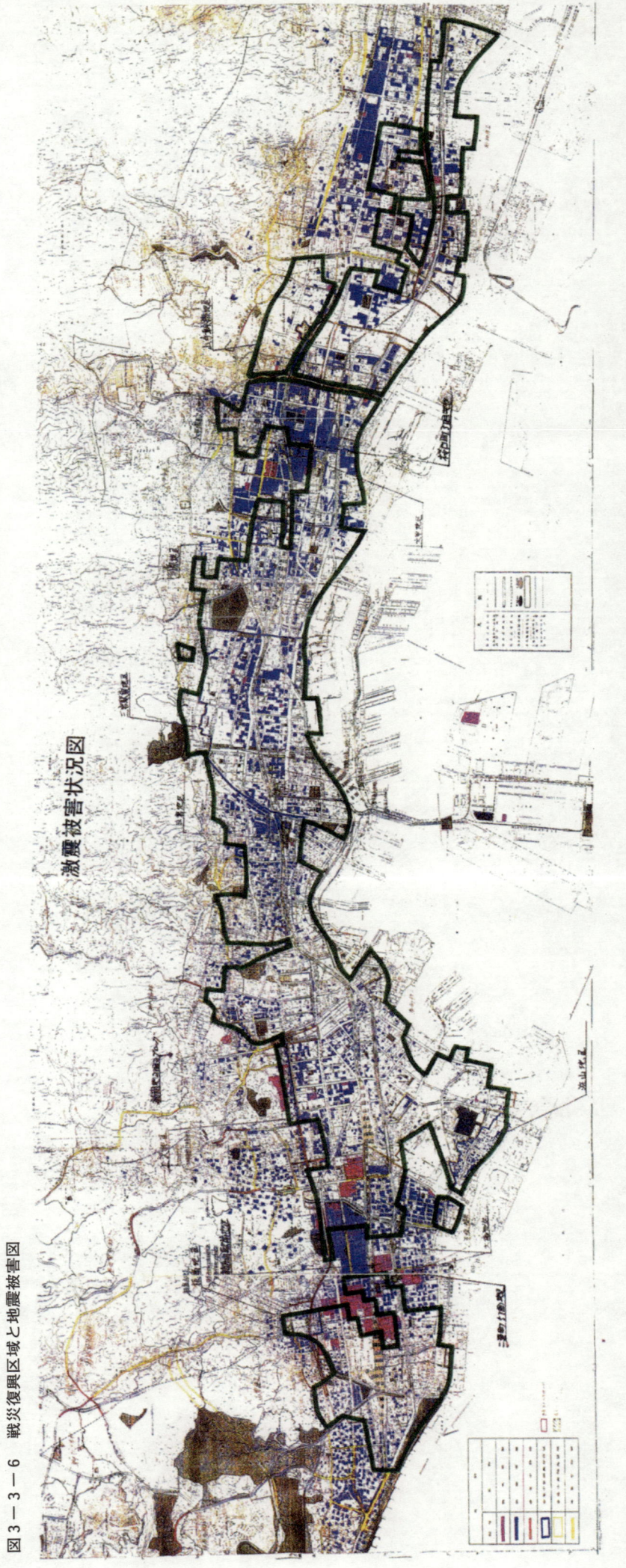

（神戸市資料）

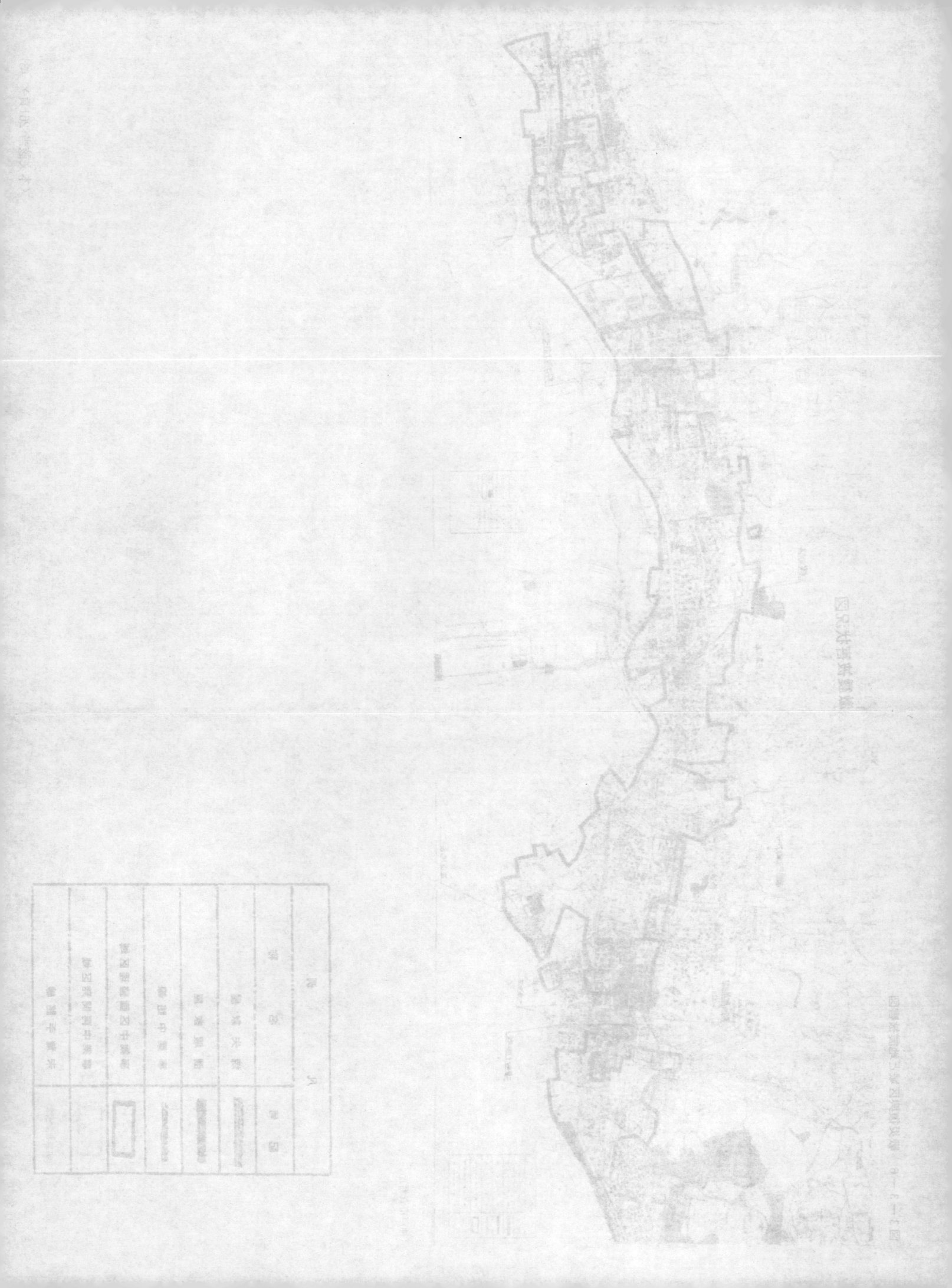

図3-5-3 神戸市調査激震被害状況図

激震被害状況図

(神戸市資料)

記号	名称
■	焼失家屋
■	倒壊家屋
▬	事業中路線
▢	事業中区画整理区域
▢	事業中再開発区域
▬	未着手路線

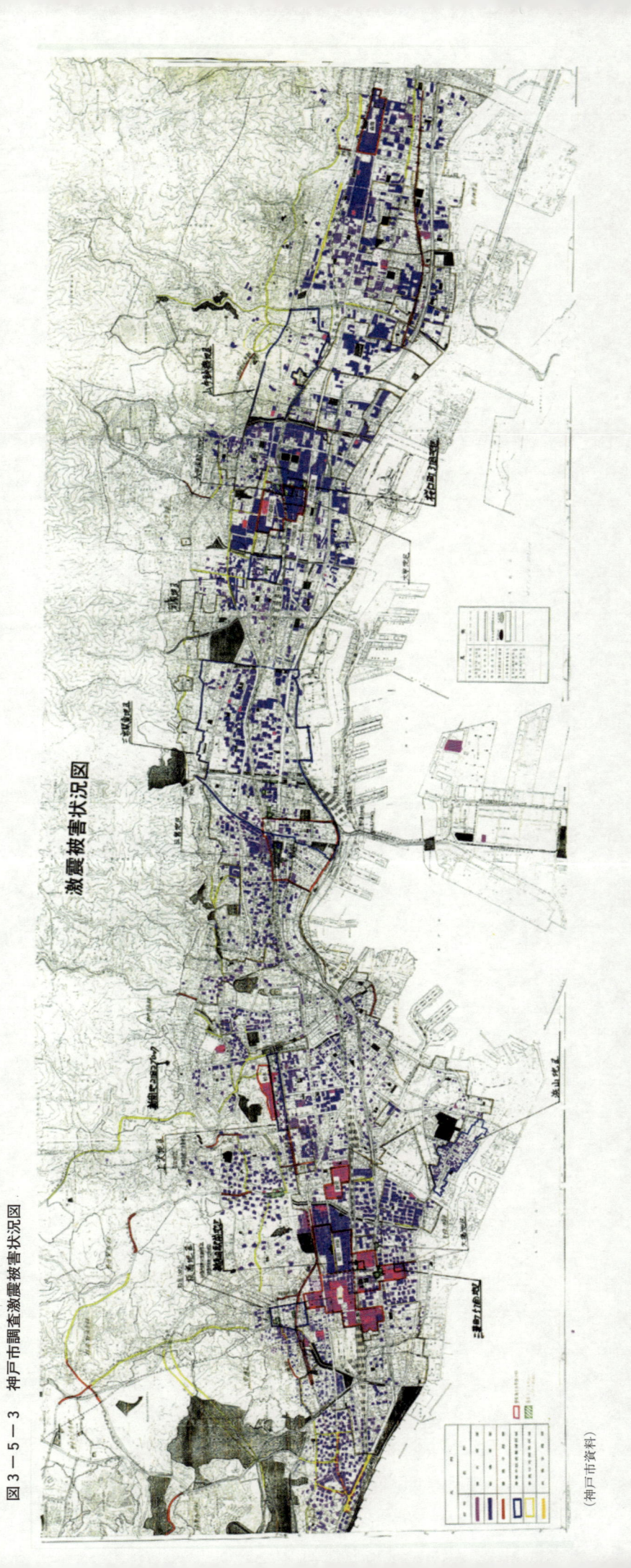

図3－5－5 震災復興地区

(神戸市資料)

凡　例

━━━ 震災復興土地区画整理事業地区
▬▬▬ 震災復興市街地再開発事業地区
━━━ 重点復興地域
----- 震災復興促進区域

■ 全壊または大破
■ 中程度の損傷
■ 軽微な損傷
■ 外観上の被害なし
■ 全焼

図 3-5-6 菊南地区

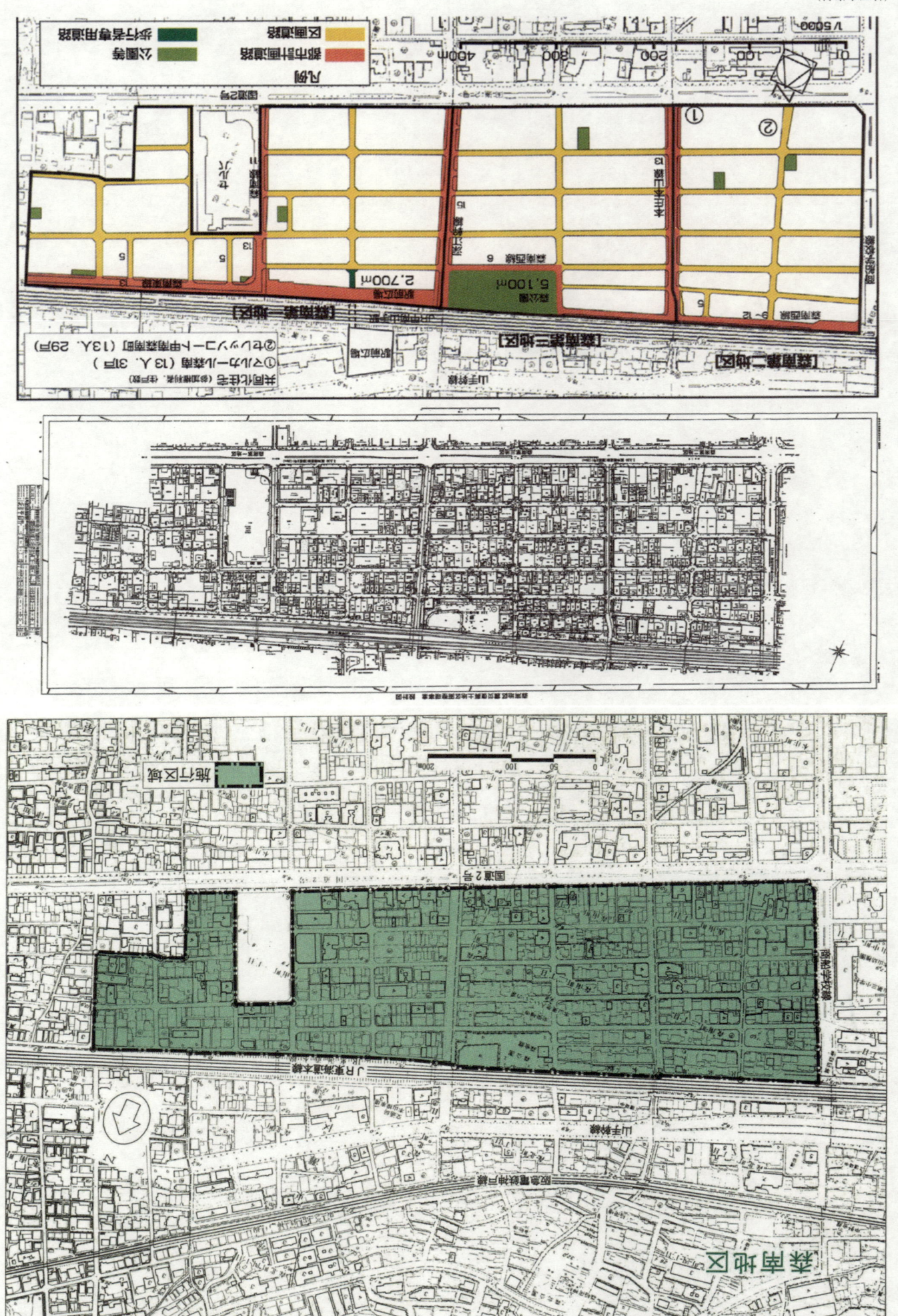

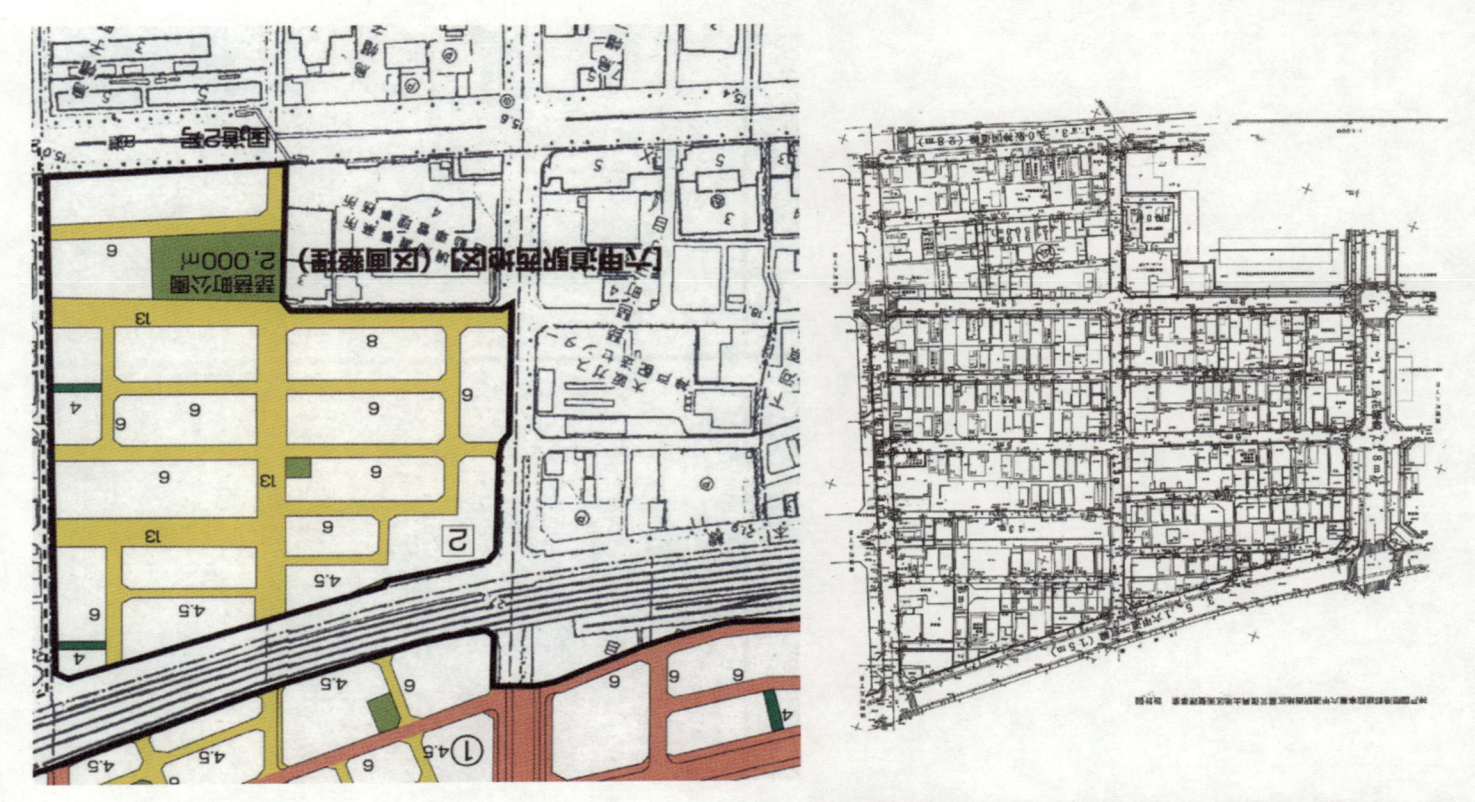

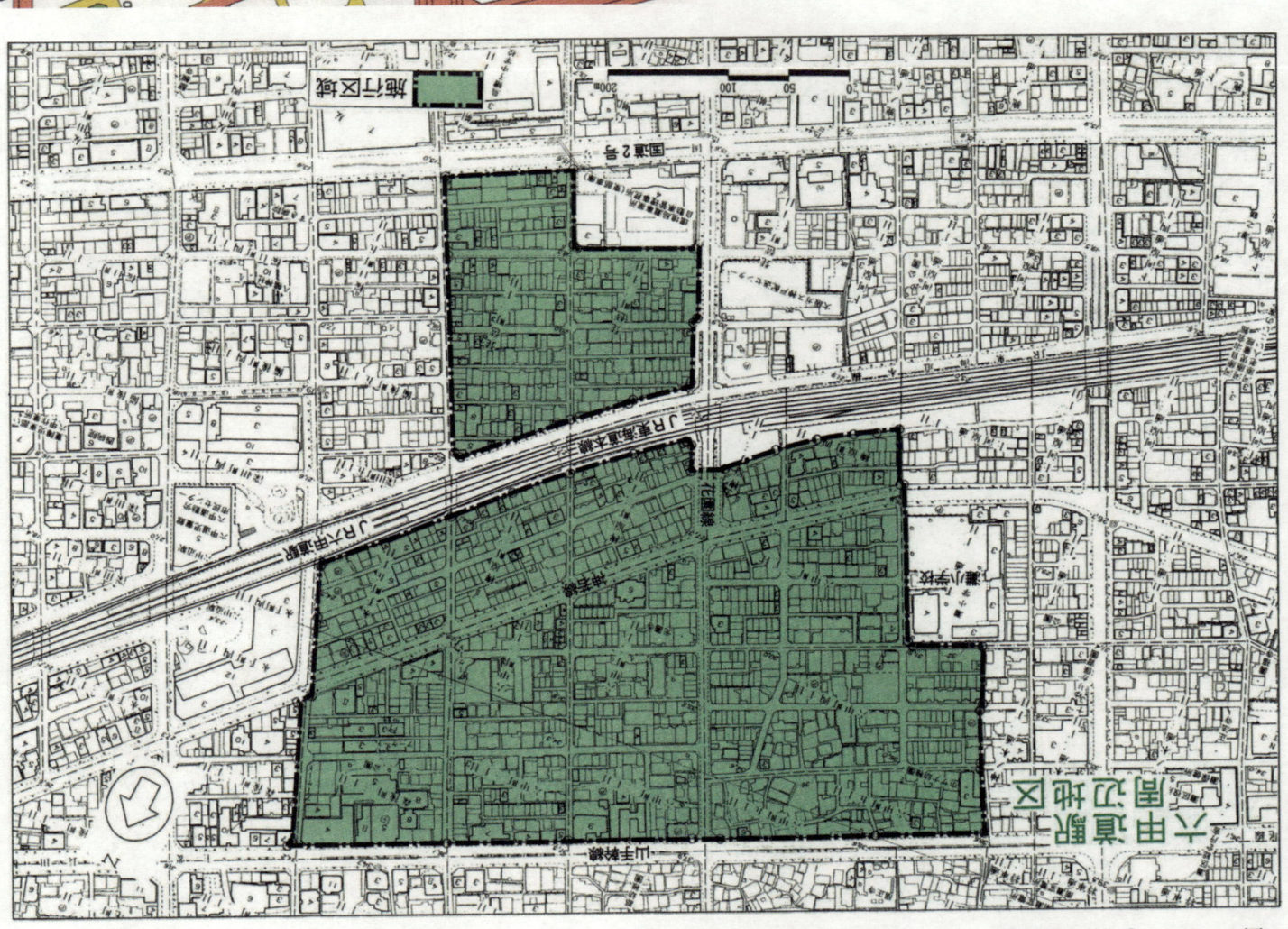

図 3−5−7① 六甲道地区

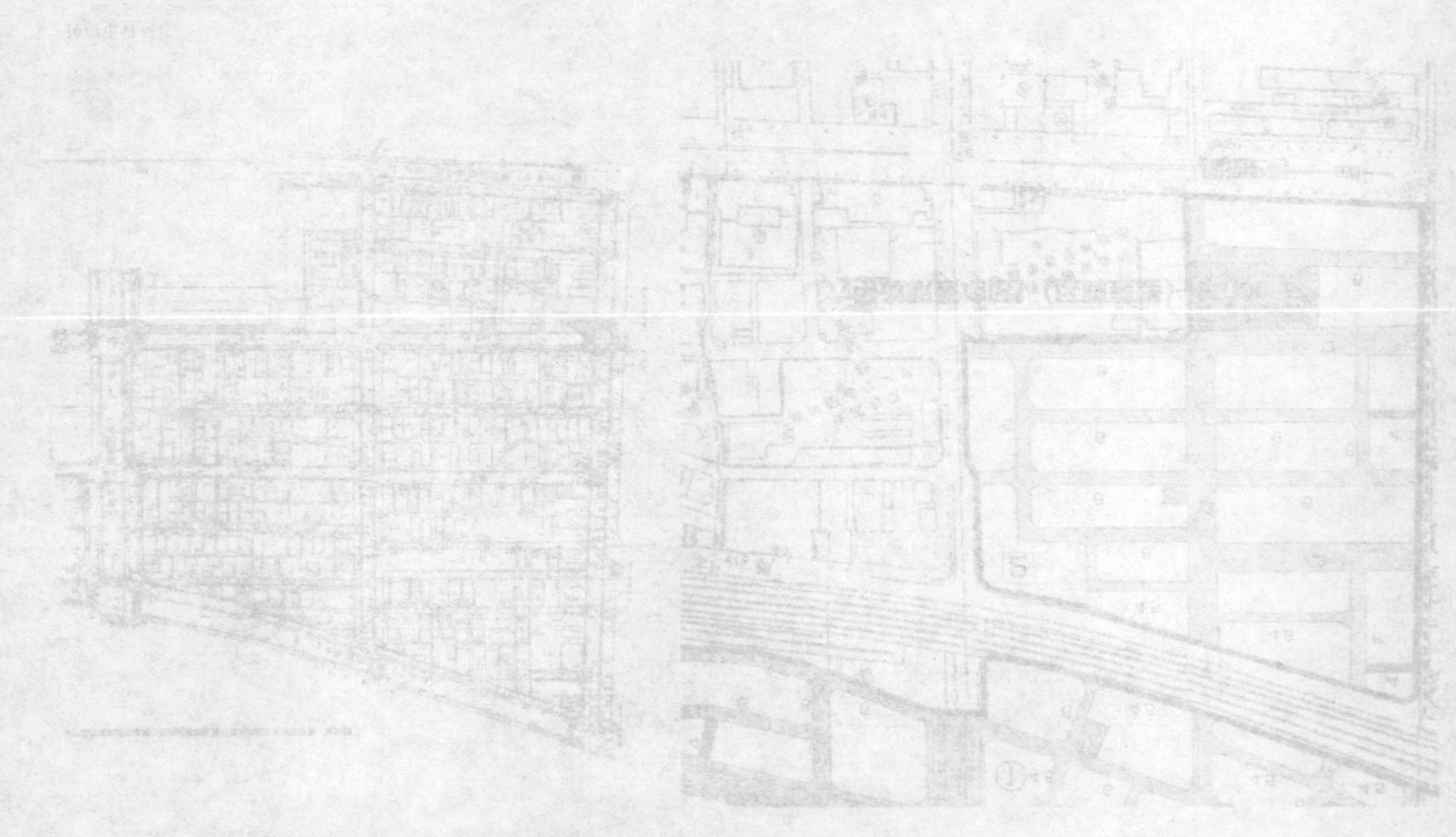

図3−5−7② 六甲道駅北地区

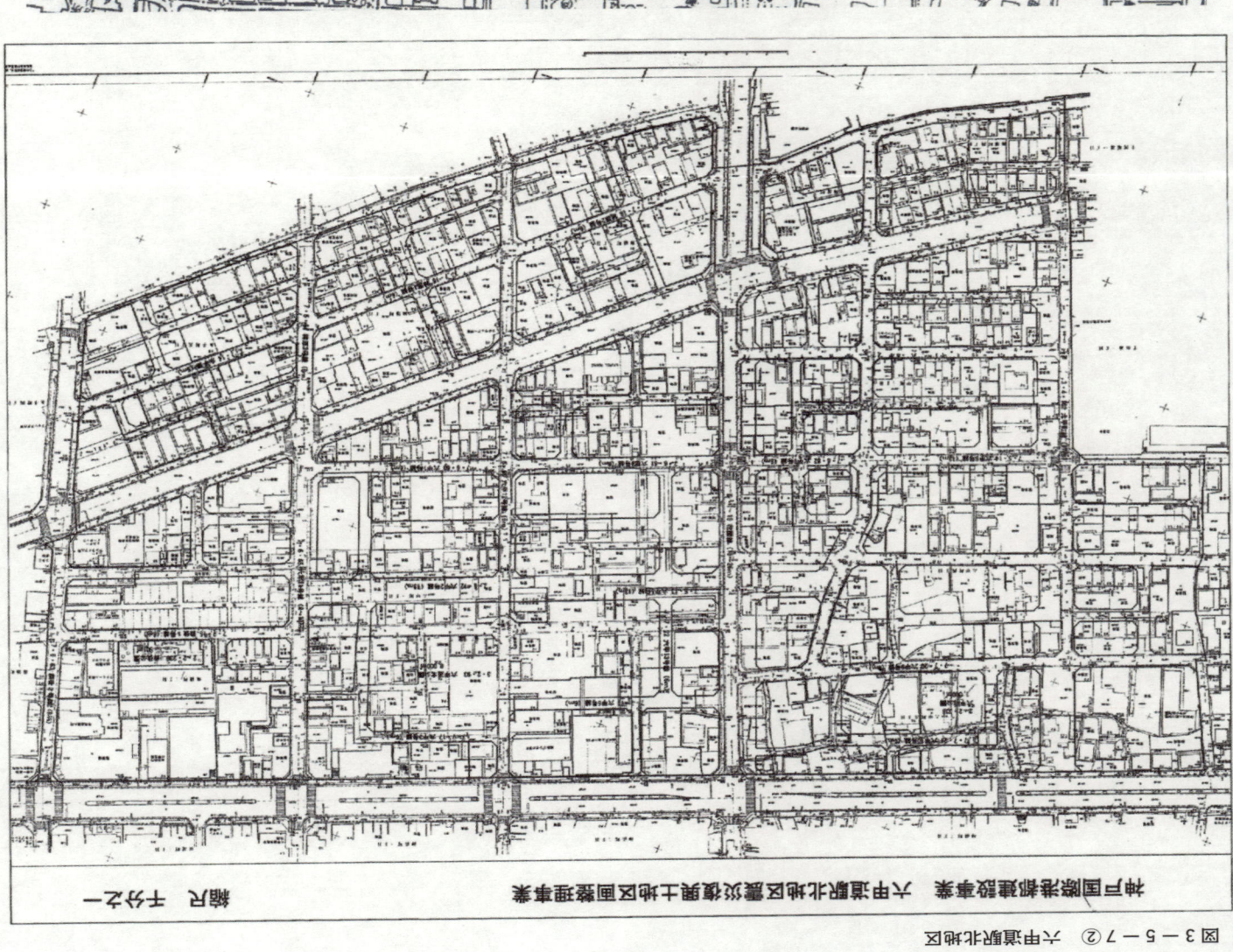

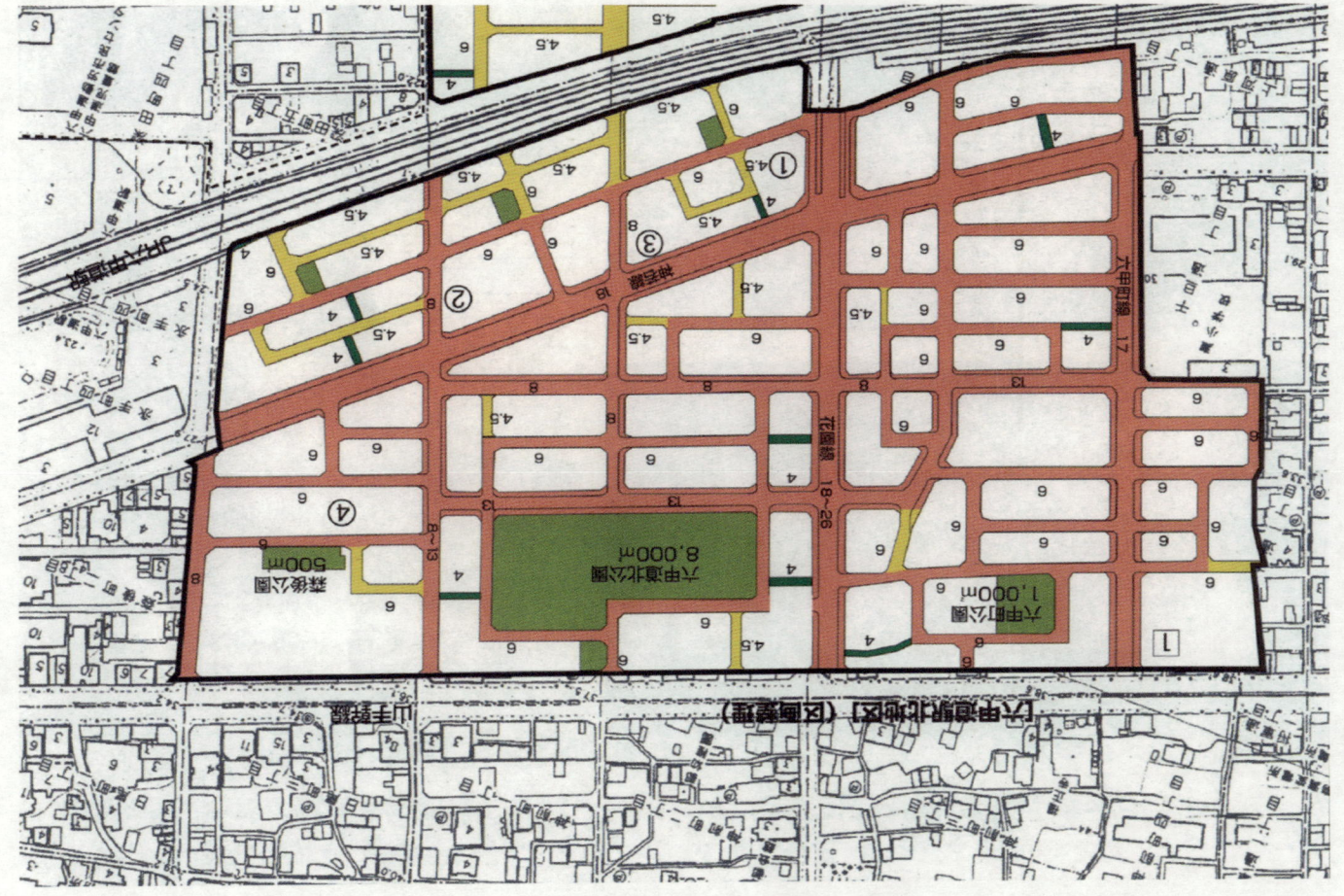

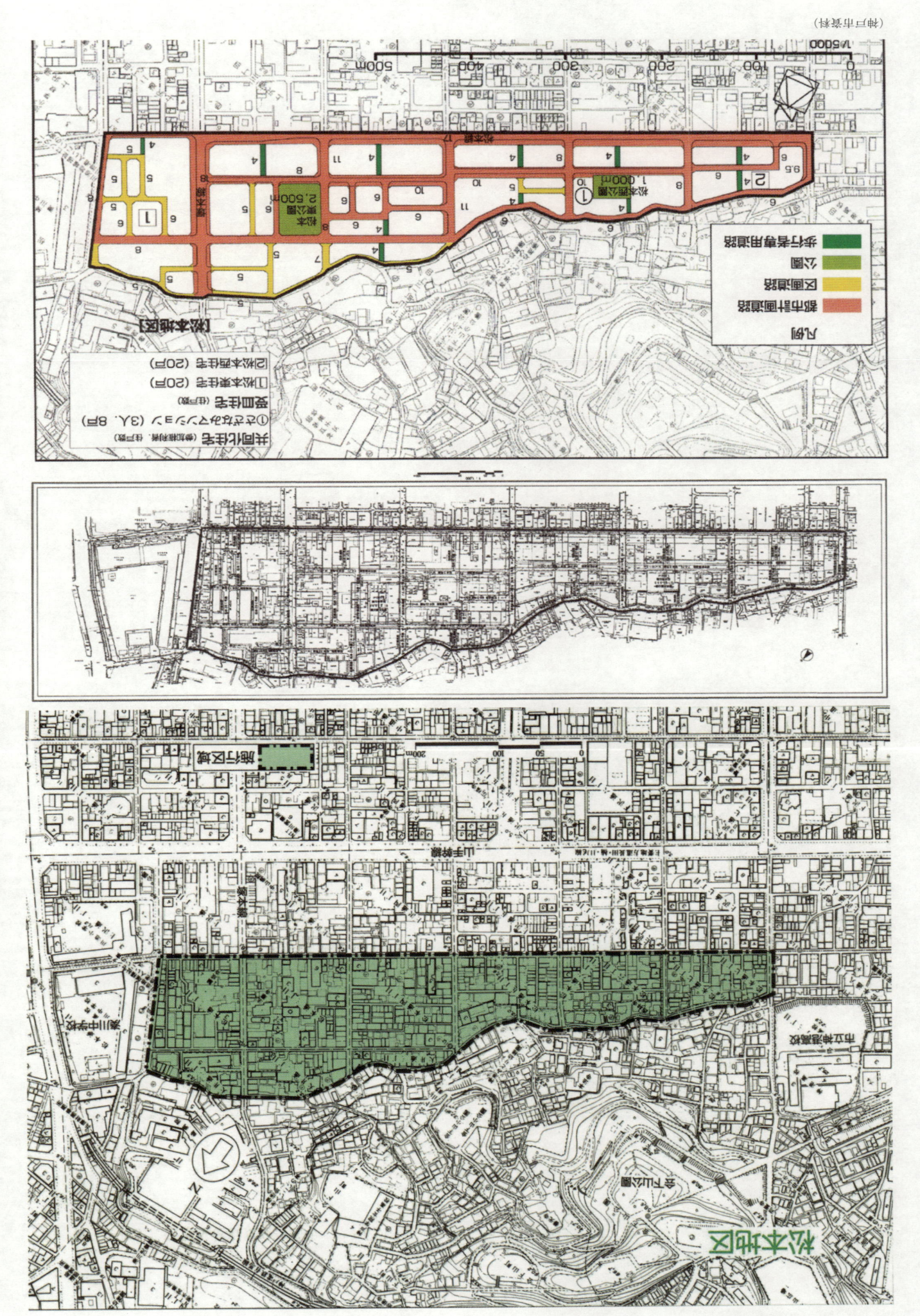

図3-5-8 松本地区

【松本地区】
共同化住宅（都市基盤整備公団）（計3棟）
①えなみマンション（3F, 8戸）
従前住宅 （戸数）
①松本住宅（20戸）
②松本住宅（20戸）

凡例
都市計画道路
区画道路
公園
歩行者専用道路

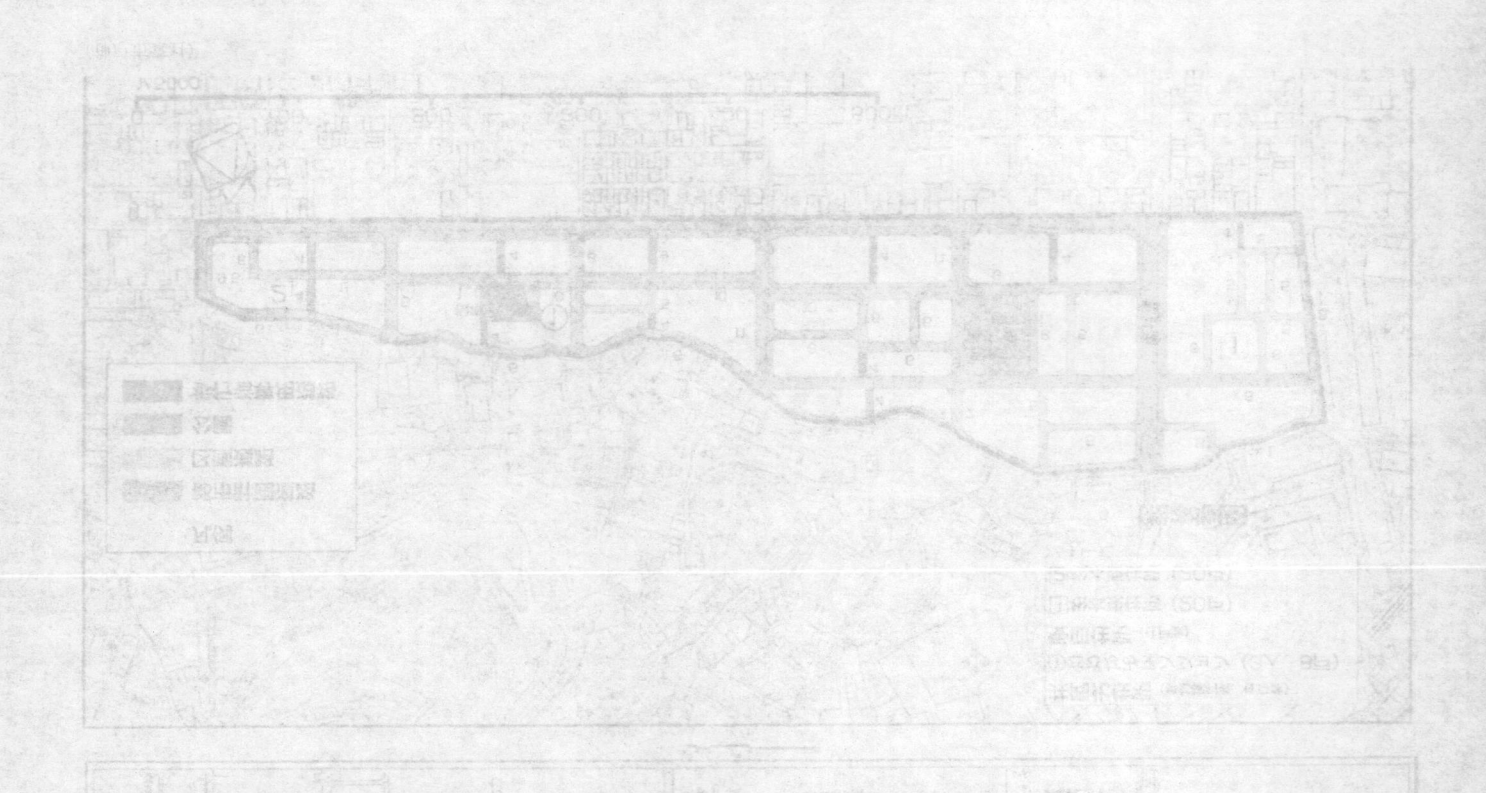

図 3-5-9　御清祠区

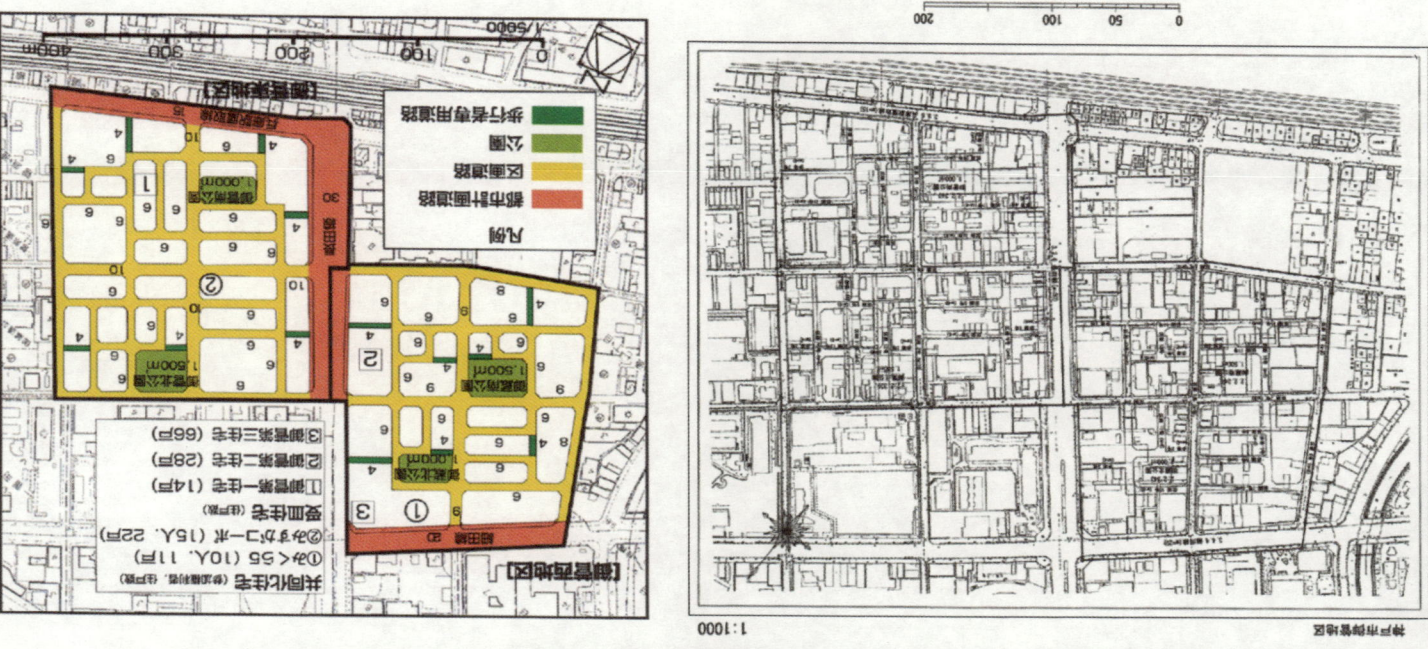

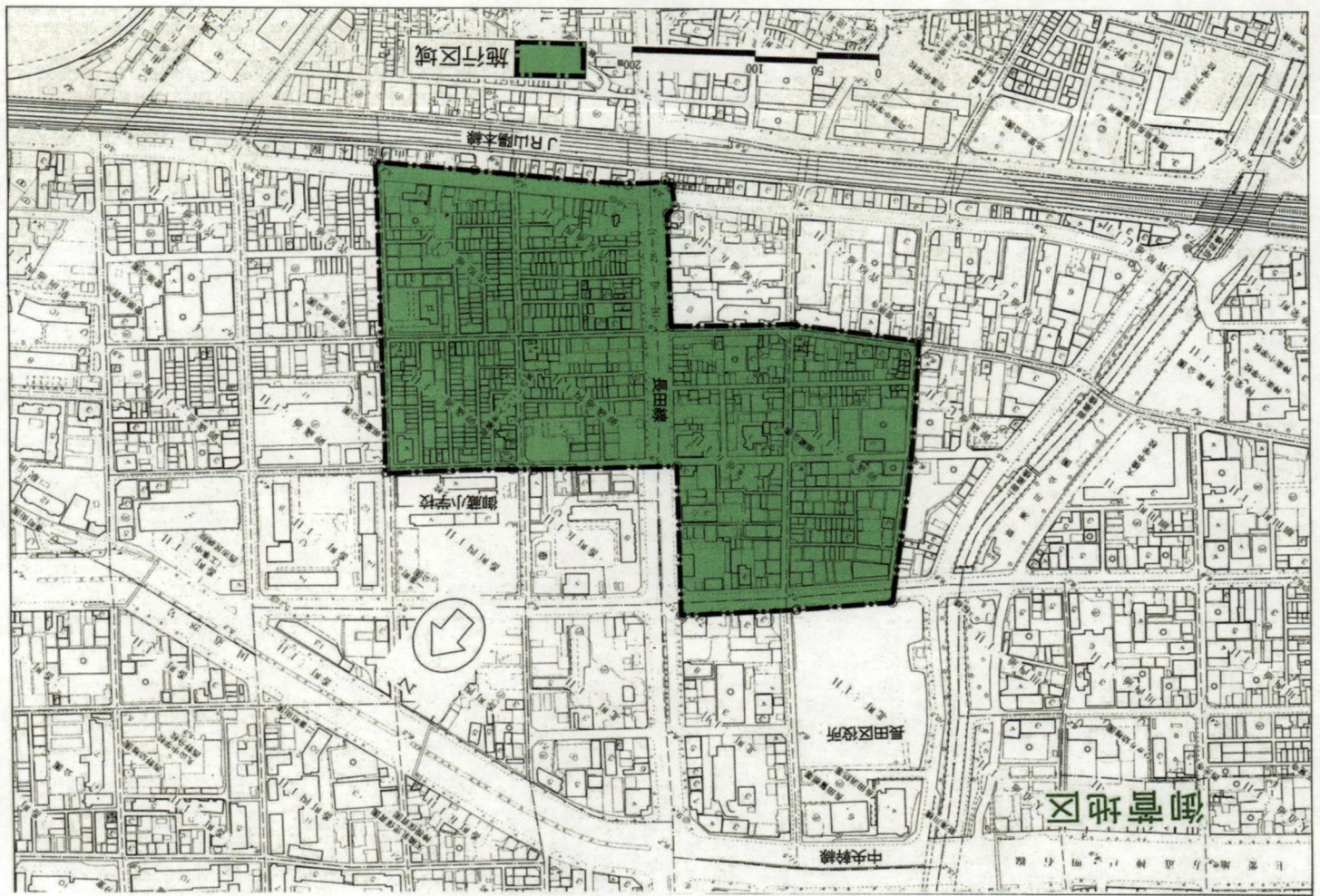

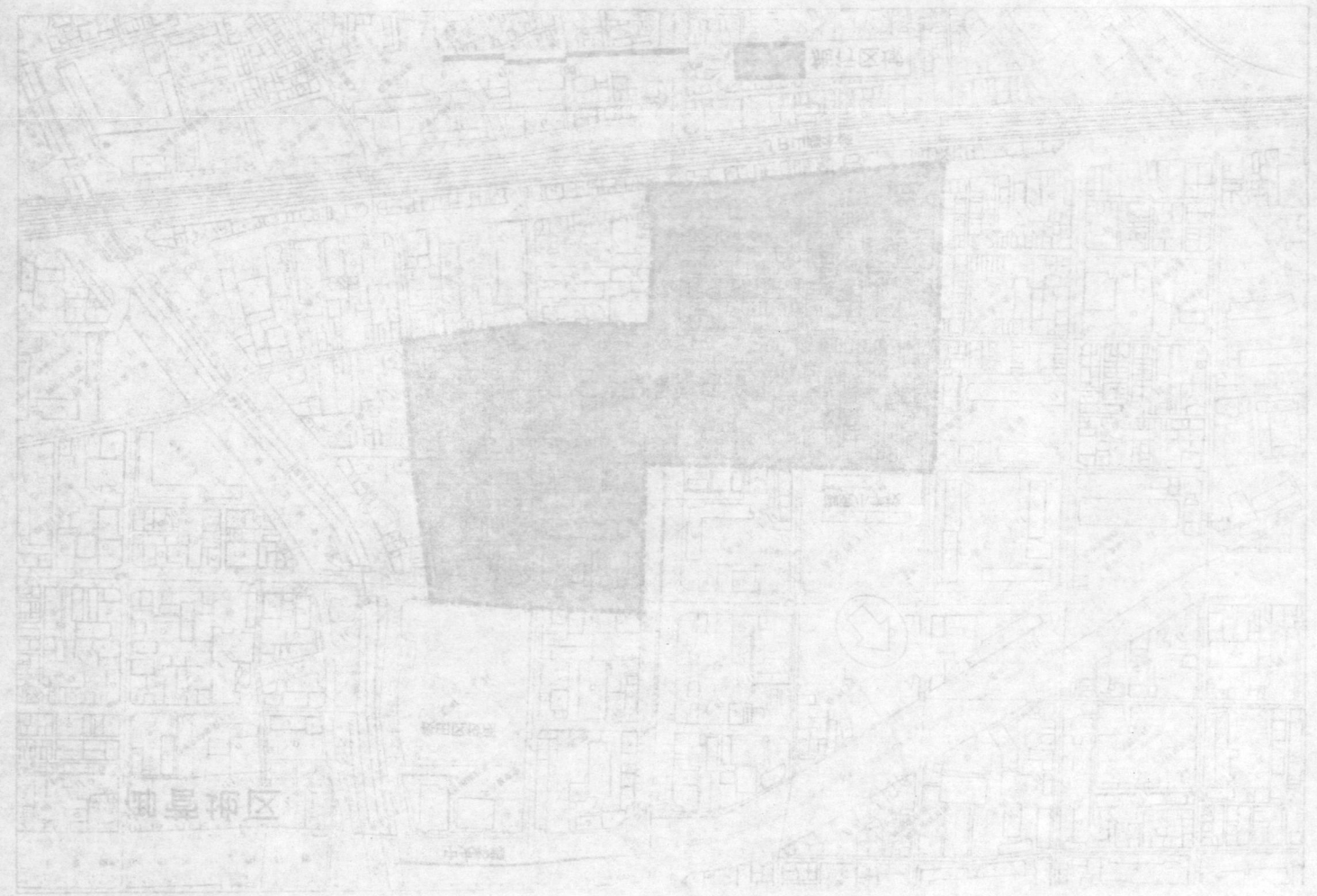

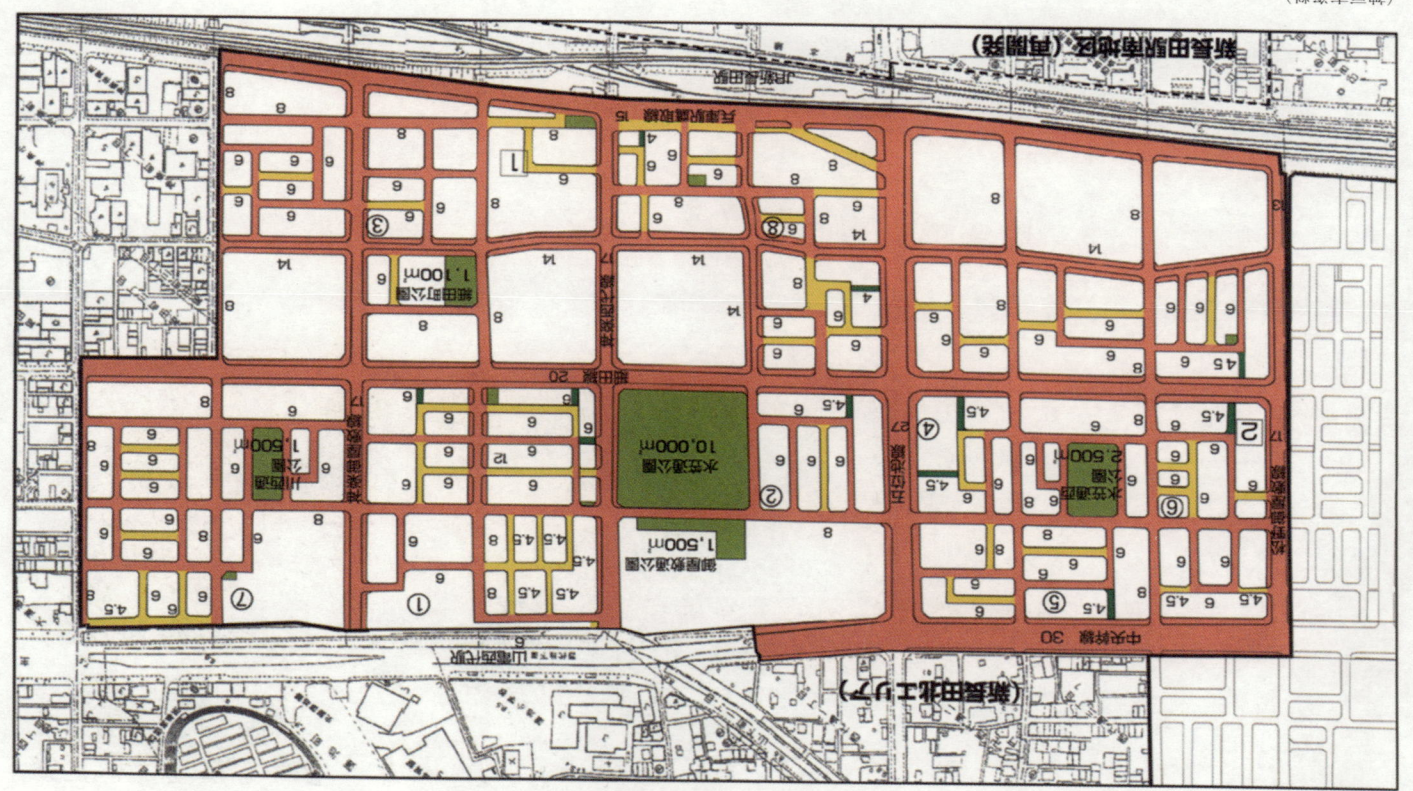

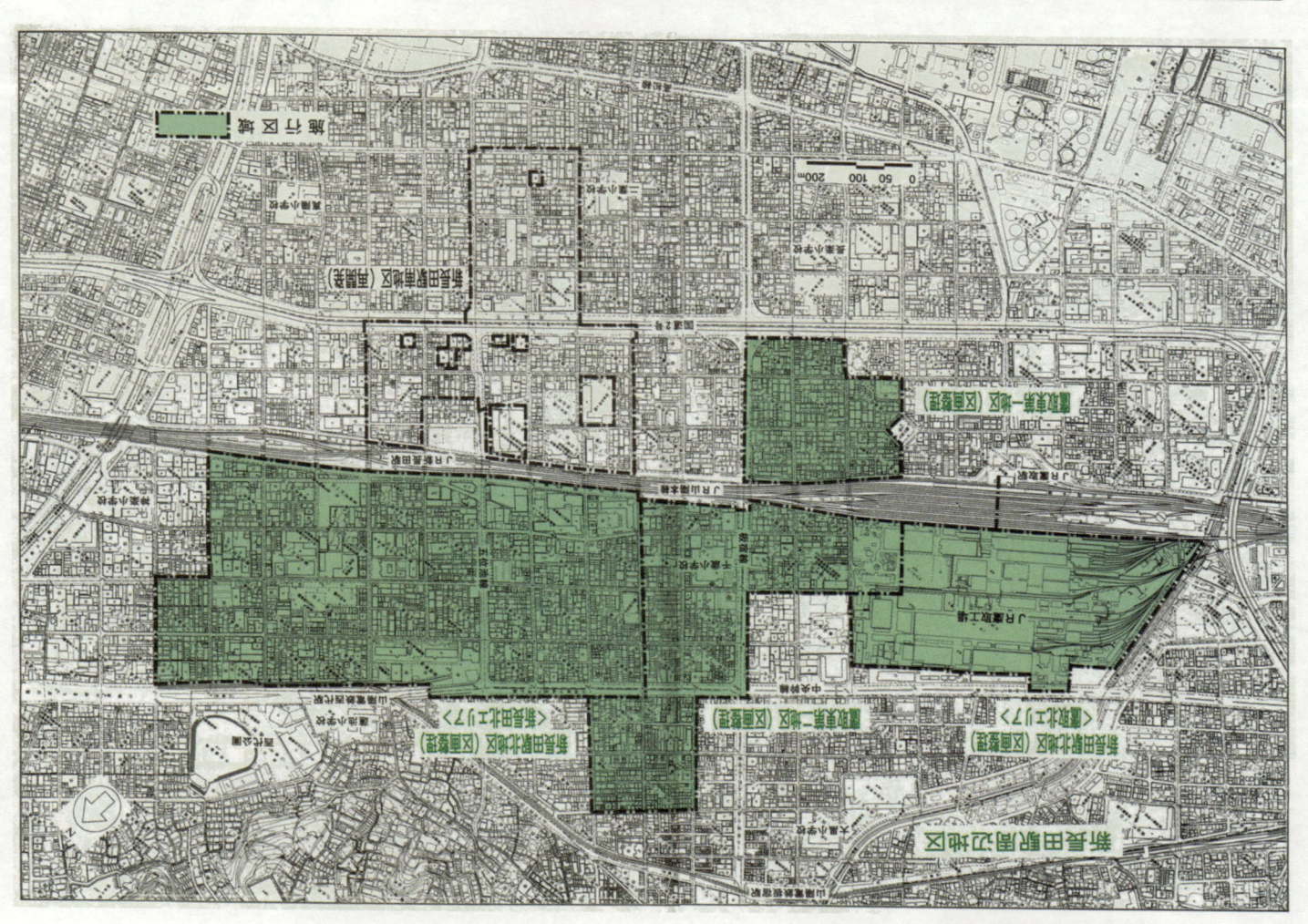

図3-5-10① 新在田駅北地区（新在田北エリア）

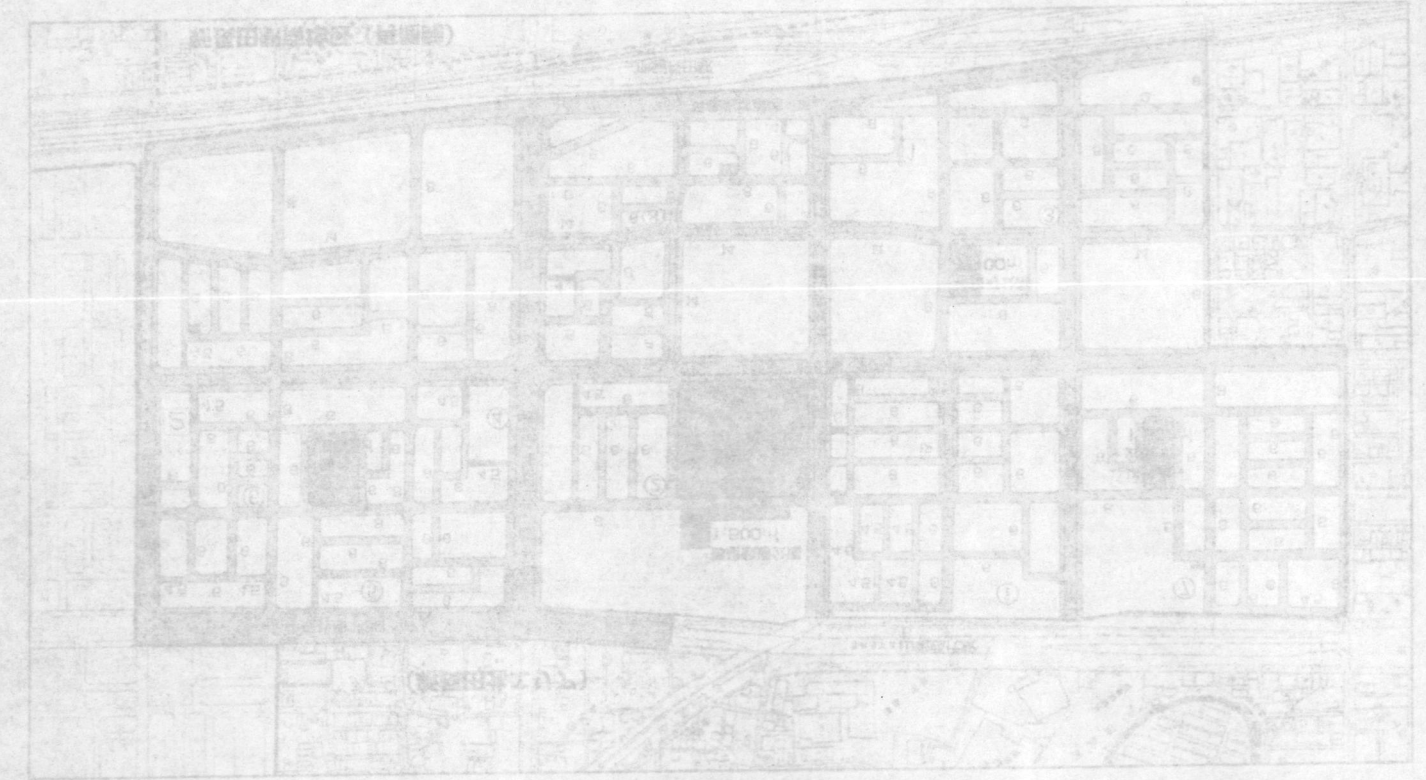

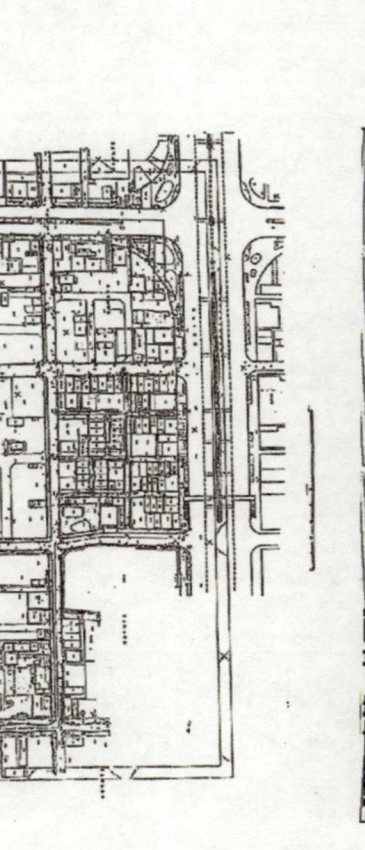

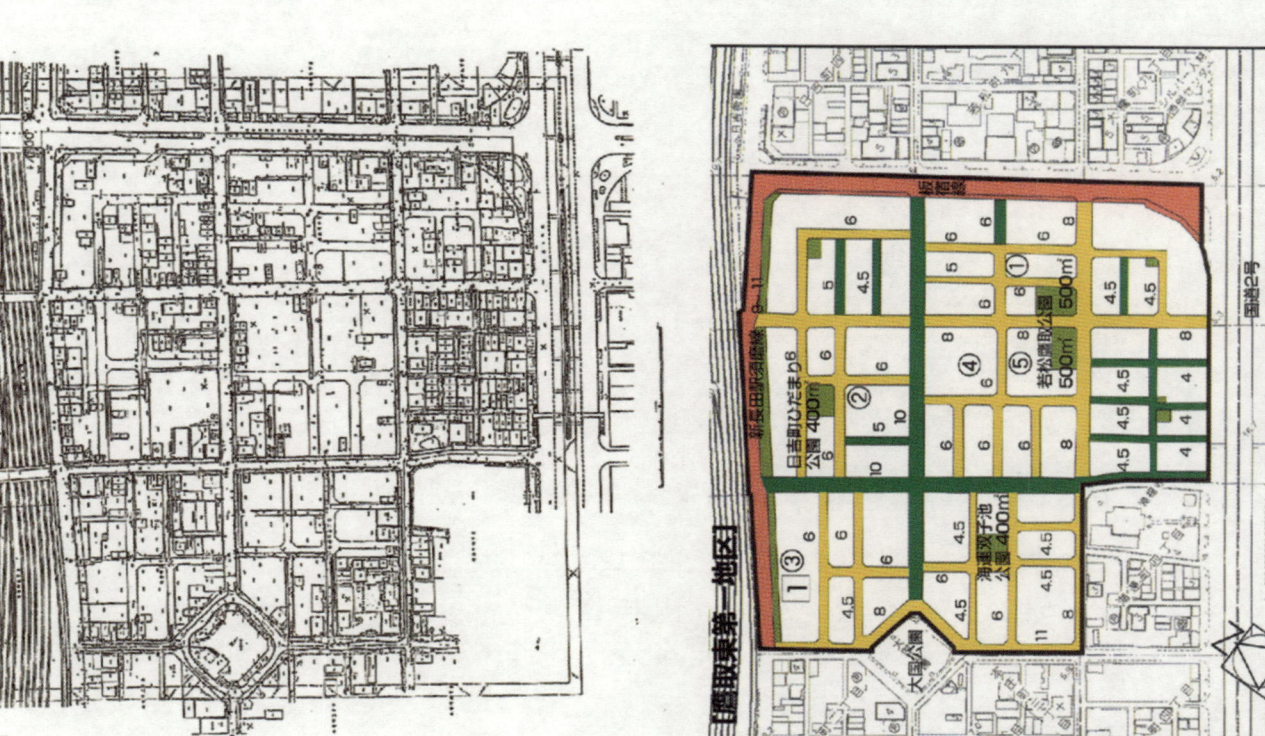

図3−5−10② 鷹取東第一地区

図3−5−10③ 鷹取第二地区

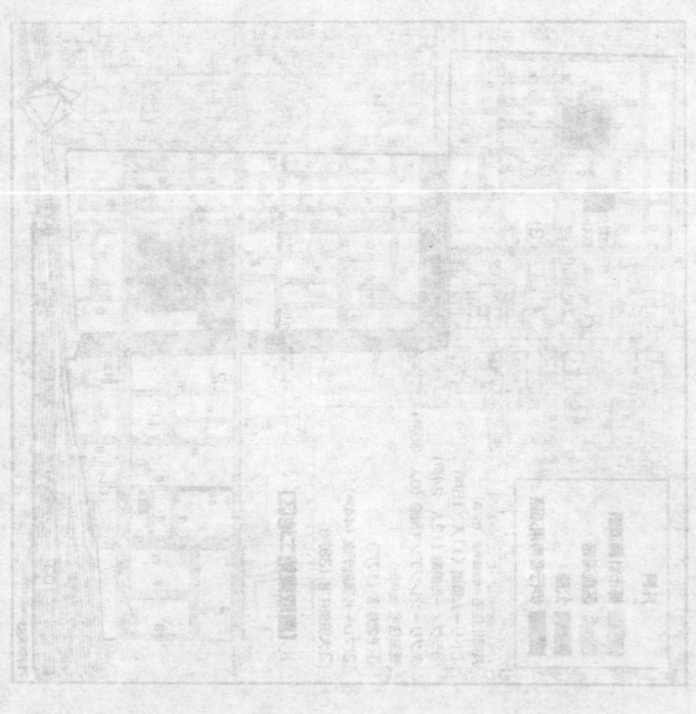

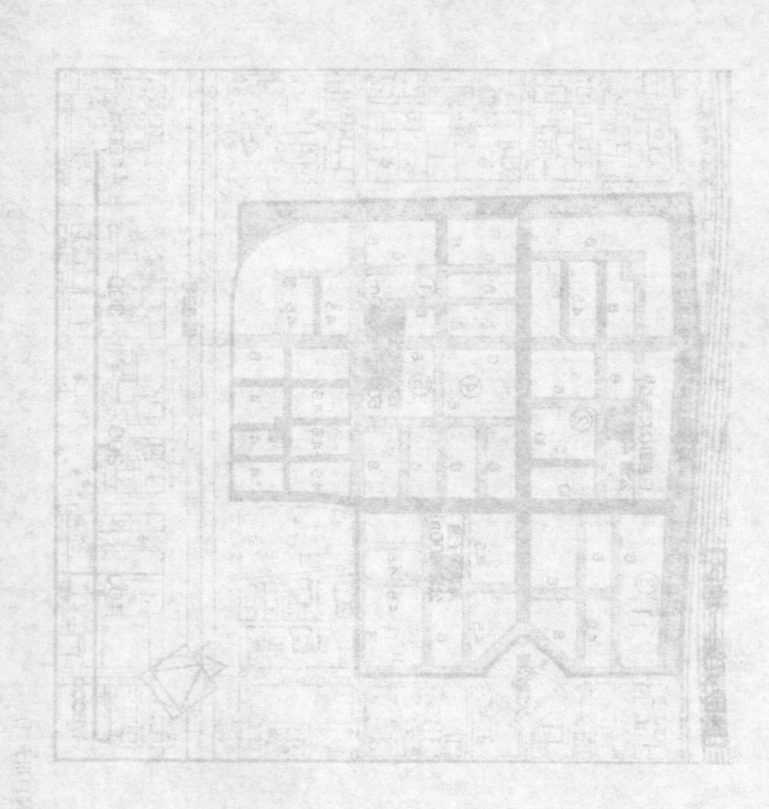

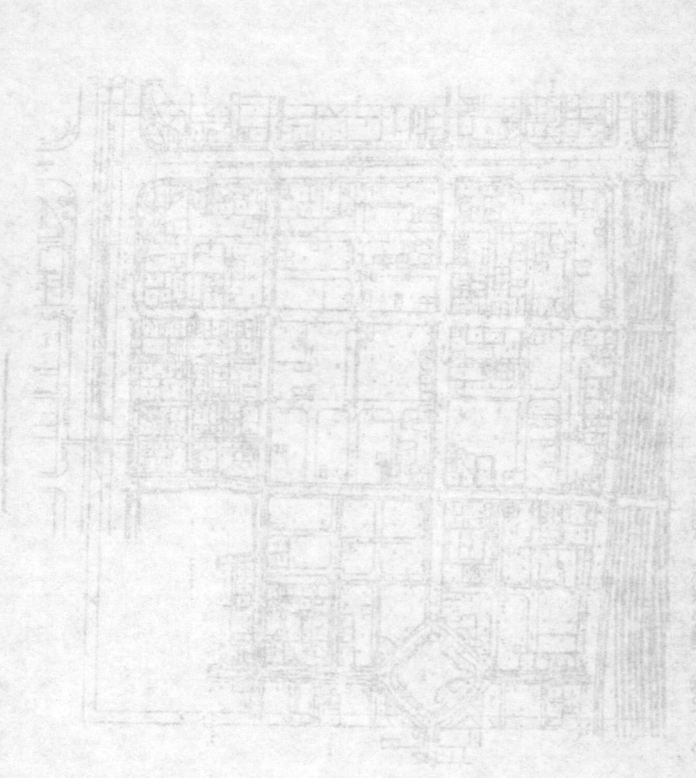

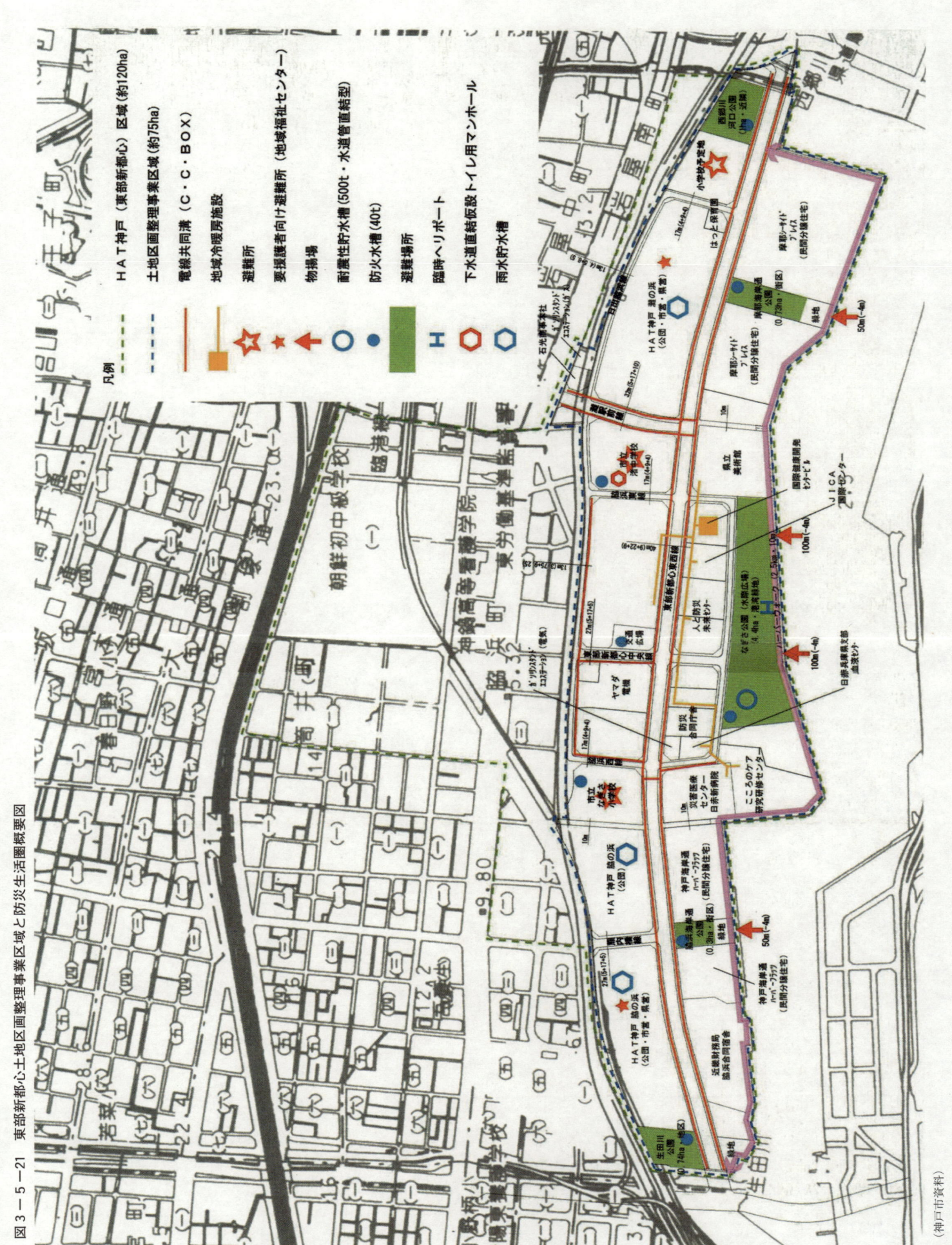

図 3-5-21 東部新都心土地区画整理事業区域と防災生活圏概要図

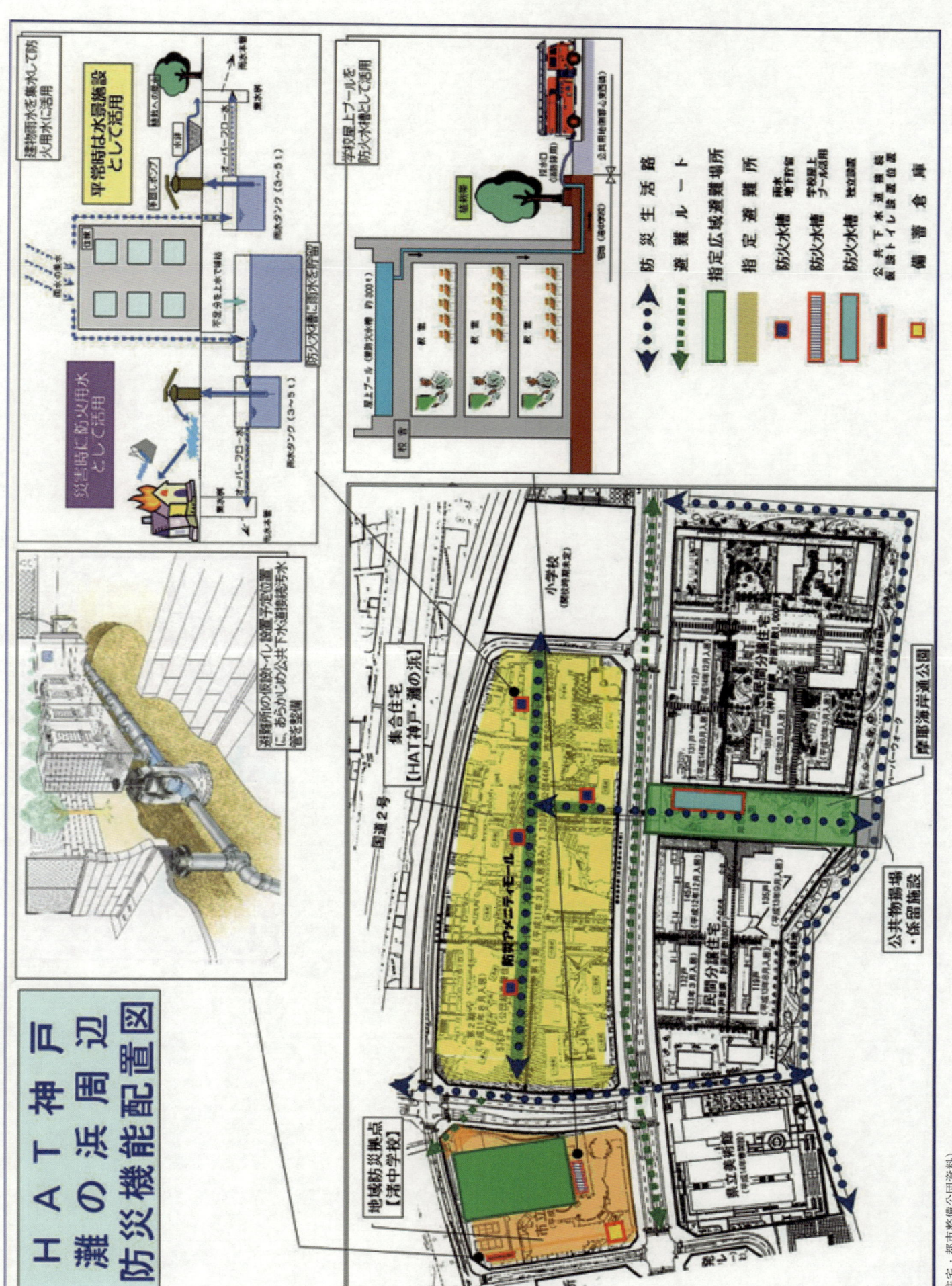

図3-5-22 HAT神戸灘の浜周辺防災機能配置図

〈著者紹介〉

三井康壽（みつい　やすひさ）

政策研究大学院大学客員教授
工学博士（東京大学）
1963年東京大学法学部卒業。建設省入省。同省都市局都市計画課、区画整理課を経て熊本県政策審議員（天草大災害復興担当）、1992年建設省住宅局長、1995年国土事務次官兼総理府阪神・淡路復興対策本部事務局長、2000年建設経済研究所理事長

著書に「都市計画法の改新」『土地問題講座③土地法制と土地税制』（共著）（1971年、鹿島出版会）
『大地震から都市をまもる』（2009年、信山社）

防災行政と都市づくり
―事前復興計画論の構想―

2007年9月1日　第1版第1刷発行
2010年9月30日　第1版第2刷発行

著　者	三　井　康　壽
発行者	今　井　　貴
発行所	株式会社信山社

〒113-0033　東京都文京区本郷6-2-9-102
Tel　03-3818-1019
Fax　03-3818-0344
info@shinzansha.co.jp

Printed in Japan　　　　　　　製作　編集工房 INABA

© MITSUI Yasuhisa, 2010　　印刷・製本／松澤印刷・渋谷文泉閣
ISBN978-4-7972-9166-7　C3332　9166-01021

JCOPY 〈(社)出版者著作権管理機構　委託出版物〉
本書の無断複写は著作権法上での例外を除き禁じられています。複写される場合は、そのつど事前に、(社)出版者著作権管理機構（電話 03-3513-6969, FAX 03-3513-6979, e-mail:info@jcopy.or.jp）の許諾を得てください。

大地震から都市をまもる

大災害から人命を守る予防のすすめ　三井　康壽 著

定価：本体1,800円（税別）

◆◆目　次◆◆

- 第1　地震は日本中どこでも起こる
- 第2　防災の最大の使命は人命
- 第3　防災対策のしくみ
  ――災害対策基本法
- 第4　防災対策のフレーム
- 第5　危機管理 - 初動体制の改善
- 第6　関東大震災と阪神・淡路大震災
- 第7　耐震改修と木造密集市街地
- 第8　復興計画
- 第9　事前復興計画

<著者紹介>
三井　康壽（みつい やすひさ）
政策研究大学院大学客員教授
工学博士（東京大学）
1963年東京大学法学部卒業
建設省入省、同省都市局都市計画課、区画整理課を経て熊本県政策審議員、1992年建設省住宅局長、1995年国土事務次官、総理府阪神・淡路復興対策本部事務局長、2000年建設経済研究所理事長

福井秀夫氏（政策研究大学院大学）推薦!!
災害への備えを語ることはやさしいが、いざ惨事の際、人命を確実に守ることは簡単ではない。本書は、都市の「非安全原則」を前提とせよ、都市計画の「無謬性を疑え」、といった、通念を覆す逆説的で刺激的な議論を正面から提起し、現実を見据えた人命を救う最善の方策を説得力ある論拠で次々に示す。防災・住宅・都市行政に通暁し、学際的な知見を踏まえて、透徹した眼で政策を縦横無尽に論じる著者の語り口から、災害日本の国民すべてが学び、備えたい。

三井　康壽 著
防災行政と都市づくり
―事前復興計画論の構想―　定価：本体4,800円（税別）

地震に対しては"備える"こと、さらには事前の復興計画こそが最も大切であることを、阪神・淡路大震災をはじめ幾多の例から検証・提言する。必ずくる災害に備えた都市の改修、防災都市づくりと事前復興計画は、いま行政に求められている最重要課題である。阪神・淡路復興対策本部での貴重な経験と資料に基づく教訓は、行政・市民ともに一見の価値がある。巻末にはカラー折込図付き。

復刊法律学大系　5
震火災と法律問題――附　震火災関係諸法令――

松本烝治・末弘嚴太郎 序　眞野　毅 著　　定価：本体16,000円（税別）

関東大震災の経験を経た中で、教訓とすべき法律問題群を一挙に集めた歴史的書籍。厳戒令、緊急勅令、焼跡借地権、電話権、生命保険金、家屋抵当権、行方不明者の後始末、死亡者の相続、手形、鉱業権、特許権、商標権、漁業権、租税、株券、公正証書、買入物、株式会社の整理復興方法、焼失登記、戸籍簿、未完了売買取引について、詳述。震火災関係諸法令（20法令）を網羅した資料も掲載。都市防災対策に必須の書。